# 改变世界

## Great
## Inventions

## 的
## That
## Changed

## 伟大发明
## The World

（        -Wei) \\ 著

科学出版社

北京

图字号：01-2016-2617

## 内 容 简 介

　　一项伟大的发明能够为人类历史开辟新的纪元，就像 200 万年前发明于东非的石斧，让我们跨入了用发明铺就人类发展之路的新时代。对火的使用既能够让我们烹饪食物，还能让我们离开温暖的非洲，向寒冷的北方探索。从石斧到计算机，再到互联网，本书将带领我们进行一场奇幻之旅，了解历史上的重大发明，结识最伟大的发明家。你会发现是谁推动了历史进程，是什么样划时代的成就改变了世界。

**图书在版编目（CIP）数据**

改变世界的伟大发明 /（美）韦潜光著；刘清，江洪译 . — 北京：科学出版社，2022.2

书名原文：Great Inventions that Changed the World

ISBN 978-7-03-065412-0

Ⅰ.①改⋯ Ⅱ.①韦⋯ ②刘⋯ ③江⋯ Ⅲ.①创造发明—世界—通俗读物 Ⅳ.① N19-49

中国版本图书馆 CIP 数据核字（2020）第095085号

*GREAT INVENTIONS THAT CHANGED THE WORLD*
JAMES WEI (Princeton University)
Copyright©2012 by John Wiley & Sons, Inc. All rights reserved.
版权所有：译本经授权译自约翰·威利父子出版公司出版的英文版图书
责任编辑：王亚萍　徐　烁 / 责任校对：刘　芳
责任印制：师艳茹 / 整体设计：楠竹文化

**科 学 出 版 社** 出版
北京东黄城根北街 16 号
邮政编码：100717
http://www.sciencep.com
天津市新科印刷有限公司 印刷
科学出版社发行　各地新华书店经销
*
2022 年 2 月第 一 版　开本：720×1000　1/16
2022 年 2 月第一次印刷　印张：24 1/4
字数：380 000
定价：**88.00** 元
（如有印装质量问题，我社负责调换）

作者简介：

　　韦潜光（James Wei）博士，1930 年生于上海，曾就读上海大同中学和上海交通大学。1949 年前往美国攻读化学工程，1952 年获得佐治亚理工学院化工学士学位，1954 年和 1955 年先后获得麻省理工学院化工硕士和理学博士学位。1955 年起担任美孚石油公司的高级科学家，开启了他的职业生涯。1971～1977 年在特拉华大学化工系任教授，1977～1991 年任麻省理工学院化工系主任及教授，1991 年出任普林斯顿大学工程与应用科学学院的院长。韦潜光博士出版著作 8 本，发表研究论文 130 多篇，同时还拥有两项美国专利，曾担任美国化学工程师协会主席。

## 翻译组成员

**组长：** 刘　清　江　洪
**成员：** 张慧靖　陈　伟　李　力　赵喜梅　张秋子
　　　　涂志芳　陈　迪
**译校：** 韦潜光　刘　清　刘怡君　马　宁　李倩倩

# 序    1

地球迄今已有 45 亿年的历史。然而，几乎所有我们今天能见到的科学知识和发明都是在最近几个世纪才出现的。知识和发明推动并加快人类前进的脚步，让我们对百年，甚至千年后的世界只能窥见一斑，或者更准确地说是无法预知。

但这并不意味着古代没有创新，杠杆、车轮、木楔、马镫、长弓、望远镜等都是古代出现的重大发明，但这些远不敌推动当今世界飞速前进的创新洪流。

各项研究表明，在过去的半个世纪中，美国 50%～85% 的国内生产总值（GDP）增长及 2/3 的生产效率提高（反映在生活水平的提升上）都是依靠科学和工程技术的进步。美国国家科学院及许多其他组织曾得出结论，由于发达国家的劳动力成本处于巨大的竞争劣势，他们未来的生活质量将取决于其创新能力，即通过卓越的科学研究创造知识，并借由工程将这些知识转化为产品和服务，然后由世界一流的企业带领这些产品和服务跨越（由于经济因素而失败的）新发明的"死亡之谷"而进入市场。

但这并非易事。在 100 项专利申请中，大约只有 1 项能转化为成功的产品。为发明电灯泡寻找灯丝的托马斯·爱迪生就曾解释道，"我并没有失败，我已经发现了 1 万种行不通的方法。"据统计，有 60% 的新公司营业不到 3 年就倒闭了。

今天，人类必须以每秒生产出 150 万美元商品和服务的速度全天候生产，才能保持现有的生活标准，而即使如此，仍然有一半的人口仅以每天不到 2 美元的收入来维持生存。《爱丽丝梦游仙境》中，红皇后对爱丽丝说，"你看，你用尽全力奔跑才能维持在原地。如果你想去别的地方，必须以至少两倍于现在的速度奔跑！"

我们再来看一看序言作者（本文作者）走过的道路：他是用三根木棍和两

片玻璃开始从事工程学计算的；青少年时期，由于小儿麻痹症带来的自卑心理，即使是夏天，他也只是把自己困在自家的院子里；在职业生涯早期，他致力于人类登月计划；而在从商生涯的后期，他已经能与 8.2 万名工程师和诸多领域的专家一起共事，每秒创造的新业务价值高达 1 000 美元，却只够维持他所在公司的运转。已退休的英特尔（Intel）首席执行官克瑞格·贝瑞特（Graig Barrett）指出，英特尔公司在财政年度最后一天所获收益的 90%，都源于在该财年 1 月 1 日尚未出现的产品。美国花费 55 年时间使 1/4 的美国人用上汽车，花费 35 年用上电话，花费 21 年用上收音机，花费 13 年用上手机，让大家用上互联网却仅仅花费 7 年时间。

在《改变世界的伟大发明》这本书中，作者韦潜光教授化身为一名非常专业的"导游"，带领我们进行一场奇幻并丰富的旅行，让我们像诗人和物理学家一样去探索发明意味着什么。这是一段充满冒险、挫折、决心、未知、运气和巨大成功的旅程。我们用科学家、工程师、企业家的眼睛审视这一道道的"伤疤"，却不用亲身感受那般疼痛。创新往往在不经意间产生：亚历山大·弗莱明（Alexander Fleming）注意到他正研究的菌株不会出现在被污染过的培养皿中聚集的霉菌周围，促使青霉素被发现；雷神公司的一位研究人员注意到口袋中的糖果在雷达实验室中熔化的现象后形成了微波炉的构想。但是，更重要的是，就像路易斯·巴斯德（Louis Pasteur）所强调的那样："机会只留给有准备的人。"

玛格丽特·撒切尔（Margaret Thatcher）曾说过，"虽然基础科学能带来巨大的经济效益，但它们是完全难以预测的。不过，法拉第的工作价值在今天必然高于证券交易所全部股票的价值……"确实，早期量子力学的研究人员在实验室中不断工作，提出 iPod 或 GPS 的设想时，也是遭到质疑的。

今天，创新本身的特性也在发生变化。虽然总是会为如爱迪生、罗伯特·富尔顿①、伊莱·惠特尼②这样的人留出空间，但无论是科学，还是工程领域，创新正逐渐成为团队合作的成果，而且这些团队通常是由来自不同专业背

---

① 罗伯特·富尔顿（Robert Fulton，1765～1815），美国著名工程师，蒸汽船的发明者——译者注。

② 伊莱·惠特尼（Eli Whitney，1765～1825），美国发明家、机械工程师和企业家，轧花机的发明者，标准化生产的创始人——译者注。

景的人组成的大型团队。这就是大科学时代的特点。宇航员巴兹·奥尔德林（Buzz Aldrin）曾说过，"一个人在与一万个朋友的共同努力下所创造出的力量是惊人的。"随着不同学科之间的融合更加频繁，发明也随之出现，如塑料是由微小物体组成的，如果有人对这些微小物体的成果不满意，他只需重新构造这些微小的物体。

科学和工程为我们创造了地球村，让地理距离变得不再重要，即让我们向全球化一步步行进。值得注意的是，如果没有一批批海外人员来到美国受教育、居住、开公司，并且创造出数以百万计的工作岗位，美国的创新大业就不会快速实现。上述人士的代表杨致远（Jerry Yang）曾说过："如果美国在30年前没有向我和我的家庭敞开怀抱，今天就不会存在Yahoo。"

有人认为，美国人引领创新被认为是理所当然的。丹·戈尔登（Dan Goldin）描述了他在担任美国航空航天局（NASA）局长的时候发生的一次事故，当时NASA正因为在地球卫星上投入太多资金被批评。"为什么我们还需要气象卫星？我们已经有天气预报了"，批评者问道。但如果我们想从天气预报中得到信息，就需要气象卫星的支持。当然，有些创新的确看起来不起眼，如果这种认识变得普遍化，会是非常危险的。国家工程院由尼尔·阿姆斯特朗（Neal Armstrong）领导的一个小组得出结论：20世纪最重要的工程学成就是家用电器的发展，因为这使得超过半数的人口有更多时间投入到更有价值的追求当中。还有一点值得注意的是，如果一个人出生于20世纪初期的美国，那么他的预期寿命只有47岁。自那个时代以来，从食品生产到医疗卫生等众多领域的进步，在很大程度上延长了人类的预期寿命。

很不幸，就像很多研究工作一样，创新也会带来一些无法预料的结果。比如，尽管汽车工业在发展，但伦敦地表的平均车速据称仍与200年前的马车处于同一水平。由于科学和工程的发展，也让小团体，甚至个人制造大规模恐怖活动成为可能。序言作者的一项非学术性的调查表明，大多数人认为，如果一项发明每年无意中会造成25万人丧生，就应该被废除，这项发明就是汽车。

未来会怎样？历史的趋势是高估了科学、工程和创业精神，亦即"创新"的短期影响，并且也高估了其长期影响？卢伊特家用电器公司的创始人和总裁亚历山大·卢伊特（Alexander Lewyt）在1955年就预测："核动力真空吸尘器将会在 10 年后成为现实。"莱特兄弟的著作中没有一个地方提到，美国每天会有相当于整个休斯敦人口数量的乘客乘坐商用飞机飞往各地。

创新的成功和失败都对我们未来的生活质量有着至关重要的影响。也许我们能找出预防癌症的疫苗；也许能够找出为整个地球提供清洁的、永不枯竭并且实惠的能源的有效方式；也许创新就能够阻止毁灭地球的小行星撞击，从而避免大的灾难。如今，在发达国家中，生活品质的提高在很大程度上依赖于科技的进步，并且世界上越来越多的国家也正发生着这种变化。科技进步带来的好处是可以累积的，个人投资者甚至整个社会都会从中受益，因此公众支持科技方面的教育和研究是至关重要的。只有这样，我们的后代才能享有相较于前人更高的生活水平。

因此，果断地翻开这本书吧，开始一场奇幻并充满启迪的"冒险"，看看作者眼中那充满创新的世界。


——诺曼·奥古斯丁（Norman R. Augustine）
洛克希德·马丁公司前主席和首席执行官
美国国家科学院《站在风暴之上》竞争力委员会主席

# 序　2

相较人类自然生存"茹毛饮血"①的状态而言，在过去的 200 万年里，人类已经取得巨大的进步：寿命延长，活得更为健康，无须为确保足够多的后代能长到成年而无节制地生育，也不再局限于生活在热带丛林和东非草原上。事实上，人类几乎可以生活在地球的任何地方，从温带的农场到贫瘠的城市。发明和科学技术是当今世界变化和进步的动力，以不断增长的速度改变着我们的生活、工作、社会和环境。我们的祖辈长时间辛苦劳作，而我们每周只工作 40 小时即可，即便如此，现今每英亩（1 英亩 =4046.856 平方米）土地的产出却是祖辈的 4 倍。我们可以越过千山万水去走亲访友，透过电话听到亲友的声音，通过电脑与网络连接整个世界。了解发明是如何产生的，是如何有意无意地改变着世界，了解如何利用和管理发明，将会使世界上的每一个人受益。

这本书源于教授给普林斯顿大学新生的课程，旨在培养未来的人民及领袖，突出介绍人类历史上的一些重大发明，从 200 万年前出现在东非的第一把石斧到当今的全球网络。这些发明诞生于世界上许多地理区域和不同文明，从东非到中东、欧洲、美洲和亚洲。关于伟大的发明，我的标准包括：长时间满足大多数人的主要需求，带来科技的巨大进步，在改变人类生活水平方面有着长期效果。本书不是按照年代顺序、地理区域、文明或技术类型来组织内容，而是围绕人类的生活和工作，即围绕生产的工具和方法、食物和居所、健康和安全、交通和信息、娱乐和文化等来组织内容。当然，书中也列举和描述了一些主要的发明类型，如作物种植和织布的方法等，对一些有特色的发明则进行深度剖析，如亚历山大·弗莱明等人发现了青霉素，经过 10 年努力为反法西斯同盟的盟军诺曼底登陆提供充足的青霉素供应，并最终使之进入市场的故事等。

---

① 原文为 "nasty, brutish, and short"，语出英国哲学家托马斯·霍布斯（Thomas Hobbes，1588～1679）的著作《利维坦》（*Leviathan*）。霍布斯认为，人生在自然状态下"孤独、贫穷、龌龊、粗暴又短命"。

发明家按照其作用分为创造者和创新者，书中描述了他们的生活背景、围绕其发明所做的工作、发明的动机和方法，以及所得到的回报（如果有的话）等。发明诞生以后，有一部分发明者继续致力于商业化开发，使之取得市场成功。例如，威廉·珀金及其合成染料的发明。但大部分发明家则将开发的工作转给拥有商业资源和专业人才的组织，如弗莱明与青霉素。本书对发明的描述还包括其内在的科学规律、新技术的进步、产生的新市场，以及对我们的生活和工作所引发的变化等。

伟大的发明开启了人类历史的新时代。石斧的发明使得人类从依赖少量天然工具解决一小部分问题，发展到发明大量人造工具解决大量问题。火的使用让人类能够烹调食物、制作陶瓷、冶炼金属，也便于取暖，让人类能够从非洲热带移居到寒冷的地区。农业为人类提供丰足的食物，让人类能够放弃游牧生活，在村庄里定居下来，改善人类的营养和健康状况，提高了人类预期寿命和出生率。书写和印刷让人类能够记录历史，传承传说、智慧、认知和技术，也使得人类能够与远方的人们交流，与后人交流。蒸汽机不竭的能量和动力让磨坊和交通工业化。电脑和互联网连接世界让全球化成为可能。从世界范围来看，人们采用新技术的速度不尽相同，这使得早采用者相对于晚采用者或不采用者具有特殊的优势，这加剧了人类之间的不平等。发明的大规模应用也会导致自然生态的大规模改变，有利于具有经济价值的动植物种类，对其他种类则形成压制。科学技术的废弃物和副作用也会随时间累积，导致对环境的破坏。

我们期望未来不断繁荣，有更好的生活品质，这依赖于源源不断的新发明。我们面临着水、能源等自然资源的短缺，遭受飓风、地震等自然灾害的侵害，受到疟疾、艾滋病等传染性疾病的威胁，面对恐怖分子和核战争的阴影，迫切需求新的发明来解决这些问题。然而，源源不断的发明不可能是天上掉下的馅饼，它需要人类社会的付出——通过教育培养未来的科学家和工程师，为有前途的研究提供资助，对成功的发明家和创新型企业实行激励等。近些年对发明的支持不断减少，这一趋势令人担忧，长此以往，未来发明的速度将不足以满足人类的需求。这是美国国家科学院的研究报告《站在风暴之上》及其后续报告已明确指出的观点。我们已经拥有优于祖辈的生活水准，如何确保让子孙后代能延续这一趋势的任务很艰巨！

许多人对本书的写作做出了贡献，在此谨致谢忱！我要感谢选课的学生，他们帮我遴选素材，让我知道如何表述才能使内容更清晰易懂。诺曼·奥古斯丁（Norman Augustine）也加入教学之中，他告诉我有关政府部门和高科技产业对发明的权威观点。彼得·博古茨基（Peter Bogucki）提供了许多关于早期人类的考古学观点，他还送给我一把古代石斧，让我能够长期受到启发。沙瓦才让（Tsering W. Shawa）教会我如何用地图来呈现人类散居的图谱。在此特别要感谢我的家人。我的孩子亚历山大、克莉丝蒂娜和娜塔莎帮助我编辑和完善本书的部分章节，协助我寻找图片。我的妻子维吉尼亚给了我长久的支持和鼓励，这本书的完成应该归功于她。

**韦潜光**
普林斯顿大学

# 目　录

# 第1章
# 引言

发明通常被认为是一种能够使生活变得更加美好的新设备或新方法。我们来看看"发明"一词的一些正式定义。《牛津英语辞典》中称：发明可以是一个发现、一种制造工艺、一种新仪器的使用、一种设计或方案、一个凭空想象或一首巴特谱写的乐曲等。

美国专利局规定，申请专利的发明应当具有新颖性、创造性、实用性或具有工业应用条件。发明可以是一些全新的事物，不一定具有创新性，如一些科学发现可能并没有直接的实际应用。美国专利局规定了四种常见发明：①过程或方法；②机器；③制品；④物质成分。一项重大改进可以取得专利，但是，一个想法或建议要申请专利则必须有实际应用的完整描述，需能付诸实施。一项发明获得专利后，其所有人便拥有在若干年内使用该项发明的独占权，如20年。他也可以将此独占权授予其他方获取报酬。如果任何人未与专利所有权人签约，或未向专利所有权人支付报酬便使用此专利，那么专利所有权人可以起诉该人侵害其专利权。在实践中，市场上公开出售的某种专利产品是否受到侵权，是很容易被发现的；但是，某种制成品中是否包含某种专利物质，却不那么容易被发现。如果一个工厂安装了专利机器或设备，但拒绝对外开放，而你又没有搜查证，这种侵权就很难被发现。

我们一般认为，发明会带来一些满足我们物质需求的方法和手段，如食物、衣服、居所等。为了这些目的，我们发明了农具、纺织工具、梁柱和屋顶等。我们的精神需求——知识、真理和正义等美好事物，也得到了发明和技术的支持，包括能够记录、印刷的文字和图画，使得我们能够同万里之外的人或我们的子孙后代交流沟通，等等。基于全新的技术，鲜有像青霉素和晶体管之类的革命性突破和发明。大部分发明是基于现有技术做出改进，使该技术更加有效或变得高效（如硫化橡胶），或是为旧材料找到新用途（如把乙醚用于无痛手术和分娩）。

然而，什么是伟大的发明呢？它应当能使技术得到丰富或发展，增强技术力量，为我们的工作、生活、社会和环境带来好处。我们根据很多标准来评价一项发明，包括：①该技术之于现有技术的创新性；②凭借该技术，我们能够完成以往视为不可能完成的任务，而且还可能有令人欣喜的新发现；③为很多人带来长久的好处。

伟大的发明会带来巨大的突破，开启人类历史的新纪元。让我们想想大约400万年前居住在东非地区的早期人类，他们没有狮子那样锋利的牙齿来撕裂生肉。石斧是第一个伟大发明，它让我们的祖先可以像狮子一样食肉。我们不再仅仅依靠先天拥有的不够强大的牙齿和手脚，因为我们能够发明很多新的功能强大的工具。火的应用使人类发明了烹饪，可以把软化的硬肉和谷物作为食物，令陶瓷技术和冶金技术得以诞生，并使得人类能够在寒冷的北方定居。农业的出现增加了食物供应量，也使人类的食物供应更加稳定，这样，人们便可以定居于村落和城市。蒸汽机为生产和交通源源不断地供给能量，大大提高了生产能力，引发了工业革命。现代环境卫生和微生物理论降低了婴儿死亡率，人们再也不需要生很多孩子以确保其中两个能够长大成人。人类每一代都继承了前一代很多的技术和工具，同时在这些技术和工具的基础上，又发明了更加先进的技术和工具，让下一代受益。

根据杰里米·边沁<sup>①</sup>的"多数人之最大幸福"原则，用于治疗肺癌的药品可以让几百万人受益，比治愈几千人所患的罕见疾病的药品更加重要。另外，边沁还认为，幸福应按强度、持续时间和确定性划分等级。能够让我们活下来的发明要比满足虚荣心的发明更加有用；可以持续使用多年的发明要比很快被替代的发明更加有用；长期使用的药品要比只使用一段时间的药品更加有意义。

发明的直接效益是很明显的，如生火可以取暖和照明。然而，其非预期的间接效益（或伤害）常常出现得比较慢，却更加重要。例如，火可以用于烹饪、软化粗硬的谷类，制作陶器，冶炼青铜和铁等。1856 年，威廉·珀金（William

---

① 杰里米·边沁（Jeremy Bentham，1748～1832），英国法理学家、功利主义哲学家、经济学家和社会改革者——译者注。

Perkin）发明合成苯胺紫 ① 染料，没过多久就被更新更好的染料所替代，但很多化学家和企业家从该发明中得到灵感，后来出现了很多新的合成染料和合成药品，如磺胺药物等。这些新药品成为现代医学产业的基础，拯救了数百万的生命。1920 年发明的制冷剂氟利昂可以使家用电冰箱更加安全，避免失火和释放有毒物质，但由于其在大气中经年累积，会导致臭氧空洞和全球变暖，使得它不再适用。

## 1.1　发明家和发明

想想伟大的发明出现于何地、何时，由何人发明？发明家受到何物激发？他们使用何种方法？他们的发明又有哪些革命性影响？

### 1.1.1　发明的摇篮

在过去的几百年里，地球上出现最多发明的地方是欧洲西部，其次是北美洲。气候与发明之间是否有关联？我们可以使用基于一年中每月温度和降水量分布的"柯本气候分类法"来分析一下。梅林杰（Mellinger）、萨克斯（Sachs）和盖洛普（Gallup）发现：海洋或海洋通航水道 100 千米范围内的温带地区只占全球陆地面积的 8%，却居住着全球 23% 的人口，GDP（国内生产总值）占全球总量的 53%，这也是现代社会发明最多、生活水平最高的地方。

在远古时代，出现最多发明的地方是在气候干燥的地区（如美索不达米亚和埃及）和大河两岸地区。在近古社会，发明最多且经济发达的地方往往是在湿润温和的地带（如雅典、罗马、伦敦、西安和费城等），而湿润凉爽地带的发明相对不多（如波士顿和柏林）。亚马孙河和刚果盆地地区属于热带湿润的赤道气候，人口密集，但没有很多发明；寒冷的北极和高地气候地区，人口不多，发明也不多。

古代最重要的发明出现在热带地区，并逐渐地迁移到温暖的亚热带地区，

---

① 苯胺紫亦称"冒酞"，第一个人工合成的紫色染料，由英国化学家威廉·柏金于 1856 年在合成奎宁的实验中偶然发现获得。

后来又迁移到凉爽温和的地区。让我们从6种伟大发明来看一下这种迁移：石斧最早出现于200万年前的坦桑尼亚奥杜威峡谷（南纬5度）；火的使用最早出现于50万年前的中国周口店（北纬40度）；农业最早出现于1万年前的新月沃地①（北纬33度）；书写最早出现于3500年前的美索不达米亚（北纬33度）；蒸汽机最早出现于1750年的苏格兰（北纬56度）；电子数字计算机最早出现于20世纪的英国（北纬51度）和美国（北纬41度）。这些伟大的发明随着时间的推移不断向北迁移。

在人类历史上，欧亚大陆和北美洲的气候不是一直不变的。200多万年前，上新世时期的全球气温明显比其后的更新世寒冷，可能比1950年低2～6℃，欧洲北部和北美洲大部分地区都被冰层覆盖。从1万多年前全新世开始，冰期结束，全球气温明显上升。

为何大部分伟大发明会出现在气候温和的地方，又为何恰巧出现于当时？谈到发明所需的条件，我们时常会列举以下几种条件。

（1）环境。狩猎人和采集人需要健康、适宜的气候，以及适合动植物生长的气温、降水量和土壤，这样才能获取足够的食物。农夫需要找到能够驯养的动植物、用于建造房屋的石头和黏土、用作燃料的树木，以及冶金矿石等。温带气候容易产生季节更替和狂风暴雨，居民不得不勇敢面对自然灾难，努力解决生存问题。阿诺德·约瑟夫·汤因比提出文明起源的黄金分割点理论：一群人舒适安逸地生活了很长一段时间后，需要接受刺激或挑战，对外界变化做出反应，进入一种积极创造的状态。刺激有很多种，如生活在艰苦的乡村环境中、迁移至新住所、敌人带来的外部打击、内部社会压力和惩罚等。如果需要予以刺激唤醒在安逸中度日的人们，那么是否刺激越多就越好呢？汤因比认为，挑战要足以产生刺激，但不能过大，不能超出人们承受的能力范围。他因此给出以下几个例子进行说明：

> 维京时代，生活在斯堪的纳维亚的维京人享受着温和的气候，他
>
> 们的生活舒适安逸，没有创作出多少文化；冰岛气候寒冷，土壤贫瘠，

---

① 新月沃地是指西亚、北非地区两河流域及附近一连串肥沃的土地。由于这一地区在地图上好似一弯新月，因而被称为"新月沃地"。

生活在那里的维京人创造了很多文化；而生活在格陵兰岛的维京人，他们的生活环境更加寒冷、更加贫瘠，需要时时为生存而努力，几乎没有创造文化的时间。

　　曾生活在美国弗吉尼亚州和卡罗莱纳州的欧洲人，他们的生活舒适安乐，没有做出多少文化贡献；生活在美国马萨诸塞州的欧洲人，由于当地气候恶劣、土壤多石，创造出灿烂的文化和发达的商业；但生活在美国缅因州和加拿大新斯科舍省的欧洲人，他们谋生困难，几乎没有时间创造文化。

如果我们按挑战难度为气候带分等级，从难度最小的挑战到难度最大的挑战，最佳的气候带大概是位于中间。按照难度从小到大排列，我们可能获得以下结果：潮湿的赤道地区<湿润温和地区<湿润寒冷地区<干燥地区<高原地区<南北极地区。但为什么北美洲在哥伦布到来以前一直处于"休眠状态"，1950年以后却一跃成为全世界最强大的地区？只靠环境因素不足以解释这个问题。

　　（2）联系和继承。发明家需要受到他们从祖先那里继承来的技术的刺激。另外，他们还需要向遇见的"邻居"和"游客"学习。他们需要依靠交通运输与其他人进行交易和沟通，学习新的观念和技术。杰拉德·戴蒙德（Jared Diamond）认为，欧亚大陆气候温和，变化不大，西欧国家的人们可能会旅行1.3万千米到东亚国家，学习和吸收其他国家人们的发明和观念。从另一方面来说，北美洲和南美洲的民族是相对孤立的部落，如果要从白令海峡旅行1.3万公里到火地岛，就要横越很多气候带，他们需要适应新的食物来源和有害物，适时取暖和降温。同样地，大洋洲民族与欧亚地区善于发明的部落也是隔绝的。这个"联系和继承"的要求不能解释为何非洲于一时辉煌之后没有再继续辉煌下去，为何罗马在东罗马帝国时期与文艺复兴时期之间处于长期"休眠状态"，为何穆罕默德出世后伊斯兰文明突然诞生，为何成吉思汗和忽必烈之后的蒙古长期静默，等等。

　　（3）灵魂和领袖。一种文明的创造力和推动力，以及后来的停滞和衰落，有很多难以分析与解释的原因。我们可以列出一系列影响因素：内在传统、哲学、宗教、外部挑战、乐观主义、稳定性和安全性、是否欢迎新观念、是否愿意接受进步观念和奖励创新者等。奥斯瓦尔德·斯宾格勒（Oswald Spengler）认为，每一种伟大的文明都有一种精神，从愚昧野蛮中苏醒到新文明诞生，从帝国发展顶峰到衰落，直至消亡，这种精神可以穿越千年：希腊罗马文明的阿波罗精神，从梅罗文加王朝到如今西方文明的浮士德精神。这种解释可以视为一种受神灵启示的预言，而不是科学方法，因为它没有提供任何预示未来精神到来的原则。

## 1.1.2  创造力

我们对第一把石斧的发明人知之甚少，他生活在大约两三百万年前的东非地区。但在文字发明以后，我们开始拥有关于发明家的一些书面文件和资料。发明人是何人，他们有什么样的背景，所受教育情况如何？他们为何对发明产生兴趣，他们使用何种工具和手段？他们的发明具有哪些革新性？

在古代，大部分人都为他们眼前的需求而劳碌，只有少数人有闲暇去做短期内不会带来收益的事情。在人类历史上，有名字记录的最早的发明家可能是印和滇、大禹。印和滇生活在公元前 2600 年的埃及，他是法老左塞尔的大臣、太阳神拉的大祭司，也是埃及第一位工程师、建筑家和医师。他发明了古本手卷和建筑梁柱，死后被奉为神灵。大禹约生活在公元前 2060 年的中国，他是夏朝的创建人和首位君王。那时，中国遭遇严重洪灾，尧帝把治洪任务指派给大臣鲧。鲧建造了很多堤坝，但没能平息洪水，尧帝杀了鲧，又把这项任务派给鲧的儿子禹。禹没有建造堤坝，而是重新挖掘河道，用来泄洪和灌溉。禹花费 13 年成功治理了洪水，受到尧帝嘉奖，尧将帝位传给了禹[①]。这两位发明家的职务繁多，平时非常忙碌，他们只花了一点时间在发明上面。自印和滇、大禹以后，再无其他发明家受到与他们同等的肯定和尊敬。

发明家一般可以分为业余爱好者和专业人士。业余爱好者把发明作为爱好或副业，而获得支持的专业人士则可能为名为利而发明。

发明需要时间和耐心。发明家要有乐观态度，还可能有其他的谋生手段。

---

① 译者注：原文如此。

兼职发明家一般有其他职业或继承了遗产，闲暇之时才从事发明活动。阿基米德（公元前 287～前 212）是一位富有的贵族，他是西拉库塞国王的亲戚和顾问。他没有谋生忧虑，拥有大量的时间从事科学发现和发明，如把金属浸入水缸测定密度的方法、从河里汲水的阿基米德水泵等。其他业余发明家，如亚历山大·弗莱明和威廉·康拉德·伦琴，是从事教学和科学研究活动的教授。由于他们的偶然发现，带来了巨大的商业成功。

独立企业家是指没有政府或公司的资助，放弃正常职业投身发明，希望获取声望和财富的一类人。詹姆斯·瓦特（James Watt）发明了好几台改良式蒸汽机，后与马修·博尔顿（Matthew Bolton）合作。查尔斯·固特异（Charles Goodyear）放弃其他工作，专心研究改良橡胶的方法。亚历山大·格雷厄姆·贝尔（Alexander Graham Bell）发明了电话。托马斯·爱迪生（Thomas Edison）是最早以发明为主要职业和收入来源的个人之一，他用之前发明赚来的资金，于 1876 年在新泽西州门洛帕克建立了独立的工业研究实验室。硅谷有很多这样的独立企业家，有些人年纪轻轻就发财致富了。

企业员工如果受企业或政府雇用从事研究和发明活动，他们可能需要签署有关未来专利权和利润归属雇主的合同协议书。莱昂纳多·达·芬奇（Leonardo da Vinci，1452～1519）是一位画家和军事工程师，受雇于米兰公爵和弗朗西斯一世，他发明了防御工事和攻城器械，以及飞行机器等。珀金发明染料后，赫斯特、拜尔和巴斯夫等几家德国公司纷纷投资研究活动，向各所大学聘请优秀毕业生，以更低的成本发明更高质量的新染料，后来又扩展到医药品领域，发明了磺胺药类。除其研制火药的传统行业外，1902 年，杜邦公司成立了研究实验室，从传统的火药制造业向新的领域拓展，并聘请华莱士·卡罗瑟斯（Wallace Carothers），他在该实验室发明了尼龙。托马斯·米基利（Thomas Midgley）在通用汽车公司实验室发明了四乙基铅和含氯氟烃（CFC）的制冷剂。1925 年，美国电话电报公司成立贝尔实验室，其中最著名的一个发明是晶体管，它是由巴丁、布拉顿和肖克利（Bardeen-Brattain-Shockley）组成的研究小组发明的。企业资助是发明家的最大支持之一，由受过特别培训的科学家和工程师组成研究团队，在特别的建筑物和实验室内，使用现代设备和器械，全职从事发明和相关活动，企业支付他们薪酬。

发明家的成功在很大程度上要归功于社会鼓励，发明前给予他们支持，发明后给予他们奖励。公众支持包括科学技术教育、科研补助金和专利保护等。专利保护准许发明家在发明专利申请成功后 17～20 年独享他们的发明。另一种鼓励是给予发明家以奖品和赞赏等公共荣誉，如诺贝尔奖和发明家名人纪念馆等。

是什么激励发明家发明某物呢？我们通常说，需要是发明之母。这说明很多发明始于有需求的、不满足的客户，然后发明家特意去寻找解决问题的方法。这类受市场需求刺激从事科研活动，从而出现的发明有很多。生橡胶用于制造雨衣和玩具球，但它们遇冷会变脆，遇热会变得黏稠。查尔斯·固特异找到了改进生橡胶性能的方法，他把令人不满意的生橡胶变成一种有用的产品，花了 5 年时间进行反复试验，最后发现硫和热能可以使橡胶硫化。纽科门蒸汽机主要用于给被水淹的矿井排水，但工作效率很低，浪费大量煤炭。詹姆斯·瓦特对这种蒸汽机做了很多改进，提高它的工作效率，这种成本低廉又能持续工作的发动机引发了工业革命。家用冰箱最初使用大量有毒、易燃的制冷剂，如二氧化硫和氨水等，存在严重的安全隐患。托马斯·米基利受邀前去研发一种无毒、不可燃的制冷剂，后来他发明了含氯氟烃的制冷剂。在现代公司或政府机构中，发明需求可能始于营销部门，它会反馈一些需求得不到满足的、寻求更好产品的客户意见。

另一种发明模式是从技术开始，然后寻找客户。研究者可能无意中或在寻找其他东西时，改进了现有技术或发明了新技术。研究者也可能从一种已被证明能够满足某个市场需求的"平台"技术开始，而去寻找需求同一种或稍加改进的技术的其他市场。这类发明有时被称为技术推动型发明，因为研究者事先具有技术能力。瓦特蒸汽机能够高效地抽取矿井内的水，罗伯特·富尔顿用它驱动汽船，而乔治·史蒂芬孙（George Stephenson）对它改良后用于驱动火车，甚至纺织工业用它为纺织厂供给动力。氯氟烃不可燃且无毒，能够有效地应用于冰箱和空调制冷中，此外，还适用于其他用途，如压缩喷雾剂和清洁计算机上的灰尘等。

当某项发明引发以往不存在的新需求，从而诞生一个全新市场时，就会发生最具创新性的事件。1850 年，可供使用的植物和矿物染料种类很少，色彩单调，人们并不知道有可能出现更多种类、更多色彩的染料，因而他们也不抱有此种奢望。珀金是一名 18 岁的男学生，当时在家休假，他尝试寻找一种方法合成奎宁，用于治疗疟疾，但他在氧化煤焦油时发现了一种色彩鲜艳的染料。后来，他又发现了更多鲜艳的染料，现代化学工业也随之诞生。在人类历史早期，很多人因身患传染病而死，但患有这类疾病的人在当时并不知道可以发明特效药治愈这类疾病。亚历山大·弗莱明在伦敦一家医院研究葡萄球菌，他在脏乱的实验室里用培养皿培养菌落，偶然发现受绿霉污染的区域附近不会生长其他细菌菌落，就这样，他发现了被他命名为"青霉素"的物质。这种物质后来广泛应用于医学药品，从而出现了抗生素的新市场。同样地，在个人计算机、移动电话或互联网出现之前，也没有这类市场需求。史蒂芬·乔布斯（Steven Jobs）以预测公众欢迎的发明而著名：在 iPad 和 iPhone 推出之前，公众无法想象这种奇迹般的机器，而在它们被推出之后，公众的生活就离不开它们了。

　　200 万年前发明的石斧具有自然形成的锋利的刃，可以用来切肉，此后经常被使用。在接下来的 200 万年，通过随意补修和反复试验，人们记住生产更好产品的方法，不断进行改进，这是一个漫长的过程。这个基于经验的发明过程，没有科学理论和系统数据的指导。今日，在科学认识还不充足的领域，这种方法还在沿用。

　　保罗·埃尔利希（Paul Ehrlich）是一位医生，一直在寻找一种可以治疗梅毒、没有严重副作用的药物，并认为砷具有这种功效。他使用其他化学药品与砷进行反应，生成很多新的化合物，他相信其中一种化合物对人体的毒性不大，而且能够治疗梅毒。他共合成 606 种砷化物，发现化合物撒尔佛散（Salvarsan，又名砷凡纳明）具有所需的性质。随机搜索成千上万种实验对象，是一项非常缓慢且花费不菲的任务，但如果目的十分重要，又无知识或理论指导，这是值得去做的。这种方法有时被称为"爱迪生方法"，因为托马斯·爱迪生在寻找白炽灯的碳细丝时使用过这种方法。最近，科研人员在寻找治疗子宫癌和乳腺癌的药物紫杉酚时，也使用了这种方法。

　　文艺复兴时期出现了现代科学方法，它们成为最有生产力的发明所用的新方法。1620 年，弗朗西斯·培根（Francis Bacon）把科学方法定义为以下步骤的无限循环：

　　①观察现象，记录观察结果的规律性和再现性，多次测量确认。

②对该现象原因做出解释假定。

③根据这个假定，预测可能观察和测量的其他现象。

④设计并执行实验，对预测进行实验，比较实验结果，确认或否定假定的有效性。

⑤如果实验确认了预测，那么假定将获得更多支持；如果实验否定了预测，那么将需要对假定进行修改，返回到第③步，重复这个循环。

科学方法产生了一系列支配实体世界的基本理论，如牛顿运动定律、麦克斯韦电磁学定律和热力学第二定律等。多年系统实验带来了物质性质知识和数据库。在现代，出现了大量科学知识和解释，成为很多发明的基础。科学和工程教育培养了很多工人，他们具有基于科学知识进行发明的必需背景。

现代发明家学习物理学和生物学定律，能够可靠地预测采取某种行为会产生哪些结果，登上2万英尺（1英尺=30.48厘米）的高峰会是什么情况，水的沸点是多少，煮熟一个鸡蛋要多长时间，或者如何操作高压锅以控制其压力，如何在2分钟内煮熟一个鸡蛋，而不是用5分钟煮熟一个鸡蛋……现今很多技术都是基于可靠的科学，再辅以可靠性不高的直觉和预感，以及艺术家的技能和灵感。单独依靠经验的发明速度相对缓慢，有时往往需要很长时间，在中世纪，西方基本处于一种休眠状态，但自从科学方法出现以后，其基于科学的发明速度明显快多了。

多数发明包含在一系列不断发展的关联紧密的发明中，可以把它们作为一种随时间变化的连续体进行研究。在这个发明系列中，每个发明都可以被视为是一种增量，这是因为它们做出了细微或明显的技术改进，或者使产品满足了不同的市场应用需求。经过数年改进后，此类技术常常会达到成熟状态，不能再进行改进。具有突破性意义的发明会带来革命性的改进，因为它们包含意想不到的、全新的理念，以后会产生很多应用和改进方法。

表1-1列出了从当前技术到改进技术，最后到革新技术的发明"矩阵"。各列技术是指服务当前市场的技术、服务其他市场的技术，以及最后开发全新市场的技术。对于增长型发明，研究者从当前技术所服务的当前市场开始，寻找成本更低或质量更高的增长型技术，或者开发新市场。对发明家来说，这是相对安全的路径，风险不大，有现成的技术，也有接受技术的市场。但是，这种

发明的名声和财富回报不大。以下是三种增长型发明：

①保持相同的市场，寻找改进技术。例如，柳皮水杨酸可以治疗头痛，但对胃部刺激很大。费利克斯·霍夫曼（Felix Hoffman）在水杨酸中加入了乙酰基，变成阿司匹林，阿司匹林具有相同的效用，但对胃部刺激较小。

②"平台"类技术，某种技术已成功应用于一种用途，同时探寻出其他用途。肉毒素是来自肉毒杆菌的致命毒药，会导致肌肉麻痹。多年以后，人们发现它可以去除面部皱纹。

③蒸汽机能够抽取矿井内的积水。罗伯特·富尔顿对瓦特蒸汽机进行改良后，使它用于驱动在哈得逊河上的汽轮。乔治·史蒂芬孙对其改良后用于驱动火车。

表 1-1　从当前技术到改进技术，再到革新技术的发明"矩阵"

| | 服务当前市场 | 服务其他市场 | 开发全新市场 |
|---|---|---|---|
| 当前技术 | 照常营业 | ②用于去除皮肤皱纹的肉毒素 | ⑥莫顿发明麻醉剂乙醚 |
| 改进技术 | ①霍夫曼改进阿司匹林 | ③富尔顿和史蒂芬孙把蒸汽机改良后用于驱动汽轮和火车 | ⑦移动电话 |
| 革新技术 | ④米基利发明含氯氟烃冰箱制冷剂 | ⑤米基利发明的含氯氟烃（CFC）用于空调系统和烟雾剂 | ⑧珀金合成纺织物染料，弗莱明发现抗生素青霉菌 |

有时，我们会因看到技术出现突破性进步而欣喜欢悦。这种突破性发明风险较大，因为我们可能很难保证这种技术是有效的、安全的和经济的。

④托马斯·米基利受邀发明一种不可燃且无毒的制冷剂，适用于家用冰箱。他没有研究当时已有的制冷剂，如二氧化硫和氨水等，也不使用添加剂或替代物改良它们的属性，而是使用门捷列夫周期表发现了一种新型化合物，即氯氟烃（CFC）。

⑤由于制冷剂含氯氟烃能够有效应用于冰箱，其无毒、不可燃的性质也使它能够用于空调系统和烟雾剂。

有时，我们会开发出先前没有的全新市场。这也是有风险的，因为客户可能不接受这种不熟悉的新技术，并可能拒绝使用这种技术。

⑥乙醚是一种去除溶剂和油漆的化学药品。莫顿把乙醚作为麻醉剂应用于外科手术，能够减轻患者疼痛。在乙醚被用作麻醉剂之前，并不存在需要有效

安全麻醉剂的市场。

⑦人们对传统电话做出很多变更后，发明了蜂窝式移动电话，这种电话易于携带，不需要使用一条电话线固定在墙壁上。它创造了蜂窝式移动电话的新市场。

毋庸置疑，令人兴奋的发明在诞生时同时也会出现具有革命性的技术和新兴市场。这些发明家要承受双倍风险，因为技术可能没用，并且公众可能不会接受这种新产品。

⑧珀金使用煤焦油合成苯胺紫是一种全新技术，它能产生从未有过的鲜艳而迷人的颜色，从而开辟了合成染料的新领域。弗莱明发现的青霉素拯救了数百万人，使他们免于细菌感染，从而开创了抗生素的新领域。在珀金和弗莱明之前，染料和药物来自植物和土壤，而这两种发明使人们认识到合成化学具有无穷的潜能。他们开创的领域要比这两种发明有价值得多。

## 1.2　创新、开发和传播

约瑟夫·阿洛伊斯·熊彼特曾经说过，未得到广泛应用的发明只是不相关的人类活动而已。有成千上万的具有独创性的、令人赞叹的发明并没有被大规模生产，也没有被用于改变这个世界。公元 1 世纪亚历山大港的希罗（Hero）利用喷气动力发明了蒸汽机，但它被视为一种珍奇事物，没有用于造福社会。莱昂纳多·达·芬奇发明了很多飞行器，但它们没有用于改变交通或战争。来自佐治亚州的克劳福德·威廉森·朗实际上早于威廉·莫顿很多年就把乙醚用作手术麻醉剂，但朗并没有公布他的这项发明，所以没有在后来的医疗历史上产生过影响。在人类历史上的无数发明中，只有少数发明走过漫长而艰难的道路，经历发明到发展、大规模生产、在市场上大量销售，直至在世界上产生重大变革。

一项发明在满足以下条件之前是不会被广泛应用的——适合生产，符合市场上客户的要求，有充足的资金可以支付它产生收入前的花费。有些人认为，在一项创新或发明成功之前，存在两种独立的活动：①在具有或不具有经济动机的条件下从事发明活动；②企业家为经济发展目的从事创新活动。例如，原子弹和雷达是政府为政治和军事目的组织人员从事的创新活动。

## 1.2.1　开发

在发明某种技术以后，要把这种技术概念转化为一种或多种产品，以满足市场的特定需求，使它能够大量销售，而且，销售价格要能与其他产品相竞争。必须能够使用合适的生产过程、原材料、设备和设施，在工厂生产产品，生产成本必须合理。整个创新过程必须在某些人的领导下进行，还必须有足够的资金支付相关费用，直至产品能够在市场上大量销售。由于有很多技能不同的人参与这些活动，必须协调好他们的工作。

美国杜邦公司的华莱士·卡罗瑟斯发现，十六碳二酸与三碳醇发生反应能够生成聚合物纤维，这种纤维熔点低于 100℃。杜邦会使用这种可以为股东产生利润的技术生产什么产品呢？杜邦决定为女士生产奢侈的尼龙长袜，因为它已经具有制造纺织行业半合成人造纤维的经验，而且一双尼龙长袜只需要几克聚合物，又能够以高价出售。这个决定带来了很多开发、生产和营销问题。尼龙长袜要替代市场上的丝袜，它必须具有丝袜所没有的优势，且销售价格也不能高出丝袜很多。丝袜必须烫平，所以它的熔点要高；杜邦找到一种溶液，以二胺替代二醇，提高产品熔点。杜邦公司如何从大量廉价的煤焦油或汽油中提取二酸和二胺原材料呢？经过大量实验后，杜邦公司决定转换为六碳二酸和六碳二胺，它们可以从大量六碳苯中提取，并命名为尼龙 66。这种聚合物还必须熔化后使用金刚石拉模牵拉，然后缠绕在厚度和弹性合适的纤维上。杜邦公司对这个决定信心十足，利用以往的收入为开发项目提供资金。卡罗瑟斯发明这种聚合物纤维后，杜邦公司过了 10 年才生产出第一款令人满意的产品。

自亚历山大·弗莱明在圣玛丽医院的培养皿中发现青霉素后，又过了十多年，青霉素才成为治疗数百万患者的药物。弗莱明是一位细菌学家，他不知道如何生产和销售新药物。他在浓度为 30 ppm（百万分比浓度）的溶液中发现了青霉素，但他没有提取和纯化这种药物用于动物和人类临床试验的知识和技能。他能够在一个培养皿中培养几毫克青霉素，却不能使用 100 万个培养皿培养 1 克青霉素。有些纯化和试验在 10 年后被牛津大学化学家霍华德·弗洛里（Howard Florey）和恩斯特·钱恩（Ernst Chain）解决了。当时，英国处于战争

13

时期，不具备生产青霉素的工业能力，后来弗洛里乘船前往美国寻求帮助。青霉素是一种非常不稳定的液体，大约 3 小时就会分解，弗洛里不知道如何把它储存起来以应用于临床治疗。这些问题得到解决后，就需要有大量资金投入，用于建造工厂，购买机器和原材料，招聘和培训人员，建立仓储和分销组织等。美国科学研究委员会是管理这些开发活动的承包商，它将不同任务分派给很多组织和研究员，说服美国总统和国防部承担风险并提供资助。

也许所有发明里有 99% 以上不能进入市场销售，或者由于它们不能遇到有雄厚资金的企业家，以承担开发—生产—销售过程的昂贵费用，或者由于它们在这个过程中遇到了阻碍。有一种疾病被称为"黑热病"，通过沙蝇传播，每年有 50 万人身染此病而亡，是继疟疾之后世界上第二大"寄生杀手"。这种疾病主要发生在印度、孟加拉国、尼泊尔、苏丹和巴西等国的贫苦人群中。巴龙霉素在 20 世纪 60 年代被发现，看起来很有应用前景，但由于第三期临床试验费用很高，而且很难产生多于开发费用的利润，最终被放弃研究。比尔及梅琳达·盖茨基金会等许多私人基金会开始资助这种被忽视的药物的研发。但在药物被证实有效，确定它产生的副作用可以忽略不计之后，要把药物销往偏僻村庄时，却发现那里山路崎岖，分销成了第二个阻碍。

在过去的两个世纪，出现了几种成功的分销模式，以管理从发明到市场销售整个开发过程。

● 发明家－企业家模式。1856 年，威廉·珀金无意间发现了苯胺紫。当时，珀金 18 岁，在学校上学。他知道，这种色彩鲜艳的紫色，可以用于纺织品染色。于是，他放弃学业，转而同父亲和兄弟合伙开发生产过程，购买必需的原材料，联系纺织品制造商，说服他们使用自己的染料，并且建立工厂，监督染料生产和装运。除从事发明和开发活动外，珀金还是个企业家，不但要寻求财务支持，还要从头到尾管理一家完整的企业。托马斯·爱迪生也学习珀金开办公司，赚了很多钱。炸药发明人阿尔弗雷德·诺贝尔（Alfred Nobel）也是一位发明家兼企业家。硅谷信息技术创业企业家中也有一些是现代发明家兼企业家，尤其是不需要巨额资金投资设备和设施的软件行业。

- 公司收购模式。弗里茨·哈伯（Fritz Haber）告诉巴斯夫公司，他已找到了利用空气和水合成氨的方法，但他没有资金或设备研发生产工艺。巴斯夫公司收购了哈伯的专利权，并聘请哈伯担任顾问。然后，公司在卡尔·博施（Carl Bosch）的指导下进行生产工艺研发，建造工厂，向德国政府出售产品，并负担相关经费。硅谷很多创业公司把自己出售给大型企业，得到赚取更大利润的机会，而不是独立发展，或者为了控制权去承担更多的风险。

- 中央命令模式。例如，杜邦公司聘请华莱士·卡罗瑟斯从事研究活动。1935 年，尼龙问世后，公司决定把尼龙用于长袜开发。杜邦公司指派很多有才干的研究者解决生产和营销问题，同时为整个项目提供资金支持。这种模式适合那些雇员众多、资金雄厚的公司。

- 联营模式。弗莱明发现的青霉素起初由弗洛里和钱恩开发，后来很多具备化学工程技能的美国企业组织参与开发活动，以实现大规模生产、纯化、浓缩和稳定化，便于产品储存和装运。这个过程得到美国政府的资金支持，青霉素为世界反法西斯战争做出了贡献。

## 1.2.2　工厂生产和市场渗透

如果不具备大量的生产要素，没有任何发明能够以合理成本投入大规模生产。例如，撒哈拉地区和格陵兰岛不适合以农业作为生产手段，因为那里的气候和土壤均不适合农业生产。南非出产钻石，但缺乏技术熟练的钻石工人或合适的营销渠道。所以，钻石原石被输送到荷兰和以色列打磨成宝石，然后在豪华的展示厅中出售。恩里科·费密（Enrico Fermi）在芝加哥用实验证明了原子连锁反应原理，但在分离和浓缩足量的铀 -235，并通过中子轰击产生钚之前，不能制造原子弹。

经济学家通常认为“生产要素”包括土地、劳动力、资本和技术。

“土地”包括土地等自然资源——气候冷暖，温差大小，降水量是否丰富，动物、植物、矿产资源是否丰富，以及土壤是否肥沃等。

“劳动力”包括工人总数、年龄分布、健康和精力状况、教育背景和技能，以及勤劳和创造力等无形方面。另一个不可或缺的因素是"创业能力",它是指领导能力、对企业的总体看法、寻找资金的能力、担负责任和做出风险决策的勇气等。

"资本"包括对生产技术和机器、工具、建筑物、发明、专利和生产方法等的资本投资。它还包括社会对公共交通基础设施的投资,以便能够高效地运输原材料;社会对电话和互联网等信息基础设施的投资;社会对可靠电力和水等公用设施的投资。

"技术"不属于传统生产要素,但必须包含在员工教育和以往的经验中,如专利和商业秘密等。

如果某个客户群体在一段时间内稳定购买一种产品,则说明这种产品能够满足他们的要求。客户必须能够从产品中受益,并且必须具有购买力,能够按标价购买产品。客户通常可以选择市场上的其他产品,并进行成本/效益分析,以确定这种产品是否值得购买,因为它价格低廉,或者具有比其他产品更好的效益。尼龙长袜等消费产品、油轮等商业产品,以及核潜艇等政府产品的客户需求和限制是不同的。企业家必须努力去了解每个客户群体的需求、预算和市场竞争力,并根据现实情况,对产品和价格做出变更。

在人类历史上,发明常常随着贸易、移民或殖民到达世界各地。商人往往最早进入孤立的部落,让本地人接触到新货物和新方法。马可·波罗从中国为西方世界带回了很多发明,如面条等。和平移民和军事征服使更多发明涌入新地区,如新大陆涌现出马匹和火器等。新技术传播会遇到很多消费壁垒,使它多年以后才会被接受。除成本/效益和竞争外,新产品在进入市场之前,也会遇到很多社会壁垒,如惯性、排外心理、宗教和文化禁忌等。新型播放器等技术的创新者要自己先使用这些新技术,展示给其他人观看,然后慢慢才会有一些有勇气的人接受这些新技术,继而为大众广泛接受。首先接受新技术的人往往更年轻、受过较良好教育、社会经济地位较高,并且喜欢做他们那一代人的时尚领导者。然后,由于这些首先接受新技术的人对这些新技术感到满意,并且推荐这些新技术,慢慢地就会有很多人加入他们的行列。紧随其后的群体是那些较晚接受新技术的人,他们在思想上比较保守、顽固和多疑。最后是那些落后群体,他们根本不愿加入这个行列。最晚接受新技术的人和落后的人都是较年老且多疑的人,相对不喜欢改变，所受教育程度不高，也处于较低的社会经济地位。

美国人口调查局公布的 2007 年相对较新的互联网技术数据显示，在年收入 10 万美元以上的较富有人群和年龄在 44 岁以下的人群中，互联网的使用人数超过了 4/5。而在收入低于 2 万美元的低收入人群和年龄大于 65 岁的人群中，使用互联网的人数不到 1/3。

世界银行公布的《世界发展指标》提供了以下有关信息技术使用情况的数据（表 1-2），这是以每千人为使用单位的国际比较数据。高收入国家拥有电视机的人数是低收入国家的 10 倍，而高收入国家使用计算机的人数是低收入国家的 100 倍。在这种情况下，广泛使用不仅是需求问题，还受到购买力和教育程度影响。

表 1-2  不同收入类型的国家信息技术使用情况

| 不同收入类型的国家和美国 | 收音机 台/千人 | 电视机 台/千人 | 个人计算机 台/千人 | 互联网 人/千人 |
|---|---|---|---|---|
| 低收入国家 | 139 | 91 | 7.5 | 10 |
| 中低收入国家 | 360 | 326 | 37.7 | 46 |
| 中高收入国家 | 466 | 326 | 100.5 | 149 |
| 高收入国家 | 1266 | 735 | 466.9 | 364 |
| 美国 | 2117 | 938 | 658.9 | 551 |

## 1.3  改变世界

发明既会促进技术发展，又会对社会产生有利或有害的影响。很多人认为，新技术基本上是有利的，能够为社会提供更多选择，即使有时候会产生危害，人们也应欣然接受不可避免的进步。有些人则认为，很多技术发展基本上都是有害的，因为它们可能会落入没有道德的个人或组织手中而被滥用。蒸汽机和青霉素常常被认为是有益的发明，只有很小的不利影响，但大规模杀伤性武器经常被认为是有害的。在自由市场中，发明人主要迎合具有强大购买力的人，而往往忽视具有道德忧虑或购买力较弱的人们的看法。在一些国家或地区，只有当政府和非政府组织产生市场需求时，发明人才会去满足穷人和弱势群体的需求。

## 1.3.1 转化活动

当亚当和夏娃被驱逐出伊甸园时，上帝告诉他们，"你们必流汗满面才能得以糊口。"有史以来，人类必须通过劳作来生产生活必需品。当优秀的发明看似能够增强我们的能力，使我们能够产出原先认为不可能的成果时，人类历史就向前跨进了一大步。但是，多数发明的目的都是很普通的，那就是提高我们的工作效率和生产能力。生产能力基本上决定了我们的生活是否舒适，以及是否能够轻松地为我们和我们的家庭创造必需品、奢侈品和其他服务，它还会影响我们的自尊、成就感、生活目的和帮助他人的能力等。

有些非常伟大的发明大大增强了人类的能力，使我们能够完成以往不可能完成的工作。在人类历史上，有不少新发明的出现改变了我们的工作和生活方式，进而开创了历史新纪元。

石斧是人类的第一个重要发明，从此以后，人类就开始走上快速发展的道路。身为人类，就意味着我们能够通过自己的创造力增强自然禀赋。人类的第一个发明出现在两三百万年前的东非地区，它标志着旧石器时代的开始。人类不是唯一一种利用自然物体增补牙齿和手脚的动物，但我们能够设计、制造和不断改进各种工具。或许，人类的早期发明只是用于狩猎和战争的木棒或角棒，它们已随着时间的流逝腐烂消失。石斧是现存最古老的人造物品，它是为了某种功能而设计和制造的，并在几百年内不断得到改进。这个发明最重要的结果是，人类从此不再完全依赖于大自然提供的工具，而是开始自己发明工具来弥补天生的不足。石斧可以说是所有发明的"祖先"。

在使用火之前，人类必须生活在温暖的气候中，只能在白天活动，食物只有容易消化的水果和坚果，而不能食用尚未烹煮的粮谷和硬肉。火发明于大约50万年前，它的直接好处是在冬天时可以为人类提供温暖，使人类能够在夜里看清物体或开展活动，还可以作为一种吓跑凶猛动物的工具。另外，火还引发了很多其他惊人的发明，包括可以改善食物味道和可消化性的烹饪、制造经久耐用的陶器，以及冶炼金属等，而金属冶炼又使人类进入了青铜时代和铁器时代。

农业产生以前，人类主要通过采集植物、狩猎和捕鱼，以及寻觅死去的动物获取食物。这意味着人类必须过一种游牧生活，居无定所。因为食物受季节影响，所以人们必须寻找有利于植物生长和动物放牧的温暖而湿润的地带。在这种情况下，人们没有地方可以用于长期储存食物，而在下一个生长季节到来之前的冬天，天气寒冷，人们生活十分艰难，频频面临着饥饿的威胁。大约 1 万年前，农业首次出现在新月沃地和美索不达米亚地区，接着人类迎来了新石器时代。农业革命带来了食物生产方法，比狩猎和采集更加丰富、更加可靠；人们获取的营养更加丰富，身体更加健康，人口迅速增长。从此，人们可以在固定的房屋和村庄定居下来，不需要再过游牧生活。在接下来的 1 万年间，农业成为财富和权力的主要来源。在远离河水和泉水的地方耕耘农作物时，需要对偏远的农田进行人工灌溉。灌溉沟渠网络需要组织和领导，从而促使出现了等级制度和政府机构。

文字发明以前，我们通过古代人类的骨头和他们制作的物体了解他们。文字最初用于记录谷粒等存量，以及合同和承诺。有记载的人类历史始于公元前 3500 年的苏美尔，那时的人们记录下他们的历史和故事、法律和宗教，以及彼此之间的通信往来。书面记录比一个人向另一个人口头讲述故事更加准确和详细。由于有《吉尔伽美什史诗》《汉谟拉比法典》和《圣经》的书面记载，我们才能了解早期文明。此后，出现了书籍和图书馆，人类的知识和技术得以累积，这样，每一个受过教育的人都能学习古人的经验。艾萨克·牛顿（Isaac Newton）说过，他之所以能够看得更远，是因为站在巨人的肩膀上。

施工、生产和运输需要能量和动力。最初，我们学会使用畜力补充人力。后来，我们利用风车产生的风力和水车产生的水力研磨玉米等。18 世纪 80 年代，基于燃烧和热量的蒸汽机出现了，它为人们提供几乎无穷无尽的动力，接着出现了纺织厂、蒸汽汽轮和蒸汽火车。自工业革命爆发后，在过去的两个世纪内，制造业成为财富和动力的主要来源，后来人们从农村纷纷涌入工厂林立的城市。大洲之间大规模的商品和奢侈品运输和贸易成为可能，地球上每个地区都可以选择在一些特别区域生产、出口剩余物品换取其他必需品。

信息革命聚集了电信、计算机和互联网等许多信息技术。这引发了信息全球化，使人们可以访问图书馆和数据库网络信息，向其他人发送信息等。在制造领域，可以把一个复杂的任务分成多个子任务，这些子任务分别在世界不同的地方完成，然后把部件发送到另一个地方进行组装。这种外包模式也适用于很多服务活动，如医生判读 X 射线照片，通过远程雇员，如远在印度的雇员帮助提供机票预订服务。受过教育的人们也不需要为了自己满意的高薪工作而离开自己的国家到其他国家定居。这些都是发明和技术所带来的深刻变化，影响了我们的谋生方式、我们的生活状态，以及我们的社会组织方式等（表1-3）。

表1-3　发明对人类社会带来的变化

| 时间 | 发明 | 改变 |
|---|---|---|
| 200万年前 | 石斧 | 人类进步 |
| 50万年前 | 火 | 迁徙到亚洲和欧洲，烹煮、陶瓷、青铜、铁器 |
| 1万年前 | 农业 | 稳定又丰富的食物供应、村庄、人口增加 |
| 3500年前 | 文字 | 记录、历史、文件、沟通、贸易、合同 |
| 250年前 | 蒸汽机 | 纺织厂、汽轮、铁路 |
| 20年前 | 信息革命 | 信息访问、分析、储存、通信、全球化 |

在现有的技术状态下，某些荒野地区可能被认为是荒芜的、无用的，但发明可以在这些荒野地区开发出新资源。生活在东非地区的早期人类望着他们的森林和草地，发现水果、坚果、小动物和腐烂的牲畜可以用作食物，其余物品对于他们来说都是不能食用的。石斧的出现使他们能够食用狮子，因为他们可以从狮子的骨架上切下肉；食用土狼，因为他们可以用工具砸碎骨头，获取骨髓；食用疣猪，因为他们能够用工具挖掘洞穴。火的发明使人类可以烹煮和软化谷粒，还可以以牛马为食。火可以将黏土烧成陶瓷，用来烹煮和盛放食物，还可以从矿物中冶炼出金属，用来制造工具和武器。

化肥对粮食种植来说十分重要，因为靠自然种植粮食，其产量极其有限。到了1900年，地球最多只能养活15亿人，因为自然界能够提供的植物生长所需的固氮是有限的。弗里茨·哈伯和卡尔·博施把水、空气和能量转化为合成氮，改变了这一切，所以我们现在拥有足够的资源养活几十亿人口。炙热的阿拉伯沙漠是地球上最荒芜的地区之一，但石油钻探把它变为世界上最富有的地区之一。平坦的洼地是种植水稻的理想地带，但亚洲山地不适合种植水稻，自从梯田种植出现后，崇山峻岭也变成了种植水稻的理想地带。荷兰土地稀少，无法满足日益增长的人口需求，所以，荷兰人填埋北海区域，扩大耕田和居住面积。

生产技术类发明提高了生产能力、降低了劳动强度、产生了质量更佳的商品和服务。农用拖拉机的犁田速度比马快 10 倍，农民可以开垦更多土地，变得更加富有，同时，还有时间休息和娱乐。瓦特蒸汽机所需的煤炭要比纽科门蒸汽机少得多，这样省下的煤炭便可以用于其他有价值的事务。

旧石器时代的人类祖先生活在与世隔绝的部落里，他们好比现在新几内亚岛上的原住民。每个部落必须自给自足，完全依靠本地资源生活。狩猎采集人往往不分等级、人人平等，除了会按性别分工，男人狩猎，女人采集。石斧得到广泛使用后，部分狩猎采集人会指派一个兼职手工艺人，负责为其他人制造和修理石斧，这些狩猎采集人把他们猎取和采集的物品分一部分给这位兼职手工艺人。当偏远的采石场出产优质石头时，便出现了运输和贸易两种新职业，目的是获取这些石头。当农业生产的食物有富余时，就有足够的粮食供养人员专门从事工具制造、卫生保健、贸易、祭司、艺术、战争和领导职务。由于当地很少发现有铜矿和锡矿，青铜时代出现了专门从事矿物运输和工具及武器制造的人员。今天，在人口不多的乡村和小镇，很多人需要专业护理师和医生；在小城市，护理师会进一步研究内科医学和外科医学；在大城市，外科医生会进一步研究脑外科和整形外科。随着市场扩大，出现了越来越多的职业；当两个部落交易货物时，有效的市场规模就开始扩大，这与职业多样化是一个道理。在现代社会，我们都能够成为十分擅长制造或生产一些物品的专业人士，也能够购买其他所需物品。

现代社会有报酬的职业通常被分为以下三类。

第一产业：农业、林业、渔业、狩猎和矿物提炼。

第二产业：货物生产、建筑施工和公共事业。

第三产业：贸易、运输、信息、金融、保险、房地产、教育、健康、艺术、娱乐、休闲、餐饮和行政管理。

在较发达国家的发展史上，重点产业从农业平稳地过渡到工业，然后过渡到服务业。在这个过程中，生产能力和生活水平也得到大幅提升。发展中国家的情况却不同：当生产能力低下的农村劳动力涌入城市寻找工业领域工作时，这些国家的生产能力提高了，整个社会的经济也发展了。表 1-4 列出了埃塞俄比亚、印度尼西亚、巴西和美国现今的财富，以及它们的劳动力在农业、工业和服务业的分布情况。人均国民生产总值（人均 GNP）按法定汇率计算，人均 GNP 购买力平价（PPP）按购买力计算，后者与购买本地产品和服务的关联性更大。落后国家主要经营低效率农业；很明显，重点产业从农业过渡到工业，再过渡到服务业，才能快速增加国家财富。

表 1-4　美国等四国财富及劳动力分布情况

| | 人均 GNP（美元） | 人均 GNP PPP（美元） | 农业劳动力（%） | | 工业劳动力（%） | | 服务业劳动力（%） | |
|---|---|---|---|---|---|---|---|---|
| | | | M | F | M | F | M | F |
| 埃塞俄比亚 | 204 | 630 | 84 | 76 | 5 | 8 | 10 | 18 |
| 印度尼西亚 | 1 420 | 3 310 | 43 | 41 | 20 | 15 | 37 | 44 |
| 巴西 | 8 515 | 8 700 | 25 | 16 | 27 | 13 | 48 | 71 |
| 美国 | 44 710 | 44 070 | 2 | 1 | 30 | 10 | 68 | 90 |

编者注：M 指人口占比，F 指经济占比。

由于这四个国家的气候和资源不同，考虑不同国家的职业转化影响，更加具有启发性。表 1-5 列出了 2007 年中国这三大产业的相对生产能力。虽然农业劳动力占据 43%，但产值只占国民生产总值的 11%；然而，劳动力占据 25% 的工业产值却占国民生产总值的 49%。因此，可以明显看出，如果农村劳动力进入城市从事工业或服务业，每个人都将获利。在未来数十年内，农工涌入城市的过程还有利于经济发展，直至相关劳动力比例接近所有行业创造的国民生产总值比例为止。

表 1-5　2007 年中国三大产业的相对生产能力

| | 农业 | 工业 | 服务业 |
|---|---|---|---|
| GNP（%） | 11 | 49 | 40 |
| 劳动力（%） | 43 | 25 | 32 |
| 相对生产率 | 0.26 | 1.94 | 1.25 |

新信息和运输技术正在缩小贫富国家之间的差距。随着世界贸易越来越自由，使用远洋班轮和货机运输货物的费用越来越低。高收入国家把低科技制造工艺外包给低收入国家，国内只从事机密和重要的生产活动。全球国民生产总值为 48.7 万亿美元，每年以 4.6% 的速率增长；全球商品出口额为 12.1 万亿美元，每年以 8.0% 的速率增长。食物、燃料和矿物占商品出口额的 27%，制成

品却占 73%。美国低科技生产工作不断减少，沃尔玛堆积着各种进口的低科技
货物。在过去十多年，中国经济每年以 10.6% 平均速率增长，印度经济每年以
5.9% 平均速率增长，这主要得益于农业剩余劳动力向生产力更高的工业和服务
业转移。

尽管可以商品外包，但有些服务仍要直接提供给客户，如理发。但是，随
着信息技术出现，尤其是快捷而廉价的电话和互联网普及，现在可以将很多服
务工作外包给其他国家，如将纳税申报单制作、学校孩童教育、X 射线照片检
查等外包给印度。银行和财务投资公司通常把工作分成"前厅部"和"后厅
部"。前厅部的高管和代理人同投资人和华尔街分析家交谈，后厅部的工作人员
负责收集信息、分析数据和书写报告。快捷而廉价的电话和网络使后厅部工作
人员不需要在现场工作，他们可以居住在他们想住的地方，从事高水平、高收
入的职业。全球服务业出口额现在达到 7.8 万亿美元，每年以 7.8% 的速率增长，
服务业主要的出口项目是运输、旅游、保险、金融和信息服务等。

## 1.3.2　改变生活

人类是东非热带地区以水果为主食的祖先的后裔。我们已经知道，工具的
发明使人类可以食用其他动物的食物，并侵入它们的生态位。再者，有了这些
发明，人类能够居住在任何动物的栖息地，移民到全球任何地方，这点同样令
人吃惊。人类已经证明，人甚至能够居住在南极洲的研究工作站，以及太空
站——那里从未有动物居住过。

我们如何衡量个人幸福感，才能够比较多年间各个国家在发明帮助下的进
步情况呢？衡量物质财富要简单些，我们可以使用经济购买力获取食物和衣服
等所需的消费性物品，以及卫生保健和旅游等消费性服务。很多无形的东西，
如家庭幸福、友情、自由、正义、美丽和真理等，却很难衡量。除购买力外，
个人幸福感还受企业对生产器械和工厂的投资率、交通情况和公共事业，以及
政府在学校教育、公众安全和国家防御方面的支出影响。

人类历史上最激动人心的事件发生在大批人群向新居住地移居时，这些新
居住地或无人居住，或者是本地人的家园。新移民到了那里后，就定居下来。
早期人类已经发明了很多技术用于在东非高地大草原生活，然后有些人决定移

居其他地方。他们移居或是为了躲避战争或仇敌，或是为了远离疾病、自然灾害，抑或是为了寻找气候更加适宜、环境更加优美、资源更加丰富、土地更加广袤的地方。第一次迁徙大浪潮发生在大约150万年前，直立人从非洲向中东地区迁徙，然后又转向亚洲和欧洲；第二次迁徙大浪潮发生在大约7.5万年前，智人迁徙出非洲。这两次大迁徙都是英雄式的冒险旅程，途中要遇到和解决很多问题。从一个气候带进入另一个气候带时，尤其艰难，他们要适应很多方面：习惯不熟悉的气候和地形，从不熟悉的动植物中找寻食物，寻找隐蔽所，找寻制造工具和武器的材料，并面临新危害物，等等。

自然界中的动物通常最能适应一种栖息地或生物群落，它们具有大自然赋予的获取资源和躲避危险的能力。一只孟加拉虎不会与一只戈壁骆驼交换栖息地，因为它们都没有适应对方栖息地的能力。季节变换时，有些动物每年要长距离迁徙到有利的栖息地，如北极燕鸥每年从北极圈飞到南极圈，然后再飞回北极圈。刺猬和狐狸的寓言讲述两种具备不同策略的动物：诚实的刺猬遇到问题时只有一个妙策，那就是卷成一个球；但狡猾的狐狸却有很多小主意，它可以分析每种情况，想出合适的方法。在适应外在环境方面，人类是最"狡猾"的，如同聪明的狐狸，可以居住在任何地方。

气候带根据温度、降水量、土壤、植被和动物情况定义，让我们来看看柯本气候分类法之下的环境、资源和现在居住在那里的人们吧（表1-6）。

表1-6 不同气候带与生活的不同民族示例

| 气候 | 环境 | 动物或植物资源 | 民族 |
|---|---|---|---|
| A. 热带 | 雨林 | 香蕉、山药、蔗糖、椰子、牧草 | 马赛人—非洲人 |
| | 季风 | 斑马 | 玻利尼西亚人—夏威夷人 |
| | 热带大草原 | | |
| B. 干旱 | 草原 | 仙人掌、海枣 | 柏柏尔人—撒哈拉沙漠人 |
| | 沙漠 | 蜥蜴 | 祖尼人—亚利桑那州人 澳大利亚土著居民 |
| C. 暖温 | 阔叶林 | 水稻 | 中国汉族人 |
| | 深草地 | 鸡、猪 | 意大利人 切罗基人 |

（续表）

| 气候 | 环境 | 动物或植物资源 | 民族 |
|------|------|----------------|------|
| D. 寒冷 | 常绿林 | 小麦、牧草 | 斯堪的纳维亚人 |
| | 浅草地 | 羊 | 俄罗斯人 |
| E. 极地 | 北方森林 | 苔藓、地衣 | 因纽特人 |
| | 苔原 | 驯鹿 | 拉普兰人 |
| | 冰原 | 海豹、鱼 | 楚克其人—西伯利亚人 |
| F. 高原 | 浅草地 | 马铃薯、玉米 | 印加人—秘鲁人 |
| | 冰雪 | 山羊、牦牛 | 中国藏族人 |

东非猿人（能人）是石斧的发明人，居住在热带气候带的东非地区。他们是 200 万年前更新世期间从东非地区迁徙过来的直立人后代。直立人先到达中东地区，然后进入干旱带和暖温带。也许在那时，撒哈拉地区潮湿，植被能够生长。进入欧洲地中海和爪哇，就属于暖温带和热带气候带。他们一路迁徙并在中国北部定居下来，如果没有发明火来取暖，这是很难做到的。

现代人（智人）是从东非地区迁徙而来的。冰河时代晚期持续了 6 万年，直到 2 万年前结束。在末次冰盛期，冰原覆盖北美洲和西欧地区，高山冰川覆盖阿尔卑斯山脉、喜马拉雅山和安第斯山脉。由于很多水被冰冻，因而当时的水位比今天要低 600 英寸（1 英寸≈0.0253 米）。在西伯利亚与阿拉斯加州之间，从东南亚到爪哇和婆罗洲，搭建起了路桥。大约 7 万年前，现代人迁徙到近东地区并定居下来。这一段不可思议的、需要勇气和智慧的旅程，需要使用非常原始的工具克服巨大的困难。这种勇敢无畏的征服和定居是从非洲热带草原开始的。他们必须横跨也门南端或苏伊士北边的红海。不管沿哪一条路线走，在到达新月沃地气候温和的草原之前，途中都必须跋涉 1 000 英里（1 英里≈1.61 千米）长的沙漠。他们跋涉这么长的路程，离开舒适的草原，进入环境恶劣的沙漠，寻找食物和水，要躲避灼热的太阳、避开不熟悉的危险物，到底有何动机呢？他们能否预知艰难跋涉了 1 200 英里以后，找到的温和草原也许还不如原来的栖息地好呢？

后来，智人又跋涉进入欧洲和亚洲温和的森林，约 5 万年前到达东南亚，4 万年前到达欧洲。有些人向北进入严寒的西伯利亚针叶林和苔原地带，接着到达白令海峡、极地荒漠。1.2万年前，他们又横渡进入阿拉斯加州；1500年前，他们一路向南进入南美洲南端火地岛！在这个迁徙过程中，他们不断从一个气候带进入另一个气候带，在冰冻的地区取暖，在潮湿的热带丛林寻凉，然后又进入冰冻的地区。

1000年前，波利尼西亚人征服并定居在大洋洲，他们一路上主要依靠帆船和天文导航法。波利尼西亚人从东南亚进入斐济，接着到达新几内亚岛（南纬5°），大约公元前1600年到达萨摩亚群岛，公元前300年到达塔希提岛（南纬18°），公元500年到达夏威夷岛（北纬20°），公元850年到达新西兰（南纬40°），公元500年至公元1200年间到达伊斯特岛（南纬27°）。从塔希提岛到夏威夷岛的路程是4500千米，他们乘着帆船，一路上频繁遇到风暴。我们无法知道，他们是如何在陌生的海洋上航行的，没有地图，也没有指南针，那里甚至没有熟知的恒星作为参照物，因为赤道以南看不到北极星，赤道以北又看不到南十字星座。

继这些拓荒者之后，又有探险家克里斯托夫·哥伦布、瓦斯科·达伽马和麦哲伦·埃尔卡诺航海探险。这些航海探险之所以能够顺利进行，是因为当时发明并制造了小帆船和大帆船，这些船只适合在深海中航行，货舱空间大，可以运载旅程所需的食物和水，以及香料等。

未来，如果我们地球上的居住面积不够，甚至还可以搬到月球、其他行星或宇宙深处居住。或许，在太阳系的地球以外，或者在银河系以外，还有其他生命体。有很多关于宇宙探险的科幻小说，例如，阿西莫夫·艾萨克的《火星纪事》（Martian Chronicles）等。如果我们未来哪天对地球感到绝望，不愿再在地球居住下去，那么火箭和宇宙飞船便是用于此类伟大探险和移民的技术。居住在月球或火星上，挑战确实会很大，但是，我们有两百万年的发明传统，也是足智多谋的拓荒者的子孙。

什么样的生活才是理想的生活呢？伊甸园和天堂在西方世界简朴时代被认为是筑有墙壁的果园或花园，其中的人类依靠上帝的恩惠生活，不必为生活而辛苦劳作，那里气候宜人、阳光明媚、青山绿水。但是，托马斯·霍布斯认为，在自然状态下，以往的人类生活是"穷困的、肮脏的、粗野的、短暂的"。查尔斯·罗伯特·达尔文生动地描写过裸露的原住民在严寒的火地岛瑟瑟颤抖的画面，证明霍布斯所言不虚。我们想知道现今的生活比之祖先200万年前在东非地区的生活相比如何。历史比较往往采用定性的方法，因而，经济记录并不是历史学家重点考虑的对象。另一种方法是，通过分析同时代各民族的技术和生活，以此来比较他们的幸福感。

人类最重要的需求和期望是什么呢？如何度量生活质量？生存往往是主要目的，所以人类最基本的需求是食物、衣服和遮蔽所，然后才是健康和安全。当生存不再是个问题时，我们会提出更高级的、比较不紧急的需求。如何整理出一份经济和非经济需求的清单呢？亚伯拉罕·哈罗德·马斯洛提出了需求层次理论：每个人从最低层次的基本需求到最高层次的自我实现需求。

- 基本需求：食物、饮水、遮蔽所、衣服、安全。
- 安全需求：健康、自由、稳定。
- 爱情/归属感需求：家庭、友情、团体。
- 尊重需求：认可、名声、社会地位。
- 自我实现需求：预言家和救世主的满足感。

马斯洛认为，最基本的生存需求得到满足后，人们才会追求安全和爱情需求，接着追求尊重和自我实现需求。根据这种金字塔式逐渐爬升的需求理论，人们解决了温饱问题，且不受野兽威胁以后，才会想到爱情和友情等。但是，我们也发现，一些人有无私的行为，他们把自己心爱之人的利益放在自己的利益之前。家庭预算概念说明实际上人们会同时注意纵横两个方面。资源不多的人会把大部分资源用于满足较低层次的需求，而资源较多的人则会把较多资源用于追求更高层次的需求。发明和技术在满足第一个层次的基本需求方面发挥着非常重要的作用，如食物生产涉及犁、化肥以及灌溉、收割和储存等工具和程序。随着层级上升，技术作用越来越不明显、不直接，但仍旧非常重要。如果没有书籍和杂志文字记载，以及收音机、电视机和互联网媒体，名声很难传播，也很难为人知晓。

衡量一个国家财富的方法有很多，包括国内生产总值、国民生产总值和国民总收入等。虽然它们衡量的对象不同，但差异不大。一个国家以美元表示的官方国民总收入，是把该国以本国货币表示的国民总收入按法定汇率进行转化得出的。一个重要的变量是PPP（购买力平价），它基于当地食品和劳动力成本，而非法定汇率。国民总收入共有两种表现形式：第一种是收入或在农场、工厂或高层办公楼里赚钱的方式，第二种是支出或在食物、住房、卫生保健和投资等方面的花费。目前，各国人均国民总收入差距较大，挪威人均国民总收入最高，为 68 440 美元，埃塞俄比亚相对很低，为 170 美元；而 PPP 缩小了这个差距，挪威人均国民总收入为 50 070 美元，埃塞俄比亚则为 630 美元。

为大致了解国民支出账各个组成部分的相对重要性，我们可以参考美国在 2000 年财政开支百分数，如图 1-1 所示。美国的财政开支中，大约 2/3 用于家庭支出，1/6 用于生产和管理工具与设施的商业投资，其余 1/6 用于政府开支，尤其是健康、安全、运输和教育方面的开支。

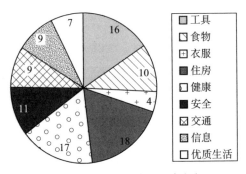

图 1-1　美国 2000 年国民支出账

联合国人类发展指数（HDI）是一个比较全面的标准，它使用三个指标衡量一个群体的幸福感：出生时预期寿命、成人文化水平和受教育年限，以及生活标准。1993 年，在被排名的 177 个国家中，挪威排名第一，尼日尔排名最后。2003 年，一些国家的排名情况见下表。

表 1-7 显示，越富有的国家，国民寿命越长，接受的教育程度越高。尼日尔与挪威相比，生活标准相差 45 倍，教育程度相差约 5 倍，预期寿命相差约 2 倍。或许尼日尔国民拥有挪威国民所没有的东西，但几乎没有挪威人会去羡慕尼日尔人。造成生活质量差异的因素有很多，但发明和技术的应用起着十分重要的作用。

表 1-7 六国国民寿命与受教育情况

| 国家 | 人类发展指数（HDI） | 出生时预期寿命 | 成人文化水平（%） | 受教育年限（%） | 国内生产总值（美元/cap PPP） |
|---|---|---|---|---|---|
| 挪威 | 0.963 | 79.4 | 100.0 | 100 | 37 670 |
| 美国 | 0.944 | 77.4 | 100.0 | 93 | 37 562 |
| 俄罗斯 | 0.795 | 65.3 | 99.4 | 90 | 9 230 |
| 中国 | 0.755 | 71.6 | 90.9 | 69 | 5 003 |
| 印度 | 0.602 | 63.3 | 61.0 | 90* | 2 892 |
| 尼日尔 | 0.281 | 44.4 | 14.4 | 21 | 835 |

*：原书数据如此。

## 1.3.3 改变社会

相对于个人能力和努力之间的关系，普通人的生活享受与社会生产力之间的关系更加密切。埃塞俄比亚或海地的普通算术老师的平均寿命或收入比美国或挪威同行要低得多，即使他们接受了类似的培训并有着相同的奉献精神。伟大的文明都有与新发明有关的动态增长和扩展周期，之后逐渐走向成熟或衰败。随着社会的复杂化，通常会出现等级制度和不平等现象。

发明一直是体现文明活力与繁荣社会创造力的一个方面。沉寂了很久的意大利中部的人在罗马共和国时期和罗马帝国时期觉醒，在组织工作、科学、发明和艺术方面都取得创造性的成功解决方案，成就了罗马的繁荣和影响力，同时受到同时代其他国家的钦佩和效仿。光辉的时代过后，意大利又陷入"沉睡"，直到文艺复兴时期才第二次觉醒。是什么导致意大利从静态的"阴"过渡到动态的"阳"，然后又回归到"阴"呢？

斯宾格勒和汤因比研究了历史上伟大文明的演变过程，如美索不达米亚、埃及、希腊、罗马、中国、印度、阿拉伯和西方一些国家和地区。按照在哲学、宗教、数学、艺术、音乐和政治领域的创造力、影响力来衡量，这些文明都经历了"春天"的苏醒、"夏天"的生长、"秋天"的成熟和"冬天"的衰退。伟大的技术发明在演变过程中是否发挥了重要作用呢？根据斯宾格勒的研究，西方文化于公元 900 年诞生，正是技术开始蓬勃发展的时候；第一个伟大的西方发明诞生于 1454 年，是由谷登堡发明的铅活字印刷术，这是"夏季"的开始；另一个伟大发明诞生于 1764 年，是由詹姆斯·瓦特发明的蒸汽机，这是"秋季"的中期。其他一些发明开启了西方文明的序幕，而这两项伟大发明促进了西方文明的发展和繁荣。

发明是文明不可分割的一部分，一个繁荣的社会能够以积极乐观的态度支持创造性人才的研究，他们的发明有利于整个社会的发展。新的发明推动财富和权力的增长，并为艺术和科学领域的贡献提供资源。毕达哥拉斯、阿基米德、牛顿和达尔文的科学贡献是由那些不必为谋生担忧的富人所成就的。他们的所有发明都发生在各自文明的黄金时期，既不是在为生存挣扎的早期阶段，也不是在懒散颓废的晚期阶段。

关于史前人口的数量，目前没有可靠的估计，根据土地的承载能力，在狩猎和采集时期很可能是稳定的，但农业革命导致了人口的快速增长，更优质、可靠的营养来源极大地提高了人们的健康水平和生育能力，延长了人均寿命，而因疾病和饥饿导致的死亡人数减少了。比较固定的居住习惯也更有利于家庭的形成，因为人们不需要携家带口地过游牧生活，所以生育间隔变得更短，出生率呈现上升趋势。

2004 年的一份联合国报告对自农业革命以来的世界人口进行了估计，结果表明三个人口快速增长时期分别发生在大约公元前 10000 年、公元前 800 年及公元 1800 年。第一次和第三次人口增长高峰分别发生在农业革命和工业革命时期，如图 1-2 所示。

单位土地面积的人口密度受到土地"承载能力"的限制。在当今世界，人口密度从蒙古和纳米比亚的 2 人 / 千米$^2$ 到新加坡的 6 500 人 / 千米$^2$ 不等。在美国，人口密度从阿拉斯加的小于 0.4 人 / 千米$^2$ 到哥伦比亚特区的大于 3 065 人 / 千米$^2$ 不等。由于阿拉斯加一半的人口居住在城市，农村的人口密度实际上只有 0.08 人 / 千米$^2$。

在狩猎采集的社会中，在一个给定的区域中能找到的食物数量是相当有限的。美国北达科他州和南达科他州每平方千米的现代农业土地，目前能够生产足够的粮食来养活 2 800 人 / 千米$^2$。古老的城市因政治管理、经济、教育和文化原因继续存在着。工业革命加快了城市化进程，因此有更多的人从农村迁往

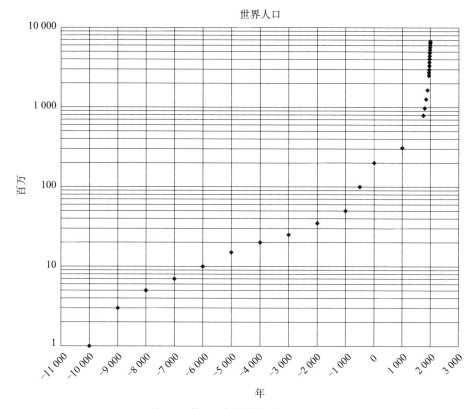

图 1-2　从 1 万年前到现在的世界人口

城市从事制造行业。现在，城市的高层写字楼和公寓楼的人口密度最大。如果没有道路、公共交通、电力、供水、污水处理系统，以及高层电梯等有效系统，人类就无法在这样的人口密度下生活。

城市化是一个世界性现象。根据联合国的研究，1900 年的世界城市人口比例为 13%；但到了 2005 年，这一数字增长到 49%；到 2030 年，这一比例将进一步提高到 60%。农村人口向城市迁移的主要原因是为了更多的经济收入、更好的教育前景、多样化的职业选择，以及多样化的消费品和服务。当一个人住在一个小型、孤立的家庭农场中，除获得基本的食物之外，很少有机会改善生活标准。城市在以下方面提供了许多机会：增加财富、社会流动性、就业机会、教育、医疗保健和其他优质服务，如餐馆和各种娱乐场所多。城市生活的阴暗面包括噪声大、人口拥挤、犯罪率高和社会等级分明等。由于北美盛行风的风向往往是由西向东，而污染物往往顺风移动，所以很多城市区域被划分成高级的"西部"社区和低级的"东部"社区。

大卫·李嘉图（David Ricardo，1772～1823）解释说，自由贸易的优势来自生产要素的比较优势。英国有强大的纺织工业，印度有充足的原料供应。因此，当它们专门从事各自擅长的领域并在其他领域进行交易时，两国都可以从交易中得益。在美国小城镇生活，那里的商店大多只出售生活必需品，人们需要前往更大的城市来获得更多专业的产品，在大都会购买奢侈品。这个问题的一个推论是，贸易也会增加职业选择，并促进工作专业化。例如，一个村庄只能勉强支持一个兼职卫生工作者，一个小城市可以支持一个全科医生；一个更大的城市可以支持一个外科医生和一家诊所，一个大都市可支持许多外科医生并配备最新医疗诊断设备的外科中心。

新发明和新技术会对社会群体之间的权利变更，以及国家之间的权利变更产生长期的影响。在一项经济活动中，如播种小麦制作面包，预期的结果是满足农民及其消费者的饥饿需求；但对于没有参与这笔交易的其他部分，如社会和环境，也会造成长期的影响。

我们生活中的一些重要任务可以由独立的小群体完成，如采摘水果、坚果及种植玉米和养鸡等。生产组可以由一个家庭或一个关系密切的氏族构成，很少会关注到等级和工作分配。有一些其他的重要任务只能由大量的人力完成，如建设灌溉网络。这些工作被分配给具有专业技能的众多子群体，在领导者的带领下完成。如果在生长季节没有足够的降水，农民就有可能需要从很遥远的河流或绿洲引水进行灌溉。大型的灌溉工作需要很多人协调合作，需要组织和统领者来迫使所有参与者做出所需的贡献。以游牧方式生存的一群富裕农民产生了入侵和掠夺的企图，如维京人。这导致了政府的兴起，产生了系统的水力学和军队，并最终产生国王。

一项发明能对社会中不同群体的相对福利产生深远的影响。生产商把一种技术产品出售给一群用户以提高他们的生活质量，而非用户则处于相对劣势的地位，因为他们没有体验过类似的提高。有些技术是所有人都可以使用的，所以早期用户可以获得暂时的优势，但当人们都采用这些技术后，会重新达到一种平等状态。有些技术是独家的，用户必须掌握未被广泛使用的专门技能，因此即使这些用户的优势不是永久性的，也会是长久性的。

● 独家技术只能由一些精英使用，他们能够利用所需资源，并有能力和手段从专门的培训中受益。农业需要温暖的气候、充沛的降水和适宜的土壤，而居住在高山和沙漠地带的人没有这些条件。文字的发明催生了一类文人和精英，他们有足够的时间和必要的工具来学习写作，并且能够阅读普通人难以接触到的手抄本。他们是有文化和有权力的贵族及神职人员，这些人统治着目不识丁的普通百姓。当一项新技术诞生时，往往只能由精英来使用，从而加剧了社会不平等。随着岁月的流逝，技术成本不断下降，每个人都用得起，因而成为更加平等的技术。例如，2009年美国不同教育程度的群体对互联网的使用情况，如图 1-3 所示。从图中可以看出，在高中学历以下的人群中，只有 1/4 的人使用互联网；但在具有本科学历或更高学历的人群中，有 90% 的人使用互联网。

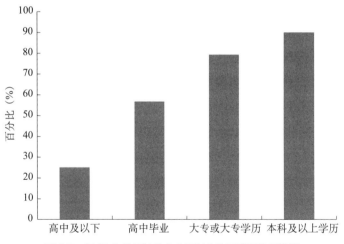

图 1-3  2009 年美国按教育水平划分的互联网使用情况

● 每个人都可以使用平等的技术，因为它不需要特殊的资源或特殊的能力及培训。制作石斧需要石料，生火需要有可燃物，这两者都不难获得。印刷术的发明使书籍更便宜并更易获得，导致知识群体的增加，降低了神职人员和文士的主导地位。如今，普通人可以购买和阅读各类书籍，如美国居民可以直接阅读《圣经》而无须牧师的解释，学生可以阅读经典著作并对教授的解释进行质疑；观看电视也不需要特殊的知识和教育水平，普通人都可以享受。

发明可以改变两性的相对重要性。在狩猎采集时代，主要是由一些适合并有技能的男性从事狩猎活动。肉类更能令人感到满足，而获取肉类也更加危险和困难，因此它的地位要比获取水果高。类似弓箭这样的发明提高了猎人的能力和力量，有助于猎捕更多猎物，也加剧了社会中男性和女性之间的不平等。相反，采集是一种更平等的活动，赋予妇女平等的地位。

林恩·怀特（Lynn White）提出的理论认为，骑马用的马镫促进了中世纪历史上骑士和贵族的崛起。《伊利亚特》中描写的希腊战士驾驶战车前往战斗的地点，然后跳下战车用长矛和剑徒步战斗。罗马骑兵的马鞍上没有坐稳用的马镫，马鞍的前后也没有前鞍和鞍尾来防止身体向前或向后抛出，也不能在不落马的情况下用长矛刺杀步兵。因此，当时的步兵善于攻击骑兵。

马镫的出现改变了这一切，中世纪的骑兵能稳稳地坐在马鞍上，而匹配的铠甲使他们坐得更牢。因此配备精良的骑兵在步兵面前变得无敌，步兵的重要性在查理曼大帝①时代逐渐减弱。骑兵成为军队的主力，维护骑兵的费用很昂贵，因而促进了封建社会的土地制和农奴制，以确保骑兵能够配备战马和所需的铠甲。有城墙和护城河的城堡也加剧了封建领主对农民的压迫，因为农民没有工具来挑战他们的权力。这些发明把人口划分成马镫上的贵族骑士和步行的普通农民，促进了骑士文化和封建主义的兴起。

最后，因为英格兰长弓的发明，在英法百年战争期间的克雷西战役和普瓦捷战役中，英国步兵击败了法国骑兵，步兵实现了地位反转。之后，火药的发明使配备火枪的步兵与骑兵有了同等的地位。大炮可以快速地发射金属球或石球，能够击垮最牢固的城堡。君士坦丁堡的城墙经受住一千多年间的无数次侵犯，却在1493年沦陷在奥斯曼土耳其的大炮之下，结束了东罗马拜占庭帝国的统治。火药的使用促进了封建制度的灭亡，推动了现代工业时代的崛起。

在和平年代，一项成功的发明可以使经济和文化、战争中产生很多赢家或输家。第一位满意地使用合成染料苯胺紫的客户成为其他女性的时尚代言人，

---

① 查理曼大帝一般指查理大帝（742～814），查理帝国建立者、德意志神圣罗马帝国的奠基人。

而这些昂贵的新式彩色服装的早期用户包括法国的欧仁妮皇后和英国的维多利亚女王。该发明的最初受益者是发明者威廉·柏金，以及他的财政支持者——他的父亲和哥哥。其他的直接受益者，如他的工厂员工、原材料和机械设备的供应商，以及能独家生产产品的纺织品制造商；下一级赢家包括向主要赢家出售杂货和房地产的商人，以及他们孩子的老师、酒馆管理者及税吏等。

该发明的直接受害者为老式的植物和矿物染料制造商，相比之下，老式的商品显得颜色暗淡且不时髦，以及无力购买苯胺紫染料而满心羡慕的女性。随着时间的推移，苯胺紫染料变得便宜，人们又开发了其他染料取代苯胺紫，因此几乎每个人都可以买得起色彩丰富、价格便宜的人工合成染料。老式染坊的失业工人可以在不断发展的新染料行业中找到工作，或者转到其他行业。

今天的全球化往往意味着制造业活动从发达国家转移到新兴市场国家。在德拉德埃萨（de la Dehesa）所著的《全球化的赢家和输家》（*Winner and Losers of Globalization*）及托马斯·弗里德曼（Thomas Friedman）所著的《世界是平的》（*The World is Flat*）中，作者认为，如果资金和技术可以自由移动，全球化的赢家和输家将如表 1-8 所示。

表 1-8 全球化的赢家与输家

| 国家或地区 | 赢家 | 输家 |
|---|---|---|
| 发达国家或地区：美国、西欧地区、日本和澳大利亚 | 消费者、资本家、专业人才和高技能劳动力 | 低技能劳动力 |
| 发展中国家或地区：中国和印度 | 消费者、与国际组织合作的资本家、专业人才、高技能劳动力和低技能劳动力 | 独立运营者 |

商品和服务的选择范围更广且价格更便宜，世界各地的消费者将从中受益。发达国家的资本家可以在发展中国家建立工厂，有时是与当地投资者进行合作，雇用当地的低技能劳动力，从而取代资源不是那么丰富的当地投资者。发达国家的年轻高技能劳动力能迅速学习和适应新的工作要求，因而获益更多。发达国家的所有低端技术制造厂被迫关闭，导致低技能劳动力失业。在发展中国家，本土的独立资本家损失相对惨重。这种趋势会在不引起相反影响的情况下继续下去吗？

边沁主要关注的是大多数人的幸福，但没有考虑到公平正义的重要作用。

牺牲少数人的幸福来成全大多数人的幸福是否恰当，或者他们是否应该得到补偿？制造过程可能会对工人的安全和健康产生不良影响，并且工厂的废物可能会造成环境污染问题。最后，还需要很多参数来衡量人类幸福的不同方面。

社会中财富或收入的不平等可以用基尼系数来衡量，体现与完全均等分配的社会之间的差距。首先，我们按照从低到高的收入水平进行划分。在一个完全平等的国家中，最底层的 10% 和最顶层的 10% 的家庭均享受国家收入的 10%；但在任何一个国家中，最顶层的 10% 的家庭都比最底层的 10% 的家庭收入高得多。洛伦兹曲线以图形表示了收入分配，其中，纵轴表示全国总收入的百分比（Y），由收入等于或高于该值的家庭百分比（X）享有，横轴上表示的是完全平等的国家，洛伦兹曲线是 45° 线，而基尼系数为 0。对于一个人拥有所有财富的完全不平等的国家，其基尼系数是 100。对于一个真实的国家，其洛伦兹曲线低于 45° 线，而这两条线之间的区域与基尼系数成正比。从表 1-9 中可以看出美国在 2000 年的财富不平等程度。

表 1-9　2000 年美国的财富不平等程度

| 按收入计算的家庭百分比（%） | 拥有的财富百分比（%） |
| --- | --- |
| 20 | 4.1 |
| 40 | 13.7 |
| 60 | 29.2 |
| 80 | 52.4 |
| 95 | 79.6 |
| 100 | 100 |

美国所有家庭中最贫困的 20% 只拥有全国 4.1% 的财富，下一个 20% 拥有 9.6%（13.7%-4.1%）的财富，依此类推。图 1-4a 显示了四个国家的洛伦兹曲线。对于美国，洛伦兹曲线和 45° 线之间的区域是三角形面积的 39%，因此基尼系数为 39。按照增长的收入将家庭划分成五组也具有指示意义，称为 1/5 的家庭。底层的 1/5 家庭是收入最低的 20% 家庭，顶层的 1/5 家庭是收入最高的 20% 家庭。图 1-4b 显示，美国顶层 1/5 的家庭获得了全部收入的 46%，而底层 1/5 的家庭获得了 6%。丹麦是目前最平等的社会，其系数为 24.7，而纳米比亚是最不平等的社会，系数达 70 以上。即使在被认为平等的丹麦，顶层 10% 家庭

的收入也是底层 10% 家庭的 8.2 倍；在美国，这个比率更高，为 15.7 倍；而纳米比亚的比率则高得多，为 129 倍。

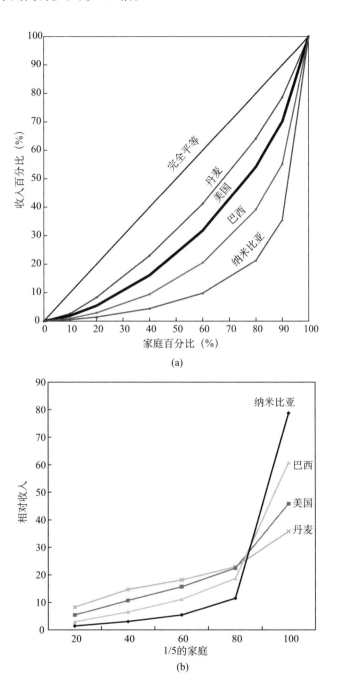

(a)

(b)

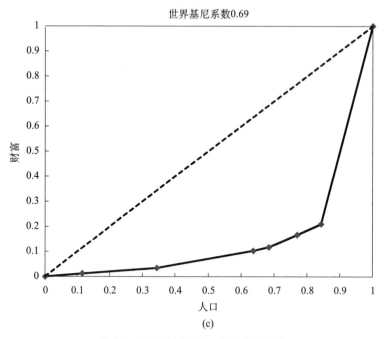

图 1-4　四个国家的收入不平等基尼系数

在其他国家中，高收入和低基尼系数之间存在很强的相关性，这表明把所有因素都考虑在内时，越发达的国家越趋于平等。丹麦有着最均匀的种族人口和受教育程度；纳米比亚有一小部分人拥有最多的物质财富，大多数人在非常干旱的土地上经营少有余粮的农场谋生。然而，财富的增加并不一定能带来更多的平等：在过去的 10 年中，美国的收入一直在稳步上升，但美国的基尼系数也在不断上涨，所以美国在变得更加富有的同时，也变得更加不平等。

除了可以比较一个国家内部存在的家庭不平等，还可以对国家或地区之间的不平等进行比较。我们利用世界银行分类把世界分为七个区域：

①高收入地区：澳大利亚、德国、日本、英国、美国、中国香港、沙特阿拉伯等；

②欧洲和中亚地区：匈牙利、俄罗斯和土耳其等；

③拉美地区：阿根廷、巴西、墨西哥和委内瑞拉等；

④中东和北非地区：埃及、伊朗、黎巴嫩和利比亚等；

⑤东亚和太平洋地区：中国内地、印度尼西亚、菲律宾和泰国等；

⑥南亚地区：印度、孟加拉国和巴基斯坦等；

⑦撒哈拉以南的非洲地区：埃塞俄比亚、肯尼亚、纳米比亚和南非等。

2006 年，世界人口为 64.38 亿，国民总收入为 451 350 亿美元，人均收入为 7 011 美元。我们以这些世界不同地区为单位绘制洛伦兹曲线，结果如图 1-4c 所示。该曲线可用于计算世界基尼系数，得到的数值为 69。当然，如果我们把世界各地区分为独立的国家，甚至进一步划分为单个的家庭，基尼系数会上升到更高的水平。

最极端的不平等社会是那些实行殖民主义、帝国主义和奴役制度的社会。当一群人比另一群人拥有更强大的技术时，一个人凌驾于另一个人之上的权力会大大增强。航海旅行和海上交通的出现使西欧人更容易到达许多外国的领土，而火药和大炮使他们拥有前所未有的军事力量，来征服和奴役欠发达地区的人民。西欧人曾在北美、南美、非洲、印度和澳大利亚建立殖民帝国。他们剥夺了美国原住民的土地，抓获非洲居民并运往西欧当奴隶。1462 年，俄国人一路扩张土地面积，从俄国到西伯利亚、阿拉斯加及后来的中亚地区，因为他们的技术能轻易地征服冻土带的人民和游牧民族。

征服民族垄断了政治和军事权力，掌控着名利双收的最好工作并保持着最好的生活条件。被统治的人民提供生产所需的原材料，低技能劳动力干着粗活儿谋生，甚至被奴役。这种统治可以是比较仁慈的，但也可以是很残酷的，如古代的斯巴达人无理由地骚扰和杀害被统治的民众。

有很多因素能赢得战争的胜利，尤其是具有强大的领导和组织能力，但技术往往起到关键性的作用。在古代的美索不达米亚和埃及，马拉战车是绘画作品中描述最多的形象之一。这种战车是一种精湛的技术，能使最高指挥官迅速移动并观察战斗情况，也是向敌军射箭和投掷标枪的高平台。在战争中，与大量的步兵相比，马匹的速度经常为数量较少的游牧弓箭手提供了决定性的优势。例如，蒙古人从中亚向东欧扩张，他们征服了有着更多人口和更悠久历史的许多国家；中国满族的胜利使一小群游牧民族控制了庞大的文明人口；维京人征服了诺曼底和西西里岛的国家，这可以归因于他们的龙船具备快速移动能力，这些船既能通过狭窄的河道，也能在广阔的海洋上航行。征服者科尔特斯进入墨西哥时只带领了 257 名士兵，但他击败了阿兹特克国王阿塔瓦尔帕数十万人的军队。科尔特斯的优越技术包括使用枪、钢铁盔甲和马匹。大英帝国利用卓越的步枪和大炮技术获得了广阔的殖民地，他们用船舶把步枪和大炮运过大洋，进入港口，向统治者的宫殿射击。俄国对西伯利亚和中亚地区的征服主要依赖于 1891~1902 年间修建的西伯利亚大铁路。

非常幸运的是，世界人民一致认为这样的入侵和奴役是不道德的，是当今世界所不能容忍的。在过去曾实行帝国主义和殖民主义的先进国家中，这种进步观点是最强烈的。今天的超级大国拥有更可怕的战争武器：大规模杀伤性武器、致命病毒生物战武器等。正因为存在这种现代文明观点，面对一些弱小的国家及那些并非由政府所代表的海盗或恐怖组织，超级大国已经不能再对其发号施令。

### 1.3.4　改变环境

当人口较少并仍在使用落后的工具时，对自然和环境造成的干扰相对较少，因为人们满足于以耕种为生，既没有动机，也没有能力来破坏自然和环境。当人口数量和能力增长时，便开始大力改造环境，这种改造有时是令人不安的，如人们用火来清除大片的杂草和森林。农业发展促进了有经济价值的植物被种植，人们通过排干沼泽水、填湖（或海）造田、在陡峭的山坡上修建梯田等损害原生植物和动物的方法来创造新土地。对水的需求也使人们建造沟渠进行灌溉，修建大坝和运河。同时畜牧业的发展也带动了对经济实用物种的养殖，如狗、猪、鸡和牛等，取代了野生的或不必要的动物种类，尤其是对人类及其财产构成危险的食肉动物。

工业化给环境带来了更大的变化，因为人们需要制作金属、陶瓷和燃料的矿物来源。地球上的一些最明显的变化是由于人口大量增加、人口密度更高的城市导致的。随着城市化和贸易的发展，人们也修建了道路和人行道等交通基础设施来满足城市的商业和住宅需求。在一项技术被引入和广泛使用之后，通常经过许多年和数十年后，人们才会意识到严重的环境后果，如制冷剂造成的臭氧空洞和化石燃料的燃烧造成的全球变暖问题。这使人们对那些可能导致不可预测的，甚至不可逆后果的新发明提出更多质疑。

对环境造成负面影响的人类活动多是生产和运输商品的项目，如农业、采矿业、建筑业、制造业和交通运输业，大多数知识型服务业都涉及在办公室工作，生产的价值对环境造成的影响较少。例如，在使用化石燃料生产热能和电能时会排放二氧化碳。低收入国家使用很少的能量，人均二氧化碳排放量较低；许多中等收入国家竞相快速发展工业化，人均排放量相对较高；而高收入国家把经济重心转移到服务业，制造业大量外包，人均排放量又回到较低水平。排放量与人均收入的彩虹曲线有时也被称为库兹涅茨曲线，如图 1-5 所示。可以看出，低收入国家的排放量都比较少；但当他们发展工业化并成为中等收入国家后，他们的排放量变得非常高；而高收入国家的排放量则再度减少。我们还应该了解的是，中等收入国家是"世界工厂"，其排放量既是自己消费的结果，也是世界消费的结果。

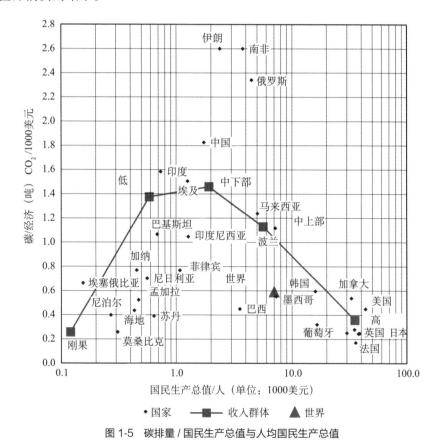

图 1-5　碳排量 / 国民生产总值与人均国民生产总值

家庭消费也产生了显著的影响，欧洲环境机构认为，造成最大问题的现代家庭消费有以下几个方面：

- 饮食。消费者的选择从基本的谷物和蔬菜变为追求肉类和牛奶。
- 住房。从基本的避难所到配备供暖、空调和电器系统的宽敞耗电的住宅。
- 个人旅行。休闲、购物和游览。
- 旅游业。长途旅行。

对以下方面会造成一些负面的影响：
- 空气质量。城市和区域空气污染、粉尘、一氧化碳和碳氢化合物超标等。
- 水质。生活用水排放，工矿企业排放，池塘、河流、湖泊和河口污染，以及饮用水和地下水污染。
- 水资源短缺。如中纬度和半干旱低海拔地区的供水量下降、干旱加剧，喜马拉雅山和安第斯山脉的冰川融化。
- 农业生产力。因降水量变化而下降。
- 健康风险。如撒哈拉以南的非洲地区流行疟疾等传染性疾病，公众营养不良。
- 生态系统。如对珊瑚系统和生物多样性的危害、因森林砍伐而造成荒漠化。
- 生物多样性。气候变化和无法适应变化的物种消失；农业中的单一栽培导致的疾病侵袭风险，如 1846 年的爱尔兰马铃薯饥荒等。
- 自然灾害。洪水和干旱等灾害。
- 气候变化。全球变暖、臭氧层空洞、降水模式改变及海平面上升等。

因环境恶化而导致社会瓦解的例子如位于太平洋上的遥远而孤立的复活节岛，它距离智利 3 700 千米，距离皮特克恩岛 2 090 千米。一批波利尼西亚人在公元 900 年左右到达该岛时，发现了一片树木高大的森林。他们分成数个部落，人口增加到大约 3 万人，砍伐森林建设农业用地，并在与其他部落竞争的过程中建造了著名的石像。当荷兰船只于 1722 年抵达时，他们发现岛上没有树木，人口贫困稀少。人类学家推测，波利尼西亚人没有足够的木材用于维持自身的文明或建造独木舟离开小岛。

对于任何已知的发明，我们无法预知后果，在如何评估影响，以及如何平衡消极和积极的影响方面，我们也没有达成共识。有些变化是不可逆的，如渡渡鸟①的灭绝。有些人认为，工业革命之前的自然是完美的，人类发明对环境造成的任何变化都是有害的。全球变暖的受益者会保持沉默，但受到损害的其他人会抗议并试图改变这一历程。温度的降低会产生相反的效果，但沉默和抗议的各方可能会反转。开发一个让所有生产者、使用者和非使用者都满意的新发明，而不改变环境现状，这是一个可望而不可即的目标或极乐世界。

## 参考文献

Adams, R. M. "Paths of Fire", Princeton University Press, Princeton, New Jersey, 1996.

Alexander, J. "Economic Geography", Prentice-Hall, Englewood Cliff, New Jersey, 1963.

Asimov, I. "Asimov's Chronology of Science & Discovery", HarperCollins Publishers, New York, 1989.

Ausubel, J. H. and H. E. Sladovich, editors, "Technology and Environment", National Academy Press, Washington DC, 1989.

Basalla, G. "The Evolution of Technology", Cambridge University Press, Cambridge, 1988.

"Beowulf", translated by William Alfred in "Medieval Epics", Modern Library, New York, 1963.

Billington, D. P. "The Innovators: The Engineering Pioneers who Made America Modern", John Wiley, New York, 1996.

Boesch, H. "A Geography of World Economy", John Wiley, New York, 1974.

Bogucki, P. "The Origins of Human Society", Blackwell Publishing, Malden, Massachusetts, 1999.

Boorstin, D. J. "The Republic of Technology", Harper & Row, New York, 1978.

Bugliarello, G. and D. B. Doner, editors, "The History and Philosophy of Technology", University of Illinois Press, Urbana, 1979.

Cardwell, D. "Fontana History of Technology", Fontana Press, London, 1994.

Carlisle, R. "Inventions and Discoveries: Scientific American", John Wiley, New York, 2004.

Constable, G. and B. Somerville, editors, "A Century of Innovation", Joseph Henry Press, Washington DC, 2003.

Cossons, N. editor, "Making of the Modern World", John Murray, London, 1992.

---

① 渡渡鸟是仅产于印度洋毛里求斯岛上一种不会飞的鸟，这种鸟由于人类的捕杀和人类活动的影响彻底灭绝。

Darwin, C. "The Voyage of the Beagle", Doubleday Anchor, New York, 1962.

Daumas, M. editor, "A History of Technology and Invention", Presses Universitaires de France 1962, translated by E. Hennessy, Crown Publisher, New York, 1969.

Vol. I: The Origins of Technological Civilization.

Vol. II: The First Stages of Mechanization.

Vol. III: The Expansion of Mechanization, 1725–1960.

Sprague de Camp, L. "The Ancient Engineers: Technology and Invention from the Earliest Times to the Renaissance", Barnes & Noble Books, New York, 1960.

de la Dehesa, G. "Winners and Losers in Globalization", Blackwell Publishing, Malden, Massachusetts, 2006.

Derry, T. K. and T. I. Williams. "A Short History of Technology: From the Earliest Times to AD 1900", Dover Publications, New York, 1960.

Diamond, J. "Guns, Germs, and Steel: The Fate of Human Societies", W. W. Norton, New York, 1997.

Diamond, J. "Collapse: How Societies Choose to Fail or Succeed", Viking, New York, 2005.

Eco, U. and G. B. Zorzoli. "Picture History of Inventions: From Plough to Polaris", Macmillan, New York, 1963.

Ehrlich, P. R., A. H. Ehrlich, and J. P. Holdren. "Ecoscience: Population, Resources, Environment", W. E. Freeman and Company, San Francisco, 1977.

Evans, L. T. "Feeding the Ten Billion: Plants and Population Growth", Cambridge University Press, Cambridge, UK, 1998.

Fagles, R. Translation of "Iliad" and "Odyssey", Viking, New York, 1990, 1996.

Fellmann, J., A. Getis, and J. Getis. "Human Geography", William C. Brown, Dubuque, Iowa, 1990.

Finniston, M. editor, "Oxford Illustrated Encyclopedia of Inventions and Technology", Oxford University Press, Oxford, 1992.

Friedman, T. "The World is Flat", Farrar, Strauss and Giroux, New York, 2006.

Goudsblon, J. "Mappae Mundi: Humans and Their Habitats in a Long-Term Socio-Ecological Perspective, Myths, Maps and Models", Amsterdam University Press, Holland, 2002.

Grant, P. R. and B. R. Grant. "Evolution of Character Displacement in Darwin's Finches". *Science* 313, 224–226, 2006.

Grun, B. "The Timetables of History", Simon and Schuster, New York, 1963.

Hagen, E. E. "The Economics of Development", Richard Irwin, Homewood, Illinois, 1968.

Heilbroner, R. L. "The Worldly Philosophers: The Lives, Times, and Ideas of the Great Economic

Thinkers", Simon & Schuster, New York, 1992.

Highsmith, R. M. Jr. and R. M. Northam. "World Economic Activities: A Geographic Analysis", Harcourt, Brace & World, New York, 1968.

Hodges, H. "Technology in the Ancient World", Barnes and Noble Books, New York, 1970.

Hounshell, D. A. and J. K. Smith. "Science and Corporate Strategy", Cambridge University Press, New York, 1988.

Hughes, T. F. "Human-Built World: How to Think About Technology and Culture", University of Chicago Press, Chicago, 2004.

"Human Development Report 2005", United Nations Development Program, New York, 2005.

James, I. "Remarkable Mathematicians: From Euler to von Neumann", Cambridge University Press, Cambridge, 2006.

James, P. and T. Nick. "Ancient Inventions", Ballantine Books, New York, 1995.

Kahn, H. "World Economic Development", Morrow Quill Paperbacks, New York, 1979.

Knauer, K. "Great Inventions: Geniuses and Gizmos, Innovation in Our Time", Time Inc. New York, 2003.

Kranzberg, M. and W. H. Davenport, editors, "Technology and Culture: An Anthology", Schocken Books, New York, 1972.

Leakey, R. E. "The Origin of Mankind", Basic Books, New York, 1994.

Lewin, R. "In the Age of Mankind: A Smithsonian Book of Human Evolution", Smithsonian Books, Washington DC, 1988.

Li, N. "Shi Jing 诗经 " (in Chinese) Da Xian Publishing, Taipei, Taiwan, 1994.

Lonnrot, E. "Kalevala", translated by Keith Bosley, Oxford University Press, Oxford, 1989.

McClellan J. E. and H. Dorn. "Science and Technology in World History", Johns Hopkins University Press, Baltimore, 1999.

McNeil, I. editor, "An Encyclopedia of the History of Technology", Routledge, London, 1990.

McQuarrie, D. A. and P. A. Rock. "General Chemistry", W. H. Freeman, New York, 1987.

Mellinger, A. D., J. D. Sachs, and J. L. Gallup. "Climate, coastal proximity, and development", in "The Oxford Handbook of Economic Geography", G. L. Clark, M. P. Feldman, and M. S. Gertler, editors, Oxford University Press, Oxford, 2000.

Messadie, G. "Great Inventions through History", Chambers, Edinburgh, 1988.

Misa, T. "From Leonardo to the Internet", Johns Hopkins University Press, Baltimore, 2004.

Mitchell, S. "Gilgamesh: A New English Translation", Free Press, New York, 2004.

Needham, J. "Science and Civilisation in China", Cambridge University Press, 1954.

Vol. I: Introductory Orientations.

Vol. II: History of Scientific Thoughts.

Vol. III: Mathematics and the Sciences of Heaven and Earth.

Vol. IV: Physics and Physical Technology, 3 parts.

Vol. V: Chemistry and Chemical Technology, 13 parts.

Vol. VI: Biology and Biological Technology, 6 parts.

Vol. VII: Language and Logic, 2 parts.

Nicolaou, K. C. and T. Montagnon. "Molecules that Changed the World", Wiley-VCH, Weinheim, Germany, 2008.

OECD Factbook 2009. "Economic, Environmental and Social Statistics", OECD Publishing, 2009. www.oecd.org/publishing.

Ostlick, V. J. and D. J. Bord. "Inquiry into Physics", West Publishing, Minneapolis, 1995.

Pacey, A. "Technology in World Civilization: AThousand-Year History", Basil Blackwell, Oxford, UK, 1990.

Peel, M. C., B. L. Finlayson, and T. A. McMahon. "Updated world map of the Koppen-Geiger climate classification". Hydrology and Earth System Sciences 11, 1633–1644, 2007.

Perpillou, A. V. "Human Geography", translated by E. D. Laborde. Longmans, London, 1966.

Polenske, K. R. editor, "The Economic Geography of Innovation", Cambridge University Press, 2007.

Schon, D. A. "Technology and Change: The Impact of Invention and Innovation on American Social and Economic Development", Dell Publishing, New York, 1967.

Schumpeter, J. A. "The Theory of Economic Development", Harvard University Press, Cambridge, Massachusetts, 1934.

Singer, C. et al., editors, "A History of Technology", Clarendon Press, 1954.

Vol. 1: From Earliest Times to Fall of Ancient Empires.

Vol. 2: Mediterranean Civilizations, Middle Ages, 700 BC to 1500 AD.

Vol. 3: From the Renaissance to the Industrial Revolution, 1500 to 1750.

Vol. 4: The Industrial Revolution, 1750 to 1850.

Vol. 5: The Late Nineteenth Century, 1850 to 1900.

Vols. 6–7: The Twentieth Century, 1900 to 1950.

Song, Y.-X. "Tian Gong Kai Wu: Chinese Technology in the Seventeenth Century", translated by E-tu Zen Sun and Shiou-chuan Sun. Pennsylvania State University Press, University Park and London, 1966.

Spengler, O. "The Decline of the West", Vol. 1: Form and Actuality, Vol. 2: Perspectives of World-History, 1922, translated by C. F. Atkinson, Alfred A. Knopf, New York, 1928.

"Statistical Abstract of the US", US Census Bureau, Washington DC, 2007.

Strahler, A. N. and A. H. Strahler. "Elements of Physical Geology", John Wiley, New York, 1989.

Thornton, A. and K. McAuliffe, "Teaching in World Meerkats". *Science* 313, 227–229, 2006.

Tignor, R., J. Adelman, S. Aron, S. Kotkin, S. Marchand, G. Prakash, and M. Tsin. "Worlds Together, Worlds Apart", W. W. Norton, New York, 2002.

Toynbee, A. "A Study of History", Oxford University Press, London and New York, 1947.

Travers, Bridget, editor, "World of Invention: history's most significant inventions and the people behind them", Gale Research, Detroit, 1994.

Tybout, R. A. editor, "Economics of Research and Development", Ohio State University Press, Columbus, 1965.

United Nations Development Programme, "Human Development Report", New York, 2007.

Waley, A., translator "Shih Ching: The Book of Songs", Grove Press, New York, 1996.

White, A., P. Handler, and E. L. Smith. "Principles of Biochemistry", McGraw-Hill, New York, 1964.

White, L. T. "Medieval Technology and Social Change", Oxford University Press, London and New York, 1963.

Wiener, N. "Invention: The Care and Feeding of Ideas", MIT Press, Cambridge, Massachusetts, 1993.

Williams, T. I. "A History of Invention: From Stone Axes to Silicon Chips", Checkmark Books, New York, 2000.

"World Development Indicators", The World Bank, Washington, DC, 2008.

**网络文献**

Nobel Foundation, http://www.nobelmuseum.org.

# 第 2 章
# 工作发明

人们通过工作来生产商品和提供服务，一方面满足自身的需求及享受，另一方面可以把这些产品卖给顾客。工作也让我们有机会展示学到的知识和技能，以及我们的有组织性和勤勉，从而赢得尊重和荣誉。发明和技术经过数百万年的累积，我们能够较为轻松地创造更多财富。未来，人类也还要依靠新发明来使生活变得更加美好。

大多数动物生来就有专门的"工具"，通常作为身体的一部分来帮助它们完成生存时一些必要的"工作"，如肉食动物的牙齿和爪子。达尔文观察加拉帕戈斯群岛上的各类雀的形态（图 2-1），并对其进行了描述。这些雀的喙形状大小各异，可以啄食岛上不同的种子或坚果：较大的雀喙适合吃在丰水年高产的大坚果；小而灵活的雀喙适合采集枯水年产量较多的小坚果。在长期干旱的年份，小喙的雀会大量繁衍，而那些大喙的雀则会深受其害。身体自带的"工具"并不能适应多变的环境，其使用会受到诸多限制。如果你只有一把好锤子，可以用它来钉钉子，但若是想要锯开木头该怎么办呢？人类的身体构造只能满足有限的目的，因此缺乏那样高度专业化的工具。为了弥补人体构造的天生简约性，人类已经发明了许多工具以达到不同的使用目的。我们从祖先那里继承"工具箱"，并不断向里面填充新的发明。这些发明使人类能够侵占其他动物的生态位，并创建自然中未发现的新的生态位。这就是人类"发明工具"的作用。

除了在家庭、农场及工厂中使用的工具，人类文明的正常运转还要依靠公共设施的建设。为了实现交通运输，我们需要建造公路、桥梁、港口、航道和机场。我们的家庭和工厂与电力、供水、污水及垃圾处理等公共事业紧密相连。同时我们还需要电缆、卫星及互联网等通信服务。

生活水平取决于我们的生产率。经济学家把生产率定义为每小时创造的财富值。早期经济学家，如亚当·斯密等认为，影响生产率的因素主要是土地、劳动力和资本，但现代经济学家更加重视发明和创新对生产率的大影响。特别是约瑟夫·熊彼特，他还对发明与创新做了区分，发明即为一项重大的发现；创新是指改进一种产品或引进新的生产方法，或者是开发新的市场、新的原材料或新的产业组织。根据罗伯特·索洛的计算，在美国，人均工业增长量中约有 4/5 要归功于技术的进步。

a) 大嘴地雀                    b) 勇地雀

c) 小树雀                    d) 绿莺雀

图 2-1　加拉帕戈斯群岛的雀类及其喙

图片来源：授权转载自 Mary Evans Picture Library/ Alamy

所有国家都把提高劳动生产率作为既定目标，以求能提高生活水平、增强在世界事务中的影响力，成为"命运的主人"。这个目标依赖于技术的发展，所以，如果某个问题无法用当前的技术解决，我们会试着去学习、效仿他人，或尝试发明一种新的技术来解决该问题。发展并不是一件轻而易举的事情，而是对教育和研究投资的结果，可能需要我们放弃当前的享乐来为子孙后代营造美好的未来。在所有的发明中，最伟大的是这些发明所形成的文化——解决问题和扩展能力的才能。

## 2.1　工具与方法

我们的牙齿和手指作为谋生工具的能力是十分有限的。出现于旧石器时代的石斧是人类史上的第一项发明，它开启了人类使用工具来制造所需物体的传统。但人类并不是唯一会使用工具的物种：有一种加帕拉戈斯雀会使用小树枝寻找藏在树洞中的昆虫，海獭会使用石头砸碎蛤蚌的外壳以食用里面的蚌肉……虽然如此，人类却是唯一设计并制造了大量用于特定用途工具的物种，并会把这些工具传承下去，在原有基础上不断加以改善。比如，我们使用手工工具来获取食物、缝制衣服、建造房屋；还能使用工具对自然资源进行加工，使其增值。

手工工具是一种能将原材料塑造成所需形状的简单装置。例如，可以将一块大的零件分成几个小件，或将几个零件合成一个整体，或将零件进行弯曲及切割。为了完成某项工作，木匠有斧头、锯子、钻头、钉子及螺丝钉等；石匠有铁锤、凿子、直尺及泥刀等；铁匠则有熔炉、铁锤、铁砧、钳子和切刀等。机器是一种更为复杂的装置，通常包含几个能够独立运转的部分。机器可以使我们高质、高效地完成一些繁重的工作，而且不会觉得累，更能保障我们的安全。生产率，或者说我们在每小时能够创造的财富值，取决于我们所掌握的工具和方法，包括曾发明的一些简单机械装置，如杠杆和斜面用于举起重物，发明了滑轮用于改变力的方向，还使用车轮和轮轴用以减少运输中的摩擦，使用桔槔和螺杆泵来提取地下水等。

当一项工作涉及许多步骤或操作，需要由不同领域的工人组成小组来完成时，从组织角度来协调他们各自的工作会使我们受益良多。例如，想要挖掘一个地下矿井，可能要先挖掘竖井以深入地底工作，在竖井口放置一架梯子方便工作人员上下，矿物等其他物体则用滑轮来进行传送，然后从水平方向延伸矿脉，同时还要用支柱加以支撑防止矿井隧道坍塌，并及时排出矿井内的水以防止发生灾害性涌水；制造木凳时需要木匠将木头锯成几段，然后用铁锤把它们钉在一起即可；而汽车的制造则要由许多不同的工人来完成车架、车身、引擎及车轮的制作；然后需要另一组工人通过流水线作业把这些部件组装在一起。

## 2.1.1　石斧

约在200多万年以前的时代，生存于东非的能人就已经开始尝试使用石器了。他们有比较小的脑容量，明显凸出的下颌骨，并用两只脚走路——从而能空出手来操作及携带物品。能人会组成10～20人的小团体狩猎，通过吃腐肉生存下去，并像其他树猿一样觅食一些柔软的植物和坚果。此外，他们还学会了猎食动物的肉来增加饮食来源。较大动物的尸体是额外的收获，但他们难以对其进行处理。该如何撕开坚韧的兽皮，从尸体上扯下动物肢体，使得能人能够在狮子或豹子等猛兽出现打断他们享用美食之前，把这些肉放到最近的树上以便带回家喂养家人呢？骨髓中富含脂肪类物质，但要先粉碎外面的骨头才能得到里面的骨髓。他们又是怎样剥下动物的皮来制作衣服呢？他们应该看到过狮子和豹子是如何使用锋利的牙齿和爪子来完成这些事情，但可惜的是，大自然并没有赋予人类锋利的牙齿和爪子。然而，其中的一部分能人具有丰富的灵感和创造力，可以找到边缘破碎且锋利的石头作为切割工具。可能还有一些用木头或牛角制成的更古老工具，但未能保存下来。因此，我们只收集到大量的石制手斧，将其视为人类的第一项发明工具。

石斧并不是历史上只出现一次的单一发明，而是经过数百万年不同种人类不断进行改良的一系列发明，造就了像接力赛团队一样的系列发明家。这些能人使用的第一批石器，被称为奥尔德沃斧头（图 2-2），考古学家在非洲坦桑尼亚北部的奥杜威峡谷中发现了大量此类石制工具，而这些石器都是粗制品，很

图2-2　被发现的奥尔德沃斧头

容易被误认为是自然破裂的卵石。通过用石锤尖锐的一角敲击一块拳头大小的卵石，从岩心削下薄薄的一片，就可以制成这些粗制的石器了。具有锋利边缘的岩心可以被用作切割或刮削工具来分解动物的尸体，挖掘植物根茎和昆虫，还可以用来剥掉树皮以获取树胶和里面的昆虫；而钝端可以用来锤开骨头，捣碎及切割坚果和水果。有了这项发明，人类就可以吃到狮子、鬣狗和猪等所吃的食物了。

制作这种工具最好的石头材料是拳头大小的卵石，因为卵石纹理细密且均匀，这样就容易被削碎并塑造成期望的形状。像花岗岩这样纹理较粗的岩石和页岩这样有层次的岩石，制成切削刃比较困难；而像燧石这样纹理细密的岩石，以及像黑曜石这样光滑的岩石都是最好的材料。另一方面，制作工具的岩石也应该硬且重，这样制作出来的石刃的锋锐度才能保持得长久。能人可能是在具

有砾石层的河岸边发现了这些可用的卵石，而从坚实的基岩上敲下一块卵石会更困难。在这个发展阶段，没有标准尺寸、形状和形态，因此具有锋利边缘的任何形状的工具都可以拿来使用。

从 170 万～150 万年前开始，一种截然不同、更为精致的石斧首次在直立人中出现，直立人是具有更大脑容量和更小下颌骨的一个新的人类种族。这种被称为阿舍利手斧（图 2-3）的工具，不再是任意形状的粗制品，而是按照一定的设计标准制造而成，且这种设计标准保持了 100 多万年，并从西方的西班牙传入东方的印度。这种阿舍利手斧长约 6 英寸（150 厘米），重约 1.3 磅[①]（约 600 克），呈优美的泪滴状或梨形。它的设计者更像是一个雕塑家，在其头脑中事先已经存在了一个最终的形状或模板。这种工具两面打制，一端较尖、较薄，可刺穿物体，两边是对称的切削刃，尾端钝圆，便于抓握，也可能是用来击碎骨头和坚果的。开始时，用坚硬的石锤把石头剥削成所需的大致形状，然后用鹿角或骨头制成的软锤进行二次剥落，以便更好地控制修整和拆卸无数小薄片等精细工作。制造这种斧头的最佳石材为欧洲燧石——是从白垩岩和燧石灰岩中开采出来的，还有火山玻璃黑曜石也是很好的材料，但这些珍贵的石头只存在于特殊的地点，只有通过长途运输和贸易才能获得。

图 2-3　阿舍利手斧

图片来源：转载自美国国会图书馆

最早出现于 20 万年前埃塞俄比亚地区的智人发现了岩心之外的石片可用于许多复杂的用途。现代人类大约出现在 3.5 万年前，并创造了大量新的石器。在新石器时代（约始于公元前 1 万年），人类制造出更复杂的石器（图 2-4），这些石器具

图 2-4　新石器时代的石器

图片来源：转载自美国国会图书馆

---

①　磅为英美制重量单位，1 磅约合 0.454 千克。

有更精细的形状、更锋利的边缘，以及更美观的外形。薄片被用来剥兽皮或穿孔制作衣服。这些新工具是使用压制刮削技术制成的，之前的石头边缘是使用骨头、象牙或硬木头稳压锤击制作而成的。稳压锤击的方式较难控制，新技术代替这种方式，能够更好地控制过程，并制造出更小的薄片。这些微小的薄片可以绑在木杆上，做成矛、箭头及耕种用的镰刀等。

## 材料力学

　　旧石器时代的发明者主要关注的是其工具是否能够工作，但现在的科学家则会研究这些工具是如何工作的。知识可以帮我们从科学的角度认识工具，并以此指导未来的发明。要对材料的力学特征进行科学、定量的描述，需要考虑其在压力下的反应或应变情况。一个具有一定长度和横截面积的长杆，在拉伸的情况下会变得比初始时更长。这种单位面积上所承受的力被称为"应力"（Stress），而由此产生的"应变"（Strain）是指杆长度的细微变化。应力－应变曲线如图2-5所示，图中水平 $x$ 轴为应力，垂直 $y$ 轴为应变。实曲线表示的是脆性材料，如石头等。当应力很小，在弹性区域内时，形变或应变是弹性且可逆的，因此当压力释放时，应变将逐渐恢复为零。当材料拉伸超过弹性限度，达到强度极限时，会突然断裂成

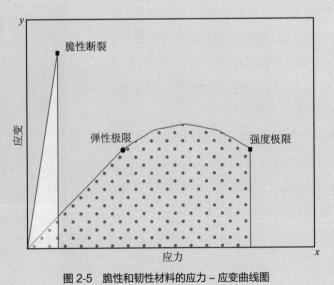

图2-5　脆性和韧性材料的应力－应变曲线图

两段或多段。图中实曲线下三角形的面积代表折断材料、打破韧性所需的能量。

铜等弹性材料的应变行为如图中曲线所示。当弹性范围超过屈服强度的点时，材料开始发生不可逆的或永久的塑性形变；当达到强度极限时，材料会破裂。与脆性的石头相比，铜发生形变所需的应力较小，而要使其破裂所需的能量却更多。

石斧是由硬质材料制作而成的，用来塑造和处理皮革、骨头等较软的材料。"硬"这个词有两种不同的意思，可以指某种材料受到弯折及刮擦时的抵抗力，也可以指其抗断裂的能力。举例来说，金刚石是我们所了解的最硬的物质，它不会被划损却易碎，只要力度适当就可将其打碎；与其相反，钢这种材料更为灵活且容易被划损，但它更加坚韧，能够承受更重的打击。石器极其坚硬，因此可以制作成有效的工具来切割较软的材料。然而，其脆性也意味着它们如果撞到更坚韧的物体会很容易破碎。虽然相对于手指和牙齿来说，石器有很大的"进步"，而当有弹性和韧性的需求时，如制造剑或杠杆，石器却是不可用的。即使如此，在青铜时代到来之前，石头一直是制作工具和武器的最主要材料，而青铜时代距今大约有 5 500 年（约公元前 3500 年）。在现代，我们把制作石器及其他工具的技术叫作燧石敲击术，通常是实验考古学家用来了解过去的一种方法。户外运动者通常会使用这种技术，以便野外求生，它也可作为一种业余爱好，用来制作燧发枪。

之后，手工工具的发展及专业化主要靠金属工具来延续。在中世纪时期，每个村庄需要三个工匠：一个铁匠，打制金属物品和马蹄铁；一个木匠，制作家具和车轮；一个石匠，建造围墙和房屋。他们每个人都需要一套工具来进行自己的贸易活动。在现代，我们有许多专业化的工业机器、人造能源和电力来源，以及更坚固的材料用于提升劳动生产率和生活质量。

## 2.1.2　机械

将石斧系到一根木柄上就已经制造了一个简单的机械装置，这个机械装置可通过杠杆作用或机械能来增大作用力并改变力的方向和大小。经典的简单机械有六种：车轮及车轴、滑轮、螺丝、斜面、楔形、杠杆。前三种装置是围绕一个中心轴旋转运动，而后三种则是在直线运动中提供机械能。

公元前 3000 年，利用轮子及其他形式持续旋转运动的发明出现。使用车轮的车辆无疑是历史上最伟大的发明之一。它方便了人类的交通及货物运输，同时也为发动战争提供了便利。在此之前，对于较小的物品，人们可以用背背或用头顶；而对于较大的物品，则可以挂在木杆上，两个人用肩膀挑。雪橇的发明也是一大进步，它通常具有平坦的底部或带有滑行装置，能够在草坪、泥地或雪地上拖行，特别是经过水或冰的润滑，其摩擦力减小，拖动过程会更容易。在埃及金字塔的建设过程中，涉及的另一种重要方法是，通过滚动来移动沉重的石头。这些方法比不上轮子的便利性，轮子具有中空的轮轴，围绕这个固定的轮轴，尤其是在轮毂涂抹了润滑油或润滑脂后，更加提升其便利性。手推车和四轮马车被人熟知的应用就是，将沉重的庄稼从农田运到住处，并把农具和肥料从住处运到农田。埃及古墓中的壁画展示了具有实体车轮的牛车在家庭运输中的使用情况，甚至在公元前 3000 年，轮式车辆和战车就被引入战争中。与步兵相比，战车大大提高了行驶的速度及可携带武器的数量，其珍贵性使其能够随同强大的法老被埋葬在陵墓中。

轮子能帮助人们制作物品，同时还能转移这些物品。轮子一些重要的早期用途包括：卧式磨石可将小麦和玉米等碾成粉末；垂直滑轮起重机在建筑施工过程中可抬升石头。陶轮最早出现于公元前 3000 年的苏美尔地区。旋转的陶轮产生的离心力会使湿黏土向外抛出，这时用手或工具加以控制，即可把黏土塑造成完全对称的形状。轮盘可能首先需要在中心系一根线，然后旋转的末端使其能够转出一圈；还有一种更好的设计就是用一个立柱把支撑陶器的轮子和与其共轴旋转的底轮连接起来，这样，制陶工人就可以坐着用脚来旋转底轮。陶轮从中东地区传播至世界各地，成为第一种能够大规模生产消费品的机器。

亚麻和羊毛中的纤维须捻在一起形成具有更大强度和恒定厚度的纱线，然后可以进一步织成布料。织布工所用的纺锤与陶轮大约在同一时间产生，并使用轮子来提高生产率。纺锤是一种细长的杆，通过手工转动对纺纱杆上的纤维球进行加捻；一种被称为螺纹的小砝码与纺锤连接，使手工恒速旋转变得更容易；较重的纺车可以通过脚踏板或水力驱动。由于这项工作在古代主要由女性完成，因此纺纱杆成为妇女形象和家庭生活的象征。

木匠所用的螺丝钉采用一种沿轴的螺旋凹槽，把旋转运动与楔形的机械效益结合，使其比钉子更加紧固。阿基米德采用这种螺旋运动，使用中等力度便能把水从低处传输到高处。

## 阿基米德

阿基米德（公元前287年～公元前212年）出生于西西里岛的叙拉古，是古希腊著名的发明家和科学家。他出身贵族，与西西里岛叙古拉的统治者（希罗二世国王）有亲缘关系，具有很大的影响力。据说，阿基米德曾到埃及和亚历山大游学。他开创了许多发明，从日常用具到对抗罗马人所用的武器。在马库斯·维特鲁威（Marcus Vitruvius）的报道中，关于阿基米德最有名的传闻，是他发现形状不规则物体的密度测量方法的过程，如测量希罗王王冠的密度。阿基米德需要确定金匠是否在纯金王冠中掺入了银，而金本身的密度要大于银。当浸泡在浴盆中洗澡时，他注意到浴盆中水的表面高度上升了，而这可以用来测量水下物体的体积，继而计算其密度。由于对这个发现太过兴奋，他甚至跑上街头，高呼"我找到了"。

据说，在第二次布匿战争期间，他创造了许多战争机器，牵制了罗马军队两年时间，还制作了一种能够发射矛和石块的弹道武器，造出了能够把罗马战舰吊起并摔碎在水面的起重机，他还创建了使敌舰燃烧的火镜。然而，这天才般的军事设计也未能阻挡罗马攻陷叙古拉的脚步。阿基米德正在家中研究数学问题时，罗马统帅马塞拉斯手下的一名士兵突然闯入他的住宅，打断了他的研究。阿基米德说"不要打扰我的工作"，而愤怒的士兵却拔刀刺死了他。

杠杆被埃及人用来移动重物，而阿基米德是第一个写出杠杆在帮助人们独立提升重物时所起的作用。图2-6展示了一个杠杆，通过一个支点或中心点，把杠杆分为较长的力臂和较短的重臂。如果一个杠杆力臂长度是重臂长度的10倍，那么，在长臂端用等同1千克物体重量的力即可举起短臂端重10千克的物体。

这种杠杆作用并非魔术，因为力和距离的乘积是固定的。1千克物体重量的力，其力臂长度增加10厘米，另一端10千克配重的重臂长度只需增加1厘米。阿基米德曾吹嘘，"给我一个杠杆和一个支点，我就能撬动地球"。不过，这只是一种比喻，因为地球的质量比阿基米德的质量大$10^{23}$倍。他能够从哪里找到一根足够长且坚固的杠杆，并且他能站在哪里撬动呢？螺丝钉、楔子和斜面都提供了机械能，增强一个小的作用力，施加到大的合力，如长度为10，高度为1的斜面，用来提升10千克的重物，只需1千克的力。生产油和葡萄酒，需要有很强的作用力挤压橄榄和葡萄，以从中榨出全部的汁液，而这种强作用力，可以由橄榄油和葡萄酒压力机顶部的螺丝提供。

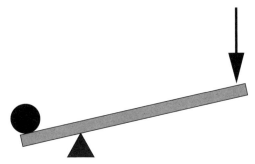

图2-6　杠杆

　　滑轮可以用来改变力的方向，如此一来，通过人的体重拉下绳子即可提起另一端的重物（图2-7）。上面的滑轮是固定的，下面的滑轮则可以移动；绳索被以 W 的力向下拉动 2 厘米，下滑轮则会以 2W 的力上升 1 厘米。由几个动滑轮和定滑轮组成的滑轮组，设置在固定不动的墙上或可移动的吊车上，也可以创造更多的机械能。在古希腊戏剧中，当人类事务变得复杂难解，上帝就会从天而降，帮人们解决问题，而在移动重物时这种从天而降的效果，主要通过滑轮悬挂实现的。这种情节设计被称为"机械降神"（deus ex machina, or "god out of the machine"）。水手可以使用滑轮组移动沉重的船只，这也是阿基米德制造出战争机器，把罗马战舰移出海港并摔碎在岩石上这一传说的来源。

　　还有更多古老复杂的机器使用了简单机械作为部件，如气泵、水泵、脚踏车。公元前1500年的埃及壁画展现了金属加工的场景，奴隶用脚来操控鼓风箱以加强火势。风箱有一个由阀门控制的进气口，使空气只进不出；还有一个同样由阀门控制的排气口，使空气只出不进。赫斐斯托斯（Hephaestus）或伏尔甘（Vulcan）是火与工匠之神，他为宙斯锻造了雷电，为阿基里斯打造非凡的盔甲；《伊利亚特》第 18 卷对阿基里斯的装备做出描述，其中就包含风箱。另外，亚历山大港的希罗记载了一种水力风琴，里面的空气通过水的流动推动。

磨坊需要利用旋转运动把谷物磨成粉末，液压站也要靠旋转运动抬升水位。这些装置可以通过人力、畜力或风力、水力来驱动。我们对这些古老机械的认知来源于一些杰出人士，如罗马的马库斯·维特鲁威（Marcus Vitruvius，公元前 80～前 15 年）撰写了一部《建筑十书》（*De Architectura*），内容包括建筑结构、起重机、吊车和滑轮等建筑机械，以及如发射机、攻城车等战争机械。亚历山大的希罗描述了最早的蒸汽机——汽转球，以及一种利用风能的设备——风轮。

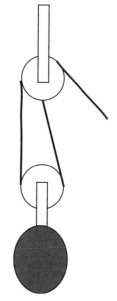

图 2-7　滑轮

（图片授权转载 © 伦敦国家肖像美术馆）

### 2.1.3　生产组织

矿业开采如同农业一样历史悠久。最早的矿山是露天矿，矿工从暴露在外的矿石中提取石材和金属。当这些简单的开采矿物被耗尽，矿工开始寻找贵重金属、宝石和盐时，他们转而把目光投向地下矿井，这种矿井有供人出入的垂直隧道，并有用来通风和以火把照明的水平巷道。

已知最古老的矿井是开发于 4.3 万年前的瑞士"狮子洞"，它也是被称为赤铁矿的红色颜料赭石的来源地；随后是在法国北部和英格兰南部发现的燧石矿。位于英国诺福克的格兰姆斯燧石矿井（约公元前 4000 年）由一个约 12 米深的大坑及连通其他隧道的附加坑组成。这是生产燧石的一项巨大产业，需要长期雇用许多矿工。这些矿工大多全职采矿，然后拿开采到的燧石与自远方而来的买家换取食物或其他生活必需品。

古代的矿井开采过程中使用了各式各样的工具和机械。在雅典附近的拉夫里翁银矿（约公元前 1100 年）中，矿工使用过铁锤、有木手柄的锄头，以及灯具。工人通过梯子进入矿井，并用滑轮把矿石拖上去。地下矿井也需要通风，以便矿工能呼吸到新鲜空气。有时，通风工作是用一个巨大的风箱来完成的，但在更为先进的矿井中，配有独立的竖井，用于引入新鲜空气、疏散浑浊的空气。地表的雨水或地下水经常会灌入地下矿井，这通常需要人力尽快将矿井中的水排出。所有的工作都需要有组织地进行及多年的投入，对不同功能进行大规模的规划和协调。我们对古代采矿和冶金的认识大多来自这些人：于公元77年撰写《博物志》（*Historia Naturalis*）的罗马元老普林尼，于1556年撰写《论矿冶》的德国学者阿格里科拉，以及于1637年撰写《天工开物》的中国学者宋应星，等等。

用金属镐和铁锹挖掘松软的黏土和沉积岩是比较容易的，而移动坚硬的火成岩则困难得多。使用"火攻"技术裂解坚硬的岩石会容易一些，"火攻"技术是先用火灼烧岩石，然后浇以冷水。温度的骤变导致岩石开裂，露出隐藏在里面的宝石。采矿技术最大的进步是对炸药的使用，主要用于爆破岩石和建设隧道。黑火药以这种方式使用了很长时期，直到发明了现代烈性炸药，如硝化甘油、甘油炸药。

复杂的产品，如左轮手枪，在设计时要求许多部件能够完美地组合在一起，对误差的容忍度非常小。在传统工艺方法中，一个工匠能够制作出所有的部件，但直到最后一分钟都还在调整部件之间的匹配度。当需要为一场即将到来的战争准备数百或数千支左轮手枪时，传统的工艺方法很难满足需求，因为可能一时没有足够多的工匠，而且也没有足够多的时间来完成任务。于是，具有精确规格和标准的通用件及组配部件的装配流水线，很早就开始被人们考虑了。

最早的装配流水线大约形成于公元前215年的西安，其目的是为中国第一位皇帝（秦始皇）的葬礼制造成千上万个真人大小的兵马俑。不同个体的身体部位是可以互换的，不同身体部位的制作任务被分配给不同的工坊，工匠按照一定的模具把黏土塑形并放入窑内焙烧，最后在中央机构内统一组装完成。每个工坊在其制造的零件上刻上名字，以便增加可追溯性，实现质量控制。然而，每个兵马俑的头部都代表一个特定的个体，必须由不同的雕塑工匠进行手工制作。其结果是，一支由栩栩如生的个体形成的军队，其成员都有独特的头部，但身体是可互换的。在16世纪，威尼斯海军需要为即将到来的战争准备许多新的战舰，威尼斯军械库雇用了将近 1.6 万人进行标准化部件的装配流水线作业，他们几乎每天都能制造出一艘战舰。

前装式的滑膛枪或来复枪从枪口处装入散装的火药，火药后紧跟的是软铅制成的子弹。制造这些枪械是一个缓慢而昂贵的过程，两个这样的枪不需要有相同的枪管直径，因为软铅子弹和散装火药可以被制作成能够适合各种直径。在传统工艺方法中，一个熟练的枪匠来制作枪管、旋转弹仓和发火撞锤，然后再把它们组装在一起。这种工艺方法对个人买家或小团体买家组成的小型市场是很适用的，但对于面临战争需要成千上万支手枪的军队来说，是无法满足需求的。

左轮手枪使用了具有固定标准直径的镀铜弹药筒，使射击的速度得到巨大提升。柯尔特 45 式手枪枪筒直径为 11.4 毫米，数值精确。带有子弹的旋转弹仓被设计为一端与枪管对准，另一端与发火撞锤对准。确保撞锤正好击在子弹后方的盖子上是至关重要的，因为这样才能使子弹飞出枪管。塞缪尔·柯尔特（Samuel Colt）于 1836 年在新泽西帕特森成立了左轮手枪制造厂，推动通用件的施行。这种现代大规模生产方法把整个工作进行划分，作为一种解决方案逐步得到发展。每个工人只负责按精确的尺寸重复生产一个部件，然后在生产线上将所有部件进行组装。子弹也应做成相同的尺寸，这样它们才会适用所有枪管。

美国汽车盛行伊始，兰塞姆·奥茨（Ransom Olds）于 1901 年在其奥茨汽车公司的工厂中使用了装配流水线作业进行生产，并为现代装配流水线概念申请专利。芝加哥的一家屠宰场也采用了相同的理念，可以更准确地将其描述为"分解流水线"，动物随着传送带移动，然后被宰杀，每个工人只需重复地取出一个器官或部位，生产效率极高。

这个概念被引入福特汽车公司，亨利·福特（Henry Ford）怀着巨大的热情将其投入使用。要确保所有独立的零件之间完美契合，制作过程中需要有精确的规范和严格的纪律，这是非常有效的生产方式。引入装配流水线作业后，福特汽车公司之前花费 12.5 个工时的组装工作缩减到只需 1.5 个工时，生产效率提高了 8 倍。该方法在效率提升上如此成功，以至于汽车零部件上油漆的干燥过程成为生产过程中遇到的瓶颈问题。只有日本黑漆干燥速度足够快，这迫使福特汽车公司在当时只生产黑色的 T 型车。

福特汽车公司还为每个工人分配特定的位置，不再让他们四处移动，从而降低了工人的受伤率。福特汽车公司的高效率使其同时实现更高的工资待遇及更低的汽车价格成为可能，其方法被其他汽车公司争相效仿，并最终影响到很多行业。其他汽车制造商要么采用这种装配流水线，以较低的成本继续生产汽车；要么停产歇业。其批评者认为，装配流水线作业是一种单调且非人性化的系统，限制了员工的自由；而支持者则认为，装配流水线是伟大的工业发明之一。

## 2.2  能量与功率

我们所做的任何事情，都是能量由一种形式向另一种形式的转换。植物通过光合作用把太阳能转化为食物中的化学能，然后食物在体内燃烧形成生命新陈代谢所需的能量，以此维持人类的生命。我们利用热能取暖和做饭，利用光能在黑暗中视物，利用动能实现旅行和工作，利用声能播放和欣赏音乐，利用电能从互联网及电脑上获取信息……

一个封闭的系统，其内部能量可从一种形式转化成另一种形式，在这个过程中其总量保持不变。当我们说某件事情"消耗"了能量是指，有多少能量进入了某个过程，就有等量的能量释放出来，且通常是"有用"能量和"无用"能量的结合。如果驾车去旅行，那么会消耗了汽油中的化学能，产生有用的机械运动，并通过排气管排出废热。从熟悉的英制热单位（British Thermal Units，BTU），到公制的卡路里①，再到科学领域的能量和做功的单位焦耳，我们使用了许多不同的单位来衡量能量。而术语"功率"是指随着时间的改变，能量消耗的快慢程度。

有意把能量从一种形式转化为另一种形式的能力，是人类历史中独特的一部分。从火到蒸汽机的发明，人类很早就开始尝试各种技术，将自然能量进行转化，为我们提供温暖、光明、机械动力、通信和娱乐手段等。

---

① 卡路里简称卡、大卡，由英文音译而来，是一种热量单位，国际标准的能量单位是焦耳。

## 2.2.1 火

大约在 80 万年前，一些居住于东非地区的直立人决定离开东非，前往亚洲和欧洲。在类人猿中，他们失去了覆盖哺乳动物的长体毛，因此无法抵御寒风和雨雪。离开东非的热带森林和热带草原，穿越沙漠地区，进入温带的近东地区，后来，在冰河时代中期，他们又转向了亚洲和欧洲严寒的北部。御寒的衣服和住所在地处热带的东非是不需要的，但在寒冷的地区是至关重要的。他们可能挤在一起相互取暖，又或是靠观看月亮和星星来度过难熬的夜晚。

对火的征服并不是以前不存在的新发明，通过控制火来实现人类利益的方法却是一项新的发明。我们已经在北京（北纬 40°）附近的周口店发现直立人和火的痕迹，并认为它来自 46 万年前。对火的征服可能起源于自然雷电产生的火或自然火花。人们学会了与火保持适当的距离，在寒冷的夜晚燃火取暖，或烧烤动物的肉，使其更柔软、更方便食用。征服火的下一个成就就是使火保持稳定的状态而不熄灭，主要通过在上面放置木柴或动物粪便支持燃烧，对其进行遮挡避免被风吹雨淋，并通过吹气给它提供氧气。火也需要用一些障碍物对其进行控制，原始人类学会了用水或泥土来灭火。

大多数植物材料由碳组成，因此，只要它们足够干燥且有足够的表面积与空气充分接触，即可作为良好的燃料。空气主要的成分为氮气（78%），但氮气不能燃烧，而空气中不太丰富的氧气（21%）则可以支持燃烧。如燃烧树枝或稻草时，我们目睹的是下面这种化学反应，该过程会产生二氧化碳：

$$C + O_2 \rightarrow CO_2 + energy（能量）$$

在该反应中，C 是碳，O 为氧，而 $CO_2$ 代表二氧化碳。我们通过燃烧释放的热和光来感受产生的能量，并感受到温暖。

原始时期的主要燃料是本地可用且干燥的草、柴或树枝。一大块的原木是不易燃烧的，因为没有太多的表面积，其内部无法与氧气接触。牛、羊、骆驼等动物干燥的粪便中含有未消化的纤维，可作为良好的燃料。把树枝在动物油脂、植物油或通过地表渗出的矿石沥青中浸泡，即可制作成燃烧时间较长的火把。最终，人类学会了如何制作木炭。使木头在不充足的空气中燃烧，然后驱散燃烧产生的挥发性物质和烟雾，只留下浓缩的炭心，这种炭心可以继续燃烧产生大量的热量和很少的烟雾。

征服火的下一步进展就是能够随时随地生火，这样人类就不必完全依赖于寻找自然火种。生火需要通过某种方法创造高于燃料自燃温度的局部温度——干燥的草或小木枝燃烧大概需要230℃；硫黄和黄磷具有较低的自燃温度，这也是它们能够用来制作黑火药和摩擦火柴的原因。对儿童来说非常熟悉的摩擦生火，是把两片木柴放在一起进行摩擦，直到产生足够的热量并达到所需温度，从而使火燃起。火花点火的方法是利用碰撞产生火花，如把一块石头与另一块石头或金属进行碰撞，火花溅落到一堆刨花或木屑上，再对其吹气即可产生小火苗。现代的打火机有一个钢轮，与燧石撞击产生火花，可点燃浸有丁烷的棉芯。摩擦火柴基于粉末玻璃、硫黄和磷制作而成，发明于19世纪，用作一种小型、便携式取火器。

燃烧消耗氧气，因此剧烈的火焰会减少局部空气中的氧气。人们需要一种良好的方案，既能为新鲜空气补充氧气，又能消散烟雾和废气。如果没有足够的新鲜空气，化学反应将变为不完全燃烧，释放出完全燃烧时1/3的热量，并产生对人体有毒的一氧化碳气体。把火移到室内可躲避风雨的侵扰，但同时需要烟囱进行必要的通风。

对火的征服是人类进步中最重要的里程碑之一，并且在许多民族的神话故事中，火通常作为神赐予的神奇礼物，被人们拿来庆祝。在古希腊，巨人普罗米修斯从天神宙斯那里偷取火种，作为礼物送给人类，并因此受到惩罚；在波斯，琐罗亚斯德代表了与天堂、光明和火相关的善的力量；在印度，火神阿格尼主持祭祀事宜。火带来的温暖对人们征服冰河时期严寒的天气是至关重要的。

火为人们提供了聚集地，在这里，家庭或部落成员可以舒适地进行社交、进食等活动；火还保护人们免受寒冷和黑暗的侵袭。烹饪极大地扩展了可食用食物的范围，人类的食物不再仅限于软叶、果实及柔软的精选肉。水稻和小麦在没有用水煮过之前是很难被人体消化的，烧烤可以使坚韧的肉变得柔软，并易于咀嚼；高温还能消灭许多细菌和其他可引起疾病的微生物；火还通过制作陶瓷和金属材料、制造工具和武器，为人类跨越石器时代开辟了道路。很久以后，当我们掌握了蒸汽机和内燃机技术，火和热产生新的能量和功率来源，为人类带来工业革命。

在中心城市、矿业和制造业中心周围，许多森林被用作燃料来源而遭到砍伐。自然生物已经无法满足不断扩大和繁荣的人口需求。正因为如此，煤、石油、天然气等化石燃料成为工业革命以来的主要燃料。露头煤在罗马时代的英国得到使用，在中世纪，露天煤矿的供应受到限制。英国的工业革命严重依赖煤矿开采。1637 年，中国出版的《天工开物》中对煤炭的地下开采进行了突出的描述。

希罗多德在古巴比伦城墙和塔楼的建设过程中，提到了沥青的使用，沥青来自地表渗出的石油。"石脑油"或"液体油"曾在拜占庭帝国时期用于希腊战争用火。《天工开物》还提到了用竹竿从井中导出天然气，生火蒸发盐水制盐等。钻井技术得到发展后，石油成为获取能量的重要来源，可以确保稳定及日益增长的供应。埃德温·德雷克（Edwin Drake）于 1858 年在美国宾夕法尼亚州对一个 21 米深的油井进行钻探后，钻探技术得到极大的改进。

## 2.2.2　蒸汽机

研磨谷物和抬升石头的机器需要动力才能运转，这些动力最初是由人力提供，后来由牛、马等动物提供。水磨通过流动的水流产生动力，并在公元前 100 年左右被引入中国和希腊，用来把小麦磨成面粉等。它有一个水平磨石，并通过一个垂直的轴与一个附加的水平轮桨相连，该轮桨由底部的水流驱动。罗马工程师维特鲁威引进了一种更为有效的水磨，把一个垂直轮安装在一个水平轴上，这样就可以通过轮子底部水流的快速流动或轮子顶部的降水来有效驱动水磨。垂直轮的转动必须使用齿轮进行传送，使水平的磨石旋转。

风能在没有快速流水且多风的地方很重要，据说风能始于波斯，并在公元 1200 年左右传入欧洲。它使用一个水平轮围绕一个竖直的轴，风车臂上有垂直的漏斗，可被来自任何方向的风来推动。但是，一侧的风车臂收集风并后退产生动力，但另一侧的风车臂则会漏风并向前运转，从而消耗一部分产生的动力。希腊和荷兰的经典现代风车有风车臂覆盖帆的垂直轮，必须转成正面向风。

水车和风车必须放置在流动的水源或风源附近。而依赖燃烧产生的热气的热力发动机可以放置在任何地方。亚历山大港的希罗创建了简易的蒸汽机，这个蒸汽机有一个中心轴，轴上放置一个金属球，球两侧是两个喷气装置。当蒸汽充满金属球时，会从两个喷气装置逸出，从而导致球体旋转。相对于实用的机械，它更多地用作一种稀奇的玩具。基于蒸汽机的有用性，发明家不得不寻找一种更为经济的方法，把蒸汽能转化为机械能，并利用它解决实际问题。

在希罗时代的 16 个世纪后，苏格兰的托马斯·萨弗里（Thomas Savery）建造了一种工作蒸汽机，用于抽取矿井中的积水。在托马斯·萨弗里的发动机及其于 1712 年进行的后续改进中，充满蒸汽的活塞产生往复或前后运动，并通过杠杆传送，使杠杆另一端做出升降动作。第一类工业蒸汽机靠一根杠杆来运作，以该杠杆中心为支点，作为一根长摆杆进行工作。纽科门在蒸汽机的一个动力臂上放置一个具有活塞的气缸，把另一个动力臂连接到矿井水池中的起重机上。首先令气缸中充满蒸汽，使活塞上升，如此一来，摆杆的另一个动力臂就会浸入矿井水中。随后，他在蒸汽缸中引入冷水喷雾，温度的骤变使蒸汽冷凝，从而创建一个真空环境，使活塞下降。下降运动产生的力使另一个动力臂端上升，从而把水抽出矿井。这相对人类和动物的力量来说是一大解放，但纽科门的发动机速度慢且低效：只有下行冲程是动力冲程，这样有一半的时间和运动是不具成效的；此外，气缸内反复的加热和冷却消耗了大量的燃料；最后，它是一个低压系统，需要很大的引擎来完成适量的工作。

## 詹姆斯·瓦特

詹姆斯·瓦特（图 2-8）于 1736 年出生于苏格兰。他的父亲是一名造船技术工人，并自己经营造船厂，他的母亲受过良好的教育。瓦特在家由他母亲进行教育，他有很好的动手能力，并喜欢数学和苏格兰传说，但不喜欢学习希腊文和拉丁文。瓦特在 18 岁时，他的母亲去世了，父亲的健康状况开始恶化。他前往伦敦学习乐器制作，但一年后就回到了格拉斯哥，由于没有做满 7 年的学徒，因此不被乐器行业协会承认。随后，他去了格拉斯哥大学，与物理学家约瑟夫·布莱克（Joseph Black）一同工作，并与他成为朋友。

图 2-8　詹姆斯·瓦特

　　瓦特是一位技能娴熟的技工和天才发明家，一直为他的发动机寻找更加优化的方案。他不是一个优秀的商人，不喜欢讨价还价和谈判。尽管缺乏正规的教育，但他很擅长在科学团体中进行社交和沟通。1800 年，瓦特的专利与合作到期，于同年退休。此后，他继续从事发明，成为英国皇家学会会员和法国科学院外籍院士。1819 年，83 岁的瓦特于其伯明翰的家中去世。英国威斯敏斯特教堂中安放了一个巨大的瓦特雕像，该雕像后来转移到苏格兰。

　　瓦特在苏格兰开设了一家机械厂。格拉斯哥大学的约翰·罗比逊（John Robison）教授引起了瓦特对纽科门蒸汽机的关注，从此瓦特开始用它进行实验。该大学有一个纽科门发动机的模型，放在伦敦进行修理，瓦特于 1763 年请求学校取回这台蒸汽机并亲自进行修理。他指出，经过反复地加热和冷却，有 80% 的蒸汽热被浪费。1765 年，瓦特发明了一种附加的冷凝室，冷凝室可以保持凉爽（20℃），这使气缸温度可以持续维持在注入蒸汽的温度（100℃）。

　　制造完整的蒸汽引擎的下一阶段需要更多的资本，并且瓦特也需要更精确地制造活塞和气缸。因为他需要资金来支持开发、制造和拓展市场，这是一条漫长且耗资巨大的路，所以当时并没有条件来创造出一项伟大的发明。除此之外，发明者的专利保护体系还处于起步阶段，需要议会法案的支持。早期赞助人约翰·罗比逊的破产迫使瓦特去谋求其他工作来还债。最后他遇到了另一位合作伙伴马修·博尔顿（Matthew Boulton），他们的合作关系一直持续了 25 年。

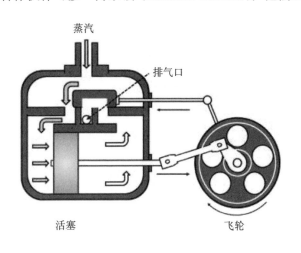

蒸汽

排气口

活塞　　　　　　飞轮

1776 年，瓦特的第一批商用引擎组装成功并用来泵水，大部分用于康沃尔市的矿山水泵中。当瓦特用机械联动装置代替活塞的往复运动之后，引擎市场得到了巨大的拓展，应用于研磨、纺织和运输行业。他同时引进了一种双动引擎（图 2-9），蒸汽从上层结构的左侧进入，把气缸推至右侧，接着从下层结构的右侧再把气缸推回至左侧。需要注意的是，这种设计有三个好处：每一次冲程都是一次动力冲程，拥有双倍的马力；蒸汽是压力的来源并且高于一个大气压；前后往返的运动被转化成能适应不同应用的旋转式的运动。

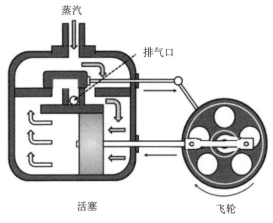

蒸汽

排气口

活塞　　　　　　飞轮

图 2-9　瓦特造双动蒸汽引擎

温度更高的蒸汽能够提供更多的能量。如果我们把 1 马力（1 马力 =735.499瓦）的 100℃的蒸汽和 1 个大气压的单动活塞，换作同体积的 150℃蒸汽和 5.4个大气压的双动活塞，则会得到 10 马力的引擎。如果我们能够把蒸汽温度提高到 200℃或 300℃，让蒸汽压强变成 15.3 或 86.8 个大气压强，用相同体积的气体就可以使引擎产生 30 或 173 马力。当然，更高的温度和压强同时也会带来更大的爆炸危险，特别是在开发出高强度钢铁、密封阀门和汽缸之前的时期。工业革命早期见证了一次次因冒险使用高能设备而造成爆炸并引发大规模恐慌的事件。

　　瓦特同时发现一种通过节流阀离心调速器来避免引擎运转太快的方法。在当时几年的时间里，许多其他的改进也得到了实现，其中瓦特最引以为豪的便是 1784 年申请到的平行运动 / 三杆并联运动专利。这一系列的进步诞生出的是相对于使用燃料来说五倍效能的引擎，并且比纽科门引擎强大很多倍。

---

### 科学与技术：卡诺效率

　　假设进入热机的热量为 $Q_H$，产生的功为 W。一般来说，W 比热能 $Q_H$ 要小，因此剩余的低温能量被释放，记为 $Q_c$。热力学第一定律可被记为 $Q_H=W+Q_c$，即能量守恒定律。后来人们也把这条定律称为"世上没有免费的午餐"。

　　在热机中，$Q_H$ 是通过蒸汽温度 $T_H$ 传递的，并且 $Q_c$ 释放在降温用水的温度 $T_c$ 上。著名的卡诺定理是以开尔文绝对温度为基准的，1 开尔文等于摄氏温度加上 273.1。

　　卡诺定理说的是 $W/Q_H \leqslant 1-(T_c/T_H)$，也就是说，热机效率是有极限值的。因此，如果蒸汽的温度是 150℃，降温用水是 20℃，那么最大的效率便是 $1-(20+273)/(150+273)=0.307$，也就是 30.7%。这就是最大效率，但通常达不到，因为存在泄漏、热量损失和摩擦等损耗。我们可以通过减小 $T_c$ 来增加效率，这就需要找到更优的降温用水；或者可以通过升高蒸汽温度来使 $T_H$ 的值更大，这也意味着更大的压强。

---

　　虽然瓦特不是蒸汽机的发明者，但他通过一系列的重大改进技术使蒸汽机的效率比它最初的版本提升了 5 倍以上，并且使蒸汽机在矿业经营者和工业制造商中大受欢迎。蒸汽机的改进被认为是工业革命的开端。

　　蒸汽机对现代生活的影响巨大，或许是继开创农业以来最深远的影响之一——燃烧产生的热量转化为机械能，并为我们提供无限的能量。英国的纺织厂在生产速度和效率上得到巨大改善，强大的生产力使欧洲和亚洲的手工纺织机被淘汰。工业化的国家变得越来越富有，并且有能力成为整个世界的制造工厂，世界的其他地方沦为他们所制造商品的消费者或是原材料提供者。

在工业革命时期的英国，制造业变为提供最多工作岗位的行业，远远超过传统农业和畜牧业，这使大量没有工作的农民迁移到城市，谋求一份薪水更高的工作。伦敦的人口迅速增加，从 1825 年的 130 万增长到 1900 年的 659 万。蒸汽机也引发了一场交通运输革命，蒸汽船开始在江中航行，大陆之间开始用铁路相连。过去，从美国纽约到费城乘马车需要两天的时间，但坐火车只需要两个小时。在海上航行的蒸汽船把伦敦到纽约的行程从一个月缩短为三天。快速的运输方式使运送大量货物的成本降到依靠畜力运输的一小部分，这降低了商品成本和供应的地域差异，打破了语言和文化障碍。西伯利亚铁路线在俄国攻占亚洲的过程中扮演了非常重要的角色，因为它使得军队能够快速移动。

接下来的几十年见证了蒸汽机的更多进步，其体积和重量不断减小，这对交通业来说很重要。不需要用锅炉产生蒸汽，也不需要用一组分离的气缸和活塞产生推力，内燃机的出现把它们融为一体，如汽油机和柴油机。涡轮机的发明使气缸不再需要往复运动，取而代之的是叶片轮的光滑旋。由于更高的卡诺效率需要更高的温度，现代涡轮机使用的是耐受 1 400 ℃ 高温的合金和陶瓷制成。同时，原子能的利用展现其许多值得称道的优势，但同时伴随的是巨大的威胁。

说了这么多好处，不得不提的是，工业革命也剥夺了数百万人的生命。就像著名作家查尔斯·狄更斯所描绘的那样，伦敦和曼彻斯特的居住环境变得异常拥挤和危险，空气被黑烟污染，长久不见天日。威廉·布莱克（William Blake）把这些称作"黑暗的撒旦磨坊"。在乡村地区，对燃料的需求使威尔士地区的煤矿出现了严重的安全和卫生环境问题。今天，我们为全球变暖问题深感忧虑，而这与燃烧化石燃料和向环境中释放二氧化碳密切相关。蒸汽机的出现和工业革命开辟了一条改变我们生活和世界的道路。

## 2.2.3 电力

通过热量产能的方式有很多缺陷。振兴工业革命的蒸汽机和内燃机必须与它们服务的工厂及水泵靠近才能够工作。所有的热气机，从瓦特的蒸汽机到它的后继者，再到汽油机和喷射式发动机，都会产生很多废气和噪声，并需要邻近燃料储备地。在 20 世纪，一批又一批的发明家认识到我们需要更小的、更安静的、更清洁的、能够快速启动和停止的引擎，并且可以通过远地资源供能，而不需要本地的煤炭管道或是汽油罐。而电力为他们提供了解决方案，于是开始了被称为第二次工业革命的时期。

电可以经历长途运输，这使电能的产生地和使用地是可以分离的。如今，来自化石燃料发电站，以及来自核反应堆的电力等被运往每一个家庭、办公室或工厂。我们能够在远离城市密集的高雅住宅区和商业区的地方发电。电力最初是为家庭和商业照明，但很快就开拓出了其他功用，如制热和制冷、通风、清洁、交流和娱乐。今天我们居住的房屋中已经充满了各种电力设备。

电流只是自由电子通过介质移动，主要是通过电线。自然界中也有很多方式可以产生电，如闪电、摩擦产生静电。但闪电太难预测，静电太微弱以致无法被实际设备利用。化学反应能够产生电是在 1800 年被亚历山德罗·伏特发现的，那时他发明了伏打电堆，即把阳极和阴极浸泡在特定化学物质中而产生电能。尽管这种方式有效且实用，但一块电池只能产生很小的电流，并且电压会逐渐减弱，因为化学反应会不断地消耗电极。

1831 年，美国科学家约瑟夫·亨利用一块电池产生电流，可以使轮子在磁场中转动，因此发明了第一台电动机。幸运的是，这个过程是能够反转的，迈克尔·法拉第借此发明了直流发电机，即通过机械方式使铜片在磁铁两极旋转从而发电。沃纳·西门子和查尔斯·惠斯通同在 1867 年分别发布了发电机的实际设计。当得到蒸汽机的供能，发电机就可以产生稳定的电流，并能够用于照明或为交通工具提供推动力，等等。

直流发电机产生的是直流电，即电流总是从阳极向阴极移动。第二种类型的发电机，称为交流发电机，产生的是交流电，电流在两极之间迅速交换流动，如 1 秒 50～60 个来回。尽管直流电和交流电产生的都是电子流，但它们在电动机和配电器中的工作方式完全不同。托马斯·爱迪生或许是美国最伟大的发明家，"拥护"的是直流电。但最终在被称为"电流的战争"的争论中被证明是错误的选择，这场争论关注的是哪一方的成果会重新定义科技界，甚至未来的世界。

### 爱迪生和特斯拉

托马斯·爱迪生（图 2-10）是美国最著名的发明家之一，被称为"门洛帕克的奇才"，因为他在新泽西的门洛帕克建造了第一座工业实验室，

实验室有人数众多的全职发明工作者。他拥有的美国专利多达 1 093 项，特别是在电子通信及发电、配电领域。爱迪生出生在美国俄亥俄州，成长在密歇根。他在上学时并不是一个优秀的学生，他的母亲也在家中教育他。爱迪生曾在火车上卖过糖果和报纸，并自认为是一个实干家，而不是一个学者。他发现的方法通常被称为"爱迪生法"，即基于大量的实验性尝试，而不是在科学理解的基础上的计算和预测。

图 2-10　托马斯·爱迪生

他第一次名声大噪得益于 1877 年留声机的发明，即一个带槽的圆柱表面覆盖着一层铝箔，用指针与受音器连接。然而，录音的音质不高，并且大规模复制和存储都很困难。录音市场的"最后胜利者"是爱米尔·贝利纳，他发明了留声机唱盘，在胜利留声机公司得到普及。

在与尼古拉·特斯拉在"电流的战争"中"对抗"过后，爱迪生继续开展了其他许多研究。他住在位于佛罗里达州的迈尔斯堡舒适的冬季寓所里，并且与福特汽车公司的亨利成为好朋友。1931 年，爱迪生因糖尿病逝世于位于新泽西州西奥兰治的住宅中，享年 84 岁。

尼古拉·特斯拉（图 2-11）出生于 1856 年的南斯拉夫，父母都是塞尔维亚人。特斯拉的父亲是一名牧师，其外祖父也是一名牧师，在塞尔维亚东正教教堂工作。他身形修长，高 6 英尺 2 英寸（约 1.88 米），手掌也较大。特斯拉常常着装优雅，显得很有修养。他终身未婚，且从未对家庭生活有过兴趣。

图 2-11　尼古拉·特斯拉的头像被印在纸币上

　　特斯拉转战研究多种项目，包括无线电通信、振动理论、无线电控制的火箭，甚至是杀伤性射线。他经常一个人住在纽约的高档宾馆里，穿着燕尾服在华尔道夫大饭店就餐，并且喜爱喂鸽子。1912 年，有传言说他和爱迪生会共享诺贝尔奖，但这终究没有成真。而在 1917 年，他被授予美国电气工程师协会爱迪生勋章。在 1943 年，贫困潦倒的他孤独地死于酒店中。

　　爱迪生于 1876～1881 年间修建了门洛帕克研究实验室，在此期间他也进行了许多项目的研究。其中，最重要的一个项目就是白炽灯的发明。白炽灯最关键的部件是它的灯丝，灯丝需要能够被加热到保持红热状态好几个小时而不会熄灭。爱迪生抽空灯泡中的气体，这样灯丝周围就不会有氧气存在。他尝试了上千种物质，才在 1879 年使一种碳制灯丝持续发光 40 个小时。后来，他实验出的最为成功的产品就是碳化竹制灯丝，可持续发光长达 1 200 个小时。

　　电灯相对于蜡烛或油灯来说具有许多优势，它的亮度非常高，可以瞬间点亮，不会产生烟雾，也很少有着火的危险。而电灯主要的缺点就是它需要有持续稳定的电力供应。

　　许多原因妨碍了爱迪生在金融家约翰·皮尔庞特·摩根的府邸中安装的照明系统。约翰·皮尔庞特·摩根是爱迪生早期的赞助人。爱迪生安装了一个燃煤蒸汽锅炉来为发电机提供动力，而这个燃煤蒸汽锅炉需要由经验丰富的工程师来操作。这个工程师在下午 3 点到达来控制锅炉产生足够的蒸汽，以保证在下午 4 时可以点亮灯光。来参加鸡尾酒会和晚宴的客人对屋子里极好的照明印象深刻，但当工程师在晚上 11 点离开后，这些客人不得不再换回蜡烛和煤油灯来照明。燃煤蒸汽锅炉和发电机叮当作响、不停地摇晃，会产生有毒烟雾和气体，整个屋子的周围都能感觉到震动。摩根原意是想炫耀电气照明的奇妙之处，而这次事件表明，发电工作需要远程完成，并且需要在远离住宅和办公室区域。

爱迪生在 1880 年为一项系统申请了专利，这个系统可以实现从中央发电站对直流电进行电力输送。1882 年，他成立了爱迪生照明公司，并在纽约市的珍珠街上修建了第一座电气设施，这个电气设施距纽约证券交易所和华尔街仅有半英里（约 0.8 千米）的距离。他使用蒸汽机为发电机提供动力，以此产生 100 千瓦的电，足够家庭或企业使用 1 200 盏灯。爱迪生选用 100 伏特的低压电，这样可以降低意外火灾或受到电击的风险，而他却面临着另一个问题——电力输送的问题。

### 科学和技术：直流电和交流电

在电缆上传送的供电功率符合以下方程：功率＝电压×电流（$P=VI$），电压 $V$ 使用伏特单位来计量，电流 $I$ 使用安培单位来计量。因此，一只 100 瓦的灯泡既可以在低电流 1 安培下使用 100 伏特的电压供电，也可以在高电流 100 安培下使用 1 伏特的电压。但在家中使用低电压更为安全一些，因为高电压可能会导致火灾或触电的危险。然而，电力沿着电缆的传送会遭受线损，损失量符合这个方程：热量＝电流²×电阻，即 $Q=I^2R$。在方程中，$R$ 代表电缆的电阻。从发电厂输出的 100 伏特的电压，在传送 1 千米到达远距离客户的时候，会降为 90 伏特，远距离客户比离发电站更近的客户获得的电压要低。线损取决于电流 $I$ 而不是电压 $V$。因此，从发电站输出 1 000 伏特的高压电会更有优势，因为在 1 千米之后电压降到 990 伏特也不会带来太大问题。伴随着高压而来的优势就是，1 000 伏特下的电流仅有 0.1 安培，因而线损也就只有 100 伏特下的 1%。

交流电的电压可以在传送时迅速增加到 10 万伏特，在进入家家户户之前用变压器把电压降到 220 伏特。直流电的缺点是没有适配的变压器，因此它在传送和使用时只能维持在同一个电压。所以，我们一般使用低电压来传送直流电，直流电也因此不能进行远距离输电。

在直流电中，不能轻易改变电压，因而电力必须在相同的低电压下传送和使用。在同功率下，低电压需要高电流，在一个相对很短的距离下就会产生巨大电力损失。爱迪生的客户必须住在距离中央发电站半英里的半径范围内。离发电站这么小的距离内，只有一些主要城市的中心商业街区才会有密度足够高的使用客户。主要的客户，如一家大型工厂，可以负担得起本地的专用发电站，而那些数量少且分散的客户就不得不依赖于一些小型发电站的输电。在这种情况下，可以改变电流的交流电戏剧性地进入了历史舞台。

1831 年，迈克尔·法拉第和约瑟夫·亨利同时发现了交流电变压器的原理。变压器有两副线圈包裹着同一个铁环，初级线圈比次级线圈有着更多的匝数。当交流电通过初级线圈时，它会引起次级线圈中感应到交流电，初级线圈和次级线圈的电压之比恰好是初级线圈的匝数与次级线圈的匝数之比。在交流电系统中，电压可以轻易地通过发电站附近的变压器增加到几十万伏特，从而能够在长距离电缆上进行传送。在把电输送到住宅或企业之前，可以在本地的子电站使用另一个变压器把电压再次降下来，降至几百伏特。因此，交流电使用起来相对安全，同时也为远距离低线损输送电力提供了可能。但是，也有一个遗憾——交流电的发展在当时还不够完善。尼古拉·特斯拉于 1880 年在匈牙利布达佩斯提出交流电动机的概念，此后，1887 年他在纽约证明了这个观点，交流电动机不完善的情况得以改善。

当尼古拉·特斯拉在奥地利的格拉茨学习工程学时，有人向他展示了一个电机，这个电机既可以用作直流电动机，也可以用作交流电动机。他注意到，作为直流电动机的重要组成部分之一的换向器在点火时非常低效。这个发现启示特斯拉思考如何能够设计一个可以使用交流电的交流电动机。1880 年，他到布达佩斯的一家电信局工作，并掌握了一种不需要任何移动部件就可以产生旋转磁场的方法，这种方法为发明没有换向器的交流电动机奠定了基础。这种电动机在工作时有一个环形铁芯，铁芯上包裹着两到三圈线圈，为电动机和铁芯提供同样的交流电。然而，线圈的相位并不相同，因此，当第一个线圈中的电压达到最大值时,第二个线圈中的电压却是最小值。从而,这两个线圈就会轮流充当北磁极的角色,产生一个旋转的磁场。这是一个原创的史无前例的想法,但可惜的是,特斯拉没有时间也没有工具来制造出或测试这样的电动机。

1882 年,他去往巴黎,在大陆爱迪生公司(Continental Edison Company)工作。在那里,他有机会在斯特拉斯堡制造并展示他的第一个二相交流电动机。在经理查尔斯·巴奇勒(Charles Batchelor)的建议下,1884 年,特斯拉到美国并在托马斯·爱迪生公司谋取一个职位,并向爱迪生提供了交流电技术,但被爱迪生拒绝,因为爱迪生当时完全致力于改进直流电。在爱迪生公司工作一年后,特斯拉辞职,甚至沦落到靠挖水渠谋生。1887 年,他得到一些经济资助,并最终生产出一个三相交流电动机,在英国电气工程学会发表了著名的演讲,由于这项发明,他还获得了一项专利。其发明的交流感应电动机通过一个旋转的磁场来工作,这个旋转的磁场是由两个有着相同频率、不同相位的电路来驱动的。

乔治·威斯汀豪斯(George Westinghouse)是一位著名的实业家,以发明和改进火车的气闸而闻名于世。威斯汀豪斯从特斯拉那里以 100 万美元的价格买下交流电动机的专利权,并要为每个电动机每马力额外支付 1 美元。威斯汀豪斯决定进入电气照明与电力市场投资,不过使用的是交流电而非直流电系统。爱迪生与威斯汀豪斯针对安全问题争吵多年,但后来的用户,尤其是乡村地区的用户渐渐开始选择高效且能远距离传送的交流电系统。最终,美国各地不同的电力公司的传输系统融合成单一的交流电网络,把不同来源的电力汇集在一起,这些来源包括水电站大坝、使用化石燃料或生物质燃料的发电站、核电站、风力发电场和地热发电站等。

可靠的电力是一种通用的能源。例如,在现代医院,电力不仅提供照明,还为不计其数的诊断、检测和拯救生命的仪器提供动力;剧院和体育场依赖电力来提供不会引起火灾或烟雾灾害的强力照明系统。如今,我们当代社会消耗着数量惊人的能源,这些能源中的大多数用内燃机或用燃料来发电。仅 2007 年一年,来自煤炭、石油、天然气、核能、水能、地热能、太阳能及生物质能供给的总和,相当于 114 亿吨的石油所能产生的能量。我们把这些天然来源转化成如汽油和电力等有用的形式,然后用卡车装运汽油或用输配电线输送电力,能够用于最终消费的能源就减少到了相当于 79.1 亿吨的石油所产生的能量。全球能源中有超过 80% 来自化石燃料（煤炭、石油和天然气），这些化石燃料在燃烧过程中会释放二氧化碳和其他温室气体，因此，会导致全球变暖。核能是一种相对较为清洁、高效的能源，但它有可能会发生意外的核泄漏。例如，宾夕法尼亚州三里岛核事故、切尔诺贝利核事故，以及 2011 年日本地震引起的福岛核泄漏事故等。这些事故同时也造成核污染，如果核能落入不稳定的国家或恐怖分子手中，还会产生滥用核武器的威胁。天然能源，如水电、地热能和太阳能等都是更为安全、更为清洁的解决方案，但这些能源相对昂贵，同时需要特殊的地理环境。因此，未来的发明家还要继续去寻找能够产生更为清洁、更为有效的能源的方法，这些方法要能够提高我们的生产率，并且不会破坏自然环境。

## 2.3 材料

我们使用的工具、设备和建筑的性能取决于使用的材料。在探索人类历史时，材料是十分重要的，甚至被用作区分史前时代的标志——石器时代、青铜器时代和铁器时代。我们的祖先最初使用自然材料，如石头、木头、骨头、动物角、贝壳和植物纤维等制造工具、武器、衣服和房屋。经过相当长的时间，人类才开始发明新的材料。这些新材料比起自然材料有着非同寻常的属性，而且在某些方面有更优越的性能。陶器和铁器因其耐久性、耐热性、柔韧性和高强度而被广泛使用。因为对低价格材料的需求和自然材料的日益枯竭，合成材料在近 300 年内终于出现了。

莱昂纳多·达·芬奇曾设计一架人力飞行器，但制作这架飞行器所需要的强度高、质量轻的材料在那时还未出现。1979 年，保罗·麦克雷迪（Paul MacCready）制造了"游丝信天翁号"（Gossamer Albatross）飞机，它由外面包裹着麦拉片的碳素纤维框架构成，重量只有 32 千克。当代高科技材料的性能十分出众，因为其能够将属性上互补的物质整合为一体。高科技材料是电脑显示器、太空飞船外层和人造器官等成功发展的必要条件。未来的考古学家在查阅我们的记录后，极有可能将我们的时代称为"设计材料的时代"。

## 2.3.1 陶瓷和金属

陶瓷很可能是最早的人造材料。对陶瓷材料的最大利用是把其作为建筑材料、生活器皿使用，以及最近将其应用于太空领域。作为陶瓷原材料的泥和黏土，长期应用于建造墙体和其他建筑物，但极易被雨水等侵蚀、破坏。砖的历史可以追溯到公元前 7500 年，它的制作过程是把黏土和沙子混合达到期望的比例后压入模具，然后在阳光下晒干。砖在抗压性能方面要优于黏土，但在张力或切力的作用下易被毁坏。砖块在人类历史中如此重要，以至于在《圣经》中就讨论过使用稻草来加固砖块。

随着 4 000 多年前烧窑技术的发展，生产出更优质的窑制砖能够承担更多的重量、抵抗雨水的侵蚀。在建设房屋时，泥瓦匠把砖块按行排列，通过灰浆把砖块结合。灰浆由水、沙子通过石灰或石膏这样的黏合剂混合而成。石工行业，作为一种古老的职业，在上古时代和中世纪得到了高度重视。共济会使用正方形和罗盘作为组织标志，该组织成员有很多非常著名的人，甚至包括乔治·华盛顿。

水泥也是一种应用于建筑中的陶制材料。罗马人用碎石、火山灰和氧化钙作为黏合剂制成水泥粉。水泥粉用于制造混凝土和灰浆。现代的硅酸盐水泥，即著名的波特兰水泥，通过与水混合来使用。波特兰水泥的制造商通过在 1 450℃的转炉中加热混有黏土或含有二氧化硅的页岩与石灰岩（含有碳酸钙）的混合物，分离出其中的二氧化碳，得到硅酸钙。生产水泥用的回转炉长 60 米，设置了一个微小的角度，这样的设计使得固体能够从高口滑入，在低处滑出；而空气和燃料可以从底部进入，顶部排出。回转炉一天运转 24 小时，一年中只会为了保养停产一次。生产水泥而产生的渣块从回转炉底部排出，把渣块中混合少量石膏（硫酸钙）一起碾碎，就可以制成普通的波特兰水泥。这些波特兰水泥可用于制作灰浆、水泥浆和混凝土。现在，水泥窑在使用过程中能耗很高，并且还会排放大量的二氧化碳、烟雾和粉尘。

优质的陶瓷用于制造厨房器皿，用来储存油和酒，烹饪和盛放食物。制造优质瓷器需要一系列复杂的技巧和工具，以及比例混合恰当的矿物质原料和恰当的火候。封闭隔热的窑炉的产生使加热变得更加稳定，热量损失减少，温度提高。同时，使用风箱和木炭让火更旺，从而温度更高。迄今为止发现的最早的烧制黏土的窑炉起源于公元前 6500 年的中东地区。

伴随窑炉温度的提升，陶瓷的强度会更高。陶器由黏土、高岭土、石英和长石混合后在 800～1 200℃的窑炉中烧制而成。因此陶器的强度较小，表面有较多气孔；瓷器在 1 100～1 300℃下烧制而成，因此强度大于陶器。瓷器通过表面上釉减少气泡的产生。釉主要由高熔点硅和氧化铝构成，其中混有低熔点的钠和氧化钙，因此釉能够在相对较低的温度下融化。

瓷器在 1 300～1 400℃时仍有较高的强度，且产生的气孔更少。瓷器最早诞生于公元前 1600 年左右的中国，并在唐朝时（公元 618 年～公元 906 年）成为"丝绸之路"的主要交易物。在欧洲，瓷器制造的工艺秘诀于 1700 年才被发现，由此诞生了梅森 ① 和其他陶瓷作品。

大多数现代玻璃由普通的沙子和矿物质二氧化硅构成，它们的熔点通常高达 1 700℃。通过混合碱石灰能够降低玻璃的熔点，这种材料在迅速冷却的条件下能形成非晶态固体。窗户和玻璃瓶中常见的钠钙玻璃是一种非常重要的玻璃。纳钙玻璃制造时需要掺入无水碳酸钠和石灰的混合物，如 16% 的无水碳酸钠和 10% 的石灰，使它的熔点降低到易控制的 700℃。从古至今的很多玻璃制造商都在玻璃中混合其他元素，使得玻璃表面散发耀眼多彩的光芒。眼镜、双筒望远镜，以及被作为饰品的玻璃器物含有高达 35% 的一氧化铅，使玻璃有更高的折射率，能够把光折射得更加多彩。部分用于制作红酒和威士忌酒瓶的玻璃因含铅量过高而受到指责，人们认为这类玻璃器物会引发诸如痛风等的健康问题。

耐高温的瓷器被用于要求严苛的产品中，这些产品易遭受高温和腐蚀的情况，如喷气式飞机和电力发电厂中涡轮叶片的尖端、火箭的前锥体和航天器的防热罩等。防弹衣利用陶瓷板抵抗子弹，玻璃纤维材料的光纤则构成全球通信网络的核心部分。

随着青铜器时代的来临，石器时代逐渐退出历史舞台。古老的人类第一次使用金属时利用的是自然界中可发现的基本金属物质：铜、银、金和铁陨石。然而，自然金属的发现量太少，难以对生活产生重要影响。此外，在自然状态

---

① 梅森（Meissen），一种德国制造的瓷器——编者注。

下的赤铜屑虽可以通过反复敲打制成装饰物，但这样的铜用于制造工具和武器就显得太过柔软。

熔炼技术的发明极大地促进了金属制造科技的发展，使金属可以从各类的矿石形态中被提炼出来。在许多地方，金属矿产以其氧化物或硫化物的形态存在，如赤铜矿（氧化铜）、黄铜矿（硫化铜），以及更丰富的赤铁矿和磁铁矿（氧化铁的不同形式）。在金属矿中，金属与氧或硫紧密结合，而分离氧或硫则需要大量的能量。

最初，人们偶然发现了金属矿石的冶炼方法——发现含有铅和锡的矿石熔点较低，通过燃烧柴火就能获得足够的热量将其融化。冶炼矿石的证据可以追溯到公元前6500年的安纳托利亚的加泰土丘遗址。提炼青铜和铁则要求在熔炉和坩埚中的火焰达到极高的温度，这项技术起源于中东地区的陶器制造业。

青铜时代始于约公元前3300年的近东地区，开始时，人们使用的是天然的砷铜合金，很久之后，人们开始有意地在铜中加入锡元素。青铜的生产需要制订缜密的计划，这是因为铜矿和锡矿很少在同一地方被发现，青铜制造者需要从较远的地方购买和运输这些矿石。大约在公元前3000年，人们发现在1100℃的高温窑炉中把铜和锡混合可以产生液态青铜。然后，把液体倒入模具中可以用来制造工具和武器，之后再在高温下不断锻造、捶打，可使其变得更加坚固并得到最终的形状。青铜时代大约在公元前1100年达到顶峰，在这一时期，《伊利亚特》和《奥德赛》也被创作出来。

青铜是一种合金，由铜和锡混合而成，最好的青铜中含有10%~15%的锡。青铜在硬度上高于铜，能够用来制作更好的武器和装饰物。与石头相比，青铜有很多优点：青铜在捶打后会弯曲，产生凹痕，但不会像石头那样易粉碎。钝的铜制刀片经过打磨能够重新变得锋利，断刃的刀片能够重新锻造。除此之外，青铜也适合制作雕塑，得益于其在塑形之前能够稍微延展，因此能够完美地填充模具。青铜也用于制造精美的装饰品、用于盛放祭品和祭酒的礼器，以及像编钟那样的乐器。青铜只有表面会被氧化，而厚厚的氧化层能够保护内部的金属，使其不会受到更多的侵蚀。在中国商朝时期，青铜鼎和青铜酒杯只有在祭祀和王室宴会时才会使用，而并不像我们每天都使用的瓷碗一样常见。

在很久以前，铁以元素的形态出现在陨石中。早在公元前3000年，埃及人就使用陨铁来制造武器。苏美尔人和赫梯人以"天堂之火"来命名这种铁，阿提拉和帖木儿王都有这种铁制成的"天堂之剑"，给予他们神秘的光环和心理上的优势。与更稳定的铜相比，铁非常容易氧化生锈。

铁的来源主要是赤铁矿、磁铁矿和黄铁矿等丰富的矿石。对铁的利用需要先把它从其矿石中分离，然后融化以便在模具中塑形。融化铁需要 1 500℃左右的高温，这样的高温在缺乏隔热设施和加热风箱的窑炉中是很难达到的。公元前 1200 年左右，铁器时代开始于近东、伊朗和印度等地。尽管需要更高温度的窑炉，铁最终还是取代铜成为制作工具和武器的主要金属材料。这是因为铁有更强的硬度，并且铁矿石的分布很广泛。

纯铁非常软，很难维持某种形状。在日常生活中，我们提到和使用的"铁"是含有一定比例其他元素的合金，添加的典型元素是碳。因为铁矿石可以通过木炭冶炼，而木炭中的碳含量又接近纯碳，因此不同形式的冶炼铁都会含有少量的碳。生铁（Pig iron）是最简单和最古老形式的铁，这个英文名字的来源是因为制造所用的模具的外形与一窝正在吃奶的猪仔有些许相似。因为生铁中有相当多的碳（比例达到 5%）和其他杂质，如硅、硫和磷，因此它变得很脆。当生铁在空气中再次熔化时，大部分的磷和硫都会被烧尽，从而产生更有用的产品——铸铁。如果更进一步地在空气中加热和燃烧，铸铁的含碳量会减少到 5%这样的极低水平，然后把其中的硅渣去除，就会得到最终产品——熟铁。熟铁非常柔软、易于延展，但太过柔软以至于无法塑形。所有的铁合金都比铜有优势，但都远不及钢铁的应用广泛。

钢是一种精炼的铁，含有 1%～2% 的碳，可以通过不断的锻造、锤击、回火和退火而变得更加坚固、更易延展。今天，从武器、工具、桥梁、建筑到餐具，我们都会用到钢铁。历史上极具价值的钢剑分别由叙利亚大马士革、西班牙托莱多、德国索林银、英国谢菲尔德的工匠制造。直至今日，日本的武士军刀在锋利性和灵活性上依然具有无与伦比的优势。

刀剑需要有足够的硬度经受打磨和维持边缘的锋利，同时也需要足够的弹性，以免被击碎。对于剑而言，外部需要足够的强度，内部却需要足够的弹性。因此，刀刃需要用含碳量高的铁，而内核需要用含碳量低的铁。剑在炭火中被烧得通红，然后被锤打，再迅速浸入水中冷却（淬火），从而变成更硬且脆的铁，也就是常说的马氏体。与之相反的制造过程被称为回火，此时要求被加热锻造的钢慢慢冷却，制成不那么脆的奥氏体。手工锻造技术足以为贵族使用的武器供应少量的钢，但对于建造建筑物还是远远不够的。

## 科学技术：材料选取

材料最重要的属性通常是密度、机械强度、熔点和耐用性。材料的机械强度可以用图 2-5 的应力 - 应变曲线进行测量。当一根杆子被拉伸时，压强是单位面积上测量到的力，张力是这根杆子的伸长率。脆性材料，如石头，张力通常很小，遭到碰撞时易碎。刚性材料，如钢铁，可以拉伸较长，并且当力消失时可以恢复原样，而且只要在弹性限度内，刚性材料就可以被无限拉伸，直至达到极限强度被破坏。一个材料被认为"强度大"，有两层含义：一是像石头那样可以很好地抵抗拉伸；二是像钢那样需要很强的能量才能被破坏。

除了机械特性，材料还有其他特性应用于不同领域。

● 导电性。银和铜有最好的导电性能，硅和砷化镓等半导体可用于传输信号、信息，用在显示器和计算机当中。当温度低于某个临界温度时，超导体几乎没有电阻。

● 耐热性。镍铬合金和陶瓷有很高的熔点，常被用于涡轮叶片和航天器的隔热板。

● 附着力。超强胶水能够把飞机粘在一起，聚四氟乙烯因为不会附着任何东西而被用于制作煎锅。

● 磁性。指南针被用于航海领域，氧化铁在磁带和计算机中被用来储存信息，磁轨可用于高速磁悬浮火车中。

● 光学特性。高折射率的玻璃和能够透光的聚合物被用于制造眼镜、照相机镜头、望远镜和显微镜等；光纤被用于信息的传输，并可为手术提供更好的照明效果；发光二极管（LED）被用于计算机显示器和电视显示器的制造，或者用在照明灯具中；太阳能电板通过转化太阳光来发电。

● 生物特性。钛合金和陶瓷能够很好地与人类组织相容，因此被用于制造生物医学设备。例如，可替换髋关节和膝关节，或者植入式心脏起搏器；生物降解高分子被用于控制药物的释放过程，以及外科手术的缝合线，这样的缝合线不需要进行拆除。

钢材进入现代工业源于 1855 年英国工业家亨利·贝西默（Henry Bessemer）的一项发明——坩埚。在坩埚中急速导入高温空气可以减少熔铁中碳的含量。这是一种制造钢材的快速方法，使得钢材造价变得划算，从而可以被广泛地应用于低价产品中，如建筑中的钉子和横梁。从那时起，炼钢过程开始发生变化。1865 年，更加先进的西门子平炉炼钢法出现；1952 年，碱性氧气吹炼法被发明。工程师不断改变钢材的成分，如添加镍或锰来增加强度。人们所熟知的不锈钢就是含有 18% 铬和 10% 镍的铁合金，不锈钢可以有效地避免生锈。1977 年，美国的消费者和制造商共消耗了 1.31 亿吨的钢材，平均每个人每年使用 387 千克的钢。

冶金技术的持续发展继续探索出一些从矿石中分离金属的新方法，并把这些金属转化成具有更大作用的合金。霍尔和埃鲁创制的冶炼铝的方法依赖的是电解而非高温的技术把氧化铝中的氧分离出来。霍尔 - 埃鲁法是冶制铝工业的一大进步，它使铝从一种十分昂贵的金属变成一种普通的金属。钛是探索太空时代最棒的金属之一，它有钢一样的强度，却比钢轻很多。今天，在不断寻找新的金属工艺的过程中，材料科学家在不断扩展炼金术士留给我们的遗产，尽管他们（炼金术士）曾经一直寻找点石成金的方法，但始终没能成功。

## 2.3.2　聚合物　复合材料

在人类历史的早期，所有的材料都是自然材料，后来出现了简单的陶制品和金属。从 18 世纪开始，发明家为大家引入许多更加先进的材料，包括高分子聚合物材料。在 20 世纪，人们经历了一场材料革命，出现了大量只需空气、水、煤焦油和石油就能制成的有机物。

许多自然的和人造的材料都是聚合物，由大量的小的结构单元构成。植物纤维，如棉花，是糖的聚合物；蛋白质，主要是氨基酸的聚合物；遗传物质DNA 是核酸的聚合物。

橡胶是具有悠久历史的一种聚合物。克里斯多弗·哥伦布和他的同伴注意到，美国人用从树汁中得到的橡胶制成运动用球。制造过程是通过切割橡胶树的树皮，收集树汁中留下的牛奶色的黏稠乳液，再精炼成橡胶。这些球具用于运动是足够的，但天然橡胶用于工业制造和日常用品生产就难以令人满意了，因为在天冷时橡胶会变得易碎，而天热时又会变得黏腻难闻。

1839 年，查尔斯·固特异发明了硫化橡胶。他把硫黄加入橡胶乳液中并放在火炉中加热，得到了一种在任何温度下都能保持弹性的产物。结果，大量的农场在巴西、印度尼西亚等地建立，以种植橡胶。橡胶最重要的用途是制造汽车轮胎、飞机起落架等。在第二次世界大战期间，当日本入侵英属马来亚并切断进入橡胶产地的路径时，美国采取了一项应急措施，即利用石油和天然气生产合成橡胶。

象牙曾被用来制造台球、钢琴键、梳子及一些工艺品，但到 19 世纪中期，象牙开始变得稀缺和昂贵，找出象牙的替代品整整花了几十年的时间。1846 年，查尔斯·舒贝因（Christian Schonbein）发现把棉花浸泡在硫酸和硝酸的混合液里，就会产生一种叫作硝化纤维的产物，也就是著名的棉火药炸弹。它也可以在特定溶剂中溶解，用于制造涂漆和胶卷。来自木材中的硝化纤维也有被塑形的潜力，但它非常易燃且很难塑形。1845 年，亚历山大·帕克斯（Alexander Parkes）通过加入樟脑使硝化纤维更加有韧性，但这种纤维在遇到火星儿时就会燃烧。最终，约翰·海厄特（John Hyatt）在 1870 年发明了一种更好的方法，把硝化纤维、樟脑和酒精的混合物在高压下加热，制造出一种能够在常压下变硬的产品（赛璐珞）。海厄特的赛璐珞塑料取得巨大的成功，被用来制造许多种类的产品，并且减缓了对大象的猎杀速度。赛璐珞的到来是那么及时，使得伊斯曼·柯达（Eastman Kodak）能够大规模生产摄影底片，托马斯·爱迪生能够发明电影胶片。

不同于赛璐珞，酚醛塑料（电木）则完全是一种人工合成的产物，不依赖已有的产品，单纯来自煤、石油、水和空气等原料。1910 年，利奥·贝克兰（Leo Baekeland），一位在美国的比利时移民，引进了一种他称为酚醛塑料的产品。酚醛塑料是由苯酚和来自煤焦油中的甲醛或石油制成的，是一种热固性聚合物，一旦固定就不会融化。酚醛塑料一经引入，流行了长达数年之久，从台球到珠宝，甚至到晶体管、收音机等各式各样的物品都离不开它的身影。直到今天，酚醛塑料仍被用于制造电源插座。酚醛塑料，作为第一个完全意义上的人造材料，开启了改变我们生活和工作方式的人造聚合物的制造之路，之后出现树脂玻璃（罗门哈斯公司，1928）、聚苯乙烯（陶氏化学，1937）、尼龙（杜邦公司，1939）、聚酯（杜邦公司，1941）、聚四氟乙烯（杜邦公司，1946）等，但上述列举的仅是少许知名的产品。

现代复合材料综合不同材料的属性，已达到更好的性能。自然界中存在很多复合材料，如花岗岩便是三种晶体（石英、云母和片岩）组成的砾岩。砖是一种用稻草加固过的黏土制成的复合材料，因为黏土能够抗压，并且稻草中的纤维具有抗拉性。相似的原理，混凝土横梁无法单独支撑大跨度，因为其中部会下陷，底部易断裂，而一旦用钢筋加固，混凝土横梁就有了抗拉性，能够支持长距离架设了。

生物材料是如今正在被探索的最有价值的复合材料形式。人造髋关节和膝关节由合金质地的杆和前端头部构成，其中前端头部可在高分子聚合物容器中转动，这类人造关节被用来替换因关节炎造成损伤的关节。设计人造关节时要求能够避免免疫反应、毒性、炎症和排异反应等。其他生物替换品，包括心脏起搏器、能够撑开因动脉粥样硬化导致堵塞的动脉的支架、动脉和心脏瓣膜，以及种植牙等。生物可降解聚合物的设计要求是可以逐渐被溶解，常用于外科手术缝合，这样就不再需要医生来移除缝合线了。这类聚合物也被用来控制药物的释放，这样药物在血流中可以产生稳定的剂量，也就不再需要隔几个小时服药或再次注射了。

美国通用电气公司的涡轮机叶片的顶部和汽车的喷气引擎都要经历持续的超强高温，因此常常由耐热合金和陶瓷组件制成。航天器面临的是极端的温度和压力条件，因此需要先进的制造材料。太空返回舱进入地球大气层时，需要热防护系统，该系统配备的隔离层需要能够通过热分解反应燃烧、融化和升华，以便能够转移飞行器表面的极高温。

具有极其独特性能的材料有很多，它们对于某些特殊用途是必不可少的。

上述材料有一部分被称为"智能材料",会随着外部条件的变化而改变性能,比如环境压力、温度、湿度、pH(酸碱度)及电磁场等因素。变色材料被用于制造智能太阳镜的镜片,这种材料在室内显示浅色,在阳光下颜色则加深。变色材料也被用来制造电视机或计算机的液晶显示屏,使其能在不同的电磁信号下变换颜色。非牛顿聚合物流体在压力的刺激下会改变自身的黏度。减阻聚合物被用来减轻潜水艇的阻力,因为它需要迅速加速,也被用在输油管中以便降低泵送的成本。

针对一项用途,设计工程师需要寻找制作材料,要求价格实惠,几乎没有不良性能,并且能够在成本和效益之间取得平衡。类似金属的材料在价格上波动很大,从不到0.40美元/千克的废铁和钢铁,到每盎司1 600美元(相当于5.1万/千克美元)的铂金。

人类对材料大量应用的倾向对环境会造成重大影响,包括从采矿到制造,从首次采用到后续处理等各个方面。采矿会造成地形的侵蚀与毁坏、土壤和水质的污染等。铜矿和锡矿的开采可能会遇到隧道坍塌,酸会被释放到湖泊和河流之中,以及矿渣堆成的山坡中。城市垃圾被玻璃、塑料制品等超负载地填充着,有些废弃的罐子能够在自然界中被降解,但也有一些会在环境中长期停留。当人口数量少或消耗速度适当时,这些问题并不显著,但当人口增加且健康问题凸显时,垃圾的聚集就会变为严峻的问题。就像过去数百年间,发明家不断寻求具有更优越性能的材料一样,未来的发明家也会不断地研制可生物降解的材料。

## 参考文献

Alexander, J. W. "Economic Geography", Prentice-Hall, Englewood Cliffs, NJ, 1963.

Ball, P. "Made to Measure: New Materials for the 21st Century", Princeton University Press, Princeton, NJ, 1997.

Billington, D. "The Innovators", John Wiley, New York, 1996.

Billmeyer, F. W. "Textbook of Polymer Science", John Wiley, New York, 1971.

Bowden, M. E. "Chemical Achievers", Chemical Heritage Foundation, Philadelphia, 1997.

Callister, W. D. "Materials Science and Engineering: An Introduction", John Wiley, New York, 1997.

Charles, J. A., F. A. A. Crane, and J. A. G. Furness. "Selection and Use of Engineering Materials", Butterworth Heinemann, Oxford, 1997.

Clagett, M. "Archimedes", in "Dictionary of Scientific Biography", C. Gillispie, editor, Charles Scribner, New York, 1970.

Daniels, C. "Master Mind: The Rise and Fall of Fritz Haber, the Nobel Laureate who Launched the Age of Chemical Warfare", Ecco, New York, 2005.

Dijksterhuis, E. J. "Archimedes", Princeton University Press, Princeton, NJ, 1987.

El-Wakil, M. M. "Powerplant Technology", McGraw-Hill, New York, 1984.

Goran, M. "The Story of Fritz Haber", University of Oklahoma Press, Norman, Oklahoma, 1967.

Grant, P. R. and B. R. Grant. "Evolution of Character, Displacement in Darwin's Finches". *Science* 313, 224–226, 2006.

Haber, L. F. "The Poisonous Cloud: Chemical Warfare in the First World War", Oxford University Press, New York, 1986.

Hermes, M. E. "Enough for One Lifetime: Wallace Carothers", American Chemical Society, Washington DC, 1996.

Hounshell, D. A. "From the American System to Mass Production 1800–1932: The Development of Manufacturing Technology in the United States", Johns Hopkins University Press, Baltimore, 1984.

Hounshell, D. A. and J. K. Smith. "Science and Corporate Strategy: DuPont R&D, 1902–1980", Cambridge University Press, Cambridge, 1988.

Judson, S. and S. M. Richardson. "Earth: An Introduction to Geologic Change", Prentice-Hall, Englewood Cliffs, NJ, 1995.

Kobe, K. "Inorganic Process Industries", Macmillan, New York, 1948.

Kooyman, B. P. "Understanding Stone Tools and Archaeological Sites", University of Calgary Press, Alberta, Canada, 2000.

McGrayne, S. B. "Prometheus in the Lab", McGraw-Hill, New York, 2001.

Morris, P. J. T. "Polymer Pioneers", Center for History of Chemistry, Philadelphia, 1986.

Netz, R. and W. Noel. "The Archimedes Codex", Da Cappo Press, Philadelphia, 2007.

Pickover, C. A. "From Archimedes to Hawkins: Laws of Science and the Great Minds Behind Them", Oxford University Press, London and New York, 2008.

Schick, K. D. and N. Toth. "Making Silent Stones Speak: Human Evolution and the Dawn of Technology", Simon & Schuster, New York, 1993.

Shackelford, J. F. "Introduction of Materials Science for Engineers", MacMillan, New York, 1988.

Simmons, J. "The Scientific 100: A Ranking of the Most Influential Scientists Past and Present", Citadel Press, New York, 1996.

Smith, W. F. "Principle of Material Science and Engineering", McGraw-Hill, New York, 1986.

Smits, A. J. "A Physical Introduction to Fluid Mechanics", John Wiley, New York, 2000.

Sparke, P. "The Plastics Age", Overlook Press, Woodstock, NY, 1993.

Stein, S. "Archimedes: What did he do Besides cry Eureka?", Mathematical Association of America, Washington DC, 1999.

Thornton, A. and K. McAuliffe. "Teaching in Wild Meerkats". Science 313, 227–229, 2006.

Timoshenko, S. P. and D. H. Young. "Theory of Structures", McGraw-Hill, New York, 1945.

Wagner, D. B. "Iron and Steel in Ancient China", E. J. Brill, Leiden, Holland, 1993.

Walker, J. "Discovery of the Germ", Totem Books, New York, 2002.

Whittaker, J. C. "Flintknapping: Making and Understanding Stone Tools", University of Texas Press, Austin, Texas, 1994.

Wrangham, R. "Catching Fire: How Cooking Made us Human", Basic Books, New York, 2009.

# 第3章

# 家庭生活：食物、衣服和住房

　　人类的早期发明和巨大进步是为了满足家庭生活的基本需求：食物、衣服和住房。人类的发展是一个漫长的过程。来看看查尔斯·达尔文在《贝格尔号航行日记》( *Voyage of the Beagle* ) 中所描述的原住民，他们居住在南美洲南端（55°S）寒风凛冽、冰天雪地的火地岛上：

> ……我们和六个火地岛人一起拉独木舟。这是我见过最卑微可怜的生灵……独木舟中的这些火地岛人浑身赤裸，甚至成年的女人也如此。天空正下着倾盆大雨；雨水和溅起的水花在她身上流淌。有一天，在另一个不是很遥远的港口，一个为刚出生孩子哺乳的女人，仅仅出于好奇来到了船边驻足观望，而雨雪飘落在她赤裸的怀中，淋湿了赤身的婴儿！……到了晚上，没有衣物遮挡暴风雨，五六个赤身裸体的人就像动物一样蜷缩着睡在潮湿的地上……他们经常遭受饥荒……在饥寒交迫的冬天，会杀掉老年妇女并吃掉，然后再杀掉狗……我们得知，这些妇女经常躲进深山中，但男人们会把她们追回来带到屠宰场……

　　所有动物的首要任务都是寻找食物及水的稳定来源，以维持它们的生活和健康，并喂养下一代。在一些全年气温和降雨均匀分布的热带地区，以及水源充沛的绿洲和河谷地带，整年都可以找到野外食物。在有夏季和冬季，以及雨季和旱季区分的大多数地区，食物供应是季节性的。在新鲜植物性食物缺乏的冬季和旱季，有些人会挨饿，有些人会学习储存食物，而有些人会迁移到食物充足的地方。人类遇到的许多动植物在其自然状态下并不适合作为食物，但可以通过适当的制备方法来改善，如研磨、烘焙或煮沸。腐肉可能包含许多细菌和毒素，但可以通过烹饪进行消毒。橄榄味苦，必须经过发酵或盐水浸泡使其变得可口；生土豆和芋头含有有毒的生物碱，不能食用，需烹调去除毒性。人类最伟大的发明包括农耕、灌溉、使用工具和肥料，以及利用遗传技术来弥补自然繁育的不足，丰富食物来源。

人类早已失去厚重的皮毛，只有皮肤可以保护自身免受日晒雨淋，因此人们发明了衣物和房屋，使他们能够从非洲的热带草原走出，征服寒冷的北方，或者生活在高山上。现代智人在大约 20 万年前到达非洲，居住在季节差异适中的热带草原上。大约 7 万年前，当人类迁出非洲前往新月沃地，然后到达亚洲和欧洲时，他们不得不适应恶劣的生活条件，发明衣服和住所来抵御寒冷潮湿的天气。房屋用于抚养下一代、进行家庭活动，也是避免窥探和存放贵重物品的安全地方。

## 3.1 食物

食物是维持生命和健康，以及生殖和哺育后代的必需品。我们的日常营养需求取决于包括年龄和性别在内的许多因素，每天需摄入 2 000～2 600 卡路里能量、50～60 克蛋白质和 2～3 升水。营养不良会导致寿命缩短、出现健康问题、婴幼儿死亡率上升及生育率下降。

在旧石器时代，人们通过收集野生植物、猎捕动物和寻觅动物尸体等方式来获取食物。绿色植物通过光合作用产生食物，这需要阳光、水、矿物质元素和温暖的气候条件。土地的生产力取决于自然生态系统，极地冰盖地区没有任何植物生长，而热带雨林中则有丰富的植物。许多树木和草类不适合作为人类的食物，因为它们是由无法消化的树皮、木头和其他韧纤维构成的。"土地的承载能力"是指一块土地上的食物（如水果和种子）可以支持生存的人数。如果我们住在降雨均匀、长满了香蕉和椰子的葱翠热带森林中，依赖于大自然赐予的野生动植物就能满足生存需求时，我们可能无须远行。不过，当生活在雨季和旱季交替的气候地区时，我们可能需要像游牧民族一样迁移；当生活在拥有夏季和冬季的气候区中时，我们会面临季节性的食物缺乏，因此解决方式其一是发明储备食物的方法，在食物充足的季节储存，就像松鼠储存坚果过冬一样。

现代的黑猩猩和倭黑猩猩把水果、叶子、种子、树胶、秸秆等作为食物，辅以昆虫、鸟卵和一些小动物。这种食草动物有巨大的颌骨和磨齿，以及较长的消化道，可以处理纤维状、难消化且蛋白质含量较少的草类。大约 2.5 万年前，动物性食物开始在我们祖先的饮食中占据日益突出的地位。现代智人与古代南方古猿相比，大脑更大、颌骨则小得多；消化器官的变化包括磨牙变小、下颌骨变小、肠道变短及门齿形状改变。这表明饮食需要较少研磨和较多撕咬，大脑容量的增加可能与饮食中含有更多脂肪和脂质有关。

今天，居住在亚马孙河、刚果和新几内亚地区的热带雨林，以及阿拉斯加、加拿大北部和西伯利亚地区的苔原带的人们仍聚集在一起生活。撒哈拉、阿拉伯、拉普兰德等地区的居民仍然实行较原始的动物放牧。因纽特人以沿海水域的鱼类和海豹为食。虽然狩猎采集者把大部分醒着的时间都用于寻找食物，但往往不能满足其需求。因此，他们很少有时间从事其他活动，没有足够的食物储备用来度过冬季或荒年，也没有多余的食物来支持专业工作，如武器制造和医疗技术发展等。

很多食物是不能轻易咀嚼和消化的，许多天然食物中都含有对人类或动物有害的毒素。要把坚韧和难消化的食物变成可咀嚼的营养食物，如大米和小麦，烹饪是必不可少的环节。烹饪的发明极大地丰富了可食用食物的品种，包括能被软化的坚硬食物及可去除毒性的有毒食物。人类对谷类的食用是其他动物无可比拟的，因为没有其他灵长类可常规地消化谷粒的功能，只能把谷物用水煮熟或用烤箱烤熟，把食物软化和研磨以便获得可溶性酶，从而使淀粉可通过胰酶分解成糖分，如乳糖、蔗糖和麦芽糖。

烹饪过程可以破坏其中微生物和一些有毒物质，使许多有害的根茎和坚果变成可食用的食物。有些植物含有天然毒素，是其自然防御的一部分，能够防止被掠食者吃掉。例如，土豆含有有毒生物碱，必须通过烹饪去除；芋头是一种块根类蔬菜，是夏威夷群岛上的人制作山芋酱的原料，在自然状态下，芋头中含有有毒的生物碱，可以通过烹饪去除；花生和大豆必须烤熟或煮熟才能食用，野生杏仁含有的化合物在嚼碎或咀嚼时会释放氰化物，必须烤熟去除这种化合物后才能食用。植物或动物死亡后会开始腐烂，吸引如沙门氏菌和其他微生物滋生，从而产生臭味和毒素，通过烹饪也可以破坏这些毒素。

烹饪是何时开始的？研究者就这个问题还没有达成一致意见，但可以确定的是在掌握生火技术之后出现的。在考古发掘中，人们很难确定火最早是用来取暖、驱赶天敌，还是用于烹饪。查尔斯和玛丽·兰姆曾描写一个关于烹饪发明的有趣故事，其中描述了牲口棚的火灾事故，为一个家庭创造了美味的烤肉。许多人类学家认为，烹调始于 25 万年以前，那时欧洲和中东地区开始出现灶、烤箱、烧过的兽骨。理查德·拉汉姆（Richard Wrangham）认为，烹饪使人减少了咀嚼和消化的工作。人的身体通过外部消化所储存的能量供应到大脑，因此烹饪成就了现代人。

在现代世界中，我们的大部分食物在消化之前都经过了处理。烹饪的一个主要目的是，通过各种成分的混合获得更好的口感和味道，以增加饮食的乐趣。常见的食品加工技术包括机械操作，如土豆削皮、切胡萝卜和水果榨汁；混合操作，如加盐、香料、糖和烟熏；化学操作，如发酵、腌渍；加热操作，如煮、炒、蒸、烤、炸等；以及干燥操作，以便长时间保存肉、鱼和水果等。

### 3.1.1 农业

主要的气候变暖发生在约 1.2 万年前的全新世①时期，当冰川融化，树木开始复苏，世界上的许多地方变得更加湿润。农业是一个及时的发明，因为这一时期的植物大量生长，能产生稳定的食品供应，有足够的储备粮用来度过冬季和荒年。充足的营养能够延长寿命、促进健康，使更多的儿童得以生存下来，农民可以在村庄和永久的家园定居，而狩猎采集者和游牧民则不得不迁移到食物充足的地方，不能全年都在固定的地方生活。

农业的发明及千百年来的许多进步极大地提高了土地生产力，使一亩地能养活更多的人口。土地的承载能力在很大程度上依赖于新发明和技术。1891 年，雷文斯坦（Ravenstein）估测，耕种每平方千米沃地平均可以养活 80 人，每平方千米草原可以养活 4 人，每平方千米有绿洲的沙漠可养活 0.4 人。这个古老的估算数据是基于 1891 年的技术，应该和下列情况比较一下：一个现代化的美国农场每平方千米可以养活 3 000 人，蒙古和纳米比亚以目前的人口密度每平方千

---

① 全新世是地质时代最新阶段，始于 1.2 万~1 万年前，持续至今。

米可以养活 2 人，而芬兰的拉普兰德每平方千米可以养活的牧民人口为 0.01 人。农场土地的生产力在很大程度上取决于农业技术的发明和发展：农用工具和机械的利用、育种和养殖技术发展、灌溉技术的推广、施肥、病虫害防治等。承载能力还取决于消耗方式：1 卡路里的动物饮食需要消耗高达 10 卡路里植物食物。人们还可能失去了多达 1/3 的粮食：被老鼠偷吃、浪费或用做生物燃料。

农业革命始于大约公元前 1 万年前的新月沃地，从巴勒斯坦往北到叙利亚，然后向东到美索不达米亚，往南到波斯湾。作为野生植物采集的补充，了解如何保护这些植物并促进其茁壮成长和繁殖是一项巨大的进步。最重要的食物植株是谷物，特别是小麦和大麦，因为它们具有高营养价值和易于保存的巨大优势。动物，如羊和牛的驯化，也发生在大约同一时期，丰富了放牧的物种。农业生产需要满足很多自然条件，包括气候、温度和降水；其生产效率依赖人类的发明，如对动植物的驯化和养殖、农具的使用、杂草和害虫的清除、灌溉、施肥、储存方式等。

我们需要的植物和动物具有这样的理想特性——容易获得、在当地的气候环境下容易生长，以及富含营养物质或可用纤维。重要的物种有时无法从本地获得，可能要从另一个大陆引进。多年的选择性饲养也促进了物种改良。在哥伦布之后，从美洲到欧洲和亚洲的航行中，最贵重的出口物品是马铃薯和烟草，而进口物品则包括甘蔗和马匹。我们今天吃的最重要的食物种类源自世界各地的许多地方。

经过千百年的栽培和植物育种，通过选择更易于繁殖的植物和更复杂的遗传分子技术，今天的农作物和它们的祖先看起来有很大不同。养殖的物种被逐渐改良，与野生物种区分开，如体型变大、对气候和害虫的抵抗力更强，能产生较多的种子，需要更少的灌溉等。其中一个例子就是，与野狗或狼相比，今天的狗有各种品种。玉米和土豆从美洲引入欧洲，水稻和大豆从亚洲引入美洲，羊从欧洲引入澳大利亚，资源流动使较贫困的地区变得富裕。今天一些大型种植区有着良好的气候和充沛的雨量，包括中国和日本在内的东亚、从印度到马来西亚的南亚、中欧地区和美洲东北部地区。

种子落入土中，但只有一小部分幸运地落在有接受能力的土壤中生根发芽、破土而出，因为大多数被动物吃掉或不发芽。农民或许能够找到或创造合适的土壤——疏松、湿润，还含有有机物和矿物质。给坚硬的土地松土对耕作也非常重要，这样可以使种子落入孔洞和缝隙中被土壤覆盖，防止被饥饿的动物吃掉。松土用的农具包括挖土棒、锄头及人或动物拉的犁。

在适宜的温度下，植物的绿叶通过阳光、土壤中的水分和空气中的二氧化碳进行光合作用生成葡萄糖。植物也需要从土壤中获取必需的矿物质，其中最重要的是氮、磷和钾元素。天然肥料包括人类和动物的尿液、粪便，以及腐烂的有机植物。有价值的植物必须受到保护，为其除去抢夺养分的杂草和害虫。谷物成熟和产生可食用的种子后，须将它们收获，如用镰刀进行收割，然后通过打谷和风选①把种子与秸秆分离。

现代农业机械化操作对提高生产力和降低农场劳动力需求尤为重要。1831年，居鲁士·麦考密克（Cyrus McCormick）建造了第一台机械收割机，随后出现了其他的机械化拖拉机和收割机等发明。19世纪末，生产100蒲式耳②的玉米需要35~40小时的种植和收获时间。100年后，生产相同数量的玉米只需要2小时45分钟。今天，农民可以坐在配备空调的拖拉机中边工作、边听音乐。

## 食品化学

人体的主要化学物质组成是蛋白质、碳水化合物、脂肪和核酸。所有的有机化合物都含有氢原子、碳原子和氧原子。蛋白质，如肌肉，也需要氮和硫；基因、DNA和RNA也需要磷。人体的特殊功能需要许多微量元素，如骨骼生长需要钙，血液需要铁，体液需要钾和钠，甲状腺需要碘。土壤中必须含有植物生长的这些矿物质，然后含有矿物质的植物被人和动物消耗。

维持植物生命形式的主要步骤是光合作用——叶绿素把太阳能转化为糖的化学能。绿色植物含有绿色的叶绿素，与哺乳动物血液中的血红蛋白密切相关。植物光合作用的化学式如下：

$$6CO_2 + 6H_2O + 阳光 \rightarrow C_6H_{12}O_6 + 6O_2$$

---

① 风选是利用物料与杂质之间悬浮速度的差别，借助风力除杂的方法。
② 蒲式耳是一种计量单位，1蒲式耳相当于36.3688升。

　　该化学式表明，空气中的 6 个二氧化碳分子与土壤中的 6 个水分子在阳光的作用下发生化学反应生成 1 个葡萄糖分子，并释放 6 个氧分子。葡萄糖是制造身体所需化学物质的基础原料和燃料；氧气是呼吸和燃烧糖分以维持身体化学反应所必需的。

　　据估计，在美国独立战争时期，70% 以上的劳动力从事农业生产。今天的美国农业只雇用了 340 万农场工人（约占劳动力的 2.5%），养活了 3 亿美国人并创造了大量粮食出口。在狩猎采集社会时期，所有身强力壮的人基本上每天都在寻找食物，但有了技术的辅助，一位农民能养活许多人，使其他人可以专注于不同领域的工作，如高技能的工具制造者和战士。

　　人与动物需要喝水，植物生长也需要水。水的主要来源是降水，地球上的降水量分布不均，并且季节性很强。水的次级来源可能是当地水源，如井、泉、湖和河流，以及通过运河和沟渠进行长途灌溉。

　　当有必要提取地下水用于生活或灌溉时，会用到的提升装置包括皮囊、黏土容器、带平衡装置的提杆和水车等。古巴比伦人和古埃及人都采用了引水渠；早在公元前 7 世纪，亚述人就建造了一个石灰岩引水渠，用于跨山谷供水到首都尼尼微，该引水渠全长 80 千米。

　　许多杰出的发明家和作家促进了水力技术的发展。例如，西西里岛锡拉库扎的阿基米德（公元前 287～前 212 年）、罗马的马库斯·维特鲁威（公元前 80～前 15 年），以及亚历山大的希罗（公元 10～70 年）。阿基米德在著作中提到螺旋提水器和浮力原理。维特鲁威在《建筑十书》中花了大量篇幅谈论水、如何寻找和运输水及引水渠的修建。古罗马引水渠是在罗马帝国时期修建的，从德国延伸到非洲，特别是在罗马城中，总长度超过 400 千米。引水渠对整个帝国大城市的供水系统非常重要，罗马人制定了很高的工程标准。

　　今天土耳其的伟大城市帕加马有一个海拔高度为 375 米的蓄水池水源，而帕加马城堡高 332 米；引水渠沿着山体向下修建，跨越两个海拔高度分别为 172 米和 195 米的山谷。他们可能是利用青铜或铅材质密闭管道的虹吸作用。当引水渠充满水而山上蓄水池的压力为 1 个标准大气压时，山谷位置受到巨大的压力，分别为 20 和 17 个标准大气压，而城堡的压力则较为温和，约为 4 个标准大气压，但遗迹未保留下来。如今现存最著名的罗马引水渠是在大约公元前 19 年建成的位于法国南部的加尔桥，以及西班牙的塞戈维亚引水渠。在"新世界"里，阿兹特克首都特诺奇蒂特兰在第二个千年中期由两个引水渠供水。

新石器时代的农业革命带来人类历史上最为深刻的变化，与传统的狩猎采集相比，农业提供了更为安全丰富的食品生产方式。通过提高每英亩土地产量提高了土地的承载能力，除此之外，通过提高每个工人的生产量而提高劳动生产率。这些因素对社会产生深远的影响，使人口数量增加，定居导致人口密度增加，工作专业化和社会政治组织出现。据估计，农业革命之前的人口为 600 万，平均土地承载能力为每平方千米 0.05 人；按照人口 60 亿来测算，土地承载能力为每平方千米 54 人。因此，无论是人口，还是土地承载能力，都增加了 1 000 倍！

粮食安全和富足生活意味着更好的营养和健康状况、较高的出生率、更低的婴儿和儿童死亡率，以及更长的预期寿命，这导致人口大量增长，在古代也许是从不到 500 万人口增长到 1 亿。猎人和采集者在每 10 平方千米的林地或草地上很少能够养活 1 人以上，即使是原始农业，在相同面积的农场上也只能养活 100 人。由于人们可以在农田和农作物附近永久定居下来，而逐渐放弃了游牧生活，可以储存多余的食物度过冬季或歉收季节，还可以开始积累工具和家庭财产。

农民凭一己之力不能完成大型的农田灌溉设施，需要一个有权力的中央机构制订计划并把任务分配给每个人。这被称为"政府的水力理论"，表明灌溉促进了政府的强势，以及精英与普通民众之间的社会分层。

有两种方法来测量食物生产率的增加：单位面积耕地产量和人均产量。当每平方千米土地上的粮食产量增加时，我们可以增加相同面积土地养活的人口数量，以更富足的生活方式来支持相同的人口数量，或把一些不必要的农田改造成娱乐区域。当农民的人均粮食产量增加时，可以把多余的农业工人分配到其他行业，包括制造业、医药和安全领域。

农业还改变了地球上大部分土地的面貌，因为人们砍伐森林和改造湿地创造了更多的农田。这不可避免地破坏了本地动物和植物的生存方式，使有些动植物濒危甚至灭绝。大象和老虎曾在亚洲森林中漫游，野牛曾占据美国大部分的草原地带，但在现代，它们的栖息地已经减少了很多。

现代农业往往实行"单一作物制"，选出的相同植物品种占据了大量的土地面积，将其他物种排除在外。自然界与此形成鲜明对比：不同的植物混合生长、交叉授粉。在环境的挑战下单一作物制存在许多漏洞，如微生物或害虫的袭击，爱尔兰马铃薯饥荒①的情况就是如此。同样，微生物或害虫同时消灭许多不同的植物品种是比较困难的，因此留下一些野生基因作为储备很重要。

### 3.1.2　氨的合成：绿色革命

空气中 78% 为氮气，但游离的氮（$N_2$）不能被植物和动物吸收。氮气必须被"固定化"或在大量能量的作用下转化成水溶性化合物，如氮氧化物（NO）或氨（$NH_3$）。植物所需的固定氮来自自然界：雷电把大气氮固定为一氧化氮的形式，而豆科植物根瘤菌通过消耗糖中的能量来固定空气中的氮。

成人每天的蛋白质推荐摄入量为每千克体重 0.8 克，如体重 70 千克的成年人每天需要摄入 56 克蛋白质，其中含有 6 克氮。从世界人口 65 亿来计算，我们每年需要 1 400 万吨的固定氮，以提供足够的植物性食物供人食用。实际的需求则更高，因为动物性食物对氮需求更大：当我们用大豆喂牛时，1 克牛肉所需的氮需要消耗 10 克大豆所需的氮。

古代社会有着相对静态的人口和固定种植的食物，因此是一种相对平衡的社会：植物从土壤中获取氮和磷，人类和动物通过植物消耗矿物质，然后矿物质又以尿液和粪便的形式成为土壤的肥料。现代社会则产生许多新的问题，导致社会不能对食物矿物质自给自足：①世界人口不断增长，需要扩大作物种植规模；②城市粪便经污水处理厂处理后排入河流和海洋，而不是排入农田。因此，有必要补充无机肥料和氮，否则将没有足够的粮食供养日益增长的人口。

1809 年，在南美发现了硝酸盐矿床，这是在洪堡海流②的寒冷水域中捕食鱼类的海鸟排泄的粪便经过数百万年沉积形成的。这些矿床位于阿塔卡马沙漠，

---

①　爱尔兰马铃薯饥荒一般指爱尔兰大饥荒，发生于 1845~1850 年。马铃薯是当时爱尔兰人的主要粮食来源，也是重要出口产品。一种致病菌使马铃薯腐烂而失收，造成爱尔兰大饥荒并引发社会动荡。

②　洪堡海流即秘鲁寒流，是西风漂流在南美洲西岸转向北而形成的。

是世界上最干旱的地区之一，全年几乎没有什么降水；因此丰富的矿盐并没有被冲入海中，这些矿床以硝石或硝酸钠的形式存在。

硝酸盐矿是如此重要，以至于为了获得这些矿产的控制权，智利同秘鲁和玻利维亚联合部队之间发动了太平洋战争（1879～1883年）。几十年来，这些硝酸盐矿是智利的巨大利润来源，因为英国公司购买后用船把硝石运往欧洲给农场施肥或制造火药。但是，这些经年积累的矿床正以每年50万吨的速度减少，无法无限量地供应，最终会被耗尽。

更加严重的问题加剧了这种情况。固定氮也是制作炸药的基本来源之一，如用于挖掘和作战的黑火药、硝化甘油和TNT（一种烈性炸药）。在20世纪早期，德国每年依靠船只从智利北部运送矿产，向南航行经过合恩角，上行经过非洲和英国，抵达德国汉堡港，为其国内提供宝贵的硝酸盐。如果与英国作战，这条线路会被占优势的英国海军切断，失去肥料或炸弹的德国可能会一蹶不振。

托马斯·马尔萨斯（Thomas Malthus）在1800年说，人类总是试图在人口增长与粮食增产之间找到平衡。1893年，威廉·克鲁克斯（William Crookes）曾预测，这些智利硝酸盐矿床枯竭后，最终会有一大部分人遭受饥饿。这个预测引起了人们广泛的讨论和研究，试图解决氮的需求问题。

1900年，世界要养活15亿人口，并且只有少数不适合的固氮工艺。电弧过程可以模仿大气闪电来固定氮，但只有不到1%的概率会形成一氧化氮，产生的化学反应为：$N_2 + O_2 = 2NO$。由于挪威有价格低廉的大型水力发电设备，该工艺在挪威实行商业运作直到1905年。另一个固氮工艺是氰氨法，在当时的意大利实行。这两种工艺都是低效且不经济的，因为它们需要巨大的电力成本来进行高温反应。许多科学家开始在实验室中研究固氮方法，其中包括两名德国诺贝尔化学奖得主威廉·奥斯特瓦尔德（Wilhelm Ostwald）和瓦尔特·能斯特（Walter Nernst）。

德国诺贝尔奖得主弗里茨·哈伯（Fritz Haber，图3-1），于1868年出生在布雷斯劳。哈伯的父亲是出售天然染料、涂料、油漆和其他化学品与药品

图3-1　弗里茨·哈伯
（图像运作公司授权转载）

的犹太裔商人。哈伯很早就对语言、音乐、戏剧和文学表现出兴趣。他就读于柏林大学，之后在海德堡师从罗伯特·威廉·本生教授，于 1891 年获得哲学博士学位。之后，哈伯接受了卡尔斯鲁厄技术学院的化工和燃料技术助理工作，教授染料和纺织印染。

1901 年，他遇到同样来自犹太人家庭的克拉拉·伊梅瓦尔，并与之结婚，克拉拉也获得化学博士学位。次年，他游览美国，参观大学和化工厂，并对美国化工行业的状况做了报告。他前往尼亚加拉大瀑布，并参观了研究硝酸合成电弧工艺的公司。哈伯是一位成功的教授，受到社会各界的称赞。

1904 年，一家维也纳化工公司邀请哈伯进行氨合成研究。他组建了一个团队，其中包括精通高压设备的英国合作者罗伯特·勒·罗西尼奥尔（Robert Le Rossignol）。哈伯在 1 个标准大气压和 1 000 ℃的条件下结合氢与氮，但获得的氨含量微乎其微，其化学反应式是 $N_2 + 3H_2 = 2NH_3$，即一个氮分子与三个氢分子发生反应，生成两个氨分子。由于该反应把 4 个体积的气体转化成 2 个体积的气体，根据勒夏特列原理[①]，在高压下转化更加有利。

哈伯决定增加压力，这也是柏林大学瓦尔特·能斯特的做法。哈伯和他的团队创建了一个高压反应器，在不同温度和压力下研究氢、氮与氨之间的平衡。他们发现，当压力增加到 200 个标准大气压以上时，氨的产量会显著增加。低温有利于在缓慢的反应速率下获得更高的平衡转化率，而高温会导致较少的产量和更快的反应过程。因此，他们找到了一个折中的解决方案，在中等温度下进行操作并使用适当的催化剂来加速反应，还决定利用贵金属锇和铀，在非常低的温度下，反应器的出口与一个由干冰包围的玻璃烧瓶连接，使产生的氨可以冷凝成液体。

他在 1909 年向巴斯夫公司（BASF）的两名成员卡尔·博世和阿尔温·米塔斯进行了示范。巴斯夫公司对此留下了非常深刻的印象，并与哈伯签署合同将发明投入使用。阿尔温·米塔斯曾进行了 1 万次实验来测试 4 000 种催化剂，发现氧化铁在钾的作用或"促进"下有很好的催化效果。

---

① 勒夏特烈原理又称平衡移动原理，主要内容为在一个已经达到平衡的反应中，如果改变影响平衡的条件之一（如温度、压强等），平衡会向着能够减弱这种改变的方向移动。

## 合成氨

氨的合成涉及以下化学反应

$$N_2 + 3H_2 \rightleftharpoons 2NH_3 + 热量$$

建造合成氨的装置面临着爆炸和其他安全性方面的严重问题，因为这一过程在高温高压下进行，并且装满了易燃性氢气。我们想到了携带氢燃料的兴登堡飞艇的不幸事件[①]，它甚至还没有涉及高压和高温。谨慎的做法是，把氨合成装置建造在远离人口中心的地方，但最好接近交通节点以便供应原料和交付产品。

空气中含有78%的氮气、21%的氧气和1%的氩等气体。氮原料来自空气，通过把空气冷却到极低温度的深度冷冻工艺使其与氧气分离。氮气的沸点为 -195.8℃，氧气的沸点为 -183℃。因此，当温度下降时，可以先把氧气液化分离。氢气由燃料如煤或甲烷产生。该过程开始时，甲烷燃烧产生热量，然后甲烷与水反应。总反应产生氢气和二氧化碳：

$$CH_4 + 2H_2O \rightarrow 4H_2 + CO_2$$

氨气可直接作为肥料注入土壤，其反应时间非常快，需要反复施用。首选方法是把氨变成水溶性固体，诸如尿素或硝酸铵，以便运送和施用，它们会在一段时间内缓慢释放。

巴斯夫公司指派34岁的冶金工程师卡尔·博世建造制氨装置。博世负责设计在高压和高温下与氢反应的装置，这面临着爆炸和火灾危险。1913年，德国奥堡公司建成了合成氨生产装置，每年可生产3.6万吨氨。一年后爆发了第一次世界大战，当英国海军切断智利的矿供应运输线时，德国急切地把生产出的氨供应给军火企业。一些历史学家认为，德皇威廉二世甚至推迟了战争，一直等到哈伯的制备方法就绪和投产。

氨合成成功后，哈伯在1911年获得一个新职位，担任在柏林新建的威廉皇帝学院的负责人。他是一个喜欢社交的人，享受文化活动、讲座和演讲的快乐。

---

① 兴登堡飞艇事件又称兴登堡号空难，这艘德国的大型飞行器于1937年5月6日发生灾难性事故而被焚毁。

哈伯学识渊博，能讲多国语言，并精通古典艺术和文学。在他的职业生涯中，备受推崇和尊重，世界各地的学生慕名前来向他学习。哈伯享有很高的社会地位，是爱因斯坦的支持者和挚友，并帮助其与第一任妻子梅尔瓦达成离婚协议。但在家庭生活中的独断专行，使妻子克拉拉与哈伯渐行渐远。

当第一次世界大战开始时，哈伯一直在研究一种新武器，以打破西部前线战壕的僵局。1899 年，海牙和平会议已经禁止使用达姆弹等武器，而美国没有签署协议。1915 年，哈伯在比利时西部的伊普尔用一排长度超过 2 千米的 6 000个液氯钢瓶组织了第一次毒气攻击。当风向朝向法国军队时，德军打开所有的钢瓶释放了 150 吨氯。白云变成黄绿色飘向法国战壕，导致法国士兵剧烈呕吐和咳嗽。根据英国人员统计，此次袭击有 7 000 人中毒、350 人死亡，但德军宣称，只有 700 名士兵受伤，十几人死亡。5 个月后，协约国如法炮制，用毒气武器进行报复。

1917 年，哈伯在庞大预算的支持下指挥着 1 500 人工作。毒气造成 130 万人伤亡，在战争伤亡人数中占比不算大。哈伯持有这样的"完美"逻辑，即毒气致死并不比在枪林弹雨下死亡更可怕。他的儿子身为历史学家，写道："他（指哈伯）是一个普鲁士人，不加批判地接受了由许多不如他明智的官僚所解释的国家智慧。"哈伯与爱因斯坦的关系也因此变得紧张。妻子克拉拉恳求他放弃这种野蛮和不道德的工作，但无济于事。克拉拉用自己丈夫的左轮手枪射向自己的心脏，他们 13 岁的儿子赫尔曼发现了她的尸体。不久之后，哈伯再婚。

1918 年，第一次世界大战结束后，哈伯被授予诺贝尔化学奖。通告如下："他发明了用氮和氢合成氨的方法。之前已有人多次尝试解决这个问题，但哈伯是第一个提供工业解决方案的人，创造了极其重要的手段来提高农业标准并造福人类。祝贺哈伯在服务祖国和全人类的过程中取得的巨大成就"。评奖通告如是说，但并未提到毒气战。卡尔·博世在 13 年后的 1931 年获得诺贝尔化学奖，他的评语如下："似乎不可能找到一种材料，在前述的压力和温度下，能够经受住所涉及气体混合物任何一段时间。绝妙的方法是采用双层壁容器，用一个外管封闭内圆柱管，把氢气和氮气的冷压缩混合物引入两个管子之间的空间里，从而使内管处于高温低压状态，但外管处于高压低温状态。博世使人类能够源源不断地使用适用于农业且价格便宜的氮产品。"

哈伯是一位爱国者，他试图找到一种方法使德国有能力支付 1.32 亿马克（原德国货币单位）的战争债务，相当于 5 万吨黄金。他认为每吨（1 000 千克）海水中含有 6 毫克黄金，因而希望寻求一种从海水中提取黄金的方法。经过一番研究，他发现之前的数值被高估了 1 000 倍，因此不得不放弃这方面的努力。希特勒的上台意味着犹太人不再受到尊重和欢迎，即使是一位皈依了基督教并为德国发展做出贡献的犹太人。此时，哈伯的健康也每况愈下，只有卡尔·博世继续支持他。1933 年，哈伯被迫离开德国，移居英国剑桥。次年，65 岁的他患上了致命的心脏病，在瑞士巴塞尔的宾馆中去世。

今天，世界的粮食产量比 1900 年增加了 4 倍多，能够养活 65 亿人口。有许多因素促进了这一重大进步，其中最重要的因素是廉价的人工合成化肥和作物育种改良技术，即俗称的"绿色革命"。

图 3-2　诺曼·博洛格
（承蒙博洛格国际农业研究所转载）

达尔文的进化论、孟德尔的遗传学、沃森和克里克发现的 DNA 双螺旋结构，都对植物育种技术发展起到巨大的推动作用。"绿色革命之父"诺曼·博洛格（Norman Borlaug，1914～2009）于 1970 年获得诺贝尔和平奖。图 3-2 是他正在一片麦田中做记录。据说，博洛格拯救的生命比历史上的任何人都多，也许多达十亿人。他出生在美国艾奥瓦州的一个农场，并在其祖父母的农场中工作到 19 岁。1933 年，他就读于美国明尼苏达大学林业专业并加入大学摔跤队。他认识到，通过特殊的植物育种方法可以培育出能抵抗寄生虫的植物。1942 年，博洛格获得植物病理学和遗传学博士学位。

1944 年，博洛格开始在墨西哥担任遗传学家和植物病理学家，得到了洛克菲勒基金会的支持，研究内容涉及高产育种和抗病小麦。他的成功是基于对以下 4 种技术的广泛使用：灌溉、机械化、使用化肥和混合作物的改良。前两项技术已经在发达国家广泛使用了很长一段时间，并且化肥的使用也有一个世纪的历史。博洛格的发明是开发玉米、小麦和水稻的改良品种，被称为 HYV 或"高产品种"。

植株更高的小麦可以获得更多阳光，但由于多次施用氮肥，麦秆往往会被硕大的麦穗压弯。为了防止出现这种情况，博洛格培育了具有多种有利特性的小麦，其中包括能够支持较大谷粒的短粗麦秆。1953 年，他获得了一种日本矮秆小麦品种，并将之与美国的高产小麦进行杂交，还把半矮秆小麦与抗病小麦杂交，生产出具有许多理想特性的新品种。

博洛格的目标是，把新的谷物植株投入大规模生产来养活更多受饥饿的人。他说："有很多长叶小麦品种，在施加一定量的人造肥料时会增加产量，但也容易折断。新的矮秆品种能够承受 2 倍或 3 倍以上人造肥料培植的麦穗，每十公亩（1 000 平方米）土地的产量从以前最高出产 450 千克增加到多达 800 千克。这些新品种可以在不同地区使用，因为它们不会受到日光时长的影响。无论是否施肥或进行人工灌溉，它们的长势都比其他品种长势更好。此外，新品种对小麦的天敌锈菌有很好的抵抗力。"到 1963 年，95% 的墨西哥小麦作物都是采用由博洛格开发的半矮秆品种，该结果比任何人预期的都更为壮观。墨西哥在 1943 年有一半小麦是依靠进口的，但到 1956 年就能实现自给自足，甚至到 1964 年出口了 50 万吨小麦。

博洛格于 1959 年前往巴基斯坦，1963 年前往印度，推广在墨西哥开发的小麦。他开始启动另一个植物育种、灌溉、施用农药和融资项目。印度采用了 1960 年在菲律宾成立的国际水稻研究所开发的半矮秆水稻品种，在施肥和灌溉条件下每颗水稻能结出更多的谷粒。20 世纪 60 年代，印度的水稻产量为每公顷 2 吨左右，到 90 年代中期上升到每公顷 6 吨。20 世纪 70 年代，大米的价格约 550 美元 / 吨，到 2001 年下降到 200 美元 / 吨。印度成为一个主要的大米出口国，在 2006 年出口大米近 450 万吨。

获得诺贝尔奖 30 年之后，博洛格在挪威首都奥斯陆发表讲话，他对哈伯和博世表达了敬意，说在那个时候生活的 60 亿人中有 40% 都应感谢哈伯与博世的合成氨工艺。他进一步指出，在 1940 年，美国农民在 3 100 万公顷土地上生产 5 600 万吨玉米，平均产量为 1.8 吨 / 公顷；到 1999 年，美国农民在 2 900 万公顷土地上生产 2.4 亿吨玉米，平均产量为 8.4 吨 / 公顷。他说，这种增长 4 倍的产量归因于现代杂交种子、化肥的使用和除草控制技术！博洛格描述了亚洲发展中国家（包括中国和印度）是如何在 40 年（1960～2000 年）内把粮食产量从

2.48 亿吨增加到 8.09 亿吨。博洛格在 2007 年获得美国国会金质奖章时说："我们还未赢得这场为确保数亿极度贫困人口的粮食安全而进行的战斗。世界和平不是建立在饥饿和人类苦难之上的。"2009 年 9 月 12 日，博洛格因淋巴瘤在位于美国得克萨斯州达拉斯的家中去世，享年 95 岁。

有人说"化学帮助了农民，将石头变成了面包"。1900 年，世界养活 15 亿人口都非常困难，到 2010 年，世界可以养活 65 亿人口。由于灌溉、化肥施用和机械化技术方面的提高，世界粮食产量在此期间大大增加（表 3-1）。

表 3-1　不同时期世界农业规模变化

| 年份 | 粮食产量<br>（百万吨） | 灌溉面积<br>（百万公顷） | 化肥使用<br>（百万吨） | 拖拉机的使用<br>（百万辆） |
|---|---|---|---|---|
| 1961 | 248 | 87 | 2 | 0.2 |
| 1970 | 372 | 106 | 10 | 0.5 |
| 1999 | 809 | 179 | 70 | 4.6 |

农业专家莱斯特·布朗在《外交》杂志上发表的一篇文章说："我们这个时代的新粮食品种对亚洲农业革命的影响，如同 18 世纪蒸汽机对欧洲工业革命的影响。"粮食供应的增加并不是由于使用了更多的土地，因为全球农业用地一直保持稳定，甚至有可能因较高的生产率而减少了耕地面积。

从表 3-2 中可以比较不同国家在不同发展阶段的农业生产力。这些国家在气候、土壤质量、日照和雨量等自然因素方面不同，在资本投资和技术方面也各异。西欧地区的粮食产量是南亚地区的 2 倍，是撒哈拉地区以南非洲的 15 倍。科技力量使生活变得更加丰富、安全这一点变得比较明确。

表 3-2　不同国家的农业生产情况

| 国家 | 粮食产量（千克/公顷） | 化肥使用（千克/公顷） |
|---|---|---|
| 比利时 | 8 680 | 355 |
| 英国 | 7 169 | 325 |
| 法国 | 7 099 | 237 |
| 印度尼西亚 | 4 354 | 145 |
| 孟加拉国 | 3 648 | 209 |
| 菲律宾 | 3 074 | 156 |

（续表）

| 国家 | 粮食产量（千克／公顷） | 化肥使用（千克／公顷） |
|---|---|---|
| 苏丹 | 663 | 4 |
| 纳米比亚 | 403 | 2 |
| 博茨瓦纳 | 363 | 2 |

　　绿色革命带来粮食盈余，并降低粮食价格。1970～1990 年，由于绿色革命，粮食供应增长快于人口增长。但这种趋势在近几年逆转，粮食生产增长率已经低于人口增长速度，一部分原因是人们越来越多地把粮食产品转变为生物燃料。粮食短缺现象在灌溉相对稀少的撒哈拉地区以南的非洲尤为严重。由于政治和社会因素，比起以往，不少人仍在遭受着严重的饥饿。

　　有两种主要的方法来解决人口和食物供给之间的"马尔萨斯竞赛"①：在绿色革命的影响下种植更多粮食，并降低人口增长率。对于认为应该立即向饥饿人口提供粮食并信仰发明力量的人们来说，绿色革命很有吸引力；但也有许多批评人士认为，由于过多使用化石燃料，造成了很多环境问题，如生态系统被破坏、全球气候变暖，以及生物多样性变化，因而不是可持续的。一些人认为，从长远来看，人口控制是可持续的；但也有些人对生育控制及政府强制措施存在批评意见。

　　致力于养活饥饿人口的方法受到不少批评，这似乎有点令人惊讶。在 20 世纪，全球人口由于医学和农业技术的进步而增长，1962 年增长率达到高峰，为每年 2.20%，但到 2007 年稳步下降至 1.19%。中东、撒哈拉地区以南非洲、南亚和拉丁美洲的人口增长率仍然较高。而另一些国家的人口出现了负增长，特别是东欧地区。

　　沃伦·汤普森（Warren Thompson）于 1929 年提出人口过渡模型（DTM），认为许多国家随着时间的推移，经历了四个阶段的死亡率和出生率减少过程：第一阶段是工业化前的社会，每年的死亡率和出生率都在 4% 左右，大致保持平衡，因此人口规模也保持稳定；第二阶段是当前的一些发展中国家，如撒哈拉

---

　　① 马尔萨斯竞赛，又称"马尔萨斯陷阱"，是英国经济学家托马斯·罗伯特·马尔萨斯在 1798 年提出的"人口论"，即人口按几何级数增长而生活资源只能按算术级数增长，所以不可避免地导致饥馑、战争和疾病。

地区以南非洲，由于更好的食物供应和卫生条件，死亡率下降到1%左右，但出生率并未下降，所以人口激增；第三阶段，如墨西哥和印度，由于财富增加改变了一些人的生活方式，出生率下降，因此人口增长率开始下降；第四阶段是发达国家，如美国，死亡率和出生率再次达到平衡，使人口趋于稳定。一些理论家认为，还有新兴的第五阶段——"次更替生育"，人口会下降、平均年龄会增加，如欧洲国家和日本。这往往导致年轻劳动力短缺，需要更多来自发展中国家的移民，而因为存在文化和种族差异可能会产生冲突。

## 3.2 衣服

大多数哺乳动物都有皮毛抵御寒冷和雨雪，很多动物会在春季、秋季蜕皮，这可能是由于太阳光线的季节性变化和温度变化引起的。但人类的毛发少得多，没有天然的保护层。在热带地区，衣服显得不是那么重要，但在高纬度和高海拔地区的严寒气候下，人们需要衣物御寒，以免陷入被冻僵的境地，就像查尔斯·达尔文看到的火地岛人一样。

人类的第一件衣服是由兽皮制成。要制作一件精致的服装，需要用刀把兽皮切割成适当的大小和形状，以皮条或皮筋为绳索，用骨针缝制在一起。骨制缝纫针的发现可追溯到1.5万年前。但是，天然皮革在潮湿天气中会变得僵硬并容易腐烂，需要进行鞣制以保持柔韧性和耐久性。鞣制时把兽皮浸泡在含有鞣剂，如栎五倍子[①]、明矾和脂肪、尿液和粪便的坑中。很多皮革厂和制革工人身上有时会散发着鞣剂的味道。

衣服也可以由纤维制成，如羊毛和亚麻，这通常涉及三个步骤：将纤维纺成纱，把纱织成面料，最后再把面料切割并缝制成服装。纺织的第一步是把几股纤维捻在一起，如羊毛、亚麻、棉花和丝绸。亚麻和羊毛这样的粗纤维更适合制作外衣；棉和丝等细纤维更适合制作贴身衣物。

羊毛是一种强韧的纤维，能抵御寒冷的天气；在美国佐治亚州发现的亚麻纤维可追溯至3万年前，当时的人们用它纺线，并染成各种颜色，公元前5000

---

① 栎五倍子一般指栎瘿，是栎属植物上常见的圆树瘤，实际上是由某些瘿蜂为卵化幼虫而与植物中的化学物质刺激下造成的。栎五倍子中含有丰富的鞣酸。

年的埃及城市法尤姆也有对亚麻的记载。为了把亚麻纤维与亚麻植物分离，需
要进行沤制，将植物浸泡在池塘中直至有机物腐烂。在这些知名纤维中，蚕丝
是一种高级的制衣纤维。蚕丝是家蚕吐出的蛋白质，中国在公元前 3000 年就开
始使用它制衣。蚕丝的秘密保持了多年，直到中国开启从西安通往大马士革和
西方的"丝绸之路"，为富人提供独一无二的奢侈服装。

## 3.2.1　棉花

棉花是长在棉花树籽周围的柔软短纤维，棉花树是一种灌木，原产于热带
和亚热带地区。棉花最早在墨西哥和秘鲁种植，距今可能有 8 000 多年历史。棉
花首先被引入印度，最初在公元前 4000 年左右的印度河流域种植，然后在中世
纪传播到埃及、波斯、中国和地中海地区。棉花的生长需要较长的无霜期、充
足的阳光和适中的降水量。棉花种植是劳动密集型产业，需要进行收获、轧棉、
纺纱和织布工作。棉花制衣涉及许多步骤，人们发明很多工具使棉花变成更有
价值的通用纺织材料。

棉花是一种多年生植物，在收获时，需要采摘附着的棉籽和纤维，留下棉
株继续生长以便来年收获。采摘棉花是劳动密集型工作，工人需要在棉花丛间
走动并有选择性地挑出棉籽和纤维，保持植株完好无损。该过程的生产效率较
低，人们有时称笨手笨脚的人为"采棉花的手"。

将棉籽和棉纤维分离后的下一个过程称为轧棉，5 世纪的印度阿旃陀石窟画
作对此进行了描绘。埃及棉花有最长的纤维，用于制造高级织物。在美国南部，
高质量的长绒棉只能沿着卡罗莱纳州和佐治亚州海岸的狭窄带区种植，被称为
"海岛"棉花。美国南部的内陆地区只能种植高地短纤维棉。用长度较短的纤维
制成的纱和布的质量较差，而且这种棉花长着"毛茸茸的"的棉籽，因为纤维
紧紧地贴在棉籽表面。这种强附着性给无损采摘造成困难，费时费力，因而棉
花价格也比较昂贵。在 19 世纪初期，这些低效率的工作都是由美国南部各州的
奴隶完成。

现代轧棉机由美国的伊莱·惠特尼（Eli Whitney，1765～1825）发明，他在
1789 年从耶鲁大学毕业，因两个伟大的发明而闻名：改变了美国南方经济的轧
棉机、促进了制造业大规模生产的机械通用件的使用。毕业时，他面临着资金

缺乏问题，前往佐治亚州，在种植园寻求财富。他试图找到一种更好的办法来去除高地短纤维棉的棉籽，并在 1794 年发明了轧棉机。惠特尼发明的轧棉机可以更有效地分离棉纤维和棉籽。该机器在盒子中的旋转气缸上安装有尖刺锯齿，通过曲柄转动，锯齿推动棉纤维通过小槽孔，把棉籽留在外部。因此，棉绒与棉籽分离后，一个旋转的刷子从锯齿中去除棉绒纤维，最后棉籽落入料斗中。惠特尼的机器每天可以分离多达 50 磅（约 23 千克）的清洁棉花，使美国南部各州能够依靠棉花生产获取利润。

遗憾的是，惠特尼的轧棉机非常简单并且容易被仿制，因此他无法从这一发明中获利。不久之后，该机器的仿制品出现了。惠特尼在 1794 年获得的轧棉机专利，直到 1807 年才被法院确认。相反，他决定进驻轧棉行业，在美国佐治亚州和南部各州都制造并安装了轧棉机。然而，种植者对他感到不满，认为他要价太高，因此设法避开他的专利。

之后，惠特尼通过耶鲁大学校友的身份及婚姻建立了社会和政治关系。虽然他从未制造过枪械，但通过这些关系，在 1798 年赢得了与美国陆军的合作，并于 1800 年向军队交付了一万把步枪。当时的美国财政部长沃尔科特给他发了一本《关于武器制造技术的外国手册》，之后惠特尼开始研究可互换零件。通常的方法是由一位熟练的机械师制造滑膛枪的每个零件并组装在一起，这一过程缓慢且辛苦，而惠特尼的概念与之背道而驰。惠特尼让许多不太熟练的机械师每人按照严格规定的尺寸专门制作一个零件，使零件可互换和组装。这是大规模生产方法的核心，后来亨利·福特在制造 T 型汽车的过程中将其发扬光大。惠特尼最终于 1809 年按照与美国陆军合同约定交付了产品，他在余生中致力于可互换性机械的发展。

棉花处理的另一个步骤是纺丝，即把植物短纤维捻成纱或线。传统的手工纺纱工具被称为卷线杆，一般由女性进行纺纱工作。1769 年，理查德·阿克莱特（Richard Arkwright）引进纺丝机，使英国纺织厂能用金属圆柱代替手工，通过把纤维捻成经纱而生产棉纱。该机器可以由动物或水力驱动而高效运转。

织造过程涉及两组线，称为经纱和纬纱，它们彼此交错形成织物或布。经线由固定在织物竖直方向上的平行线组成，通过在经线上交替运动的纺锤制成水平方向的纬纱。自动织机升高垂直于奇数经纱并降低偶数经纱，因此纺锤可以很容易地通过横向开口到达另一侧；然后当纺锤准备回到左侧时，机器降低奇数经纱并升高偶数经纱。动力织机是一种更为高效的方法，导致很多原始机织工厂倒闭，使乡村中分散的织工迁移到城市内集中的纺织厂，这种情况首先出现在英格兰，然后是世界其他地区。1801 年发明的提花织机是首个可编程的编织方法，能够生产特殊的样式。

轧棉机为许多棉花种植者带来巨大的财富，在 1800 年之后，原棉产量每十年翻一番。其他的发明也推动了对棉花的需求，如纺纱机和织布机，以及把棉花运送到世界各地的轮船技术的改进。到了 20 世纪中叶，美国南部供应了全球 3/4 的棉花，其中大部分被运到英国，在纺织厂制成布匹。英国纺织商人从殖民地种植园购买棉纤维，然后在曼彻斯特的巨大纺织厂加工成棉布。这些棉布被售往欧洲、非洲、印度和中国等国家和地区。美国的成捆原棉快速增长，从 1790 年的 3 135 捆增加到 1860 年的 3 837 402 捆，在 60 年内上涨了 1 000 倍！

棉花制品的日益普及促进了种植园土地的扩张，以及对摘棉花奴隶的需求。欧洲白人定居者需要更多的土地，迫使克里克印第安人在 1810 年离开佐治亚州，而 1830 年通过的印第安人移民法案迫使切诺基人离开他们的家园，这些移民所经过的路线在后来被称为"血泪之路"。美国南方经济的基础"棉花大王"抵达后，佐治亚州的棉花产量增加了 1 000 倍。此时，把棉籽与棉纤维分离的过程变得更加高效，但采摘棉花的过程并没有得到改进，因此对廉价劳动力的需求较大。棉花与奴隶密切相关，因为这种作物的成功与土地所有者使用低成本工人的能力有关，佐治亚州的白人大量购买黑人奴隶来从事艰苦繁重的"棉花采摘工作"。棉花的大规模生产形成了美国内战前南方的经济效益和社会秩序，并导致 1861～1865 年的美国南北战争。曼彻斯特的纺织行业使印度乡村及那些欠发达国家的纺纱和织布厂破产。圣雄甘地（1869～1948，印度民族解放运动的领导人）试图减少印度对西方制造业的依赖程度，大力促进国内纺织行业的发展。今天的印度国旗中央有一个脉轮或 24 辐轮图形，类似传统纺车图案。

## 3.2.2　人造纤维：尼龙

第一批人造纤维是植物的再生纤维素，被称为半合成纤维。1878 年，伊莱尔·德·夏杜内（Hilaire de Chardonnet）伯爵发明了人造纤维并获得制造专利。

他把棉花或木质纤维的纤维素在硝酸溶液中进行处理，然后再把部分硝化的纤维素溶液通过一个小孔挤出，创造可燃烧的单纤维。1891 年，他在法国东部的贝桑松开了一家工厂，生产出世界上第一批人造纤维，称之为人造丝。次年在英格兰，查尔斯·克罗斯（Charles Cross）发明了粘胶人造丝，通过用氢氧化钠蒸煮皮棉①或木质纸浆中的纤维素，并用二硫化碳进一步处理，制造一种名为黄原酸纤维素的黏性流体。此黏性流体在高压下通过喷丝头的许多小孔形成纤维，然后在硫酸浴中除去碱性。相同的黏性溶液可用于制造透明薄膜即玻璃纸。粘胶纤维没有丝的强度，主要用作外套和袖子的光滑衬里。

尼龙是第一种完全合成的纤维，原料是空气、水、煤焦油和石油。根据华莱士·卡罗瑟斯及其同事的研究发现，杜邦公司的科学家和工程师通过持续开发，发明了尼龙。这是令人印象最深刻的发明之一，通过化学技术让人们迎来了人造材料时代。

华莱士·休谟·卡罗瑟斯于 1896 年出生于美国艾奥瓦州，在位于艾奥瓦州得梅因的商业学院学习会计和秘书管理课程。他努力地寻找教育资金，并继续在密苏里州的塔基奥学院学习 4 年，获得化学学士学位，然后在南达科他州大学教授了一年化学课程。因甲状腺功能疾病而产生了抑郁情绪，卡罗瑟斯对音乐和诗歌感兴趣，是一个文化和魅力兼具的人。在塔基奥学院老师的鼓励下，他的情况得以改善，继续在伊利诺伊大学研究生院学习，并于 1924 年获得博士学位。此后，他担任哈佛大学讲师，研究聚合物。在那时，一些物质，如丝和橡胶，人们对其性质仍存在疑问。赫尔曼·施陶丁格（Herman Staudinger）提出的高分子理论认为，它们是由普通化学键结合的"单体"组成的长链，但这种想法受到诸多质疑。

位于美国特拉华州的杜邦公司制造火药并在战争中出售给美国及其盟国政府，获得了大笔利润。在和平时期，该公司开始寻求多元的化学技术发展，包括制造廉价服装的人造丝、制造彩色汽车漆的硝化纤维，以及制造车用汽油的四乙基铅。1926 年，杜邦公司的查尔斯·斯坦提出了企业科研单位的新概念，用于发现或建立新的科学事实，作为传统已知科学事实的补充。几所大学的顾

---

① 皮棉是指把没有经过任何加工、带有棉籽的籽棉进行轧花，脱离了棉籽的棉花。

问以及贝尔电话公司、通用电气公司的研究项目主管都对他进行了赞赏。斯坦在 1928 年招募了哈佛大学的卡罗瑟斯来工作，尽管卡罗瑟斯只对纯理论研究有兴趣而对经济效益不感兴趣。但斯坦向他保证，他可以在杜邦公司自由选择研究课题。

图 3-3　华莱士·卡罗瑟斯
（图片由哈格利博物馆和
图书馆授权转载）

卡罗瑟斯启动了几个方案来研究复杂分子，团队中的一名成员很快就得出了实际成果。圣母大学的尤利乌斯·纽兰德（Julius Nieuwland）研制出二乙烯基乙炔，可形成弹性胶状物。卡罗瑟斯指派助理科林斯通过蒸馏法提纯二乙烯基乙炔。1930 年，科林斯在周末进行蒸馏，在之后的周一发现已经凝固成菜花状的固体。他获得了几立方厘米的强韧弹性物质。科林斯把该固体投掷到实验台上，它像高尔夫球一样反弹起来。经过非常短的时间，卡罗瑟斯的相关研究在 1930 年促进了氯丁橡胶的发展，使之成为第一个大规模生产的合成橡胶。氯丁橡胶具有化学惰性且耐火，被应用于涂料等工业生产中。图 3-3 中的卡罗瑟斯正在实验室拉扯一块氯丁橡胶材料。

华莱士·卡罗瑟斯相信赫尔曼·施陶丁格的理论，即聚合物是由单体单元链构成的，他还尝试通过实验来证明这一理论。他提出，通过执行已经充分了解的化学反应，每次按步骤构建长链分子。他的第一个方案是，把二元醇与两端的—OH 基团反应，同时二酸分子与两端的 COOH—基团反应，制造无限长度的聚酯。该反应把两种单体变成了一种二聚体和水。

$$HO - R - OH + HOOC - R' —COOH \rightarrow H_2O + HO - R - OCO - R'\text{-}COOH$$

卡罗瑟斯和同事能够制造分子量为 5 000～6 000 的链状物，并命名为"缩合聚合物"。水是该反应的副产物，需要被去除以使不断增加的分子量继续保持平衡。卡罗瑟斯听说有一种分子蒸馏器在真空下操作可以去除水分子，于是在研究中采用了一台。他把十六碳二酸与二碳二醇反应，得到分子量为 12 000 可以被拉成纤维的产物，但它的熔点小于 100℃，不耐高温。杜邦公司在用木屑生产和销售人造丝方面很有经验，公司管理层决定生产一种聚合物来代替女性丝袜，因为一双丝袜只需要消耗 10 克树脂，但生产一件羊毛衫则消耗很多树脂且需要更高的设备投资。而当时的丝袜需要熨平，因此产品的熔点必须要高得多。

这些目标带来了巨大的挑战，需要解决很多前所未有的问题，包括设计适合女士丝袜需求的产品，开发制造化学原料和纤维的技术，在众多小型传统纺织厂中进行纺织，以及为新的和不熟悉的产品进行广告宣传和营销。

卡罗瑟斯决定从碳二醇转换为碳二胺，使产品具有更高的熔点。

$$H_2NO - R - NH_2 + HOOC - R' - COOH$$
$$\rightarrow H_2O + H_2N - R - HNCO -R' - COOH$$

1934 年，卡罗瑟斯及其团队成员尝试把十碳二胺与五碳二醇反应，获得了熔点高达 190℃的聚合物。到了 1935 年，卡罗瑟斯及其团队成员已经制造出熔点高于 250℃的聚合物，终于获得了一种更有价值的产品。杜邦公司的团队随后开发了在 260℃下的尼龙聚合物熔融纺丝工艺，并建造一个小型工厂生产足够的纤维，用于在美国马里兰州的工厂中进行针织测试。

1936 年，卡罗瑟斯与杜邦公司专利办公室的海伦·斯威特曼结婚。不幸的是，尽管刚刚步入婚姻殿堂并当选为美国国家科学院院士，但卡罗瑟斯的精神状态每况愈下，再度患上了神经衰弱症。1937 年，41 岁的华莱士·卡罗瑟斯在下班后不久，于费城的一家酒店中服用氰化物自杀而去世。几个月后，他的女儿珍出生。

1937 年 12 月，美国新泽西州的一家工厂最终生产出"外观优美无瑕的袜类针织品"，并把 56 双袜子分发给参与尼龙项目的男员工的妻子。1938 年，在纽约世界博览会上，杜邦公司向一个女性俱乐部宣传尼龙产品。该宣传称：

> 这种纤维是第一种人造有机纤维，完全由矿物质新材料制成。虽然尼龙全由如煤、水和空气这种常见原料制造，但它可以被塑造成如钢铁般强韧的细丝，细如蜘蛛网，却比普通天然纤维更具有弹性。

杜邦公司拨款 850 万美元在特拉华州锡福德建设了年产量约 400 万磅的尼龙工厂，并在 1940 年 1 月投入运营，从最初的发现到完全商业化经历了 10 年。第二次世界大战期间，该工厂生产的所有尼龙产品都用于战争，特别是用于制造降落伞、飞机轮胎帘线及有极高强度要求的滑翔机拖缆。战争结束后，尼龙开始面向公众销售，在市场上引起轰动。

　　尼龙面世后，出现了许多其他合成纤维产品：纤维和薄膜系列中包括聚酯，如抗皱涤纶和聚酯薄膜；丙烯酸树脂，如仿毛奥纶；氨纶，如高弹性莱卡；以及芳族聚酰胺，如制造高强度装甲和运动器材的凯芙拉纤维。聚合物是由被称为单体的无数小单位 m 连接构成的，这种连接可以是一个直链 m-m-m-m（图3-4）。

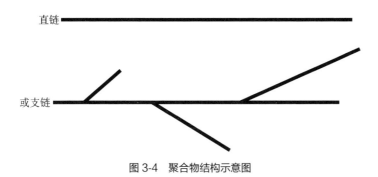

图 3-4　聚合物结构示意图

　　自 1976 年以来，美国的聚合物产量已超过钢、铝和铜的产量总和。目前，我们每人每年使用约 300 磅聚合物，节省的木材可以缓解森林资源的减少。我们用聚合物制造摄影和电影胶片、储存容器和信用卡等。在 1967 年上映的电影《毕业生》（*The Graduate*）中，主角本杰明不确定毕业后的规划，他父亲的朋友建议说，他的未来就在一个单词中——塑料。塑料价格便宜，促进了一次性文化的发展。

## 3.3　住房

　　房屋是抵御天气变化的庇护所，可隔绝光和热、风和雨、大雪和严寒等。房屋还可以使人们少受掠食性动物的攻击，使婴儿可以安然入眠和成长，并且可用于储存食物、工具和财产。天然洞穴是很棒的庇护所，可能在小山的一侧找到，如美国亚利桑那州著名的梅萨沃德印第安遗址。许多动物都会建立自己的庇护所，如蜂窝、鸟巢、兔子洞和土拨鼠洞、海狸巢穴等。一些古老的人类居所在地下挖洞建成，往往用木材或骨骼进行覆盖。对于一个普通家庭来说，房子通常是最昂贵的财产。

家庭活动借助用于睡眠和吃饭的家具、存储和制备食物的设备，以及照明、供暖、制冷、洗涤和清洁设备。在苏格兰的新石器时代村庄中发现了石质家具的碎片，可以追溯到公元前3100年，包括橱柜、梳妆台、床和座椅。希腊克里特岛的克诺索斯宫殿于公元前1700年左右建成，储物室的大黏土瓶中装有油、粮食、干鱼、豆子和橄榄。在原始社会时，室内沐浴是不可能的，人们可能是在附近的池塘或小溪中沐浴。然而，在大约公元前2800年的印度城市摩亨佐-达罗，其房屋中似乎已经设置了沐浴室，而古希腊的克诺索斯宫殿内设有浴缸。在爱琴海锡拉岛或圣托里尼岛上发现的条纹大理石浴缸设置了双管道系统，分别输送冷热水，热水来自这个火山岛的地热温泉。此外，在印度摩亨佐-达罗，考古学家还发现了与房屋外墙连接的由砖头砌成的盥洗室，还配置了木制座椅。

社区必须制定垃圾收集和污水排放的公共方法。古罗马大下水道是最早的污水处理系统，在公元前600年左右用于把生活污水排到台伯河中。现在，人类排泄物从房屋中排出，在社区的污水池和化粪池中进行处理或排入市政污水处理系统。在更复杂的社会中，公共事业需要提供稳定的饮用水和生活用水，以及照明和电力能源等。

### 3.3.1 房屋结构

庇护所或房屋应是能阻隔天气的屏障，由一个结构支撑屏障表面，坚固到足以承受预期的力量。一些庇护所有倾斜的表面充当屋顶和墙壁，如帐篷是把一些斜杆捆在一起形成一个顶峰，然后用皮或布覆盖各个侧面。为了获得更高的空间和更大的使用面积，大多数庇护所的结构被设计成一组矩形，连接形成立方体或长形的框架，有垂直的墙壁与水平或倾斜的屋顶。我们熟悉的基本结构是水平的横梁放在立柱上，如可追溯至公元前2500年的巨石阵结构。让我们想想由两个立杆或支柱构成的典型结构，它们支承梁或门楣，上面是有桁架或椽子的倾斜屋顶。在干燥的地区，如美索不达米亚和埃及，屋顶可以是平的；在寒冷气候下，屋顶具有一定的角度以便雨雪流下，建造屋顶的材料还必须是防水的。

建造房屋时通常采用丰富的当地材料，如在埃及是石料，在中国和欧洲北部地区多是木材。立柱必须能够支撑很大的重量，包括结构本身的重量和可能的雨雪重量。许多天然材料具有很好的抗压性能，如黏土、砖和石头。在美索不达米亚，古代常用的建筑材料是黏土，人们将其与水、稻草和粪便混合，然后制成长方形的砖并晾干。这些干燥的泥砖在半干旱地区比较耐用，生产更耐用的窑砖所需的成本更高，需要燃烧燃料的窑炉，主要用于建造宫殿、寺庙和富人的房屋。

立柱在支撑结构的重量时受到压力。除了压力，水平横梁也受到了弯曲力，因此中心部分会下垂；顶部受到压力，底部受到张力，可导致横梁断裂、崩塌（图3-5）。当长度加倍时，下垂量并不是简单地加倍，而是以 2 的立方加倍，也就是 8 倍！倾斜屋面椽条也会弯曲，特别是当屋顶比较沉重而俯仰角较低时。黏土、砖和石材等材料没有很好的抗弯曲性能。因此，埃及人对水平跨梁的解决办法是，使用昂贵的超厚石梁，或缩短立柱之间的距离，从而减少屋檐下的空间。灰岩梁的跨度不超过 3 米，强度较高的砂岩的跨度有时可以达到 10 米。另一种解决方案是使用木横梁，如利用黎巴嫩的杉树，具有强劲而柔韧的纤维，抗弯曲性能要好得多。

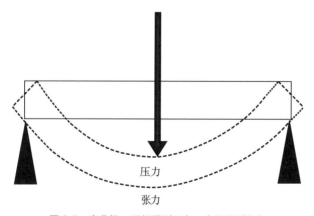

图 3-5　弯曲梁，顶部受到压力，底部受到张力

在古代，找到能建造 8 米房梁的树木相对容易，有一些英国教堂的橡木房梁长达 17 米，横截面为 0.7 米 × 1.0 米。中国古代的寺庙和宫殿采用的是木质的立柱、梁和椽子，但有些建筑在许多世纪之后因火灾或腐朽倒塌。

在拱门和圆顶被发明之后，人们也解决了大型宫殿和庙宇的屋顶架设问题，只有砖块和石头能承受住压力。后来又发明了钢梁，有更好的抗弯曲性能。当用缆索悬挂钢梁时，它可以跨越很长的距离，如美国纽约的韦拉扎诺海峡大桥的跨度为 1 300 米，日本兵库县的明石海峡大桥的跨度为 2 000 米。

房子需要一些较大的开口用于出入，较小的开口用于阳光照射和空气流通，以及使壁炉烟雾逸出。为了居住的舒适性，房子安装可透过光线的窗户，关闭窗户之后可以抵御风雨；为了居住的安全性，出口需要被锁住，以避免人或动物的侵入。原始房屋的窗户只是在墙上打孔，但后来用兽皮、布或木材遮挡。古代中国人使用半透明的窗户纸，虽然可以透光，但不能清楚地透过窗户看外界事物。罗马人最早使用透明玻璃窗，既透光又有很好的视野。

### 3.3.2　照明

白天，人们可以通过透过窗户的阳光看到室外的景象。太阳下山之后，在没有月亮的夜晚，需要有替代光源来支持夜间活动，特别是在夜晚漫长的高纬度地区的冬季。火是最古老的替代照明来源，使人们可以继续在晚上做很多有用的事情。手提灯，包括火把、陶瓷油灯和蜡烛，为了使火焰不被风雨熄灭，人们发明了有封闭外壳的灯具，但这些照明方式都有火焰不受控制的危险，在靠近易燃物质如窗帘和圣诞树时尤其如此。历史上已经发生过许多灾难性的大火，如 1666 年的伦敦大火和 1871 年的芝加哥大火。

当一个固体在较高的温度下加热时，它会发射电磁辐射，波长范围从长波红外线到短波紫外线。在 400℃的温度下，这种辐射的明亮程度是勉强可见的。当温度上升时，这种"黑体辐射"的峰值波长会变短或频率更快。例如，太阳的表面温度达 5 778K[①]（或 5 505℃），波长 502 纳米的峰值辐射是橙色的，大概在人类视觉光谱的中间位置；然而，在 1 200℃的温度下燃烧时，柴火在波长 2 000 纳米达到峰值，大部分是在不可见的红外线波长范围内，因此比光发出的热量更多。所以，如果你希望以更高效的方式把能量转换成光，则需要一个更热的物体。

电力能产生高得多的温度，可以能够更有效地照明。琥珀与丝绸摩擦时可

---

① K（开氏度），一般指开尔文，是热力学温度单位，绝对零度（-273.15℃）为开尔文温度的计算起点，即 0 K。

以产生静电，这种现象最初由土耳其米利都的泰勒斯观察发现，他从希腊语"琥珀"一词得出"电"。可以通过摩擦产生正电荷的物质包括皮肤、皮革、玻璃、尼龙和羊毛，可以通过摩擦产生负电荷的物质有橡胶、聚四氟乙烯和琥珀等，也可以通过化学方式——电池，或移动磁铁靠近电机线圈的机械方式来产生动态电。

1791 年，路易吉·伽伐尼（Luigi Galvani）发表了一份报告：把青蛙的腿连接到作为电极的两个不同的金属上产生"动物电"。在此研究基础上，亚历山德罗·伏打（Alessandro Volta，意大利物理学家）用浸了盐水的纸板替代潮湿的青蛙组织，发明了伏打电池。他还把 32 个伏打电池串联获得 50 伏的电压。

迈克尔·法拉第证明，在有金属的盐溶液中，阳离子（带正电荷）和阴离子（带负电荷）发生化学反应产生电。例如，我们熟悉的现代锌-碳电池有中心碳棒作为正极端，周围是溶于水中的氯化锌和氧化锰形成的糊状电解质，锌外壳作为负极端，产生电的过程：锌被氧化变成带正电荷的锌离子并释放电子，通过铜线迁移到碳棒；然后电子被氨和氧化锰吸收。

1802 年，汉弗莱·戴维（Humphry Davy）使用一个非常强大的电池，让电流通过一个有着 2 041K 极高熔点的薄铂条，成功地制造了白炽灯。但是，它的光线不太明亮，而且由于在空气中使用并没有持续多久。1809 年，汉弗莱把 2 000 个电池连接的两个碳电热棒（熔点 4 300K）通电，发明了弧光灯。后来经过多次尝试，他为电热棒制成一个部分真空的外壳，以便减少氧化而延长使用寿命。约瑟夫·斯万（Joseph Swan）在真空玻璃灯泡内设置了碳化纸灯丝，并在 1860 年进行演示，但他难以获得良好的真空条件和充足的电。

第一个实用的白炽灯灯泡是由托马斯·爱迪生于 1878 年发明的。他是美国最重要的发明家，被誉为"门洛帕克的巫师"，门洛帕克是第一个工业研究实验室的所在地，以爱迪生的名义持有 1000 多项美国专利。爱迪生还在纽约市建立了第一个电力中心站及一个配电系统，向住宅、企业、工厂供电，这已在上一章进行描述。在他之前的许多其他发明家都试图发明电灯泡，但那些发明都存在一些缺陷，如寿命短、成本高和对电流要求高等。其他发明家没有克服这些缺陷并把发明推向社会中被广泛使用。人们普遍认为，爱迪生并不是发明第一个电灯泡，而是发明了第一个成功投入商业使用的、需要把电站的电力输送到各个家庭的白炽灯。

当电流通过电阻，功率消耗速率与功率成比例，功率（单位为瓦特）＝电压（单位为伏特）× 电流（单位为安培）。因此，100 伏特电压、0.1 安培电流，或者 10 伏特电压、1 安培电流可以点亮 10 瓦特的电灯泡。爱迪生决定使用 100 伏特的较低电压，这样相对安全，但能源效率较低。他的目标是发明一个含有灯丝的灯泡，在真空条件下，可以使用几百个小时。

从 1878 年至 1880 年，爱迪生和他的同事测试了数千种材料来寻找合适的灯丝。他声称："我测试了至少 6 000 种植物纤维，并在全世界寻找最适合的灯丝材料。"爱迪生联系了生物学家，获得来自热带地区的植物纤维，他甚至鼓励工人之间比赛，贡献他们的胡须用于实验，在用铂等金属丝实验后，继续采用碳丝进行测试。

第一次成功的实验是在 1879 年，碳化棉线灯丝持续照明了 13.5 个小时。随后，他采用碳化竹丝，可以持续 1 200 多个小时。这种试错法被称为"爱迪生方法"，与系统规划的理论认识和指导形成对比。后来，他发明了一种实用的白炽灯，使用这种白炽灯必须确保有方便和便宜的电力供应。爱迪生认为，需要达成一个更为雄心勃勃的目标：建立一套完整的配电系统，从中心站发电，通过电缆分配给众多的家庭和企业。

比起其他照明形式，白炽灯灯泡有很多优点。当时最重要的竞争产品为煤油灯和电弧灯。相比煤油灯，密闭的白炽灯不会产生烟灰和烟雾，并大大降低火灾风险。电灯也更容易被快速地打开或关闭，不用进行特别维护。电灯最大的吸引力是它比蜡烛或其他灯具亮得多，尤其是在公共场所使用时，如剧院、体育场馆及主要的林荫大道。爱迪生面临的挑战是说服每个家庭和企业采用这种未经验证的新技术，而他最终赢得了胜利。

在整个职业生涯中，爱迪生获得了巨大的商业成功，并创办多家公司，包括爱迪生联合电气公司、联邦爱迪生公司和通用电气公司。他被评为过去两千多年中最重要的人物之一。1983 年，美国国会指定 2 月 11 日，即爱迪生的生日，作为美国发明日。爱迪生于 1931 年在位于新泽西州西橙市的家中去世。

人们曾经只用电作为照明的能量来源，随后将其应用到许多家庭用途中，如烹饪、制冷、取暖、清洁和娱乐等。这些节省劳动力的设备发挥了重要的作用，把女性从长时间的家务琐事中解放出来，让她们有更多的时间来自由支配。如果没有可靠的电力供应，我们就没有用于电梯运行的电动马达；没有电梯，世界各大城市的高楼大厦也就不存在了，在现代化的办公室和工厂，所有的机械都是通过电力操控。

白炽灯最终也会被淘汰，因为它们在把输入电能转换为输出可视光时只有 2% 的效率，而其余的能量则变成热和红外辐射。在更高的温度下，白炽灯有更高的效率，但即使在 7 000K 的太阳表面（虽然未得知能在该温度下保持固态的材料），整体效率也不超过 14%。要获得更高能效的光，就要避免产生宽波长分布的黑体辐射方法，并寻找只产生可见光的方法。目前的一个备选方案是紧凑型荧光灯（CFL），其额定寿命比白炽灯高 10 倍，使用 20%～33% 的功率就能产生相同的亮度。在这种荧光灯中，电流流经磁性或电子镇流器进入充满汞蒸气的管内，使其发出紫外线。然后，紫外线在管内激发磷光层，发出可见光。另一个选择是发光二极管（LED）灯，它采用半导体二极管，使电子和孔结合，以光的形式释放能量，称为电致发光。它们的颜色多种多样，已经运用到计算器和手表等设备的电子显示板中。LED 非常节能，但其光输出效率较低而制造成本较高。

### 3.3.3　制冷技术

储存食物时需要提防老鼠、苍蝇等动物，也要防止食物变质和腐烂。食物腐败的主要问题是细菌滋生，它们在潮湿的环境中更易生存，在 20～45℃时，其滋生速度最快。在干燥、高盐度、光照和极端温度条件下，细菌不易滋生。因此，食品保鲜方法是对食物进行处理以减少细菌的生长，如把鱼或肉放在阳光下晒干，通过盐腌、糖渍、烟熏和浸酸或碱保存，用紫外线或伽马射线照射，高温灭菌，在低温下保存或存放于阴凉的地下洞穴中。

在夏季的炎热条件下，人们需要较低的温度以便从热和潮湿中解脱出来。人类在 100 万年前学会了如何用火取暖，对于在冰天雪地的地方生存发挥了重要作用。但即使是皇帝也无法使位于热带地区的宫殿变得凉爽，在夏天不得不移居到清凉的山区度假胜地。据说，印度的莫卧儿国王命人骑乘快马从喜马拉雅山运送冰雪制作"冰冻果子露"。美国殖民地建有用稻草隔热的地下冰室，储存冬季从冰冻的湖泊中采集的冰块以便在夏季使用。可以利用水的蒸发给房间降温，但这种方法只能在干燥的气候下使用，要在拥挤的室内场所，如医院、餐厅、讲堂、剧院、公共汽车和飞机中获得舒适性比较困难。

1748 年，苏格兰格拉斯哥的威廉·卡伦（William Cullen）研制出第一台蒸汽压缩式冰箱，使用乙醚作为制冷剂。乙醚蒸发时使剩余的液体和容器冷却，但蒸发的乙醚不能排放到房间内，必须被收集后供再次使用。1859 年，法国的费迪南德·卡雷（Ferdinand Carre）使用氨作为冰箱制冷剂。据报道，在 1877 年，人们历经 6 个月的旅程把冷冻羊肉从阿根廷运送到法国勒阿弗尔。这是一项非常有利可图的发明，因为冷冻羊肉在巴黎的冬天售价很高，因而使阿根廷养殖户变得富有。制冷方法被传播开来，但制冷剂仍然是危险的，在 20 世纪 30 年代所使用的制冷剂包括易燃和有毒化学品：丁烷、氨、二氧化硫、氯仿、一氧化二氮和甲胺。

冰箱内部有一组蒸发冷却盘管，与外部的一组冷凝盘管连接，里面充满了这类制冷剂。盘管被设计成在高压下运行，因此室内污染物不会泄漏到盘管中。这意味着，制冷剂有泄漏到室内的倾向，但当时制冷剂多是易燃的（丁烷）或有毒的（二氧化硫），或两者兼而有之。人们早上出去工作，晚上回到家会发现厨房充满了致命的烟雾。到 1929 年，美国有 250 万台家用冰箱，冰箱制冷剂泄漏事故频繁发生。很多人因冰箱制冷剂泄漏而导致去世，媒体要求政府颁布"杀手冰箱禁令"。

图 3-6  小托马斯·米基利

实际上，有两种安全的家用制冷方式。第一种被称为"卖冰人到家"，是指在偏远的农村地区建设大型工业制冰厂，把冰出售给居民，居民不会受到泄漏影响；第二种方法是采用的家用冰箱需要发明具有多种性能的制冷剂：高效、不易燃、无毒、无腐蚀性且成本较低。这给小托马斯·米基利（Thomas Midgley Jr.，图 3-6）带来了挑战。

米基利于 1889 年出生在美国宾夕法尼亚州。他的父亲持有汽车轮毂专利，他的岳父持有齿锯专利。米基利在康奈尔大学学习机械工程，并没有正式地学习化学。1911 年获得学士学位后，他应聘到俄亥俄州代顿的美国国家收银机公司工作。1921 年，他为代顿工程实验室的查尔斯·凯特林工作，因此建立了终身的合作关系。凯特林因发明汽车电起动器而著名，与通用汽车公司的首席执行官阿尔弗雷德·斯隆一起在纽约市建立了斯隆–凯特林癌症中心。凯特林派给米基利的第一项任务是解决汽油发动机的爆震问题，在上山、拉重物或进入高速公路加速时，该问题会导致汽车失去动力。米基利的解决方案是使用四乙基铅添加剂——在每加仑（约 3.8 升）汽油中加入 3 毫升的四乙基铅就可以防止爆震。这是一项伟大的发明，通过增加汽油的辛烷含量，提高发动机的效率，从而获得较高的压缩比。遗憾的是，这种方法也可能引起铅中毒，因此当催化转化器被发明后，含四乙基铅的汽油最终被禁止使用。

米基利生命中的另一个伟大时刻是 1928 年——查尔斯·凯特林打电话给他，让他研制一种不可燃的无毒制冷剂。米基利最初怀疑单一的化合物是否能有这样的性质，并考虑尝试几种成分的混合物。这时，他想起了帮助他发现四乙基铅的门捷列夫元素周期表（图 3-7）。他又把元素周期表研究了一遍，并很快排除了左列中沸点太低的稀有气体（氦、氖等），也排除了在室温下为固态的金属元素（锂、钠、钾等），剩下表中右上角的一组非金属元素。米基利注意到，第一行的氢化合物是 $CH_4$（甲烷）、$NH_3$（氨）、$H_2O$（水）和 HF（氟化氢），形成了一个显著趋势：从左到右，分子的易燃性降低；从下到上，垂直方向的砷、磷和氮的毒性依次降低；在碲、硒、硫和氧的排列方向上也可以观察到这种垂直趋势。因此，他得出结论，最佳选择是右上角的氟，可以制成可燃性最低、毒性最小的化合物。

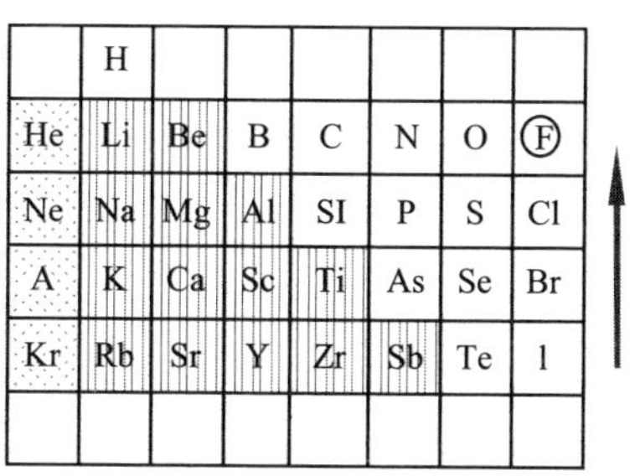

图 3-7　米基利研究的化学元素周期表

当时，米基利需要合成一些化合物，他决定从 4 个氢原子与 1 个碳原子的甲烷（$CH_4$）着手，研究用氟或氯替换一个或多个氢原子的影响。有 15 种这样的组合，其中甲烷的一个或多个氢原子被氯或氟取代；把它们排列成三角形，甲烷在顶部，四氯化碳在左边，而四氟化碳在右边（图 3-8）。他注意到另一种趋势，在三角形的前三行，有两个或多个氢原子的化合物是易燃的，所以它们被排除了。左侧带始于底部的四氯化碳，氯仿在它上面，其上是二氯甲烷，所有这些化合物的毒性都非常大，也被排除了。剩下 7 种化合物仍在考虑中。米基利又注意到另一种趋势：含有更多氯的化合物具有更高的沸点。因为他希望得到的化合物的沸点为 -10℃ 左右，于是选择了化合物一氟二氯甲烷（$CCl_2FH$）。

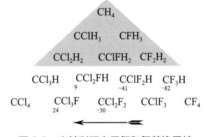

图 3-8 米基利研究用氟和氯替换甲烷

然后，米基利买了 4 瓶三氟化锑与氯仿进行反应，完成了化学合成并测试所需的性能，确定该化合物是不易燃的。在毒性实验中，他把这种化合物连同一只豚鼠一起放在钟罩内。5 分钟后，豚鼠没有挣扎或死亡，所以米基利确定该化合物是没有挥发性毒性的。这就是当时的毒性实验，与今天涉及数千只实验鼠和许多其他测试的毒性实验相去甚远。

米基利已经成功地找到他所期待的物质，自他接到凯特林的任务后只用了三天！他决定于 1930 年在亚特兰大召开的美国化学学会会议上公布自己的发现。米基利坐在讲台旁，准备了一支蜡烛和装有化合物的烧瓶。他首先宣布，它是没有毒的，然后咽了一小口表明没有受到任何有害影响，并宣布该化合物是不易燃的，含着化合物向蜡烛吹气把它吹灭，此番演示获得了如雷般的掌声。这的确是人们长期追求的不易燃、无毒的制冷剂，使家用冰箱能安全运行。这类化合物被命名为氯氟烃化合物或 CFC。

有了冰箱，即使是在潮湿的热带地区，也变得容易保存食物；CFC 也确保了家用冰箱的安全性。据估计，在制冷技术变得普遍以前，生产的所有粮食中只有 2/3 到达餐桌，其余的因变质不得不被扔掉。更好的制冷方法为养活全世界不断增长的人口带来了巨大的益处，人们可以吃到从遥远的海岸或农场运来的新鲜海鲜、蔬菜及水果等。

第二次世界大战期间，美国陆军航空部队的车辆和战机都是采用含有四乙基铅的辛烷燃料，米基利成为民族英雄。英国和美国飞机的动力比德国和日本的飞机高 1/3，这意味着它们可以爬升得更快、飞得更高，并能携带更多的武器。这种优势往往意味着空中战斗的胜利。1940 年，米基利患有严重的脊髓灰质炎，导致腰部以下瘫痪。他设计了由木棒、滑轮和绳索组成的复杂系统使他能够上下床，还设计了轮椅和独立的游泳池。1944 年，他当选为美国化学学会会长。不幸的是，几个月后，他的妻子发现米基利死在卧室中，可能是被他设计的下床滑轮勒到窒息而死的。

由于 CFC 不易燃、无毒，用于与食物储存无关的其他许多应用也随之诞生。第一个明显的延伸应用是空调，使人们即使在热带地区也能享受凉爽的环境。据说，人类因为有了火才能在寒冷的地方居住，所以像斯德哥尔摩、莫斯科、多伦多等地因而在冬天也是宜居的；同样，空调使人们能够在炎热的气候下生活，所以休斯敦、开罗和加尔各答等城市在夏天也变得惬意。

CFC 也可用于喷雾剂，包括发型设计、把聚合物吹塑成坐垫和包装泡沫、给电脑等电子产品除尘，以及太空舱灭火等。1988 年，全球 CFC 消耗量为 100 万吨，费用约 20 亿美元。

经过一段时间的应用，CFC 遇到了与米基利的另一个发明四乙基铅同样的命运。1973 年，詹姆斯·洛夫洛克（James Lovelock）测量了 CFC-11 的大气浓度，发现是十亿分之零点六。虽然这个浓度并不大，但由于 CFC 在对流层是无法被分解的，因此这种浓度将不可避免地随着时间增加。氧分子和紫外线发生化学反应，会在地球上空 10～30 千米的平流层中产生臭氧层。臭氧层保护地球不受过量紫外线的辐射，因此臭氧层的损耗可能会给地球生命带来灾难性后果。1974 年，罗兰（Rowland）和莫利纳（Molina）预测，CFC 将上升到地球上空 10～30 千米的平流层，在紫外线的辐射下分解，形成氯自由基，然后与臭氧层结合并使之受到破坏。

CFC 的时代终将结束。1987 年，美国宇航局的一支南极远征队发现南极洲出现了臭氧层空洞，这证实了罗兰和莫利纳的预测。1987 年，《蒙特利尔议定书》要求用其他产品取代 CFC。由于该问题与 CFC 的氯原子有关，最接近的代替物是 HFC，即氢氟烃化合物，不含氯原子。但没有氯的话，这两种化合物的沸点过低，不能作为制冷剂使用。因此科学家决定采用基于较大分子乙烷的 HFC。这种解决方案被证明同样存在问题，因为所有的 HFC 都被发现是导致全球变暖的温室气体。2011 年以后，《京都议定书》禁止了 HFC 的使用。目前，我们尚不清楚是否能创造满足所有要求的化合物，因此，我们暂时需要在"轻度可燃""轻度毒性"或"导致轻度温室效应的化合物"中进行选择。当长期广泛地使用后，即使是无害的物质，也可能因积累而引发问题。有时，今天的解决方案也有可能成为明天的问题。

弗里曼·戴森（Freeman Dyson）提出了这样的问题："全球变暖在世界上最严重的问题中排名第几？"我们正在处理的问题包括核扩散，领土、民族、宗教矛盾和暴行，对平民的恐怖袭击，婴儿死亡率如何降低，欠发达国家的清洁水、营养和医药缺乏，艾滋病、重症急性呼吸综合征、禽流感等传染病的流行，城市中无家可归者、犯罪和毒品问题，飓风、地震和海啸等自然灾害，以及全球金融危机等。世界人民和政府未能被有效地组织起来，而且也没有足够的意志力和预算来解决地球上的所有问题。我们无法同时成功地解决所有的问题，可能需要根据确定程度、危害的即时性及涉及的伤亡数量等对这些问题进行排序，包括全球变暖在内，对于这些事务的国内和国际支出，你会如何做出预算并合理分配到这些问题上呢？

## 参考文献

Alexander, J. W. "Economic Geography", Prentice-Hall, Englewood Cliffs, NJ, 1963.

Baldwin, N. "Edison, Inventing the Century", Hyperion, New York, 2001.

Barker, G. "The Agricultural Revolution in Prehistory: Why Did Foragers Become Farmers?", Oxford University Press, New York, 2006.

Bogucki, P. "The Origins of Human Society", Blackwell Publishing, Malden, MA, 1999.

Brown, S. R. "A Most Damnable Invention", St. Martin's Press, New York, 2005.

Christian, D. andW. H. McNeil. "Maps of Time: An Introduction to Big History", University of California Press, Berkeley, 2004.

Coale, A. J. and S. Watkins, editors, "The Decline of Fertility in Europe", Princeton University Press, Princeton, NJ, 1987.

Constable, G. and B. Somerville. "A Century of Innovation: Twenty Engineering Achievements That Transformed Our Lives", Joseph Henry Press, Washington DC, 2001.

Cowan, R. S. "More Work for Mother: The Ironies of Household Technology from the Open Hearth to the Microwave", Basic Books, New York, 1983.

Daniel, C. "Master Mind: The Rise and Fall of Fritz Haber, the Nobel Laureate Who Launched the Age of Chemical Warfare", Ecco, New York, 2005.

Darwin, C. "The Voyage of the Beagle", Doubleday Anchor, New York, 1962.

Davson, H. and M. G. Eggleton. "Principles of Human Physiology", Little Brown, Boston, 1964.

Dyer, L. D. and T. C. Martin. "Edison, His Life and Inventions", Project Gutenberg, 2006. Available at http://www.gutenberg.org.

Gere, J. M. and S. P. Timoshenko. "Mechanics of Materials", Van Nostrand Reinhold, New York, 1972.

Gibbons, A. "First Human: The Race to Discover Our Earliest Ancestors", Doubleday, New York, 2006.

Goran, M. "The Story of Fritz Haber", University of Oklahoma Press, Norman, OK, 1967.

Haber, L. F. "The Poisonous Cloud: Chemical Warfare in the First World War", Oxford University Press, London, 1986.

Hager, T. "The Alchemy of Air: A Jewish Genius, A Doomed Tycoon, and the Scientific Discovery That Fed the World but Fueled the Rise of Hitler", Harmony Books, New York, 2008.

Hughes, T. P. "Networks of Power: Electrification in Western Society 1880–1930", Johns Hopkins University Press, Baltimore, 1983.

Institute of Medicine. "Recommended Dietary Allowance", National Academy Press, Washington DC, 1989.

Jonnes, J. "Empires of Light: Edison, Tesla, Westinghouse, and the Race to Electrify the World", Random House, New York, 2003.

Kobe, K. A. "Inorganic Process Industries", Macmillan, New York, 1948.

Kvavadze, E., O. Bar-Yosef, A. Belfer-Cohen, E. Boaretto, N. Jakeli, Z. Matskevich, and T. Meshveliani. "30,000-Year-Old Wild Flax Fibers". Science 325, 1359, 2009.

Linsley, R. K. and J. Franzian. "Elements of Hydraulic Engineering", McGraw-Hill, New York, 1955.

McGrayne, S. B. "Prometheus in the Lab", McGraw-Hill, New York, 2001.

Nobel and Foundation. "Norman Borlaug". Available at http:\\www.nobelprize.org, 2012.

Shreve, R. N. "Chemical Process Industries", McGraw-Hill, New York, 1967.

Smil, V. "Enriching the Earth: Fritz Haber, Carl Bosch, and the Transformation of World Food Production", MIT Press, Cambridge, MA, 2001.

Stanier, R. Y., M. Doudoroff, and E. A. Adelberg. "The Microbial World", Prentice-Hall, Englewood Cliffs, NJ, 1963.

Strahler, A. and A. H. Strahler. "Elements of Physical Geography", John Wiley & Sons, Inc., New York, 1989.

Stross, R. E. "The Wizard of Menlo Park: How Thomas Alva Edison Invented the Modern World", Crown Publisher, New York, 2007.

Ungar, P. S. and M. F. Teaford, editors, "Human Diet: Its Origin and Evolution", Bergin & Garvey, Westport, CT, 2002.

White, A., P. Handler, and E. L. Smith. "Principles of Biochemistry", McGraw-Hill, New York, 1964.

Wrangham, R. "Catching Fire: How Cooking Made Us Human", Basic Books, New York, 2009.

# 第4章
# 健康与生殖

我们渴望健康长寿、没有疾病、没有痛苦，即使真的遭受疾病的困扰，也会去争取良好的诊断和治疗条件作为我们健康的第二道防线。联合国世界卫生组织把"健康"定义为"不仅是没有疾病，而且是生理、心理和社会适应方面的完好状态"。

当受到身体创伤时，如被刀子割伤或骨折，我们需要通过手术等措施来治疗。从考古挖掘出的骨骼发现，早在尼安德特人时期，人类就已经能够进行一些外科手术，他们将骨折的地方用夹板固定起来，同时还发现，他们的有些头盖骨被人为钻开可能是为了排出液体或移除肿瘤，这表明，环钻术在当时就已经得到实践。在希腊史诗《伊利亚特》中，玛卡翁作为一名军医被认为比战士还要宝贵。

如果是出现内部创伤或发烧的情况，病因不像外伤那么明显，在这种情况下诊断和治疗都变得更加困难。在古代，人们采用一种神秘论来解释疾病，他们认为疾病是上帝、魔鬼或女巫制造的不幸或恶意的行为。在古巴比伦的《吉尔伽美什史诗》中，当英雄恩奇因为杀死洪巴巴和天牛触怒众神而患上重病时，他最好的朋友吉尔伽美什国王却无法为他做任何事。在古代生活中，当疾病来袭时，人们会到疗愈圣殿去朝圣，请占卜师占卜他们为什么会生病，并去了解一些关于祷告、祭祀或符咒的内容，期盼这样能恢复健康。

世界卫生组织通过跟踪人口动态统计资料得出统计报告，在2004年，全球人口有62亿，而当年死亡人数达到5 700万。据统计，非传染性疾病、传染病及外部创伤是三种最主要的死亡原因。其中，非传染性疾病占比达59%，包括高血压、糖尿病、心血管疾病（如心脏病）、癌症、哮喘、过敏问题及心理健康问题等。相比之下，近两年的死亡率主要是由微生物引起的传染病或感染性疾病所导致的。现代医学最大的成就在于，它极大地减轻了疾病为人类带来的伤害。同时，我们在治疗那些由遗传、生活方式及衰老等原因引起的非传染性疾病方面也取得了巨大的进步。

传染病主要是由一些我们肉眼看不见的微生物引起的，如病毒、细菌、真菌及原生动物。

- 病毒是一种特殊的生物，可以说是被蛋白质外壳保护的遗传物质。病毒只有侵入宿主细胞才能得以繁殖。由病毒引起的疾病包括流感、水痘、艾滋病等。
- 细菌是没有细胞核的单细胞原核生物，包括棒状杆菌、球状杆菌、盘绕的螺旋菌等。这些细菌导致的疾病包括破伤风、伤寒、梅毒、霍乱、肺结核等。
- 真菌是较大的真核生物，具有细胞核，常见的真菌包括酵母菌、霉菌以及餐桌上常见的蘑菇等；真菌能导致足癣和指环虫病等疾病。
- 原生动物是更大的真核生物，多数原生动物是能够运动的；这类生物可导致痢疾、疟疾、昏睡病等。

当我们把近期的一些发展中国家的卫生统计数据与较发达国家进行比较，就能清楚地看出卫生保健与营养革命的作用有多大（表4-1）。可以看出，日本与美国的出生时预期寿命相较于撒哈拉以南非洲要高出许多。在较发达国家，5岁以下儿童死亡率（每1 000名活产的比例）已由之前新生儿总数的1/3到1/4下降到只有1/100，这是一个巨大的进步。但一些较发达国家的死亡率、出生率及女性的生育力只有一些发展中国家的1/4。实际上，一些较发达国家的人口出生率甚至低于2.1，而2.1正好是平均每个女性的预估生育替代率。这意味着，许多发达国家在没有移民的情况下，未来无法维持其人口总量。

表4-1 12个国家的人口动态统计

| 国家 | 出生时预期寿命 | 5岁以下儿童死亡率/1 000 | 出生率/1 000 | 总和生育率/女性 |
|---|---|---|---|---|
| 安哥拉 | 40 | 260 | 48 | 7.1 |
| 莫桑比克 | 44 | 235 | 40 | 6.2 |
| 多哥 | 46 | 177 | 37 | 6.4 |
| 尼日尔 | 47 | 320 | 49 | 7.9 |

（续表）

| 国家 | 出生时预期寿命 | 5 岁以下儿童死亡率 /1 000 | 出生率 /1 000 | 总和生育率 / 女性 |
|---|---|---|---|---|
| 印度 | 59 | 115 | 24 | 3.8 |
| 巴西 | 67 | 57 | 19 | 2.8 |
| 中国 | 60 | 45 | 12 | 2.1 |
| 俄罗斯 | 69 | 27 | 10 | 1.3 |
| 美国 | 78 | 11 | 14 | 2.1 |
| 西班牙 | 81 | 9 | 11 | 1.3 |
| 瑞士 | 82 | 9 | 10 | 1.6 |
| 日本 | 82 | 6 | 9 | 1.5 |

## 4.1　预防

"一分预防胜似十分治疗"。现代医学已经逐渐把重点放在个人及人类整体的预防医学方面。针对我们生活习惯的简单预防方法包括健康饮食、定期运动、不吸烟、常洗手及其他个人卫生措施等。预防是防止疾病产生的方法，如接种破伤风疫苗、降低胆固醇和血压的药物治疗法，以及防止性传播疾病的屏障避孕法等。公共卫生组织从人口层面对防治疾病做出努力，包括对传染病和流行病、环境卫生、公共卫生及职业卫生的控制。

随着理性的医学时代的到来，人们逐渐摒弃了迷信思想，转而采用更加科学的理论学说。希波克拉底（约公元前 460～前 380）认为，疾病并不是上帝对邪魔的惩罚，而是由环境、饮食及生活习惯等因素造成的，他主张四种体液的平衡（表 4-2）。

表 4-2　希波克拉底的四种体液与盖伦的四种气质的整理

| 血液 | 黄胆汁 | 黑胆汁 | 黏液 |
|---|---|---|---|
| 多血质 | 胆汁质 | 抑郁质 | 黏液质 |
| 乐观 | 易怒 | 愁云 | 冷淡 |
| 幼年 | 青年 | 中年 | 老年 |
| 热、湿 | 热、干 | 冷、干 | 冷、湿 |
| 空气 | 火 | 土 | 水 |

希波克拉底认为，疾病是由于四种体液失衡引起的，预防就是使这些体液恢复平衡、顺其自然。他提倡适当的饮食和保持运动，宣扬整体医学；疾病可通过病人所处环境及其生活方式来了解，除非其他方法都失败，否则避免采用药物或手术等有风险的干预措施。由于他生活在科学时代来临之前，因此并没有通过实验的方法来检验其理论，也没有提出能够量化健康者或患者体内四种体液水平的方法。在那个医生在其医药箱中几乎找不到有效治疗方法的时代，希波克拉底的"至少不伤害"做法也是一种解决方案。

路易·巴斯德（Louis Pasteur）和罗伯特·科赫（Robert Koch）的研究成果确立了病害的病原说，这标志着现代科学或循证医学的到来。该理论假设，很多疾病的产生都源于某些特殊细菌的存在，而这些细菌已被证明存在于每个患者体内。疾病的预防和治疗主要在于防止细菌进入人体，并发现在不伤害正常人体组织的前提下能够杀死这些细菌的药物。

### 4.1.1　接种疫苗预防天花

天花是由天花病毒引起的一种可致命的传染性疾病，世界上曾有 10% 的死亡是由天花引起的，在 18 世纪的欧洲，每年有 40 万人因此而丧命，其中 80% 以上是儿童感染者。1979 年，世界卫生组织宣布天花被彻底消除，这也是现代医学最伟大的成就之一。这个惊人的转变归功于疫苗的开发。

为对抗天花，亚洲和非洲率先接种了天花疫苗，这种技术随后传到欧洲。约 1716 年，玛丽·蒙塔古（Mary Montagu）夫人在君士坦丁堡亲自见证了土耳其医生实践接种疫苗的方法，随后将其引入英国。她学会在温和的条件下从天花水疱中提取液体，再放到一个小容器中，然后接种到她的家人身上。这种方法在欧洲王室贵族中得以传播。在美国，科顿·马瑟（Cotton Mather）从一个苏丹奴隶处了解了非洲的接种方法，并于 1721 年在波士顿对很多人进行接种。伏尔泰在法国也对接种方法进行宣扬。亚洲的接种过程是把天花痂皮研碎吹入鼻孔；欧洲的方法则是取天花轻度感染者身上的脓包中的物质，然后把这些物质擦到接种者擦伤的皮肤处。这种方法叫作人痘接种法，它授予接种者一种较为温和的天花病毒，从而对天花产生免疫。然而，这种方法仍然会使病人感染天花病毒，虽然只是少见形式，可能会导致病人经受长达几周的病痛，并伴随禁食、抽血及隔离的措施。

爱德华·詹纳（Edward Jenner，1749～1823）是一名英国医生。在他幼年时期，就经历过人痘接种。他曾观察杜鹃的习性，发现它们会偷走其他雀鸟的巢穴，并将其他雀鸟的蛋和幼鸟推出巢外，由于此发现，爱德华·詹纳首次被人们熟知，并被选为英国皇家学会院士。作为医生的他听说，曾患过牛痘的挤奶女工会对天花免疫，但这种民间传言从未得到验证。1796 年，詹纳为一位名叫萨拉的挤奶女工治疗牛痘。后来，在家长的许可下，他为一个名叫詹姆士·菲普斯的 8 岁男孩儿接种痘苗，所用的痘浆取自萨拉手上的牛痘脓包，他把痘浆放入男孩儿手臂的两道划痕中完成接种。七天后，詹姆士出现轻微不适但被完全治愈；一个月后，詹纳把从天花脓包中提取的新鲜物质再次接种到詹姆士的双臂上。几天后，詹姆士手臂上接种痘苗处出现水疱，但没有出现发病的迹象。詹纳共用 23 个受试者的实例证明，通过接种牛痘可以实现对天花的免疫。

詹纳确信他发现了人类的一大"武器"，并称之为疫苗。根据这一结果，他撰写了一篇论文并提交英国皇家学会，但遭到拒绝，于是在 1798 年，他私下发表了该研究结果。事实证明，牛痘接种术能够有效预防天花，并且比接种人痘更加安全，该方法随后传遍整个世界。1840 年，英国政府禁止人痘接种，转而免费进行牛痘接种。医生不再是仅仅提出理论并对健康的生活习惯给出建议，而是能够向病人提供真正有效的疫苗，这是人类历史中的第一次。如今存在能够预防多种疾病的疫苗，包括预防狂犬病、结核病、脊髓灰质炎、白喉、霍乱、伤寒、百日咳及流感等的疫苗。自 1980 年以来，自然状况下的天花病毒已被全部消灭，只在位于美国佐治亚州亚特兰大市的疾病预防与控制中心的实验室内存有样本。

## 4.1.2　细菌病原理论提高卫生意识

基于科学的现代医学始于细菌病原理论，该理论认为许多传染性疾病是由肉眼看不见的微生物引起的。卫生习惯是现代日常生活的一部分，如经常洗手、煮沸或用氯化水消毒、在切口处放置防腐剂，以及将食物放在冰箱中暂时保存。

对微生物的研究始于来自荷兰代尔夫特的布料商人——安东尼·范·列文虎克（Antoni Van Leeuwen hoek，1632～1723）。1653 年，他去阿姆斯特丹时看到了一个简单的显微镜，纺织工人正用它检查货物。回到代尔夫特后，他没有去大学读书，而是开始做布料生意。当时的显微镜镜片由玻璃盘片经过费力研磨和抛光制作而成。列文虎克继而开始制作自己的显微镜镜头，在这个过程中，他使用热焰代替研磨和抛光，来制造小玻璃球体。最小的球体能够提供高达275倍于原有镜片的放大效果。列文虎克对观察周围的其他一切事物都感兴趣，包括植物、雨滴、池塘中的水……他描述了许多从其显微镜下观察到的"小生命"：霉菌、原生动物、细菌及精子细胞。为此，他与位于伦敦的英国皇家学会进行通信，却遭到一些怀疑。1680年，英国皇家学会派出一个代表团到代尔夫特，去检验他的镜头及操作方法，并最终证实其结论。同年，他被任命为英国皇家学会会员。

当时的大多数医生认为，人类的疾病是由于人体体液的不平衡、四季变换、瘴气及星象引起的。匈牙利外科医生伊格纳兹·塞梅尔魏斯（Ignaz Semmelweis，1818～1865）是维也纳总医院产科门诊的负责人。该门诊分为两个诊区，第一诊区由医生和医学生组成，第二诊区由助产士组成。1847年，塞梅尔魏斯对诊所内造成10%～35%死亡率的女性产褥期发热或分娩期发热的高发病率进行研究。他注意到，那些由第二诊区的助产士接生的产妇是由第一诊区的医生和医学生接生的产妇存活率的三倍多。这两个诊区所用的程序和设备均相同，而且，第二诊区更加拥挤和忙碌。产妇通常会请求不要被安排进第一诊区，有的甚至宁愿在街头生产。

塞梅尔魏斯注意到，一个来自第一诊区的外科医生在尸检过程中意外划破手指，几天后就因感染而死去。他就此推测，如果该外科医生被污染的手术刀上带有的触染物多到足以杀死他，那么他的手和衣服上也会携带触染物。塞梅尔魏斯推断，当医生匆忙从尸检中离开冲到产房时，手上和衣服上都沾满了血或携带了被其称为"尸体颗粒"的触染物。

不久后，他要求，所有学生或医生进入病房前，必须用含氯的石灰水彻底地洗手。提出该要求后，产妇的死亡率由之前的18%降至1%。尽管他为此做了很多工作，但术前洗手的做法并不被医学界接受，部分原因是他没有提出一个令人满意的理论，来解释这些尸体颗粒是如何引起疾病或导致死亡的。多年被嘲笑，使得塞梅尔魏斯精神崩溃，于47岁时在收容所中死去。直到几年后，路易·巴斯德提出了细菌病原理论，塞梅尔魏斯术前洗手的做法才成为全世界公认的标准做法。

在细菌病原理论提出之前，另一个重要人物是约翰·斯诺（John Snow，1813～1858），他是一名英国外科医生，因在维多利亚女王分娩时使用氯仿而闻名。1848 年，霍乱"袭击"英国并夺去很多人的生命。霍乱的症状包括腹泻、痉挛和脱水，当时还没有可行的治疗方法，盛行的说法是"瘴气"或空气不好导致这种疾病的发生。1854 年，霍乱再次袭击伦敦，10 天之内，死亡人数就从 4 人升至 500 人。斯诺怀疑这在某种程度上与供水相关，因此他画了一张地图，上面有因该病死亡统计分布及所有公共供水的位置分布。他发现，大多数死者都聚集在百老汇街的一个水泵周围。而这个水泵又处在贯穿整个区域的污水管附近，斯诺怀疑这一污水管可能携带了污染物。他的调查发现引起该城市当局的注意，因此当局下令拆除这个水泵的手柄。几天之内，霍乱疫情逐渐减缓。为进一步证明他的发现，斯诺注意到，在城镇的另一部分，有三处水源，其中两个——南华克区和沃克斯豪尔是从泰晤士河引入的；而第三个在朗伯斯区是从一个很远的源头引入的。他发现，从南华克区和沃克斯豪尔取水的家庭中有 286 人死亡，而从朗伯斯区取水的家庭死亡人数只有 14 人。所以，即使在细菌病原理论成立前，就有证据表明，传染病的来源是一些看不见的物质，如不清洁的手和衣服，或者不洁净的水源都会携带这种物质。今天，斯诺被认为是流行病学的奠基人之一。

路易·巴斯德（图 4-1）出生于法国朱罗山附近，后来在巴黎有名的高等师范学校攻读化学。1849 年，他出任斯特拉斯堡学院的化学教授，并在此做出了他在立体化学领域的第一个重大发现。他发现，酒石酸化学合成过程中，会形成小晶体，并由于其三维分子结构，会使光向左或向右旋转。他还发现，葡萄汁能产生右旋的 D- 葡萄糖，而这种葡萄糖是糖类易于消化的形式，左旋的 L- 葡萄糖则不能被生物体消化，这成为立体化学及生物体产生的分子基础。

图 4-1　路易·巴斯德

1849 年，巴斯德迎娶斯特拉斯堡大学校长的女儿玛丽·劳伦。他们曾有一个儿子和四个女儿，但其中两个死于伤寒，还有一个死于脑瘤，只有两个孩子活到成年。个人悲剧激发了巴斯德去研究这些疾病的起因和治疗方法。1856 年，他重回巴黎高等师范学校，担任科学研究主管。

巴斯德下一个伟大的发现发生在 1857 年，当时有葡萄酒生产商要求他调查大范围的葡萄酒变质问题。他使用显微镜对葡萄酒进行观察，发现了一个非常重要的原因：在正常发酵的葡萄酒中，他只观察到一种类型的酵母菌；而当他观察那些变质、浑浊的葡萄酒时，却发现了许多其他类型的细菌。他的发现向葡萄酒商及酿酒者展示了微生物的生长如何导致酒水变质。后来，他与克劳德·伯尔纳（Claude Bernard）在 1864 年发明了一种通过加热减少饮用品中微生物的方法，即巴氏杀菌法（简称"巴氏杀菌"）——需要将葡萄酒在 72℃的温度下加热 15～20 秒，这种方法足以控制酵母菌、霉菌和其他常见细菌。这种技术已然成为数百万人的救星；然而，近年来，我们也发现了耐热性病原体的存在，它们能够在巴氏杀菌过程中存活下来。

从亚里士多德时代开始，人们信奉"自然发生说"，该理论认为生物体可以从没有生命的腐烂的有机物中自然产生，如蛆虫从腐肉中产生。然而，巴斯德坚信生源论，认为生物体只能来自其他的生物体。虽然他不是第一个提出传染病由微生物引起的这一观点，但他为该原理提出了第一个具有说服力的论证。1862 年，巴斯德设计了两种方法，防止空气中的颗粒接触到经过煮沸来杀灭所有生命物质的肉汤：第一种方法，他把煮沸的肉汤放在容器里并暴露在空气中，但用一个微粒无法渗透的过滤器将其覆盖；第二种方法，他把肉汤放在一个具有 S 形管的容器中，该容器只能通过长长的 S 形管与空气接触，而且还能阻止灰尘颗粒进入其中。两个容器中都没有生物生长，直到把长颈瓶破开。这表明传染源来自容器外，并不是在肉汤中自然产生。他的演示为通过卫生控制减少手术、医院管理、农业及工业生产中传染病的产生这一假设提供了支持。巴斯德的这一认证也给"自然发生说"造成致命的打击，进而坚定地确立了细菌病原理论。

巴斯德关于传染性微生物研究的例子还有很多。1865 年，一场毁灭性的蚕病破坏了法国的丝绸生产，巴斯德再次被请去拯救这一产业。他发现了两种引起桑蚕死亡的细菌，并为养殖者制定解决方案，筛选出那些患病的蚕卵，最终挽救了整个行业。在 19 世纪 70 年代，炭疽使欧洲家畜的数量大大降低，巴斯德猜测是一种棒状杆菌引起了这种炭疽病。他从患这种病而死的动物体内抽取一滴新鲜血液，将其放在含有无菌液体培养基的烧瓶中。当烧瓶中的微生物成倍增加后，从其中再抽取一滴转移到第二个烧瓶中。经过 12 次类似的转移，他把这些物质注射进动物体内后发现，在那些注入烧瓶中物质的动物中，有 12 只在几天内死于炭疽。1881 年，巴斯德研制了一种抵抗羊炭疽的疫苗，实验结果表明，在接种了疫苗的 25 只羊中有 24 只存活下来，而另一批没有接种疫苗的 25 只羊全部死亡。1879 年，巴斯德又通过衰减或减毒的方式发明了免疫法。5 年后，他利用从感染狂犬病的兔子体内取出的已干制的脊髓，研制出狂犬病疫苗。经历过数次中风发作后，巴斯德于 1895 年去世。为表达对他的敬意，巴黎成立了巴斯德研究所，致力于与传染性疾病的斗争。

英国外科医生约瑟夫·李斯特（Joseph Lister，1827～1912）是格拉斯哥大学的外科教授。他阅读了巴斯德发表的有关发酵的研究文章，其中讨论了三种杀灭细菌的方法：过滤、加热及使用化学溶液。李斯特断定前两种方法并不适用于人类伤口，因此他选择使用一种用于污水除臭的化学药品——石炭酸（又称为苯酚）。他在手术器械、外科切口和创伤敷料上都喷洒这种药品，发现坏疽的发生率显著下降。1867 年，他把这一结果发表在题为《外科手术的抗菌原理》（*Antiseptic Principles of the Practice of Surgery*）的论文中。他建议，医生在手术操作前后，要戴手套并用 5% 的石炭酸溶液洗手；另外，手术器械的手柄不要使用多孔的天然材料，因为它们会携带有害的微生物。

罗伯特·科赫（Robert Koch，1843～1920，图 4-2）是一位德国医生，与巴斯德并称为医学微生物学的创始人。他在东普鲁士的一个小乡村当医生，却因其医学研究而扬名。科赫能够从血液中分离炭疽杆菌并得到纯培养物。1877 年，他发现炭疽杆菌无法在动物宿主体外长期生存，但能

图 4-2　罗伯特·科赫
（图片转载自美国国家医学图书馆）

够形成持久存在的内孢子，这种内孢子可在土壤中休眠很长一段时间，并在适当的条件下再次变得活跃。

因为这些成就，科赫受聘到柏林工作，那里有更好的配套设施。在柏林，他发展出一套"科赫法则"，该法则成为现代医学科学程序的基础。科赫法则指出，要想确立一种能够致病的微生物，必须满足下列条件：

- 这种微生物必然大量存在于所有患病的动物体内，但不应存在于健康动物体内。
- 这种微生物可从患病动物体内分离出来，并能够在实验室中进行持久地纯培养。
- 把这种微生物注入健康的动物体内时可致病。
- 这种微生物可被接种到健康的动物体内，并且受感染的动物体中可再次分离出与原有微生物相同的纯培养物。

科赫另一个重要的贡献就是对培养皿的发展，培养皿是由朱利斯·佩特里（Julius Petri）在任科赫的助手时发明的。接着，科赫在 1882 年发现结核杆菌，并因此于 1905 年获得诺贝尔生理学或医学奖。1883 年，他在霍乱流行期间前往埃及，还分离出霍乱杆菌。1910 年，科赫于德国巴登去世，享年 66 岁。

传染性疾病的细菌理论一经证实，找出通过避免与感染物接触而预防此类疾病的有效方法变得极为重要。医疗卫生习惯包括对感染者或感染物的隔离或检疫、对手术中使用的器械进行消毒、使用口罩和手套等防护服及屏障、对伤口进行适当包扎和敷料、医疗废弃物的安全处理、亚麻布和制服等可重复使用物品的消毒处理及使用抗菌清洁剂仔细洗手等。食品安全的做法包括食品区域的清洁和消毒、手和器具的清洗、食物的妥善存放以防止污染，以及食品冷藏。有人戏谑说，今天有数以百万计的人能够存活，就是因为他们的祖父母洗了手。

## 4.2　诊断学

很多疾病在发病早期症状并不太明显，因此很多病人无法意识到他们已经患病了。医疗检查致力于在疾病影响人体健康之前就发现它们并努力防范潜在疾病。每年的身体检查虽然花费很高，但能够有效地进行早期预防。在目标群体容易罹患癌症、高血压、糖尿病等疾病的特殊条件下，进行早期检测的效益度和精确度的性价比都是最高的。医生所进行的临床检查，包括测量体温、血压等的生命特征检查和对心脏、肺部和胃部等的体格检查。这种检查通常会补充一些实验室检查，如测量血糖和胆固醇水平，有时还会增加其他检查，如心电图和乳腺 X 射线等。

古代的医生依据体格检查来查找病人的病因，在现代医学中，我们的医疗器械室里有很多神奇的工具可以帮助人们解读病因。当一个人生病去拜访医生或护士时，医生的首要职责是在确定治疗过程之前找到病因并了解病情。现代医疗诊断的技术包括以下几点。

- 体格检查：医生会询问病人的病状、查看病人的病历、了解其家庭情况及是否有遗传病史，并且参考病人以前的诊疗记录。接下来就会进行体征检查，如测量体温、血压、脉搏和呼吸频率。体检程序包括视诊、触诊及对胸腔、胃部和四肢的轻敲；听肺部、心脏和腹部的声音；查看眼睛、鼻子和喉咙等；检查四肢的感觉和肌力；评估精神、语言及意识状态。

- 医学实验室检查：在这里收集血样、唾液、粪便和尿液样本，以及手术中切除的病变组织，然后把这些组织送到医疗实验室进行分析。微生物实验室专门检查细菌、病毒及其他微生物；化学实验室检查有毒物质、肝脏和肾脏功能、激素水平、电解质组成及糖和胆固醇水平；血液学实验室检查血液中的白细胞、红细胞、血小板及凝血速度等。

- 医学影像及其他检验：这些检测技术是把病人置于声波、光线及电磁射线的环境中来探究病因，其中有些可以获取像脑电图和心电图一样的图表。内窥镜检查是使用纤维光学的方法来直接观察结肠、胃或关节等内部器官。影像技术可以产生图片，如利用 X 射线（伦琴，1895）、超声波（赫兹，1953；唐纳德，1958）、正电子发射断层技术 PET（库尔、爱德华，1958）、计算机断层扫描技术（豪恩斯菲尔德、科马克，1973），以及核磁共振图像 MRI（劳特布尔、曼斯菲尔德，1973）等来辅助诊疗。

根据这些发现，医生不断思考疾病或症状的潜在生理或生化原因，并且思考相关的治疗方法。科学家发明了很多仪器或程序来为医疗检查提供方便。在体温计和温度定量测量计发明之前，医生只能定性地描述病人是否发烧、正常或感冒。后来，亚历山大的希罗了解到空气或液体会随着温度升高而膨胀的原理。伽利略利用许多悬浮或下沉的玻璃球发明了一种测量温度的装置，这种装置能根据下沉玻璃球的数量给出环境温度的半定量的信息，但不能用来测量病人的体温。1665 年，克里斯蒂安·惠更斯（Christiaan Huygens）建议使用水的溶点和沸点作为所有温标 [1] 和温度计的通用标准。1724 年，丹尼尔·华伦海特（Daniel Fahrenheit）利用汞的膨胀性原理制作了第一个温度计，汞受热体积膨胀可以在数字量表上显示温度。

患有高血压的人很有可能会患卒中或心脏病，在今天，高血压等心血管疾病已经成为致死率很高的严重疾病。因此，我们需要有一种便捷、无痛、可重复使用、能够在诊所或家里就能使用的仪器来测量血压。经过 200 年的发明和改进，现代血压计的设计已经达到令人满意的水平。现代血压计能够测量出血压的两大重要组成部分：收缩压——接近心动周期结束时的最高血压值；舒张压——稳定最低血压。一个正常成年人静息时的理想血压读数应该接近 120（收缩压）/80（舒张压）。

史蒂芬·黑尔斯（Stephen Hales，1677～1761）发明了第一台测量血压的仪器。作为剑桥大学曾经的一名研究生，黑尔斯研究过很多自然现象，如测量太阳辐射对树的汁液增加值的影响。1733 年，他发表了一篇关于他所做实验的文章。在实验中，他选了一匹活马，将其动脉切开一个口，接着把一根直径为 1/6 英寸（4.2 毫米）的铜管插入马的颈部动脉内，铜管的另一端连着一个垂直的玻璃管。他让血液从马身上流到玻璃管里，发现玻璃管里的血液上升到 8.3 英尺（2.5 米）的高度，并且心脏每跳动一次，血柱会在 2～4 英寸（5.08～10.6 厘米）的范围内上下波动。他因此成为英国皇家学会的会员，并赢得科普利奖章 [2]。这就是第一个定量测量血压的方法，但很明显这种方法并不适合测量人体血压。

---

① 温标是为了保证温度量值的统一和准确而建立的一个用来衡量温度的标准尺度。

② 科普利奖章是英国皇家学会颁发的最古老的科学奖之一。

琼·普赛利（Jean Poiseuille）是一位法国医学物理学家，因研究液体的黏度而著名。1828 年，他提出使用水银压力计来测量动脉血压，并因此获得英国皇家医学学院颁发的奖章。他的研究让黑尔斯的那根 8.3 英尺的管子能够显著地缩短为一根更为便捷的 8 英寸（200 毫米）长的水银柱。然而，因为需要刺穿皮肤和动脉，且让病人遭受疼痛，并面临流血和感染的危险，普赛利的测量方法仍然具有侵入性。

塞缪尔·齐格弗里德·卡尔·里特·冯·巴希（Samuel Siegfried Karl Ritter von Basch）第一次在 19 世纪 70 年代利用在充气式橡胶袋内充水的方法制造了一个可行的非入侵性血压计。把橡胶袋压在脉搏上，直到连接着橡胶袋的水银柱高度能够显示出收缩压。希皮奥内·里瓦罗基（Scipione Riva-Rocci）在 1896 年引入了我们熟悉的气压式袖带，这种气压式袖带是环绕在整条手臂上而不是压在动脉上。在那时，医生通过感觉或触诊来判定病人是否有脉搏；这种方法不是非常准确，而且也没有办法来测量心脏的舒张压。

1905 年，俄罗斯外科医生尼古拉·柯罗特科夫（Nikolai C. Korottoff）做了一个报告，提出把一个听诊器放在肱骨动脉旁，袖带抽气时，血液回流到动脉，就可以听到血液流动的声音，至此现代血压计终于诞生了。这种血压计在袖带最初完全膨胀时会阻断所有的血流，检查者通过听诊器就什么都听不到了；袖带的压力会缓慢释放，直到血液开始流回动脉；血液的快速流动会产生嗖嗖声或细微的撞击声，人们把这种声音称为"第一个柯罗特科夫声"，此时测量出来的血压就是收缩压；逐渐释放袖带气压直到再次听不到任何声音，这次测量的血压就是舒张压。柯罗特科夫还呈递了一篇文章介绍他的这种听诊器或听诊方法。一个多世纪以来，数以百万计的医生采用这种测量方法，虽然已经有很多更小、更方便的电子仪器可供人们使用，但手动水银血压计仍被认为是标准的测量血压设备，因为它不需要校准。

## 医学影像：X 射线

威廉·伦琴于 1845 年出生在德国的尼普镇，在荷兰度过了他的童年。他热爱自然，擅长机械发明，先在荷兰乌得勒支学习物理，然后在位于苏黎世的瑞士联邦理工学院学习机械工程。1871 年，他转到德国的维尔茨堡大学，然后又去了斯特拉斯堡。他与安妮·贝莎在她父亲开的咖啡馆里相识，后来结婚组建家庭。伦琴是一位多才多艺的研究员，在很多领域都取得了卓越成就，包括气体的热容性、晶体的导热性和气体中的旋转偏振光。他开发了一种高水平的实验技能，能够非常准确地观察和测量实验现象。曾经有一段时间，他在吉森大学研究光和电之间的关系，在 1888 年又回到维尔茨堡大学任物理学教授，1894年，成为维尔茨堡大学物理学院的院长。一年之后，他在 X 射线领域的研究取得了重大成果。

1895 年，伦琴开始研究克鲁克斯在 1879 年发明的克鲁克斯管放射出来的阴极射线。其实，在伦琴之前，已经有其他人发现 X 射线了。1879 年，克鲁克斯就曾抱怨过在阴极射线管附近存在着模糊不清的影像。这些阴极管是两端带有两个金属电极的旁热式玻璃管状结构。接通高压电流时，电子会沿着直线从射线管的负极流向正极，最后击中金属电极并在射线管里产生放射物。

1895 年 11 月，伦琴发现，即使把射线管封闭在一个按比例缩小的黑盒子里不让光线外漏，附近一张涂抹着钡化合物的纸板仍然会发光。这实在是太意外了，接下来他花了 6 周时间来不断重复实验，开展关于绝对浓度的研究。他发现，这些不可见的射线沿着直线会在空气中传播 2 米，它不会被折射或反射，也不会因磁铁而倾斜。他还发现这些射线具有渗透性能，可以对不同厚度的不同物体产生图像来显示其相对透明度。

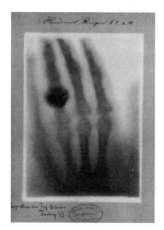

图 4-3　伦琴夫人手部的 X 射线
（图片转载自德国伦琴博物馆）

同年 12 月，伦琴带他的妻子贝莎到实验室并用这种射线为她拍了一张手部的图片，从这张图片上可以看到贝莎的手指骨骼和她的婚戒（图4-3）。因为对这种射线的性质还不了解，所以伦琴把它命名为 X 射线。次年 1 月，他应邀在德国恺撒大帝御前演示 X 射线的影像而被授予勋章，并因此获得了很多荣誉，包括在 1901 年作为"X 射线之父"获得了诺贝尔物理学奖。伦琴从来没有因为发现了 X 射线而申请专利，他把所有的奖金都捐赠给他所在学校。获奖之后的伦琴仍然谦虚有礼，没有聘请助手，还是喜欢独自

工作，并自制实验仪器。1900 年，他应聘去慕尼黑大学担任物理学教授，并于
1923 年因肠癌逝世。几年后，马克思·冯·劳厄（Max von Laue）证明 X 射线
实际是一种像光线一样的电磁波，但这种电磁波的频率比光更高、能量比光更
强，波长也比光更短，能发射光的能量，就像入射电子的能量一样强。当电子
束撞击物质时，X 射线的一部分会被吸收，另一部分会继续前进。

## 光渗透原理

当光束透过一个物体，如空气、肉质或骨头等时，根据比尔定律，一
部分光会被物体吸收，剩余部分会随着距离增加而逐渐减少。

$$\frac{I}{I_0} = e^{-\alpha L c}$$

$I$ 表示光束的强度，$I_0$ 表示光束的初始强度，$L$ 表示物体的厚度，$\alpha$ 表
示这个物体的吸收系数，$c$ 表示物体的浓度。

吸收系数 $\alpha$ 会因为不同的物体而有很大的变化，物体之间的吸收系数
变化的排列顺序如金 > 铅 > 铁 > 钙 > 碳。这就是图 4-3 中 X 射线没有穿
透戒指的原因，有一部分射线会被主要是钙质的手指骨所阻挡，却很容易
透过含有碳的肉质的原因。

这种 X 射线帮助医生在不做手术的情况下就可以了解皮下骨伤、牙龈脓
肿、脑肿瘤等，因此它是医学诊断中的重要发现。在拿起手术刀之前，外科医
生就已经了解手术所涉及的医学问题，并且可以制定解决问题的方案。多年
来，许多先进的医学影像方法不断涌现。1959 年，一种利用声波的超声成像技
术被引入医学领域，这种技术可以在不对胎儿和母体造成伤害的情况下查看胎
儿在母亲子宫中的情况，甚至可以分辨胎儿的性别。随着高弗雷·豪斯费尔德
（Godfrey Housfield）和阿兰·科马克（Allan Cormack）发明了计算机断层扫描
仪（CT 扫描仪），他们因此在 1979 年获得了诺贝尔生理学或医学奖，医学影像
技术又向前迈进了一大步。计算机断层扫描仪的工作原理是从不同角度拍摄多
张 X 射线图片，然后利用计算机来分析拍摄结果并确定二维截面视图。

保罗·劳特布尔（Paul Lauterbur）和彼得·曼斯菲尔德（Peter Mansfield）制造了核磁共振扫描仪（MRI），这种技术是通过测量人体组织中声波和氢原子的交互作用而形成图片。核磁共振技术在对软组织拍摄方面有其优越性，甚至能够显示人体血液的流动状况，以及当特定思维或活动发生时大脑内不同区域的运行状况。因此，劳特布尔和曼斯菲尔德获得了 2003 年的诺贝尔生理学或医学奖。

X 射线的发现为引导人类理解自然，特别是理解晶体结构和脱氧核糖核酸（DNA）方面做出突出贡献。X 射线的波长很短，就像分子化学键的长度一样，只有 0.01～10 纳米。当一束 X 射线照到晶体时，不仅会被简单地吸收或反射回来，还会产生一个叫作衍射的过程。在衍射过程中，会产生很多能够增强或削弱彼此的光波，其结果是形成一个可以用来帮助理解晶体结构的模式点。这个理论是威廉·劳伦斯·布拉格（William Lawrence Bragg）和他的父亲威廉·亨利·布拉格（William Henry Bragg）提出的，他们因此于 1915 年获得诺贝尔物理学奖。这个理论为后来人们发现盐的晶体内的原子结构、无机化合物、蛋白质和脱氧核糖核酸奠定了基础。也正是因为后来有了罗莎琳德·富兰克林所拍摄的 X 射线衍射的图片，克里克和沃森才得以成功发现脱氧核糖核酸分子中的双螺旋结构。

## 4.3 治疗

诊断之后紧随的是治疗。对于治疗，最理想的目标是完全治愈，最低要求是减少病人的痛苦并增加舒适感。有效的治疗方法包括手术、药物治疗、仪器治疗等。手术是发展了千百年的处理伤口、骨折等有效的治疗方法。帕加马的盖伦是希波克拉底"体液说"的追随者，但他建议把激进的放血疗法作为治疗几乎所有疾病的方法，包括治疗出血。希波克拉底是药物治疗的坚定支持者，并提议使用许多药用植物，包括白柳皮和鸦片酊（麻醉剂）；然而，这些药物的选择依靠其实证效果，并不适合"四体液"学说。手杖和老花镜等辅助器械同样具有悠久的历史。

### 4.3.1 外科手术：麻醉剂和乙醚

在新石器时代就已经开始出现外科手术了，但那时的人们必须忍耐极度的痛苦来换取康复的机会。历史上人们发明并记录了很多可以用来做手术的医疗设备，如用于切除肿瘤、残缺器官或去除箭头等异物的手术，或修复破损骨骼等损坏部位。至今为止，很多现代化的手术设备得以快速发展，医生可以用它们来实施疏通血管、移植或换关节、肾脏和心脏等的手术。

但如果没有麻醉领域的发展，外科手术是不会取得如此巨大进步的。在早期，医生通过使用铁杉、曼德拉草或鸦片等植物来减轻病人在手术时的痛苦，并且会借助威士忌酒、催眠剂和针灸等辅助手段为病人做手术或帮助女性分娩。1799 年，汉弗莱·戴维（Humphry Davy）就刚刚发现的一氧化二氮的气体性质出版了一本书，并把这种气体命名为笑气。他发现吸入一氧化二氮气体会让人失去知觉，因此他建议用这种气体来减轻手术的痛苦。他的许多朋友都自愿作为受试者帮助他进行实验，包括很多博识的诗人，如塞缪尔·泰勒·柯尔律治和罗伯特·骚塞等。1818 年，戴维的学生迈克尔·法拉第发表了关于硫醚相似影响的观察结果。19 世纪前半叶，一氧化二氮和乙醚受到英国和美国社交达人的青睐，他们认为一瓶乙醚或一袋一氧化氮就能使他们获得大脑的兴奋、情绪的释放和暂时的忘却[①]。尽管戴维和法拉第做了很多努力，但在接下来的几十年里，一氧化二氮和乙醚都没能够在临床医学领域得到普遍认可。

克劳福德·朗（Crawford Long）是一个能利用职务之便接触到乙醚的乡村医生。他和他的朋友去参加过一次"乙醚极速狂欢活动"，在活动中，他们在乙醚的功效消失前，即使撞到物体，也不会感觉到任何疼痛。这让朗意识到乙醚在减轻手术中病人的痛苦方面具有很大潜力。1842 年，在帮助他的朋友詹姆斯·维纳布尔切除颈部肿瘤时，朗首次使用了乙醚麻醉。他在一块毛巾上倒了一些乙醚让维纳布尔吸入乙醚烟雾，直到他慢慢失去知觉再做手术切除他的肿瘤。维纳布尔在几分钟之后苏醒了，但也并没有感觉到疼痛。令人难以置信的是，尽管这次手术很成功，但直到 1849 年朗才把这次乙醚麻醉手术的成果发表，

---

① 编者注：乙醚或一氧化二氮（笑气）会使人意识不清，对人体有危害，属于危险化学品，严禁滥用、携带、托运等，否则会依法予以惩治。若发现此种行为，应及时向公安机关举报。

而且他再也没有使用过乙醚进行麻醉。朗虽然是世界上第一个用乙醚麻醉来进行手术的医生，但没有立刻公布他的发现，因此他的发现没能即刻推动外科手术界的发展。

霍勒斯·威尔斯（Horace Wells）是美国康涅狄格州哈特福特市的一位牙医。他参加了一次一氧化二氮的巡回演示并欣喜地注意到在一氧化二氮的作用下，病人丝毫不会感觉到疼痛。1844年，威尔斯从一个皮袋子里吸入一氧化二氮气体，在他失去意识之后，学生帮助拔掉了一颗令他疼痛难忍的智齿。几分钟后，威尔斯清醒过来并为自己的发现而感到十分兴奋。他让曾经的学生威廉·莫顿（William Morton）去请波士顿马萨诸塞州总医院的外科手术界领军人物约翰·沃伦来证明一氧化二氮的麻醉作用。1845年，沃伦医生批准他进行一次公开演讲和演示。在演示中，威尔斯让病人吸入适量的笑气，然后为其拔牙。但当牙齿刚刚松动时，那个年轻的受试者就痛得大叫起来。观众纷纷嘲笑威尔斯，并骂他是骗子，这次演示以失败告终。

然而，莫顿无惧于威尔斯的失败，仍然继续做实验研究笑气。他向毕业于哈佛医学院的查尔斯·杰克逊（Charles Jackson）请教，查尔斯·杰克逊明确地告诉他，液态的乙醚比笑气能够更好地控制剂量。因此，沃伦医生愿意再次尝试，并安排于1846年10月16日在美国马萨诸塞州总医院进行第二次实验演示。莫顿给一位脖子和下巴处长着肿瘤的青年注射了一定量的乙醚，几分钟后，这位青年就昏睡过去。莫顿站到一旁，沃伦医生开始给失去知觉的病人实施手术，手术十分顺利。结束后，沃伦医生面向观众大声地说："先生们，乙醚真的可以用来做麻醉剂。"后来，人们把马萨诸塞州总医院的手术室称为"乙醚圆顶"来纪念这个历史性的伟大事件。从那以后，乙醚作为麻醉剂得到广泛使用。奇怪的是，有人反对将乙醚用在女性的分娩方面，原因是一些人认为上帝是为了惩罚夏娃偷吃禁果而诅咒她及她的后代都要承受分娩之苦，因为上帝说："你生产儿女必多受苦楚。"然而，当英国维多利亚女王把乙醚麻醉剂用于分娩时，很多反对者却不敢再说了。

现代麻醉领域分为乙醚和氟烷等能够使病人陷入昏迷的中枢神经系统抑制剂和像利多卡因等的局部麻醉剂两种。利多卡因等局部麻醉剂能使人在意识清醒的情况下麻醉牙齿或手指等局部组织。麻醉剂的工作原理是阻断神经末梢产生的疼痛信号，使其无法传到大脑。但起初，医生通常很难控制麻醉剂的剂量，在能足够为病人止痛而又不会因过量使病人死亡之间的剂量差别不太大。因此，在美国，一些麻醉师需要花费很多钱来购买医疗事故保险。麻醉师必须是经过严格训练的医生。

## 4.3.2　药物：青霉素

许多植物从远古时代开始就被当作药物来使用，如毛地黄（又称洋地黄）可以用来治疗心脏疾病，罂粟（可提取鸦片）和柳树皮（含有阿司匹林）能够有效缓解疼痛，金鸡纳树皮（含有奎宁）可以治疗疟疾，大风子树则能够治疗可怕的麻风病，等等。尽管有这些天然的植物可作为药物，但对于人类的疾病种类来说，至今仍没有一种药可以让人觉得非常满意。身兼诗人和医生两个身份的奥利弗·温德尔·福尔摩斯（Oliver Wendell Holmes）在 1842 年曾说："如果把世界上所有的药物都扔进大海里，对于人类来说是再好不过了，但对于海里的鱼来说则不能更糟糕了。"

20 世纪，保罗·埃尔利希（Paul Ehrlich）开启了药物合成的新纪元，他在 1908 年为治疗梅毒人工合成了砷凡纳明。1923 年，弗雷德里克·班廷（Frederick Banting）从狗的胰液中成功分离出胰岛素，这为后来使用重组DNA 的方法人工合成并生产现代胰岛素奠定基础。1939 年，格哈德·多马克（Gerhard Domagk）发现在感染了传染病的小鼠身上染上煤焦油有抗菌的效果，继而发现了第一类抗生素——磺胺类药剂百浪多息。他们三人都获得了诺贝尔生理学或医学奖。

现代药物研制可以分为以下几个较大的种类：

● 作用于中枢神经系统的精神性药物：麻醉剂、巴比妥酸盐、毒品麻醉剂、锂盐、可待因、抗抑郁剂等。

● 作用于器官以此来妨碍某个正常功能或矫正某个已紊乱功能的药效学[①]药物：利多卡因（局部麻醉剂）、β-受体阻滞药、硝酸甘油、抗组胺剂、洋地黄、肝素等。

---

① 药效学指药物效应动力学，是研究药物对机体的作用及其规律，阐明药物防治疾病的机制。

- 治疗传染病与癌症的化学疗法药物：奎宁、抗生素、铂化合物、紫杉酚等。
- 促进新陈代谢和内分泌类药物：胰岛素、甲状腺激素、可的松、利尿剂、抗酸药等。
- 维生素类药物：维生素 A 和维生素 D 等。

传染性疾病通常是由微生物引起的，这些微生物包括细菌、真菌、原生动物类、病毒等。这些微观的、肉眼看不见的生物是古代世界里导致疾病和死亡的重要因素。巴斯德和科赫的"细菌理论"在阐述这些疾病来源方面做了大量贡献，后来的抗菌方法和防细菌习惯也在保护人体免受这些微生物的伤害方面做出重要的贡献。幸运的是，并不是只要接触微生物就会导致感染传染病，因为大多数人拥有比较强健的免疫系统。然而，当抗菌方法失效，人体免疫系统"瘫痪"时，医生也会对疾病束手无策。早期的研究旨在寻找对微生物有毒害作用的化学药品，但这些药品对人体的细胞和组织也有相应的副作用。之后的研究则开始寻找有"选择性毒性"的药物，这类药物对微生物的毒害作用要比对宿主的副作用大得多。化学疗法的基础就是去探索人类和微生物细胞的区别，如在细胞壁结构方面的区别，根据这种区别，可以去寻找某种可以穿过微生物的细胞壁却无法穿过人类细胞壁的药物。

病理学家格哈德·多马克（Gerhard Domagk）受到保罗·埃尔利希（Paul Ehrlich）在梅毒研究领域的启发。多马克推论某些染色剂的附着效果是有针对性地选择细菌细胞而不选择哺乳动物的细胞，因而可以把这些染色剂改造成有毒物质，使它们成为选择性的"细菌杀手"而不伤害哺乳动物的组织细胞。多马克在1927年加入法本染料公司，在1932年测试了明红色①偶氮染料百浪多息，发现这种染料能够治愈感染链球菌的小鼠。1935 年，他的女儿希尔德加德的手指被针扎破之后感染了严重的败血症，他用百浪多息挽救了女儿的生命。事实证明，这种红色染料一旦被人体吸收，就会分解成无色的 4- 氨基苯磺胺分子，这种 4- 氨基苯磺胺分子是具有治疗效果的主要成分。这个发现直接促使后来人工合成超过 1 000 种可以改变属性的磺胺化合物。由于化学家约瑟夫·克拉尔

---

① 明红色是一种亮度比较高的红色。

（Josef Klarer）在 1908 年就已经合成了磺胺，所以多马克无法为这个发现申请专利。然而，多马克因为发现磺胺的治疗价值而获得了 1939 年诺贝尔生理学或医学奖。起初，他领取诺贝尔奖受到阻碍，因为当时正处在第二次世界大战期间，德国政府反对诺贝尔奖，但在战后的 1947 年，他最终还是领取了诺贝尔奖。

青霉素与雷达和原子弹并称为第二次世界大战期间最伟大的三项发明。青霉素的发现是一个偶然，一个大型国际组织经过多年合作和专注的研究之后，将其发展为非常有效的药物。青霉素的故事源于亚历山大·弗莱明（图 4-4）。亚历山大·弗莱明于 1881 年出生在苏格兰，在伦敦大学的圣玛丽医学院学习结束后成为一名讲师。在第一次世界大战期间，他担任军队医疗组织的队长，开始渐渐地适应当时被广泛使用的消毒杀菌方法，但发现很多的士兵死在医院的病床上，而不是战场上。战争结束之后，在 1928 年，他回到圣玛丽医院，致力于研究对动物组织无害的抗菌物质。他的研究项目是在发霉的、布满灰尘的、凌乱的实验室里用培养皿培植葡萄球菌菌落。在一次长假结束后，回到实验室的他发现有一个培养皿已经被蓝色真菌污染了，有一个圆形区域里已经没有具有活性的葡萄球菌菌落了（图 4-5）。弗莱明并没有立刻丢弃这个培养皿，他从圆形区域里分离出有效物质，这些有效物质就是青霉素菌群。弗莱明在纯净无污染的环境中培育这个菌群，发现它不仅能阻止葡萄球菌生长，还能阻止其他一些致病菌生存和繁殖。弗莱明把这个发现产物命名为青霉素，并在 1929 年发表这一结果。不幸的是，他的结果在当时被广泛地忽视了。

图 4-4　亚历山大·弗莱明
（图片来自 *The Images Works*）

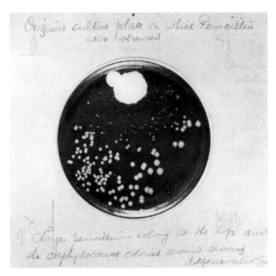

图 4-5　有青霉素的培养皿中芽孢杆菌的生长情况

（图片来自 *The Images Works*）

青霉素发生效用的原理是阻碍细菌重构具有保护功能的细胞壁，而且不会对人体细胞造成伤害，因为人体细胞并没有细胞壁。弗莱明知道青霉素可能会有用，但他没有办法去大量培殖或充分提纯这种化合物，也不能用活体动物或人体去试验这种化合物的功效。所以，在 1929 年发表论文之后的许多年内，他的这篇论文一直遭受冷落。在 1945 年领取诺贝尔奖的典礼上，弗莱明说："我的这个发现仅仅是一次幸运的巧合，当时我正在进行一项纯粹的学术研究，研究的是细菌学方面的问题，与抗菌、霉菌、杀菌、抗生素毫无关联……我们曾经试图去提炼青霉素，但它很容易遭到破坏，所以失败了。我们是细菌学家，不是化学家，因而相对简单的提取过程几乎是徒劳的。"

青霉素从在实验室中被发现到最终能够拯救千百万人的生命，这一过程的实现是由许许多多有着不同能力的、来自不同组织的研究群体共同努力的结果。在第二次世界大战开始时，澳大利亚病理学家霍华德·弗洛里（Howard Florey）和德国生物学家欧内斯特·钱恩（Ernest Chain）在牛津大学成立了一支研究队伍，他们受到格哈德·多马克成功研发磺胺类药品的鼓舞，准备开始寻找新的有奇效的药物。1939 年，在弗莱明的论文发表 10 年之后，他们决定开始研究青霉素。首先，他们提取并纯化了足够量的青霉素并在小鼠身上进行实验来了解青霉素的治疗效果，然而，很快就发现没有足够的资源来解决制造和应用方面的许多问题，如果在战时建立大型工厂来规模化生产青霉素，这些资源就更不够用了。

1941 年的夏季，弗洛里来到美国，向美国国家研究委员会寻求帮助，委员会又推荐他去位于伊利诺伊州皮契里亚（Peoria）的美国农业部北方地区研究室。这个实验室致力于为过剩的农产品开发新的工业利用价值，这里有一个新设立的发酵产品部门。在牛津大学的弗莱明和弗洛里实验室中，发酵是在薄的固体表面的培养皿上进行，这种方法生产青霉素的效率只有每毫升 3 个单位（3 单位 / 毫升），每个单位仅含 0.6 微克的纯固态青霉素。美国农业部北方地区研究室的工作人员把发酵过程转移到装有玉米浆的长颈瓶中，用长颈瓶充当培养皿，这样一次能生产的量就增加到 100 单位 / 毫升。同时，他们也发现不同的菌株类型产生青霉素的量是不同的，于是就在全世界范围内搜寻高产量的青霉素菌株。之后，发现最好的菌株是在皮契里亚水果市场的发霉的甜瓜中找到的，使用它进行生产时，青霉素的生产率可达到 1 500 单位 / 毫升。

霍华德·弗洛里需要 1 千克的青霉素进行医疗实验。1941 年，万尼瓦尔·布什领导的美国科学研究与发展办公室召集了包括雅培、立达、默克、辉瑞和百时美施贵宝在内的制药公司组成财团。起初的发酵是在 1 升的玻璃瓶中进行的，每瓶含有 200 毫升的触媒物质；研究人员把几千个长颈瓶放在晃动的桌子上以此来搅拌瓶中的培养基汤，使培养基汤中充满空气。最后，他们发现在一个容量有 38 000 升的容器中进行深藏发酵可达到最多产，这种深藏发酵的方法一直沿用至今。

发酵培养基汤可以产生 20～30 毫克 / 升的青霉素，并且需要进行萃取和浓缩。最有效的提取方法是由壳牌石油（Shell Oil）和波德别尔涅克公司发明的，他们使用一种类似乙酸戊酯（香蕉油）的含油溶剂进行萃取。这种分离方法的原理是，当在长颈瓶中倒入水和油类溶剂，如果培养基汤是酸性的，青霉素会更加容易溶入有机液体，因而青霉素会从水中萃取到有机物中；但当把油类混合物倒入有水及中和剂的容器中，青霉素就又会回到水中。另一个面对的主要困难就是青霉素的不稳定性，它在温度降到 0℃的时候，每 2.5 个小时浓度就会降低一半。这个特性使得大规模生产青霉素并随即装载运输到战场变得非常困难。后来的解决措施是使用冷冻干燥技术，首先把青霉素在 −30℃的环境中冷冻起来，然后放在气压低于千分之一标准大气压的近似真空舱的环境中，使冰晶直接升华成水蒸气，从而留下更为稳定的青霉素。

青霉素的产量从 1943 年每个月 17 亿单位增长到了 1945 年的每个月 5 700 亿单位。美国战时生产委员会资助了这个研究项目，并且为 1944 年 6 月 6 日诺曼底登陆做了充足准备。青霉素在治疗呼吸道感染、急性肺炎、脑膜炎、气性坏疽、白喉、梅毒、淋病等疾病方面很有效。1945 年，弗莱明、弗洛里和钱恩共同获得了诺贝尔生理学或医学奖。弗洛里在 1949 年时说："我们需要向美国制造公司大规模生产青霉素药物的进取心与活力致以最崇高的敬意。如果不是他们的努力，1944 年诺曼底登陆的时候就不会有足够的青霉素去治疗那些伤情严重的英国和美国的伤亡者。"

其他的抗生素在此之后也被研制，迅速加入与细菌"作战"的队列中，如赛尔曼·瓦克斯曼（Selman Waksman）在 1944 年发现了链霉素，本杰明·达格尔（Benjamin Duggar）在 1948 年发现了金霉素，劳埃德·科诺菲尔（Lloyd Conover）在 1950 年发现了四环素。21 世纪，环境卫生改善和抗生素的使用大大减少了由传染病引起的死亡数量，心血管疾病（卒中、心脏病等）和癌症成为工业时代新的主要"杀手"。然而，研究人员近年来发现一些对青霉素具有抗药性的细菌，这在公共健康方面引起了严重问题，青霉素逐渐被其他药物替代。

### 4.3.3 设备

古希腊神话中，俄狄浦斯在去往底比斯城的路上，遇见了人面狮身的斯芬克斯。斯芬克斯出了一个谜语——什么东西早晨四条腿走路，下午两条腿，到了晚上用三条腿走路？ 俄狄浦斯回答道："是人类——在婴儿时期用四肢爬行，长大了后用两条腿走路，老了之后还需要借助拐杖。"这是最早的关于假体的记录之一，假体是帮助人们克服身体损伤部位或缺陷部位的设备。因战争、采矿、交通事故等伤害是导致需要人造器官或肢体损伤的主要原因。有一些设备可以增强那些不能按预期工作的器官或肢体的功能，如助听器或眼镜。其他一些设备，如肾透析机器和人造心脏，这类设备试图代替那些已经失去效能的器官。一项关于组织再生的新研究正在探索——在一种脚手架的结构上用一个细胞一次性培养完整的人造器官的可能性。在这个过程中使用与人体成分能够兼容的材质，并确保不会造成负面免疫反应是十分重要的。

用眼镜来矫正视力和保护眼睛的方法已经使用了很长一段时间。公元前 8 世纪的古埃及象形文字中有关于这个方法的最早记载，文字中描绘到眼镜是"简单的月牙形的透镜"。在公元元年，据说罗马君主曾用绿宝石当作矫正视力的透镜来观看决斗比赛。古罗马哲学家小塞内卡曾经写道，"无论字母有多小或不明显，通过一个装有水的球体或玻璃片就可以把它们放大并能看得更加清楚。"相传在 9 世纪时，科尔多瓦的阿拔斯·伊本·弗纳斯（Abbas Ibn Firnas）曾使用过矫正透镜，并找到制作能够看得非常清晰的眼镜的方法。这种玻璃镜片经过塑形和打磨成为圆球形，可以用来看东西，人们称它为"放大镜"。 大约在 1284 年，佛罗伦萨的塞尔维诺·德利·阿玛蒂（Salvino D'Armate）因为制作出第一副可以佩戴的眼镜而获得奖励。意大利画家莫代纳在 1352 年为普罗旺斯红衣主教绘制的那幅在缮写室 ① 阅读的画像中首次使用了眼镜的图像。意大利的其他牧师，如比萨城的弗拉·亚历山德罗·达·斯皮纳（Fra Alessandro da Spina）也因为制作眼镜而受到奖励。无论是帮助近视患者看得更远的凹透镜，还是帮助远视或老花眼患者看清近处视野的凸透镜，它们的发展都和望远镜、显微镜有着密切关系。本杰明·富兰克林受到近视和老花眼的双重折磨，他在 1784 年发明了双光透镜，避免来回更换两副眼镜的麻烦，并因此获得奖励。

## 放大镜的科学原理

当光进入一个密度更大的传播媒介时，光线会发生弯折。折射系数 $n$ 是光在媒介中传播速度与在空气中传播速度的比率。空气的折射系数是 1，而水的折射系数是 1.33；玻璃的折射系数在 1.54~1.61 之间；聚碳酸酯塑料的折射系数是 1.58；钻石有着非常高的折射系数，高达 2.42。矫正镜片的矫正能力是由屈光度来衡量的。光的折射遵循光的折射定律：

$$n_1\sin\theta_1 = n_2\sin\theta_2$$

---

① 缮写室是欧洲中世纪制作书籍的地方。

$n_1$ 和 $n_2$ 是两种传播介质的折射系数，$\theta_1$ 和 $\theta_2$ 是法线与光束的夹角。因此，对于折射系数为 1.50 的玻璃片来说，从空气中进入的光束在离开时与法线的夹角变小了。

| $\theta_1$ | 0° | 15° | 30° | 45° | 60° | 75° | 90° |
|---|---|---|---|---|---|---|---|
| $\theta_2$ | 0° | 9.9° | 19.5° | 28.1° | 35.2° | 40.1° | 41.8° |

透镜的工作原理遵从以下薄透镜方程：

$$1/S_1 + 1/S_2 = 1/f$$

在这里，$S_1$ 是从物体到透镜的距离，$S_2$ 是从焦距到透镜的距离，透镜的矫正能力是由屈光度 $1/f$ 来衡量的，注意 $f$ 的计量单位是米。当物体无限远时，在距离透镜 $f$ 米的最亮的那个点，就是焦点。在正常情况下，人处在放松状态下时，肉眼的屈光度有 60 度，因而从透镜到视网膜的 $f$ 值就是 $1\,000/60 \approx 16.7$ 毫米。人类眼球的形状可以通过睫状肌的适应机制来控制，在年龄很小时屈光度有 20 度，而随着年纪的增长，睫状肌的调节能力会减弱。因此，眼镜的功能就是为眼睛提供一种补充，使得以下方程达到平衡。

$$1/S_1 + 1/S_2 = 1/f + 1/L$$

$L$ 是指透镜的矫正能力。对于一个远视的人，或者放大镜的原理，$L$ 值需要在 $1.0 \sim 4.0$ 屈光度之间，这意味着透镜需要中间部分比较厚而边缘部分比较薄；对于近视的人来说，$L$ 值需要在 $-1.0 \sim 3.0$ 之间，即透镜需要中间部分比边缘部分薄。

人的每个肾脏都有 100 多万个肾单元，这些肾单元可以过滤血液中代谢的废物和杂质，然后把杂质通过输尿管以尿液的形式排到膀胱中。那些必须从血液中清除出去的物质包括新陈代谢的产物，如尿素、肌酐酸、尿酸，以及过量的钠离子和氯离子等。当肾功能受损，这些杂质就会在血液里积累下来，从而导致许多严重的健康问题，甚至会致死。对于肾功能有损的患者来说，肾移植是一种选择，而这个过程依赖于捐献者提供匹配的肾源，并且可能会因为患者免疫系统引起的器官排异反应而变得更加危险。人们发明了肾透析作为替代的选择，肾透析可以把血液中的杂质过滤后排出体外，相较于肾移植来说，患者会更加容易获得这样的治疗。

在第二次世界大战德国占领荷兰期间，荷兰医生威廉·科尔夫（Willem Kolff）发明了人工肾，又称血液透析。他的故事可以算是在不利条件下获得的最惊人的成就之一。威廉·科尔夫于 1911 年出生在尼德兰，1938 年成为格罗宁根大学年轻的物理学家。在那里，他目睹了一个年轻人由于肾衰竭而经受的缓慢且痛苦的死亡过程。科尔夫认为，如果能够找到一种方法把积累在人体血液中的有毒物质排出体外，就能使病人维持生命，直到他们的肾脏恢复功能。

在他的第一个实验里，科尔夫在香肠肠衣中装满血液，挤出空气，往里面加入肾脏废物——尿素，然后在一个装有盐水的容器里搅动肠衣。由于肠衣是半透膜，因此尿素小分子可以通过薄膜进入容器，而大的血液细胞和其他一些分子仍留在半透膜内。大约 5 分钟后，所有的尿素都从半透膜内的血液中分离出来进入生理盐水里。

1940 年，德国入侵荷兰，科尔夫不得不搬到位于艾瑟尔湖附近坎彭城中的一个校医院里，等待战争的结束。在那里，他继续研究肾透析装置。早期的尝试是用 50 码（约 45.72 米）长的肠衣包裹着在盐水中浸过的木鼓。把病人的血液从血管中抽出，然后使其流进肠衣中，木鼓保持转动从而把血液中需代谢的物质冲洗掉，使它们渗出肠衣半透膜。为了能够让血液迅速安全地回流到病人体内，科尔夫采用了一个泵来增加压力，这个想法是他从汽车引擎的水泵连接装置中受到的启发。他也利用罐头和洗衣机的设计灵感来完善这一设备。接受这台机器治疗的前 15 个人还是死于肾衰竭，但科尔夫并没有气馁，一直坚持着他的研究。

科尔夫仍在不断探索，包括使用抗凝血剂来防止在肾透析过程中出现血液凝结。1947 年，科尔夫向曼哈顿的西奈山医院捐献了一个人工肾。1950 年，科尔夫就职于克利夫兰医院，最终到犹他大学担任人造器官研究室的负责人，并为制造出第一颗人工心脏做出重要贡献。他说："如果一个人可以自出生就有一个心脏，那我也可以制造出来。"直到 2011 年，已经有难以计数的人通过透析缓解病情以便为肾脏移植做准备。

现在我们已经拥有许多成功的医疗设备，不仅可以在医院里使用，有些也可以在家庭中使用。这些设备广泛用于治愈疾病、缓解疼痛、治疗疾病或预防疾病，有一些是可移动设备。例如，提高我们生活质量的隐形眼镜和助听器；其他一些是需要手术植入体内的产品，如可以调整不规则心跳的心脏起搏器或向阻塞的动脉中植入支架来维持动脉血液循环。我们有人工牙冠和种植牙，有白内障手术中替换浑浊晶状体的人工晶体，还有针对听障人士的人工耳蜗。古时候，那些因战争或意外而受到严重损伤的人就已经使用假肢来代替手和脚，电影里的海盗常常被塑造为用假肢和铁钩的人。现代社会的假肢制作水平已经非常高超了，在 2008 年奥林匹克运动会的田径比赛中，奥斯卡·皮斯托利斯就使用了机械踝关节，而很多人认为这对其他有着天然踝关节的运动员不公平。

　　膝关节和髋关节置换术可以用来减轻关节炎带来的疼痛或修复关节严重损伤，近年来已经变得非常普遍。关于膝关节和髋关节置换术的最早记录是在 1891 年使用象牙代替患者的股骨。1940 年，奥斯汀·穆尔（Austin Moore）报道了首例金属髋关节置换的案例，在这个例子中应用了钴基合金。现代髋关节置换手术中使用的多为钛轴，钛轴固定在陶瓷材料制作的球体上，这个整体可以在聚乙烯髋臼杯中旋转，这也是目前整形手术中常用的方法。

## 4.4　生殖

　　对于大多数人来说，繁育是生命延续的方式，意味着生命能够继续存在并可以继续影响世界。对于没有后代的人来说，死亡意味着对财产进行分发，也意味着一个家族传统和回忆的终结。查尔斯·达尔文的进化论强调，人类在地球上的成功与其说是靠竞争胜利获得，还不如说是靠在繁衍后代上的优势来获得。没有生殖优势的植物和动物最终将会从历史中消失，对于人类而言，在古代西方的神话中，上帝说过，"多子多孙，填满地球"。

　　在大自然中有两种能够确保物种生存的策略：①小"种子"，或者说生产体型较小却数量充足的"种子"。例如，金鱼一次产卵可达好几百万枚，这样能够确保其中有一些能顺利存活到成年期。②大的幼体，或者说体型较大但数量有限的幼体。例如，狮子一次产崽 1～4 个，一般孕育好几个月，在幼狮出生会后还会继续被照顾。无论一个物种采取哪种生存策略，大多数亲代会繁育两个成活的子代来代替它们的角色。对于地球上的人类来说，古代的女性的一生需要生很多孩子从而保证有两个可以顺利活到成年。随着现代医疗技术、营养和卫生水平的提升，新生儿和孩子的存活率已经大大提高，因此，现代女性虽然仍需要繁衍后代，但一般只需要一两个婴儿就能够确保种族的延续。

## 4.4.1　提升生殖能力

人们是否想要生育后代有许多的原因，在改变世界的一些发明之中，有一种技术既可以帮助夫妻孕育后代，也可以帮助夫妻避孕。不孕不育是指在进行自然受孕尝试一年之后仍不能受孕的情况。目前不孕不育症的比例在夫妻中占到约 10%。因不孕不育症而导致的非自愿没有后代的一些夫妇会感到悲伤和沮丧。人类繁衍受到很多因素的影响，包括营养、性行为和年龄。女性一生中最佳受孕年龄是 19～24 岁，在 30 岁之后受孕率会降低。高学历和受人尊敬的职业可能会让女性推迟怀孕的计划，因而把基于年龄的生育率水平推向极限。然而，导致不孕不育的原因不仅是因为女性，有时，男性的一些因素也是导致难以受孕的原因。不管起因是什么，在美国，助孕治疗是一项很大的产业，每年有将近 30 亿美元的产值。

在历史上，如果一对夫妻无法生育，那么他们通常采用的方法是领养孩子。随着治疗不育不孕症的新方法出现，一些夫妇会选择尝试去养育一个有着他们基因的孩子，因此就会寻找相应的治疗机构去解决这一问题。其中，最重要的方法就是让精子和卵子在最合适的条件下相遇。

导致不孕不育的主要原因包括男性精子产生的问题（如有活力的精子太少、基因紊乱等）、女性卵子产生的问题（如绝经、闭经等）或卵巢和子宫的功能不全等因素，以及性行为的问题或其他一些还未了解到的因素。这些问题有时可以通过药物、外科手术治疗或进行试管婴儿的方法解决；输卵管阻塞可以通过手术疏通，可用诸如促性腺激素之类的助孕药物来促进排卵；性行为上的困难可以通过体外授精的方法解决；咨询专家可以使夫妻学会减压或减少其他一些影响受孕的因素。

现在有很多人工生殖技术可以帮助那些无法生育却想要孩子的人。这些科学技术还可以帮助那些绝经后的女性或非传统类型的但想当父母的人生育。在一些例子中，助孕机构可以帮助客户生育出有至少夫妻中一个人基因的孩子，主要治疗方法包括以下几个方面。

人工授精的方法需要从预期父体体内收集精子，将收集的精子进行清洗和浓缩后注入母体的子宫颈部，理想时间是恰好在女性排卵之前。在这种方法中，受精过程仍发生在子宫里，只有受精的过程发生了改变。当父体无法提供健康的精子时，可以从捐赠者那里获取新鲜或冷冻的精子，也可以从精子库中获取。精子库中的精子存储在用液氮冷冻的小瓶子里，可以保存长达21年。最先进的宫腔内人工授精方法涉及把精子用导管从子宫颈输入子宫中，这种方法首先在奶牛培育中得到应用，它能让有着特优性能的公牛和多头母牛交配使其受孕。

试管婴儿技术需要同时获取精子和卵子，并在试管中使其受精。如果受精过程发生了，会产生一个或多个胚胎，这些胚胎再注入母体子宫内。这项技术在进行实验研究20多年之后才得以成功应用。1935年，格雷戈里·平卡斯（Gregory Pincus，1903~1967）描述了野兔卵子在活体外发育成熟的实验条件。张明觉（Min-Chueh Chang）在1959年展示成熟野兔的卵子可以在体外受精产生有发育能力的2细胞期胚胎。

接下来的挑战就是去验证这些实验结果是否可以应用到人类繁育后代上。罗伯特·G.爱德华兹（Robbert G.Edwards）是一位生物学家，起初他在爱丁堡做小鼠繁殖实验，后来到剑桥继续研究从人类卵巢组织中排出的不成熟的卵子的相关课题。他发现非成熟期的卵子是处在休眠期的，即使在合适的环境下进行体外孵化培育，至多也只能发育到2细胞期。1969~1978年，妇科医生帕特里克·斯特普托（Patrick Steptoe）使用可以穿透腹壁直接看到子宫和卵巢的腹腔镜，还具有提取和从卵巢中移出卵子的额外功能。

爱德华兹和斯特普托组建了一个团队，尝试在女性生理周期中适时取出成熟的卵子，然后把这些卵子放入有精子的试管中。在这样的方法中，精子和卵子可以完成受精过程，并且可以产生有8细胞的胚胎。斯特普托然后把这个8细胞胚胎注入预期母体的子宫内。他们对这个过程进行了一百多次实验，最终只产生了让人失望的很短的孕期结果。但他们一直坚持着，尝试了许多种组合的方法和策略，最终有一个胚胎发育成首例"实验试管婴儿"——出生在1978

年 7 月 25 日的路易斯·布朗（Louise Brown）。1980 年，斯特普托和爱德华兹在英国剑桥郡成立波恩诊所（Bourn Hall Clinic），继续研究试管婴儿技术。1983 年，通过试管婴儿技术诞生了 139 名婴儿，在 1986 年的时候已经有 1 000 个试管婴儿出生的案例了。尽管体外受精技术的使用和发展一直饱受宗教等因素的争议，但它毫无疑问地拓展了人类生殖的方式。斯特普托一直在波恩诊所担任主任医师直至 1988 年去世。2010 年，爱德华兹因发明体外受精技术而获得诺贝尔生理学或医学奖，到他获奖时，通过试管婴儿技术已经诞生了数亿个婴儿。

从第一个试管婴儿诞生开始，生殖方式已经有很多种形式，包括捐献精子、捐献卵子或捐献子宫。关于试管婴儿也出现许多道德的和法律层面的讨论，随着越来越多的团体参加到讨论中来，这些讨论变得愈加复杂。在人工生殖技术产生之前制定的那些法律并不能解决新的可能发生的问题，以美国为例，不同州的各党派的法案也不同，更是让这些讨论变得更复杂，如下面这些问题：

利用捐献的精子生育，那精子捐献者的身份是否应该完全对其产生的孩子保密，还是只告知被捐献者或孩子成年后再告知他呢？在种族、年龄、教育程度和智力水平中，被捐献者有权知道精子或卵子捐献者的特征吗？孩子是否必须知道自己是人工授精产生的事实呢？孩子是否有权联系和探望那些捐献者？当一个精子捐献者通过精子库的方式与不同女性产生了许多孩子，这些孩子是否应该知晓事实，从而可以在选择配偶时避免选择了"兄弟姐妹"呢？

### 4.4.2　避孕

孔子有言"饮食男女，人之大欲存焉"。在有历史记载之前，人类就可能寻找过避孕的方法，古埃及的文献里就描述了使用阿拉伯树胶杀精的记录。有效控制何时怀孕是另一项改变世界的技术，辩证地说，计划生育使得性革命成为可能。即使对于想要生育孩子的夫妇来说，他们也可以用节育措施来控制生育孩子的数量和生育的时间间隔。

避孕技术涉及阻止精子和卵子的受精过程，方法有很多种，从低成本、低效率的可逆方法到高成本、高效率的不可逆的方法都有。

- 行为方法：禁欲；性交中断或退出；基于女性生理期的安全期避孕法；延长哺乳期，因为哺乳行为会延缓排卵。
- 身体屏障：杀精药物、避孕套、避孕帽等。
- 激素摄入：口服、肌肉注射雌激素和黄体酮等。
- 设备：由妇产科医生放置的宫内节育器等。
- 绝育：女性输卵管结扎术或全子宫切除术、男性输精管结扎等。
- 流产：没有预防作用，怀孕后使用。

针对计划生育有广泛的官方态度和官方支持，但并不是所有人都对这些技术表示满意。一些组织公开表达了反对意见，理由是性行为是为繁衍后代，而节育措施可能会鼓励滥交行为或随意的婚外性行为。有些人也反对把人工流产作为节育的一种方式，认为这等同于谋杀。

在美国，大约有2/3的女性使用避孕药，怀孕的女性中有1/4选择流产。目前，世界上采用的节育措施如表4-3所示。

表4-3　主要节育措施

| 节育措施 | 发达地区（%） | 欠发达地区（%） |
|---|---|---|
| 男性绝育 | 7 | 7 |
| 女性绝育 | 12 | 38 |
| 子宫内绝育器 | 8 | 26 |
| 药物 | 24 | 11 |
| 避孕套 | 19 | 4 |
| 注射 | 0 | 4 |
| 其他 | 30 | 10 |

计划生育中具有开创性的发明就是口服避孕药。它是女性雌激素和孕激素结合制成的，据统计，全世界有超过1亿女性在使用。许多研究者参与了口服避孕药的研发过程，具有讽刺意味的是，他们中的一些人原本是研究促进生育的。

凯瑟琳·德克斯特·麦考密克（Katharine Dexter Mccormick，1875～1967）是从麻省理工学院毕业的第二位女性，也是第一位在那里获得生物学学士学位的女性。1908 年，她与斯坦利·麦考密克结婚，后者是万国收割机公司的继承人，也是以优异成绩毕业于普林斯顿大学的美国网球运动明星。1908 年，斯坦利被诊断出患有精神分裂症，这个原因导致凯瑟琳决定不要孩子以避免遗传。她成为一位参政女性，担任美国国家妇女参政委员会财务主管和副主席，后来又担任妇女选民联盟的副主席。

另一位杰出的社会活动家和计划生育的发起人玛格丽特·桑格（Margaret Sanger，1879～1966），出生在一个信奉罗马天主教的家庭里。她的母亲怀孕 18 次，最终生下 11 个成活的婴儿，但在 40 多岁时死于肺结核和宫颈癌。玛格丽特是家里的第六个孩子，小时候的大部分时间都是在做家务和照顾弟弟妹妹。她遇见过许多因人工流产导致痛苦或死亡的女性。她得出一个结论，即女性应该有更加社会化和健康的生活，有权决定何时怀孕的自由。1916 年，玛格丽特在美国布鲁克林开设一家计划生育诊所，但在 9 天之内就因受到警察的突击检查后关闭了，这件事情导致她被判在囚犯工厂工作 30 天。

1917 年，凯瑟琳·麦考密克第一次遇到玛格丽特·桑格，她们一起形成了一个研究可靠计划生育方法的"联盟"。1937 年，凯瑟琳的母亲去世了，给她留下了超过 1 000 万美元的遗产。1947 年，她的丈夫斯坦利也去世了，给她留下了 3 500 万美元的遗产。因此，凯瑟琳能够在没有政府资金支持的情况下有能力去资助计划生育研究。最终，格雷戈里·平卡斯研究成功，凯瑟琳为此花费了 200 万美元。该项目研发和测试了首份口服避孕药。凯瑟琳也把斯坦利·麦考密克中心捐献给麻省理工学院，该中心成为首个为 200 名女学生提供住宿的宿舍。当她在 1967 年去世时，已立下遗嘱：把 500 万美元捐献给美国计划生育委员会，同时把 100 万美元捐给伍斯特实验生物学基金会供其进行科学研究。

格雷戈里·平卡斯（图 4-6）曾在康奈尔大学和哈佛大学学习，1931 年成为生殖生理学助教。1934 年，他成功地利用野兔实现体外授精，后来他也报告了首例野兔无性繁殖案例。尽管他的工作

图 4-6　格雷戈里·平卡斯
（图片来源于美国马萨诸塞州大学
伍斯特档案馆）

备受争议，但他依然坚持着，1944 年在马萨诸塞州成立了用于实验生物学研究的伍斯特实验生物学基金会。大概就在那时，辉瑞制药公司对研制类固醇类激素非常感兴趣，因此非常支持在伍斯特实验生物学基金会进行的研究。1951 年，玛格丽特·桑格遇到平卡斯，请他帮忙研制可以被人使用的避孕药品。此时，平卡斯已经证明了给野兔注射黄体酮可以阻碍其排卵，但他还需要寻找一种可以更为市场接受的口服避孕药品。

20 世纪 20 年代早期，有人发现从怀孕小鼠的体内取出它的卵巢并将其移植到另一个已经性成熟但没有怀孕的小鼠体内，第二个小鼠就不会排卵。后来，研究人员发现抑制排卵的物质来自空囊腔或黄体中，这个部位用于储存最近排出的卵子。这种物质被发现是一种类固醇激素，并且被命名为孕酮。一年之后，研究人员发现卵巢分泌的第二种女性激素——雌激素，可以促进小鼠性成熟和发情。当平卡斯决定研究把类固醇当作避孕药物来使用时，他知道需要找到一种便宜且数量充足的类固醇来源。仅仅为了保证他的实验能够有充足的激素，就已经使用了成百上千只小鼠的卵巢，平卡斯认为应该寻找别的来源以获取雌激素和黄体酮，这样才可以进行大规模的医疗应用。

在阿兹特克民间医药中有一个传统——让墨西哥女性吃野生山芋来避孕。1940 年，美国宾夕法尼亚州立大学有机化学家拉塞尔·马克（Russell Marker）正研究从植物中人工合成黄体酮，并且从怀孕母马的尿液里提取类固醇。后来，他又继续发明了从一种巨型墨西哥野生山芋中人工合成黄体酮的方法。

口服的天然黄体酮在血液中每 5 分钟会减少一半活性，需要经过改进使其能够延长药效。卡尔·杰拉西（Carl Djerassi，1923～2015），来自奥地利维也纳的有机化学家，被欣特克斯公司雇佣在墨西哥工作。1951 年，他领导的研究团队合成了可以口服的避孕药。欣特克斯公司自此开始生产面向市场的口服避孕药，并在 1964 年搬到位于美国加利福尼亚州的帕罗奥图。欣特克斯公司发明的价格低廉、数量充足的黄体酮制品，满足了平卡斯的研究需要。杰拉西后来成为美国斯坦福大学的化学教授，他在空余时会收集艺术品，或者写类似于《坎特的困境》（Cantor's Dilemma）和《布尔巴基的赌局》（The Bourbaki Gambit）这样的小说。

到 1952 年时，平卡斯和他的助手张明觉已经在动物身上做了足够多的实验来证明高剂量的避孕药会使卵巢功能暂时失效，可抑制排卵。曾经有人在小猎犬中测试过把黄体酮和雌激素结合起来使用的效果，但有人担心这可能会对乳腺组织产生副作用。不过，这个顾虑后来得到了澄清，产生副作用是由于杂质而非药物本身的问题，所以这些药物可以继续用于人体试验。

约翰·洛克（John Rock，1890～1984）在哈佛大学任临床妇科学教授，是一位虔诚的罗马天主教徒。他认为，夫妻应当在承受能力之内抚养尽可能多的孩子，但也应该有权利控制家庭的人口数。他在一家生殖诊所工作，帮助不计其数的夫妇通过试管婴儿技术或其他方法孕育后代。高剂量的黄体酮可以降低受孕率，但洛克发现，低剂量的黄体酮在增加受孕率方面有积极的效果。1954年，洛克受聘与平卡斯一起工作，在生殖诊所的支持下实验黄体酮在降低受孕率上的效用。他为来自美国马萨诸塞州布鲁克林市的 50 名女性提供了 3 个月不同剂量的黄体酮；受试者在每月 5～25 日之间每天服用药物，总计 21 片，在该月剩下的几天内不服用药物。试验取得成功后，他在更多的女性中进行更长时间的黄体酮试验，以此来获得美国食品药品监督管理局的支持，并研发出一种和性激素结合的方式制成的首粒避孕药，并将之命名为 Enovid（异炔诺酮 - 美雌醇片）。

由于马萨诸塞州的反对意见日益增多，洛克不得不在 1956 年到波多黎各继续进行更大规模的试验，以解决关于副作用的问题，最终研制出有效的避孕药。他们发现这种避孕药的避孕效果比当时的避孕套高出 30 多倍。异炔诺酮 - 美雌醇片之所以能够在 1957 年得到美国食品药品监督管理局的认可，起初只是因为它可以解决"月经不调"的问题，但后来有报告说这种药物可能会阻止排卵，而后才成为一种避孕药！仅在玛格丽特·桑格和格雷戈里·平卡斯第一次见面之后的第六年，该药物就得到美国食品药品监督管理局的批准。接下来的十年里，这项发明的六位主要贡献人物中有三位相继去世：他们分别是麦考密克、桑格和平卡斯。美国食品药品监督管理局认可异炔诺酮 - 美雌醇片之后，声称有月经不调的女性数量剧增，因此非常有必要把异炔诺酮 - 美雌醇片列为处方药。1959 年，美国时任总统艾森豪威尔声明"计划生育不是合适的政治或政府责任"，为人们更为广泛地接受避孕药铺平道路。1960 年，美国食品药品监督管理局最终批准了用异炔诺酮 - 美雌醇片进行计划生育，之后，美国女性不需要

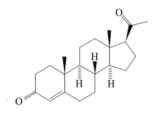

图4-7 性激素的化学结构

再假装生理期紊乱而获取医生处方了。

所有的性激素都有一个有着四个环形的结构（图4-7），通常与胆固醇的结构有关。女性黄体酮与男性睾酮只有细微差别。在一般情况下，女性生理周期为28天，这与月相相似，对于大多数女性来说，月经持续1～5天，排卵期在第14天。排卵行为是在促黄体生成素和卵泡生成激素的共同激发下产生的，这两种激素受到血液中黄体酮和雌激素水平的影响。服用避孕药之后，雌激素水平和孕期黄体酮水平相似，因而此时卵巢就会"受骗"，开始按照女性已经怀孕来工作，卵泡生成激素也会受到抑制，因此新的卵泡就不会形成，也就不会出现排卵过程。

在美国食品药品监督管理局批准异炔诺酮-美雌醇片上市之后，计划生育方法继续演变出许多新的变式，现在已经有皮肤避孕贴片、阴道环，还有在性行为后72小时以内服用都有效的避孕药。另一种药物，米非司酮，可以用于怀孕2个月内进行人工流产。

1999年，《经济学人》杂志把避孕药列为20世纪最重要的科学发现之一。避孕药已经在社会结构方面引起了巨大的变革，夫妻可以控制生育的数量和时间，女性也可以在照顾家庭和完成事业理想之间做选择。在避孕药上市之前的1960年，美国女性平均生育3.6个孩子；到1980年，这一数字已经降到了2个。反对者谴责避孕药会引起道德败坏，并且为滥交提供帮助。未来那些提高或降低受孕概率的科技的发展会继续完善我们的可选项，在改变生活方式的同时仍会引发不同讨论。

总生育率是所有女性在其生命中生育后代数量的平均数。在总生育率与人均国民生产总值或个人财富之间呈负相关——即富有的人拥有的孩子比贫穷的人少，总生育率最高的国家出现在非洲热带地区。生育替换率是能够维持人口稳定的总生育率的值，需要保持在2.1。有些国家的总生育率远远低于2.1，尤其是欧洲的一些国家，以及日本和新加坡等，这种情况非常明显。发达国家生育率降低、死亡率降低及预期寿命变长，这三个因素正在对人口的年龄分布产生重大影响（表4-4）。这种趋势大大增加了劳动人口赡养退休老人的负担。据联合国推测，自2000年开始，世界上超过一半的人口居住在生育率低于生育替换率的国家或地区。另一方面，有一些地区的生育率大于 4，如印度、巴基斯坦，以及撒哈拉沙漠以南的非洲和阿拉伯半岛地区。

表 4-4　美国中央情报局数据对 2060 年人口预测编制的生育率和年龄分布表

| 国家或地区 | 总生育率 | 年龄<br>0~14 岁（%） | 年龄<br>15~64 岁（%） | 年龄 65 岁及<br>以上（%） | 中值年龄 |
|---|---|---|---|---|---|
| 尼泊尔 | 7.2 | 50 | 48 | 2 | 19.2 |
| 埃及 | 3.0 | 33 | 63 | 5 | 24.3 |
| 美国 | 2.1 | 20 | 67 | 13 | 36.9 |
| 日本 | 1.2 | 13 | 64 | 23 | 44.8 |

在工业化国家里，这种令人不安的趋势会导致许多学校关闭，取而代之的是开办老年公寓，年轻工人的数量减少会导致国家经济的衰退。本国年轻的工人可能会被那些移民自人口过剩国家的年轻人所替代，但这也可能继而导致由于种族文化和价值观区别引起的矛盾。即使没有移民问题，老龄化本身也会改变国家特征。目前关于人类合理年龄分布和人为控制人口规模引发的争议问题还有许多不同的观点。

# 参考文献

Adler, R. E. "Medical Firsts", Wiley, New York, 2004.

Albert, A. "Selective Toxicity: The Physico-Chemical Basis of Therapy", Chapman and Hall, London, 1973.

Bogue, D. J. and J. Nelson. "The Fertility Components and Contraceptive History Techniques for Measuring Contraceptive Use-Effectiveness", University of Chicago Press, Chicago, 1971.

Booth, J. "A Short History of Blood Pressure Measurement". Proceedings of the Royal Society of Medicine 70, 793–799, 1977.

Cape, J. and A. Maurois. "Life of Sir Alexander Fleming", Dutton, New York, 1959.

Claxton, K. T. "Wilhelm Roentgen", Heron Books, London, 1970.

Davis, M. L. and D. A. Cornwell. "Introduction to Environmental Engineering", McGraw-Hill, New York, 1991.

Davson, H. and M. G. Eggleton. "Starling's Human Physiology", Lea & Febiger, Philadelphia, 1962.

de Kruif, P. "The Microbe Hunters", Washington Square Press, New York, 1926.

Diczfalusy, E. "The Contraceptive Revolution: An Era of Scientific and Social Development", Parthenon, New York, 1997.

Dubos, R. "Pasteur and Modern Science", Anchor Books, Garden City, New York, 1960.

Food and Drug Administration. "Medical Devices". 2010. From http://www.fda.gov/MedicalDevices.

Goldberg, D. R. "Aspirin: Turn-of-the-Century Miracle Drug", Chemical Heritage, pp. 26–30, Summer 2009.

Goldstein, A., L. Aronow, and S. M. Kalman. "Principles of Drug Action: The Basis of Pharmacology", Wiley, New York, 1974.

Goodman, J. and V. Walsh. "The Story of Taxol", Cambridge University Press, Cambridge, 2001.

Hayward, J. A. "The Romance of Medicine", George Routledge & Sons, London, 1937.

Hyde, J. S. and J. D. DeLamater. "Understanding Human Sexuality", McGraw-Hill, New York, 2006.

Jeffreys, D. "Aspirin: The Remarkable Story of a Wonder Drug", Bloomsbury, New York, 2004.

Katchadourian, H. A. "Fundamentals of Human Sexuality", Holt, Rinehart and Winston, New York, 1972.

Korolkovas, A. "Essentials of Medicinal Chemistry", Wiley, New York, 1988.

Landau, R., B. Achilladelis, and A. Scriabine. "Pharmaceutical Innovators", Chemical Heritage Foundation, Philadelphia, 1999.

Macfarlane, G. "Alexander Flemings: The Man and the Myth", Harvard University Press, Cambridge, Massachusetts, 1984.

Magner, L. N. "A History of Medicine", Taylor & Francis, Boca Raton, Florida, 2005.

Margotta, R. "The Hamlyn History of Medicine", Reed International Books, London, 1996.

Maurois, A. "The Life of Sir Alexander Fleming, Discoverer of Penicillin", Dutton, New York, 1959.

McPhee, S. J., M. A. Papadakis. et al. "Current Medical Diagnosis & Treatment", McGraw-Hill Medical, New York, 2008.

Ostdiek, V. J. and D. J. Bord. "Inquiry into Physics", West Publishing, Minneapolis/St. Paul, 1995.

Porter, R. editor, "Medicine: A History of Healing", Michael O'Mara Books, London, 1997.

Richards-Kortum, R. "Biomedical Engineering for Global Health", Cambridge University Press, Cambridge, 2010.

Snowden, R., G. D. Mitchell, et al. "Artificial Reproduction: A Social Investigation", Allen & Unwin, London, 1983.

Stanifer, R.Y., M. Doudoroff, and E. A. Adelberg. "The Microbial World", Prentice-Hall, New York, 1963.

Suffness, M. "Taxol: Science and Applications", CRC Press, Boca Raton, Florida, 1995.

Wain, H. "A History of Preventive Medicine", Thomas, Springfield, IL, 1970.

Waller, J. "Discovery of the Germ", Totem Books, New York, 2002.

World Health Organization. "WHO Statistics". Available on http://www.who.org, 2012.

# 第 5 章

# 安全

人类除生命之外，还面临着其他方面的威胁，如健康、自由受损，家人安全，职位、收入、财产或生活水准的保持等。在旧石器时代，人类的主要威胁来自肉食动物及害虫、风暴与暴雨、洪水或干旱，以及火山和地震等自然灾害。到了现代，一个越来越重要的新威胁是经济上的安全感，即收入和支出是否平衡。此外，严重的威胁还有人类自身的暴力行为，即抢劫、黑帮争斗、侵略等。这些威胁可能会轻易地摧毁个人乃至社会防务资源。在古代，许多国王或统治者均标榜自己是人民的守护者和保卫者，以防护灾害为由来为其征收税赋寻求合理性。

通常来讲，自然的力量非常强大，是人力所不可阻挡的。而在社会层面，我们依稀意识到政府的财政和货币政策可能会影响经济周期，但很难提前预知金融危机。因而人类大部分的发明创造和处理安全威胁的方法在本质上都是防御性的。例如，预测及发出预警、修建大坝和堤岸来抵御洪水，以及发明个人保险和公共福利来应对经济威胁。人类暴力通常发生在受害人给人以软弱或脆弱的印象时，因此最好的威慑在于对攻击良好的抵抗，以及反击并对攻击者造成伤害的能力，这会使得加害者的攻击行为显得无计可施。

## 5.1 自然威胁

人类历史充满对自然界的适应与抗衡，有时自然会给予人类不可抗拒的伤害和灾难。这些灾难许多是地质性的，如火山、地震及山崩等；一些灾难是水文性的，如洪水、海啸；一些灾难是生物性的，如蝗灾和瘟疫流行；此外，还有一些灾难是气候性的，如飓风、暴雨、旱灾等。在《吉尔伽美什史诗》中，为抵御猛兽，英雄会使用斧头、刀、弓和箭等与怪兽洪巴巴（Humbaba）、天牛

（Bul of heaven）进行战斗。在抵御地质和水文灾害方面，我们的祖先并没有有效的防卫措施，只能留意一些先期的警报并逃往安全之所。古巴比伦神话中的乌塔那匹兹姆（Utnapishtim）和《圣经》故事中的诺亚均从上帝那里得到大洪水即将来临的警报，使他们有时间建造船只，装载补给并逃往安全之所。

仅 20 世纪至 21 世纪初就发生了许多自然灾害：1953 年，荷兰须德海发生了空前的暴风雨；2004 年，印尼班达亚齐大地震导致印度洋大海啸；2005 年，卡特里娜飓风猛烈袭击了美国新奥尔良州……

除预估这些自然威胁，以及组织重建外，我们并没有十分有效的预防方案，因而需要更多发明创造来维护我们的安全。例如，面对地震的威胁，我们有如下的防御机制。

- 明确自然威胁及人类易损度：如保存美国加利福尼亚州圣安德烈亚斯断层地震的记录，并且告知能够摧毁高速公路、桥梁等建筑物的地震等级。
- 预防性措施：减小易损性，如在地震带内设计抗震结构，以及紧急避难设施和掩体的建造等。
- 预报：基于过往记录和先行指标的预测方法，监测如地颤和动物特异行为等。
- 危机管理：制订疏散、搜救及避难计划。

也许我们可以了解到地震是源自大陆板块的移动，但我们无法精准预测下一次大地震发生的时间和地点。例如，2010 年的海地大地震和 2011 年的日本东北部大地震。我们尚不能阻止或减轻地震破坏的威力。

目前，我们可以明确易发生洪水的主要地区，如靠近雪山融化所形成河谷的低地，以及海拔较低的滨海地带，如威尼斯、阿姆斯特丹、新奥尔良和孟加拉国等城市或地区。我们有天气模型可预测暴风雨，还有雷达和地球卫星来监测飓风的形成和状态。然而，我们还是低估了 2005 年肆掠新奥尔良州的卡特里娜飓风的破坏力。但由于人们无法预测灾难发生的时间和地点及其危害程度，人类社会有时没有在预防性措施方面投入足够的资源。我们发明并建造了大坝和堤防，它们在很多时候是有效的，但堤坝的建造还带来一些困扰，如低谷地区的居民搬迁会给海中的三文鱼洄游产卵造成的一定的障碍。居民的反对或环境的变迁可能会引发政治层面的强烈反抗。

## 堤岸和水坝

堤岸是指与海岸或河岸平行的构筑或凸起的平台，用以抵御洪水。岸是临近河流的天然或人工构筑；堤用于保护河畔的房屋和农田免遭洪水侵袭，通常用夯土来建造，很少高于 15 米，但可长达数百千米。坝是可控制水流的横跨河流的直立壁垒，能形成湖泊或为灌溉而形成水库，并可以用来发电。坝通常使用钢筋混凝土这类坚实的材料来阻断水流，有的可高达 300 米，高且窄的坝可能比低且长的堤更引人注目。

最早的堤岸见于 3 000 年前的古埃及，古埃及人沿着尼罗河西岸建造了长达 1 000 千米的堤防系统，从现在的阿斯旺市一直延伸到地中海海岸。美索不达米亚文明（两河文明）同样也建造了大型的堤防系统。由于堤的强度取决于其最弱的点，因此整个工程建造的高度与标准必须是统一的。一些历史学家认为，大型水利工程需要有极强的政权来统一协调人力等资源，这可能是早期文明发展的重要原因。在现代，巨型的堤防可见于美国的密西西比河沿岸，以及欧洲的波河、莱茵河、默兹河、卢瓦尔河、维斯瓦河、多瑙河等沿岸。

黄河在中国历史上是一个巨大的"伤痕"，因为它时常泛滥并摧毁了很多建筑、农田及生命。舜帝需要一个大臣来"驯服"黄河，因而他指派鲧进行这项工作，鲧采用了堵的方法来治水，但 9 年后毫无起色，舜不得以处死鲧后，指派其儿子禹延续治水的工作。禹仔细考察了河流并发现了鲧失败的原因，最后他决定把治水的方法从堵转变为疏。他考察了许多地方，绘制了地形图，挖通渠道使水流被疏导向大海，即使在其新婚之时，也没有休息及抽出时间回家，甚至在勘察之时三过家门而不入。整整 13 年，他不停奔波、衣衫褴褛、风餐露宿，河流被导向大海，暂时解决了洪水的问题。在位 33 年之后，舜帝禅位于禹，之后禹在公元前 2070 年建立了延续约 400 年的夏王朝。禹成为帝王，也许这是历史上所有发明家或工程师所获得的最高荣誉了。

我们试着考虑一条有 V 型河道的河流，它有正常的深度和宽度，以及正常的流量。当流量涨至 4 倍时，河流的水深和宽度会翻倍，进而导致相临陆地的水灾，而这些陆地由于富饶的耕地及便利的交通极富价值。堤防通常通过把土堆积在已清扫的平面上来建造。堤的底部较宽,向上逐渐收窄直至形成一个平坦水平的顶部,以便于在顶部临时放置土方或沙袋。堤的表面还需要防止侵蚀,因此堤上常常种植绊根草之类的植物,使土壤能黏合在一起。在具有较高堤防的陆地一侧,还通常建有梯田作为抗侵蚀的一种方法。在临水一侧,较大波浪或水流的侵蚀使堤防完整性受到威胁。为抵御侵蚀采用栽种树木、建造加重支柱底板、修建混凝土护岸等方法来克服。堤防把河道从 V 型变成 U 型,阻止了河道变宽,这样就保护了河边有价值的陆地,但持续的淤泥沉积使得河面越来越高并增大水的流速。在河道底部沉积多年的淤泥过后,堤防也需比之前相应地增高,最终,河面及其堤坝都会高于周边的陆地,这样一次溃坝会造成更加严重的损失。有时,人们会故意让堤坝决口淹没较少人居住的地区,以保护大城市不受水害威胁。

密西西比河干流及其主要支流的堤防系统是世界上所见较大的,包括 5 800千米的堤坝,并沿着密西西比河延伸约 1 600 千米——从美国密苏里州的开普吉拉多一直到密西西比三角洲。18 世纪,路易斯安那州的法国殖民者启动了这一堤防系统的建造以保护新奥尔良城。最初的路易斯安那堤坝大约高 1 米,沿着河岸长约 80 千米。堤防建成数十年之后,淤泥的沉积抬高了河床,这就需要建造更高的堤防,因此河流已经高于周边的陆地。1980 年中,密西西比河的堤坝已经达到现在的规模,平均高达 8 米,而最高处达到 15 米。

在设计大坝以阻断高水位时,我们必须考虑需要建多高的大坝以防止可能的水患。最佳的设计不仅取决于可获得的资源和结构,以及可能发生飓风等灾害的可信预测,还需要考虑我们能够和愿意承担的代价。通常,大坝或堤防的设计参照的是历史最高水位,但未来的水位是无法精确预估的,未来的暴风雨可能比任何历史上的记载数字都要强烈。例如,美国飓风的记载始于 1920 年,目前最强的大西洋飓风是 1969 年的卡米尔飓风和 1980 年的阿兰飓风,最高风速均达到 190 英里 / 小时(317 千米 / 小时),请见表 5-1。

表 5-1 美国不同年份 5 级飓风出现的情况

| 年份 | 次数 | 最大风速（英里／小时） | 最大风速（千米／小时） |
|------|------|----------------------|----------------------|
| 1920 | 1 | 160 | 257 |
| 1930 | 3 | 160 | 257 |
| 1940 | 1 | 160 | 257 |
| 1950 | 4 | 185 | 298 |
| 1960 | 6 | 190 | 306 |
| 1970 | 3 | 175 | 282 |
| 1980 | 3 | 190 | 306 |
| 1990 | 2 | 180 | 290 |
| 2000 | 8 | 185 | 298 |

　　为了更高的安全性，新奥尔良的大坝设计是否需要能预防 200 英里／小时的飓风或更高？如果经费只够满足预防 180 英里／小时的飓风呢？谁将为可能高达 220 英里／小时的飓风负责？在接下来的 50～100 年内，最大的洪水规模会是多大？相应的设计中应考虑多大的裕量？"可能"是什么意思？发生百年不遇的"黑天鹅事件"① 怎么办？例如，日本在 2011 年发生的东北部大地震达到 9.0 级，这比之前日本所记载的地震强度都高。建造大坝高度过低则难以扼制洪灾，导致生命和财产的损失；而建造大坝高度过高的损失就是资源的浪费，这些资源本可用于更为紧急的事务，如给予穷困人员食品和药品。因此，可信的预测方法与大坝的最佳材料和结构同样重要。

## 5.2　经济威胁

　　在现代社会中，个人需要稳定的现金流以满足日常开销和不时的大笔支出，如买房或车、应对严重疾病、上大学、创业、扩大经营规模等。这些稳定的现金流和大笔支出可能源自工资收入、存款或向他人借债。在旧石器时代，人们每天觅食并尽可能地储存食物以应对严冬、干旱和饥荒时期。在现代货币经济环境下，收入主要源自工资，未花费的结余可以用于储蓄或投资，如银行存款

---

① 黑天鹅事件是指难以预测且不寻常的事件。

和不动产。有形资产包括土地、房屋、汽车、家具及其他有价值的货物；金融资产包括银行存款、股票和债券、退休金计划及股东权益等。

当个体由于疾病、事故或年老而不能工作时，收入即受到威胁；个人还可能因裁员、生意失败或普遍地经济衰退而资产萎缩。临时的收入损失可以通过取出个人存款、失业保险和社会保障得以弥补。通过分摊不可预见事件风险的方法，银行、保险及养老金计划的出现提供了部分保护体系。严重的国际经济衰退可能会压垮局部的保护体系，此时国家政府或世界银行、国际货币基金组织等国际组织就会为受影响地区提供援助。

个人的资产，如房屋或股票，可能由于外部经济环境或内部问题而贬值，此时投资人可以通过不同资产的多元化投资组合来降低风险。例如，当固定利率债券的利率上涨时，通常股票市场会出现下跌，因为许多投资人会选择卖掉股票转而购入高回报的债券。因此，投资人如果在其投资组合内同时持有股票和债券，那么他就不是"把所有鸡蛋放在同一个篮子里"。

### 5.2.1 银行

当拥有没有花费需求的节余钱款时，我们会寻求一个安全的放置场所。自然界的松鼠会把坚果存放在树洞里，蜜蜂把蜂蜜存放在蜂巢内，而一些人会把多余的现金藏在家里的床垫下面。最初的银行可能是古代的宗教庙宇，用于存放金银珠宝。所有者会觉得寺庙是最安全的存放金子的场所，因为寺庙总有人照看，建造得很坚固，并且足够神圣从而能震慑潜在的小偷。现代的工作者会周期性地（每周或每个月）获得工资，转而将之存入银行，需要时再取出。把收入放在安保更严密的银行要比放在家中安全得多，而且可以便利地用多种形式付款而不必随身携带大量现金招摇过市。

利用现金存款来产生借贷收入的概念最早见于公元前18世纪的古巴比伦，是以寺庙祭司借贷给商人的形式进行的。收取利息的合理性之一是补偿债权人可能无法从商人手中收回贷款的风险；另一个合理性是金钱的时间价值，因为人们通常认为今年的一块金子要比明年的一块金子值钱。银行整合了如下两种功能：吸收流动存款，人们也可以在任何时刻取回；以更高的利息进行更长固定期的借贷，如农民在春天需要资金购买种子和肥料时，这些资金可以在秋天把谷物卖出后偿还，所以可以向银行进行为期 6 个月的借贷并支付利息。当一家商店想为圣诞季购入库存或开分店时，也可以通过吸引投资或银行贷款来进行融资。购房者则通过长期的抵押贷款进行融资，房产即为抵押物以防止购房者无力偿还贷款和利息。

罗马基督教的兴起对社会产生巨大的影响，进而导致对银行业的限制，因为收取利息和高利贷被视为不道德的和有罪的。犹太企业家则没有被禁止借钱给基督教教徒顾客，并且提供金融服务，其需求随着欧洲商贸的发展而不断增长。朝圣者和十字军需要金钱为其从西欧到耶路撒冷的"远征"进行融资。圣殿骑士① 则成为国王在圣地的银行家，以及朝圣者和十字军的投资家。随着耶路撒冷和圣地被伊斯兰教信仰者"占领"后，圣殿骑士就专注于欧洲的银行业务并建立起第一个跨国公司。由于与英格兰的战争，法兰西菲利普四世国王欠了圣殿骑士很多债务，因此他于 1307 年摧毁圣殿骑士团，夺取他们的财产，并把圣殿骑士团团长烧死在火刑柱上。

第一家美第奇银行（Medici Bank）于 1397 年在意大利佛罗伦萨成立，并在罗马和威尼斯成立分行，之后成为艺术事业的赞助商，并为借贷的复式计账会计系统做出贡献。美第奇家族建立了一个富有和深具影响力的王朝，并诞生了很多位公爵、教皇及法兰西皇后。现代的西方经济和金融史可以追溯到伦敦的咖啡厅。伦敦皇家交易所成立于 1565 年，当时，金钱交易商已被称为银行家，并且有着等级划分：最顶层的是与国家首脑做生意的银行家，接下来是城市的交易商，底层则是被美第奇家族接收的带有三球标志的伦巴第银行的当铺。许多欧洲城市如今还保留有伦巴第大街，就是当时当铺的所在地。银行办事处通常位于交易中心附近，在 17 世纪晚期，当时最大的商业中心是阿姆斯特丹港、伦敦和汉堡等地。

银行家主要面临两个威胁：①"流动性风险"是指银行长期借贷占用了太多的资金而不能轻易收回，若此时有过多的储户同时取款以至现金告罄；②"信用风险"是指借贷者无法及时偿还借款和利息。如果银行仅仅进行存款

---

① 圣殿骑士，又译为神庙骑士团，全名为"基督和所罗门圣殿的贫苦骑士团"，是中世纪时期天主教军事组织。圣殿骑士得到罗马教廷支持，拥有诸多特权，遂使其规模、财力迅速增长，甚至发展出最早的银行业。

业务，那么存款人就有完全的流动性，因为银行可以即时归还所有存款。然而，一个拥有约 200 万美元存款且敏锐的银行家可能会发现每月第 30 天总有新的 100 万美元存款入库，而取款是平均分布在每天 3 万美元，即总量的 3%。那么，拿出 100 万美元进行 6 个月至 20 年期的借贷看起来是安全的，因为有着较低的挤兑风险。一个较为保守的银行家可能觉得借贷出 50% 的稳定存款总量是安全的，可带来每年 5% 或 2.5 万美元的收益，因为他觉得每天 3% 的取款对银行拥有的 50% 的现金可能不会带来大麻烦。一个激进的银行家可能觉得借贷出 90% 的稳定存款总量更为盈利，这样一年可以赚取 4.5 万美元。此时激进的银行家就处于极大风险中，因为银行中只有 10% 的剩余存款，而每天储户要取走 3% 的存款，情况在取款率达到三倍，即 9% 或更高时就更为紧迫。临近圣诞节，取款率可能要增大很多倍，储户因为假期有巨大的购物需求；而零售商也需要从银行借贷来扩充库存并为每年最大的购物季做准备。如果此时暴发银行缺钱的流言，众多储户就会拥向银行并要求取回款项，进而造成社会恐慌。保守银行家的做法更为安全，但赚的钱较少；激进的银行家则面临更高的风险，但盈利更多。在银行理事会对带来非常规高利润的银行家给予奖金时，这些高风险的行为就得到鼓励，因此敢冒风险的银行家就比保守的银行家获得了更多的回报，但一旦失败则可能毁掉整个银行。由于高盈利而获得高额奖金的银行家可能更在意他们的奖金，而不是银行股东的红利。历史上有过很多次银行家过于激进和冒险的例子，导致银行破产，甚至导致整个国家、世界的经济衰退，如 2008 年发生的世界金融危机。

降低信用风险的方法是由独立机构进行信用评级，以评估借贷者是否有能力及时还款，进而决定向借贷者收取多少利息，以及明确一旦其违约的抵押品。这通常是基于借贷者的财务历史，以及其资产和债务的性质决定的。最知名的信用评级机构包括穆迪机构和标准普尔，这些机构为个人、公司，甚至国家进行信用评级。例如，2009 年 8 月 11 日，15 年期的房屋抵押贷款利率是 4.93%，30 年期的则是 5.68%；48 个月的汽车贷款利率则是 7.24%。具有最好质量和最低风险的 AAA 级企业投资债券拥有最低的约 4.20% 的回报率，具有中等信用风险的中级评级 BAA 级债券则拥有约 6.25% 的回报率。投机性等级因高回报率和高风险相关的"垃圾"债权而著称，可能违约的具有最低的 CCC 评级的债券其回报率也许高达 17.06%。

当发生普遍的经济衰退时，信用评级系统并不能保护银行和储户，当最大的银行都缺钱时，许多消费者和商家将无钱可花或因过于担忧而不敢花钱。这时，许多产业会萎缩或停产，导致人们失业和收入损失。在 1929 年的大萧条时期，保守的美国政府毫无作为，使情况越来越糟。约翰·梅纳德·凯恩斯（John Maynard Keynes）提出一项理论，即政府需要花钱刺激经济，即使这些钱是借来的。这项政策被罗斯福总统于 1932～1941 年所采纳，之后第二次世界大战爆发并成为一项经济激励。在 2008 年的经济衰退中，美国政府再次成为“消费者”来刺激经济，政府大量举债以支撑受影响的银行，因为这些银行“太大了而不能破产”——换句话说就是，“不允许其破产”。

### 5.2.2　保险

长途旅行和运输昂贵的货物有很大风险，因为货车可能会遇到风暴等危险，轮船可能在海中沉没，此外还可能有事故、抢劫和被盗的风险。保险的概念是把风险分摊到足够大的人群，这样少数不幸的个体就会被大量的幸运个体所补偿。早期转嫁和分摊风险的实践见于公元前两千年前的古代中国和巴比伦的交易商。中国商人穿过危险的急流时会把他们的货物分装到多个船只上，这就将损失限于沉没的单个船只上。还有一些保险方法并不涉及财物，如一群人成立“互助会社”，一旦一个会员出现损失，其他会员就会帮他弥补。

当金钱用于风险投资时，基于金钱的保险业务就成为可能。公元前 1750 年的《汉谟拉比法典》记载了古巴比伦人建立的一套保险系统，这套系统由早期的地中海船商实施。当一个商人获得一笔贷款来支持其船运时，他会额外向贷方支付一笔费用来换取贷方保证当船货被盗时能取消借贷。一千年之后，希腊罗兹岛的居民发明了“共同海损”的概念——一起进行船运的商人会分摊一笔额外费用，以用来赔偿在风暴中可能沉没的船只的损失。为避免货物遭受 100% 的损失而付出 10% 的保险费是较为合理的。公元 600 年，希腊和罗马人引入了健康和生命保险的概念，当时他们组建了一个被称为“慈善团体”的行会组织，以照顾其家人并为成员的死亡支付丧葬费用，中世纪的行会也有着同样的目的。在 17 世纪晚期，保险体系建立之前，类似的制度就存在于英格兰，成员向一个总账户捐款，以备紧急之需。不作为借贷合约或其他商业合约一部分的独立的保险合约是在 14 世纪的意大利热那亚发明的，这些新出现的保险合约把保险从投资中分离出来，在文艺复兴时代后的欧洲变得越来越复杂，并开发出不同种类的保险。

17 世纪后期，伦敦作为交易中心其重要性的提升也增加了对海上保险的需求。1680 年末，爱德华·劳埃德（Edward Lloyd）开设一间咖啡馆，云集一群船主、商人和船长，因而这里成为最新船运新闻的可信来源。这个咖啡馆也成为参保人与保险代理人会面的地方。如今，伦敦的劳埃德保险社依然视海上和其他专业保险为主导市场。

伦敦大火灾发生在 1666 年，大火吞没了 13 200 座房屋。在灾后重建中，尼古拉斯·巴尔本（Nicholas Barbon）于 1680 年成立一个办事处，来为砖体和木质房屋提供保险业务。1732 年，美国最早的保险公司成立于南卡罗来纳州的查尔斯顿，可提供火灾保险业务。本杰明·富兰克林（Benjamin Franklin）推广并建立保险实施的标准，尤其是以终身保险的形式来防御火灾。1752 年，他成立费城保险公司，为火灾中毁坏的房屋提供保险业务。富兰克林的公司是第一个专为火灾防治做出贡献的保险公司；他的公司为公众提供火灾警示，但拒绝为诸如纯木质房屋之类失火风险较高的建筑提供保险服务。

美国 50 岁的人口死亡率约为 5‰。有人可能买入 10 万美元的人寿保险，以帮助未亡人支付殡葬费用和缓冲突变带来的影响。假设保险公司拥有 1 000 名客户，每人每年支付 700 美元的保险金，这样公司每年就募集了 70 万（1 000×700）美元，而预计支出 50 万（5×100 000）美元，可节余 20 万美元用于日常开销和利润。

## 概率与保险

导致死亡的原因可能有很多，它们可能是随机的和不相关的，如患病、发生事故等。死亡原因也可能是一致的，如发生地震和战争时，很多人由于同一原因同时死去。如果死因是随机和不相关的，那么死亡事件的发生应该从泊松分布[①]，即 $P(\lambda,k)=(\dfrac{\lambda^k}{k!})e^{-\lambda}$。这表明下一年的人口死亡概率有如下可能（表 5-2）。

表 5-2　下一年人口死亡概率与保险公司盈利情况

| 死亡数 | 概率 | 累积概率 | 公司盈利（万美元） |
|---|---|---|---|
| 0 | 0.0067 | 0.0067 | 70 |
| 2 | 0.0842 | 0.1247 | 50 |
| 4 | 0.1755 | 0.4405 | 30 |
| 6 | 0.1462 | 0.7622 | 10 |
| 7 | 0.1044 | 0.8667 | 0 |
| 8 | 0.0653 | 0.9319 | −10 |
| 10 | 0.0181 | 0.9863 | −30 |
| 12 | 0.0034 | 0.9979 | −50 |
| 14 | 0.0005 | 0.9998 | −70 |
| 16 | 0.0001 | 1 | −90 |
| 17 | 0 | 1 | −100 |

若有 86.67% 的概率死亡人数不超过 7 人，这样公司就不会亏损；而有 13.33% 的概率死亡人数会多于 8 人，这样公司就会亏损。有 6.53% 的概率死亡人数会达到 8 人，这样公司会亏损 10 万美元；有 0.34% 的概率死亡人数会达到 12 人，这样公司会亏损 50 万美元。

当然，死亡人数并不总是设想的数字，可能会多，也可能会少。上面的例子中，死亡 4～6 人具有最大的概率，这样公司会节余 10 万～30 万美元。当来年的实际死亡人数高于 7 人时，保险公司就要面临亏损，会引发投资保险公司的股东的不满。为了降低亏损的概率，保险公司可以把保险金涨至每年 800 美元，这样亏损的概率就会降至 6.81%，即每 15 年有 1 年亏损；而把保险金涨至每年 900 美元会把亏损概率降至 3.2%，即每 33 年有 1 年亏损。由于一个城市里

---

①　泊松分布是一种统计和概率学中常见的离散概念分布，由法国数学家西莫恩·德尼·泊松于 1838 年发表。

还有其他保险公司，那么提高保险金又会损失多少客户呢？

另一个增加盈利概率的方法是扩大客户基数，这样让大数定律①能支配公司运作。事实上，客户群的规模与亏损概率直接相关（表5-3）。

表5-3　客户规模与亏损概率

| 客户规模 | 亏损概率（%） |
| --- | --- |
| 1 000 | 13.33 |
| 3 000 | 5.31 |
| 10 000 | 0.30 |
| 30 000 | 0.0002 |

保险公司可以选择向再保险公司投保来购买再保险。再保险公司是一个巨型组织为大量的保险公司提供保险服务，这样可降低单个保险公司资不抵债的风险。资产巨大的再保险商包括瑞士再保险公司及伯克希尔哈撒韦再保险公司。如果10家小保险公司从美国再保险公司购买再保险服务，那么风险概率会降至0.30%，即333年才有1年亏损，这对于美国再保险公司来说，概率是很小的。

然而，不是所有的死亡都是随机非相关事件，如在地震或战争中造成的死亡。这时，即使有着数以百万的保险公司，美国再保险公司仍会面临麻烦，美国政府就可能介入来解决危机。在主要的经济危机中，如2008年雷曼兄弟公司和美国国际集团破产，美国政府就以再保险商的身份进行干预。基数越大就越安全，而对于美国这样的大国和欧盟来讲，出现毁灭性打击的可能就相对较小。

## 5.3　人类暴力：战争

兵者，国之大事，死生之地，存亡之道，不可不察也。

——孙子，春秋末期军事家

无疑，对安全最大的威胁就是源自其他人，不管他们是强盗、恐怖主义团体，或是外国侵略者。国家在战场上的胜利是未来独立自主和国家力量最重要

---

① 大数定律是在随机事件的大量重复出现中，几乎呈现必然的规律。也就是，当我们大量重复某一相同实验时，其实验结果多会稳定在某一数值附近。

的决定因素。历史经验表明，超级发明和技术在战争中扮演着重要角色，统治者更愿意投资于军事发明而不是其他用途的发明。2009 年，美国联邦研发拨款共 1 750 亿美元，其中 55%，即 860 亿美元用于军备方面，而只有 400 亿美元用于医疗发展。

好的防御是抵御侵略所必需的，但大多数军事发明用于进攻或消灭敌人。一个公认的假设是：受害人的软弱和脆弱会招致侵犯，而最佳的威慑是拥有强大的打击能力可以对侵略者进行反击并造成巨大的损失。中国有一个故事是讲述"矛盾"的由来：武器工匠称他做的矛可以击穿所有的盾；当卖完矛之后，他又声称他做的盾可以抵挡所有的矛。历史上有很多例子是讲述高墙和城堡的发明，它们被设计得牢不可破并可以抵挡围攻，之后又发明出新的攻城武器可以攻破这些高墙，但之后又出现了更为先进的防守性发明来阻挡这些攻城武器，如此往复。

## 5.3.1　古代武器和防御

《伊利亚特》里充满着对战争的描述，荷马在书中给出了当时战争装备的详细信息。特洛伊的城墙在 10 年内都是极关键的，它阻挡了希腊人及其强大的军队，使特洛伊城免遭洗劫，也保护了美女海伦。显然，希腊人并没有强大的攻城装备可以威胁或攻破其城墙。城墙最终被诡计攻破——希腊人在木马中藏着士兵，木马不知不觉地被毫无怀疑的特洛伊人带进城内。在《伊利亚特》第三卷中，帕里斯王子为战争准备的装备包括一对护胫和护膝、护胸甲、剑、盾、头盔及一把矛。在《伊利亚特》第七卷中，忒拉蒙的儿子埃阿斯带着一枚像墙一样的盾，外面一层为青铜，里面为七层牛皮。当赫克托尔向埃阿斯的盾投出长矛时，矛穿过了青铜层和六层牛皮，最终被第七层牛皮挡了下来。

当阿喀琉斯出发与赫克托尔进行巅峰对决前，他的母亲忒提斯前去拜见火神赫淮斯托斯来赐予他一套任何人都梦寐以求的无敌战甲。她得到了一件盾、一个头盔、两件有着踝扣的护胫，以及一件胸甲。为了完成这件杰作，赫淮斯托斯走向了他的 20 口风箱，为其熔炉鼓风使得火焰高涨。他把青铜和锡浇铸在火焰上并加入昂贵的金银。安放好巨铁砧后，他一手紧握巨大铁锤，另一只手则紧握着钉钳。赫淮斯托斯打造了一个巨大而沉重的盾，运用其精湛的技艺在盾表面雕刻了许多精美的图案，最后还配上一条银制肩带。荷马详尽地描述了这把盾上所刻的场景，以至于让我们觉得他是故意如此以阻挡赫克托尔投出的矛，进而使赫克托尔停下来欣赏盾的美妙而忘记战斗。盾牌上描绘了天空和许多星星，还有葡萄园和舞池；一个和平之城中正在举行婚礼和节日庆典，以及一场在法官面前的辩论；一个战争之城。在盾牌坚固结构的最外边缘还刻有壮阔的大洋流。如果符合这些细节的话，这些场景雕刻的尺度会很小，或者盾本身十分巨大。

后来，赫准斯托斯还为阿喀琉斯打造了一件比火还闪亮的胸甲、一个雄伟并紧紧贴合其太阳穴的头盔，以及用柔软的锡锻造的腿甲。赫准斯托斯的主要目的究竟是保护穿戴者免受伤害，还是发表一则时尚宣言以证明他是整个希腊最潮的武士？是什么让他觉得银制把手适合这把盾，而锡适合于护胫呢？因此，赫准斯托斯，与其被称为工匠，倒不如称为雕刻家，因为一个称职的工匠会把盔甲设计得既坚固又轻便。让我们看看下面的材料性质（表 5-4）。

表 5-4  不同材质的性能

| 材质 | 密度（g/mL） | 杨氏模量（GPa） | 莫尔强度 | 熔点（℃） |
|------|------------|--------------|--------|---------|
| 皮革 | 1.0 | | | |
| 锡 | 7.3 | 50 | 1.5 | 232 |
| 铁 | 7.9 | 211 | 4.0 | 1535 |
| 铜 | 8.9 | 130 | 3.0 | 1083 |
| 银 | 10.5 | 83 | 2.5 | 961 |
| 铅 | 11.3 | 16 | 1.5 | 327 |
| 金 | 19.3 | 78 | 2.5 | 1063 |

注：杨氏模量是描述固体材料抵抗形变能力的物理量。莫尔强度是指由莫尔提出的判断材料剪切破坏的强度的相关理论。

金要重于铁，而铁远重于皮革。在上表中，皮革是最轻的材料，不够坚硬无法阻挡剑和矛。锡是其中最轻的金属，有着适中抗压性，但它太柔软了。铁的硬度强，但它的熔点也很高，以至于难以熔合。如果无法获得铁，那次好的材料是用铜和锡制成的青铜。在任何情况下，好的工匠都不会使用金和银，因为它们既贵重又软。

作为忒提斯请求的初衷，在战场上，这套盔甲会表现如何呢？结果可能让大家很失望，没人会停下来欣赏盾上杰出而美妙的图案，因为当阿喀琉斯出现时，大多数武士都逃跑了，而少数留下来战斗的勇士并非艺术鉴赏家。在《伊利亚特》第二十卷的后段，遇到埃涅阿斯时，阿喀琉斯的盔甲才真正经受了考验，埃涅阿斯向它投出巨矛。这副盾外部有两层青铜，里面有两层锡，在两者之间还镀有一层金。事实上，埃涅阿斯的矛被盾牌的金层所阻挡，但它必然穿透了外面两层上的精美图案，这一点荷马并没有详述。

最早的弓只是单片木头制成的简易装置。例如，弯成弧形的紫杉木，这种形状可以使弓手慢慢积蓄能量进而突然射出箭矢。有些箭弦是用动物的肠子制成的。弓箭的优势在于能够在安全距离外进行射击，这就是为什么阿波罗与阿瑞斯相比是非常擅长远距离作战的斗士，后者进行近身肉搏而有身体受伤的危险。强大的箭手通过特别的饮食和训练可以拉动 45 千克或更强的弓。简易的木弓逐渐被用多层叠片制成的复合弓所替代。当弓拉开时，弓腹或靠近弓手一端会被压缩而变短，而靠近目标的弓背则被拉伸而变长。很显然，不同的材料适合不同的功能，如动物筋腱用于拉伸更为合适，而动物角则更适合压缩。经典的复合弓在弓腹有一层角质，中间为一层木质，而弓背则是一层筋键。这三层被明胶黏合在一起，并用粗纤维固定起来，最后涂上漆使之防水。

历史学家对于弩是否在中国西部被独立发明出来还存有争议，至少在公元前 450 年，孙子就记载了弩的使用。用双脚固定弓并用双手拉开，或者在弓弦上使用曲柄，弩可以负载 91 千克的拉力。当弓弦上使用击发准备装置后，弩手即可轻松地瞄准而不必再费力拉紧弓弦。弩有扳机装置，这个装置一般用青铜或铁制成，并且有三个部件。第一个部件是转向轮或竖轴，它有一个竖立的齿轮可以拉住弓弦或反转过来放开弓弦。当使用弩时，弩手把弓弦向扳机装置拉开，然后把弦放置于竖轴的齿轮上。第二个部件是用来防止竖轴向前反转的击发阻铁，而它本身受第三个部件的控制，即扳机。当扳机拉动时，阻铁就脱离使得竖轴放开弓弦射出箭矢。当箭射离后，弩手还可以拉直竖轴使得扳机重新竖起，进而让阻铁归位至扳机上的凹口内，这样弩手又可以再次射击。

在英法百年战争中，英国士兵采用了威尔士长弓，并且在克雷西战役（1346 年）中取得巨大的成功。一万两千人的英军依靠长弓成功击溃三万六千人的法军。英格兰长弓手站成 V 字阵型，每分钟可以射出五或六支箭。法兰西骑兵反复向这个 V 字阵型冲锋，但箭雨击杀了他们的马，使他们坠地。法国人雇用热那亚弩手，这些弩手每分钟只能射出一到两支箭，因为上弦速度慢得多。让人惊讶的是，在接下的普瓦捷战役（1356 年）和阿金库尔战役（1415 年）中，英格兰长弓手持续击败法国骑兵，而法国似乎并没有从失利中吸取教训而改变战法。

为阻止侵略者的入侵，人们可能把家人和财物藏进某个屏障之后，如栅栏、壕沟或城墙。苏美尔地区的乌鲁克是世界上最古老的有城墙的城市之一，其城墙由砖石砌成，在《吉尔伽美什史诗》中有着详尽的描述；巴勒斯坦的杰利科有一座可以追溯至 7 000 年前的城墙；尼布甲尼撒在古巴比伦周边也建造了一座城墙，它的入口处有壮丽的伊什塔尔城门。另一方面，克里特岛的克诺索斯宫却没有围墙，有可能是因为他们相信自己的海军可以御敌于城外。

中国的长城始建于公元前 750 年，这是一项宏伟的计划，不仅为了保卫城市，而是要保护整个农耕文明，使之免受来自草原和沙漠的游牧部族的掠夺。为了建造这远离都城的长城，工程更多地采用了当地的材料，包括一些石材，但更多的则是使用夯土，这是一种混合了白垩岩和石灰的土壤，还加入一些稻草、畜粪及砾石等作为黏合剂。这种混合物抹在垂直的墙架之间，并且从顶部夯实，以压紧而减少孔隙。长城通常高达 12 米，底部宽约 12 米，顶部则收窄至约 7 米宽。早期的秦长城可以追溯到公元前 220 年，虽然气候相对较为干旱，但在接下来的数个世纪里几乎全部被风蚀了。现存的主要长城可以追溯至 1368 年的明朝，它使用了更多的砖石材料，尤其是在瞭望塔上。

堡垒应当建于山上，并且建有高墙，这样防守者就可以看见远处的入侵者，射出更远的箭，并可以扔下巨石打击靠近的敌人。攻击者则希望使用梯子爬上城墙，使用攻城锤撞开城门，或者挖掘地道进入城内。特洛伊城墙阻挡了希腊人 10 年，希腊没有攻城武器，只好用木马计进入特洛伊城内。罗马人于公元 122 年在英格兰建造哈德良长城，以阻挡彪悍的苏格兰人的突袭。哈德良长城长达 120 千米，把苏格兰和英格兰隔开。在东侧，它由石头建成，高 6 米、宽 3 米；但在西侧，它由泥炭建成，高 4 米、宽 7 米。哈德良长城每隔一罗马里（约 1.48 千米）就建有一座里堡，并驻有守备部队。维特鲁威是古罗马著名的建筑工程师，他写过一本论述防御工事及攻城武器的论著，这些攻城武器包括石弩、撞车及攻城塔。

欧洲城堡建造的黄金期始于十字军东征归来，他们带来很多新的思路。目前，保存最好的城堡之一是位于叙利亚南部美丽的骑士堡，它处于兵家必争之地，被联合国教科文组织确认为世界文化遗产地。T·E.劳伦斯（T.E. Lawrence）称之为"可能是世界上保存得最好并且最令人叹为观止的城堡"。它位于一座孤山上，下面是一片广阔的平原，这样使侵略者暴露在其打击范围下并需要向上攀爬。它被设计成一个拥有外墙的同心城堡，内外墙之间隔有外庭的空地和壕沟，内部还有若干雄伟的塔楼作为最终的防御设施；外墙极为陡峭，厚达 3 米，还有 13 座箭塔；外墙上还有外堡或强化的门楼，可以打开让访客进入外庭；之后，还要穿过一座壕沟再面对有七座强大塔楼的内墙。要进入内庭还有一道单独的外部通道，这是一条慢慢上升的又长又窄的坡道，并且有一个急转弯进入另一个窄坡，这使得攻击者完全暴露在上方的射击之内。最终的防御是这些塔楼，里面通常驻扎着主师和骑士。

1482 年，莱昂纳多·达·芬奇写了一封被广为引用的信给米兰公爵卢多维科·斯福尔扎（Ludovico Sforza），想为其效劳。他在信中列举了自己作为战事工程师的许多杰出技能：在战争中建造或摧毁桥梁、为堑壕排水、设计投石车发射石头、挖掘地道以通过壕沟和河流、设计战车等。最后，在信的末尾，他自信于和平时期在修建公私建筑、雕塑大理石和铜像、绘画及其他诸多方面都不会比任何人差。这封信是有成效的，卢多维科雇用了达·芬奇 17 年，包括指派他绘制《最后的晚餐》等画作。

城墙和塔楼可能招致攻城武器的袭击，这些武器包括可以向城墙投掷巨石的投石车、冲撞城门的撞车、使得箭手和攀爬攻击手可以与城墙上的守军处于同一高度的攻城塔，以及可以挖掘地道直达城墙内的挖掘机。只要有足够的水和食物，坚固的城墙可以长时间抵御围攻，但城中的人最终会在长期的围攻中断粮。当大约公元 1200 年火药出现之后，高而薄的塔楼和城墙可以轻易被火炮击毁。君士坦丁堡的陆上和海上城墙长达 20 千米，它挺立了一千多年，只在第四次十字军东征时被攻破一次。穆罕默德二世苏丹在 1453 年带领其大军围攻君士坦丁堡。匈牙利人奥尔班想为拜占庭人效劳，但拜占庭人不能保证有足够的钱来雇佣他。于是，奥尔班投向了穆罕默德二世，并设计了 9 米长的火炮，可以把 600 千克的弹丸抛射出 1.6 千米。穆罕默德二世的巨炮向君士坦丁堡轰击了数周，同时他的军队还致力于挖地道来攻破城墙。君士坦丁堡的沦陷同时标志着东罗马帝国的灭亡。

火炮迫使城堡的建设进入新时期，城墙被重新设计成矮但更厚的样式，这可能不如高墙看起来那么雄壮。当攻击集中在围墙的一部分时，在城墙其他地方驻守的守军就无法向攻击者还击。这样一来，著名的星形要塞便应运而生。它由米开朗基罗在佛罗伦萨保卫战中提出，从中心延伸出的星形的顶点是防守严密的棱堡，部署有壕沟和栅栏，守军还配有弓箭和火炮。当侵略军攻击连接棱堡的薄弱城墙时，他们可能遭到来自两个棱堡的不同角度交叉火力的攻击。最著名的发明家可能是塞巴斯蒂安·勒·普雷斯特·德·沃邦（Sebastien Le Prestre de Vauban，1633～1707），他是一位法国军事工程师，一位法兰西元帅，一位在建造和攻击堡垒领域最杰出的专家，在堡垒建造方面进行了众多的革新。1667～1707 年，他升级了 300 个城市的城防并建造了 37 个新堡垒。

### 5.3.2　马、骑兵和马镫

马匹的引入彻底改变了战争形态，因为马的速度和力量是步兵所无法比拟的。美国历史学家林恩·怀特（Lynn White）论述道，战斗中马的使用历史可分为三个阶段：①战车；②使用双膝的夹力紧贴马匹的骑兵；③双脚踩住马镫的骑兵。每种新技术的引入都会带来社会和文化深远的变革，并且提高了有骑手的地位。在美索不达米亚、埃及和中国等地都遗存着大量古代壁画，描绘了战车上得胜的国王连同驭手和弓手一起站在战车上碾轧败溃的敌人。这个场景需要马匹和双轮战车，给使用者提供一个较高的平台可以观察整个战场，并且可以快速到达关键的场所。战车还是一个绝佳的平台，用来射箭、投掷标枪和用矛刺穿敌人。希腊人和马其顿人发展了步兵方阵，每个步兵均在右手持有 7 米长的长枪，左手持巨盾。一旦这个方阵成形，战车和骑兵就会难以突破这个枪阵。希腊人和马其顿人多次证明了战阵对于战车和散兵的优势。

据林恩·怀特所述，在马镫发明之前，骑兵仅仅用一块布垫着坐在马上。骑兵主要是一个移动的弓手和标枪投手，在马上可以有限地挥舞枪剑，此外，骑兵的标枪也只能使用肩部和臂部的力量投出，无法对步兵使用长枪进行刺击和撞击，因为他可能从马背后面摔下去。因此，骑马的目的是为了速度和处于有利位置，但在激烈的肉搏战中通常意味着骑兵要先下马，再像步兵一样战斗。

当马镫被发明和使用后，马鞍也被用在马上了，骑兵把脚置于马镫内可以使他在做激烈动作时坐得更稳。在图 5-1 中，马鞍被放在马背上，马镫用来放脚，这样骑手可以抵抗使之左右晃动的力道。马鞍在前部有个高的鞍环，后部有个高的鞍尾，这样使骑手防止在马速突然改变时向前或向后滑倒，如搏斗时的冲击力。事实上，骑兵最致命的攻击是把长枪置于前部，通过他身体的重量和马的冲击力把枪以更强的力量刺出，而不是单单用臂力把枪掷出。

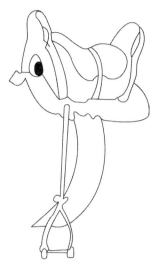

图 5-1　安有脚镫、鞍环和鞍尾的马鞍

怀特把原始的大脚趾马镫的发明归功于公元前 2 世纪的印度，而全脚掌马镫则于公元 477 年由中国人首先发明。马镫的使用于公元 582 年传至拜占庭，在查理·马特尔时代传至欧洲，并使骑士制度建立。早期的法兰克人主要是采用步兵作战。公元 732 年，查理·马特尔（Charles Martel）在普瓦捷遭遇撒拉逊人，他的步兵战阵像一堵墙一样挡住了撒拉逊的骑兵，而得胜的步兵却追不上逃跑的撒拉逊人。战马和重甲需要精英阶层的专职部队进行投资，这就带来了封建制度的确立。在教皇匝伽里（Pope Zacharias）默许下，由于有必要与撒拉逊人、撒克逊人和弗里斯兰人战斗，马特尔没收了教会的土地并分发给他的领地以扩充马匹和装甲。封建制度是指这些接受了土地的领主必须发誓效忠，当受到君主征招时必须提供马匹和装备。这是一支小型职业军队，是大量穿着轻甲的农民军根本无望匹敌的。查理大帝（查理曼帝国的建立者）的军队就以骑兵为主。

诺曼人最终征服了英格兰，公元 1066 年发生的黑斯廷斯战役可以归功于新技术的变化。盎格鲁－撒克逊人了解马镫，是因为哈罗德王和他的骑兵就在使用马镫，但他们并没有发展封建制度，也没有出现马背上的精兵。在黑斯廷斯，撒克逊王摆出了古老的日耳曼式盾阵下马步战。撒克逊人处于森勒克山丘上占据地利，并且他们很可能人数也要多于诺曼人。但哈罗德王并没有用骑兵作战，几乎也没有弓箭手，只能站成一排来抵御对方的机动打击，而没有能力进行快速机动和反击。当诺曼人威廉赢得胜利成为英格兰国王后，他使新王国走上封建制，培养了更多的骑士。

骑兵处于支配地位的时期持续了数个世纪，直到长弓的发明。克雷西之战发生在 1346 年，1.2 万英格兰步卒击溃了法兰西骑兵。当普通士兵都可以使用长弓来抗击骑兵的猛烈冲击时，骑士时代也就终结了，之后则出现了更为致命的武器——火药和火枪。

### 5.3.3　火药

火和燃烧物被用于战斗有着悠久的历史，这被认为是火药的先驱。公元前332 年，亚历山大发动的提尔攻城战就以燃烧的沥青著称。早在公元 671 年，著名的希腊火药就被拜占庭人用来抵御阿拉伯人。他们开发了一种秘密配方，很可能是用泵从一种青铜器中抽出石油，并且混合了诸如遇水即燃的生石灰之类的其他物质。

根据公元前 4 世纪墨子的记载，中国在战争中使用了烟幕和毒烟——由芥末、石灰、砒霜及其他刺激性成分制成。早在公元前 7 世纪，《诗经》中就可以见到熏香的记载。道家的方士一直在寻找长生不老药，其配方中有许多化学成分，包括朱砂、硝石及其他化学物质或混合物。方士混合了众多材料，早在公元前 200 年前就为秦始皇制作了许多长生不老药，但这些药最终反而加速其死亡。可能这些实验的另一个目的是出于宗教和公共卫生传统，即通过"烟熏"排出虫子之类的毒物。熏蒸法还用于医疗用途，以及消灭蛀书虫。硫黄本身可以用于烟熏，而加入硝石后会使烟雾更为可观。火药大约在公元 850 年在中国唐朝得以发明，发明者是道家术士，而不是工匠或士兵。当时，一本道家的经书提及一种硝石（硝酸钾）、硫黄和含炭材料的混合物，并警告读者这种混合物遇火即燃并可能燃掉整个屋子。

在早期的火药中，硝石的占比很小，只能用于放火和投掷火器，而不能用作炸弹或把子弹从枪里发射出去。到公元 1000 年，硝石含量更高的火药被放置于球形的炸弹和手雷中，用投弹器或投石机抛向敌人。最早的有关火药配方的记载是在 1044 年，包含很低比例的硝石。根据化学反应方程式，火药最理想的比例是 2 分子的硝石、1 分子的硫黄和 3 分子的碳，如下化学式：

$$2KNO_3 + S + 3C \rightarrow K_2S + N_2 + 3CO_2$$

因此，最理想的比重是硝石∶硫黄∶碳 =75 ∶ 12 ∶ 13。硝石或硝酸钾（$KNO_3$）的作用是为燃点较高的碳（C）的快速燃烧提供氧气；硫（S）的目的是降低点火温度（大约 250 ℃）。硝酸钠可以与硝酸钾有同样的作用，但它会吸收空气中的水分受潮而影响效力。我们可以把燃烧或爆炸的速度分为不同的等级：

● 慢速燃烧：如油灯、沥青和硫黄的燃烧。

● 快速燃烧：如蒸馏过的石油、石脑油[①]或"希腊火药"。

● 爆燃：有闪光的快速燃烧，适合发射火矛等武器，需要至少 33% 的硝酸盐。

● 爆炸：有巨响的快速燃烧，适于从枪炮的金属腔管中发射出弹体，需要至少 55% 的硝酸盐。

● 爆裂：威力足以把金属容器炸开的极速爆炸，适用于炸弹，需要 75% 的硝酸盐。

源自中国敦煌莫高窟，目前存放在巴黎吉美博物馆的一幅绢画上描绘了一个魔鬼用火矛威胁菩萨的场景，而另一个魔鬼则想扔出一枚炸弹。这个火矛需要一个圆柱形的容器，而中国易得到的圆柱之一就是把竹节内部去除的竹管。根据公元 1130 年的记载，人们很可能是把低浓度的硝酸盐粉末装进青铜器或铸铁管的火矛，然后绑在枪的后端，它的有效燃烧时间约 5 分钟，可以猛攻敌人所在的城市来打击敌军士气。这种可投掷火器可以与使用液态石脑油作为可燃混合物的"希腊火药"相比。由于其射程较短，火矛更多的是作为一种威胁而不是高效的武器。

另一个有关炸药的发明是火箭，它把火矛倒过来，让射出的废气向下喷发，通过反冲推动圆柱体升至空中。火箭可以携带烟、燃烧物，甚至炸药。真正意义上的手枪和大炮出现在 1280 年，有三个组成部分：

---

① 石脑油是石油产品之一，又叫化工轻油、粗汽油，主要用作化工原料。

①金属圆柱管。

②硝酸盐含量较高的火药。

③封住枪/炮口的弹丸，这样火药的推力不会从弹丸与枪口之间的间隙中跑出，而是强力推动弹丸发射。

从火药到枪的发明速度很慢，大约花了 400 年。公元 1350 年，大型的火炮开始出现。阿拉伯人通过与蒙古人的接触和战争了解了这些进展。阿拉伯世界最早的火药是由公元 1280 年拜占庭帝国叙利亚的哈桑·拉曼赫（Hassan al-Rammah）发明的，它和拜占庭的《焚敌火攻书》（*Liber Ignium ad Comburendos Hostes*）出现在同一时期。相对来说，火药、滑膛枪及火炮在欧洲发展得十分迅速。罗杰·培根（Roger Bacon，1219～1292）曾经讨论过火药的神奇之处。真正的火炮需要末端闭合的坚固青铜柱体，来形成放置火药和与之紧紧贴合的弹丸的腔室。青铜铸造技术已经得以开发并用于铸钟。另一方面，大炮也导致了城堡和贵族封建主义的衰落；在海上，使用撞锤的多桨战船也被配置了大炮的帆船所代替。到公元 1582 年意大利传教士利马窦到访中国时，西方在火枪和火炮方面已经远远超越缓慢发展的中国武器。

这真是一个悲剧，

人们不该把制造火药的硝石从善良的大地的腹中发掘出来，

使无数大好健儿都为之暗算，

一命呜呼。

威廉·莎士比亚在《亨利四世：第一章》中如是哀叹。

在火药的三种主要成分中，碳元素或木炭是最易得的，只要把木头不完全燃烧即可。硫黄相对较难获得，但可以从火山、温泉及硫矿石中获取。最难获取的成分是硝石，它占火药约 3/4 的比重，并且在古代的西方无法制备。硝石在自然界中由细菌降解有机物质生成，如高温高湿环境下的排泄物，以白色晶体样的"地霜"形式出现在高山、沼泽的地面上。人们把这种白色的晶体收集起来，溶解在水里，再过滤杂质，之后把水煮沸去除水分，使硝酸盐沉淀为松针样的晶体，阿拉伯人称之为"中国雪花"。

　　为了补充硝石在自然界中缓慢而不稳定的供应，人们把粪便、草木灰、土壤和秸秆等有机材料与肥料混合在一起，形成堆肥上的孔隙，铺成通常高达 1 米的"硝床"。这个肥堆通常被遮盖起来挡雨，用尿来保持潮湿，经常翻动以加速降解，用水淋洗，每两年可收获一次。之后，包含不同硝酸盐的液体用草木灰转化为硝酸钾，再经结晶和提纯后可用于制作火药。公元 1626 年，硝石从印度传至欧洲，由不列颠东印度公司垄断，在更为干旱的地方进行开采。马萨诸萨议会于 1642 年下令殖民地的所有农场都必须建立"硝床"。有报道称，每两年从一升硝床上只能收获 5 克硝石。很难想象古人在生产方法如此低效的情况下是如何进行战备的。之后，人们得以使用智利荒漠中大量的硝酸钠沉积物来得到硝酸钾，这种沉积物由数个世纪以来捕食秘鲁洋流中鱼类的鸟类粪便堆积而成。如今，自从德国化学家弗里茨·哈伯发明固氮方法制造氨后，硝酸盐通过铂网电极氧化氨水得到一氧化氮（NO）和二氧化氮（$NO_2$）来生成，氮氧化物与水反应可以生成硝酸。

　　高爆炸药发明于 19 世纪中叶，其爆炸威力是黑火药的至少 5 倍。第一种高爆炸药是硝化甘油，由阿斯卡尼奥·索布雷洛（Ascanio Sobrero）于 1847 年在都灵大学发明。硝化甘油的制作方法是把硫酸和硝酸加入甘油，并保持在 10℃以下以防爆炸。这是一种可能会突然爆炸的不稳定物质，会造成生命和财产的巨大损失。如下所示，爆炸生成了二氧化碳、水、氮气和氧气。

$$C_3H_5(NO_3)_3 \rightarrow 3CO_2 + 2.5H_2O + 1.5N_2 + 0.25O_2$$

　　甘油炸药由阿尔弗雷德·诺贝尔（Alfred Nobel）于 1866 年发明，它是用一份硅藻土吸收三份硝化甘油来制取。操作甘油炸药比硝化甘油要安全得多，在和平时期，建筑和挖隧道时对之有着极大的需求。棉火药由瑞士化学家克里斯蒂安·弗里德里希·申拜因（Christian Friedrich Schönbein）于 1845 年在瑞士巴塞尔发明。他偶然地把硝酸打翻在厨房桌上，接着用棉布围裙擦去，再把它晾在炉门上，干了之后围裙竟发生了爆炸。

　　TNT 是指三硝基甲苯，由德国化学家约瑟夫·维尔布兰德（Joseph Wilbrand）发明，他原本用之作为黄色染料。不久后，人们就发现了它的爆炸威力，之后 TNT 被德国陆军装进炮弹和穿甲弹。TNT 对振动或摩擦并不敏感，这降低了偶然点火而误炸的风险。TNT 在 80℃ 融化，可用于潮湿环境，爆炸会产生氮气、水、一氧化碳和碳。

$$2C_7H_5N_3O_6 \rightarrow 3N_2 + 5H_2O + 7CO + 7C$$

阿尔弗雷德·诺贝尔（图 5-2）是甘油炸药的发明者，它在战争和和平年代都引起了革命，因为炸药还可用于挖掘隧道和采矿等。除了是发明家，诺贝尔也是一位企业家和商人，他不分昼夜地工作，不知疲倦地走遍了欧洲地区和美国的许多城市，甚至拖着满满一箱的硝化甘油去矿上做演示。他获得了巨大的美名和财富，但孑然一身没有固定居所，被称为"最孤独的富翁"。诺贝尔曾在许多人丧生的爆炸事故中得以幸存，因此获得了另一个绰号——"死亡商人"。他还创立了诺贝尔奖，从 1901 年开始，每年颁奖以表彰在科学、文学与和平事业等方面做出贡献的人。

阿尔弗雷德·诺贝尔于 1833 年出生在瑞典，是以马内利·诺贝尔和安德烈埃特·诺贝尔的第三个儿子。他自小体弱多病，一生的健康状况都不佳。长大后，诺贝尔写了一首英文诗来描述他的童年：

我的童年好像死床

忧虑的母亲，多年看护在旁

希望如此渺茫

却要拯救这欲灭之光

以马内利也是一个发明家和企业家，在瑞典斯德哥尔摩修建桥梁和建筑。他在财产方面遭受过巨大的挫折，在阿尔弗雷德·诺贝尔出生的那年破产了。1837 年，以马内利独自一人逃往俄国，在那里他为俄国军队提供装备，再次获得成功，之后他在 1842 年与家人团聚。阿尔弗雷德·诺贝尔和他的兄弟均由私人教师给予了一流的教育。在 17 岁那年，诺贝尔可以流利地说瑞典语、俄语、法语、英语和德语。他的主要兴趣在英

图 5-2　阿尔弗雷德·诺贝尔
（图片转载自诺贝尔基金）

国文学和诗歌，以及化学和物理学等方面。诺贝尔性格内向，很少与其他孩子一起玩耍，但他是一个优秀的学生。

1850 年，诺贝尔开始在海外学习、旅行，游历过德国、法国和美国。在巴黎，他在泰奥菲勒·儒勒·佩洛兹（J.J.Pelouze）教授的私人实验室里工作，在那里遇到了硝化甘油的发明者——年轻的化学家阿斯卡尼奥·索布雷洛（Ascanio Sobrero）。尽管硝化甘油爆炸威力远远超过一般火药，但这种液体在受热或受压时随时可能爆炸。索布雷洛认为，硝化甘油太危险了不能用于工业，只能用于医疗领域。诺贝尔对硝化甘油在建筑业的实际应用产生了浓厚的兴趣，并最终解决了其安全问题。

克里米亚战争[①]于 1853 年爆发，诺贝尔回到圣彼得堡的家人身边，并为俄军的军火生意而工作。以马内利成功说服沙皇和一些将军，声称水雷可以用来阻挡敌舰，使之不能威胁己方城市。这种水雷是一种由潜浮的装有火药的木桶制成的简易装置。固定在水下后，水雷可有效遏止英国海军，使其不敢侵犯圣彼得堡。诺贝尔为父亲的水雷实验使用硝化甘油作为炸药的可能性。他花了数年来"驯服"这种不稳定的狂暴物质，并且开始革命性地实验用黑火药来引爆更强大的硝化甘油。

战争于 1856 年结束，与陆军的战时合约也随之中止，因此以马内利再次破产。诺贝尔于 1863 年回到瑞典，致力于研发可以把硝化甘油用作炸药的引爆剂。他进行了大量实验，其中一个实验是把小的黑火药金属管放入一个大的硝化甘油管中，另一个实验则使用了雷汞。成功研制硝化甘油引爆剂后，诺贝尔申请了一项专利并得到拿破仑三世在巴黎的建设项目的资助。随后，他开始制造高爆炸药并远销世界各地。1864 年，他在瑞典斯德歌摩海伦坡的工厂发生了大爆炸，爆炸夺去了包括他弟弟在内的很多人的生命，工厂本身也被炸成碎片。诺贝尔惊险地生还了，但面临杀人罪的指控，而且瑞典的公众舆论都反对他。政府当局认为硝化甘油的生产是极端危险的，在斯德哥尔摩城市范围内禁止有关硝化甘油的任何实验，因此诺贝尔只好把他的工厂搬到斯德哥尔摩外一个停靠

---

① 克里米亚战争在俄国又称为东方战争，是 1853 年至 1856 年间，俄国与英国、法国、土耳其等国之间发生的战争。

在湖边的带顶盖的驳船①上，并且迅速得到国家铁路公司爆破隧道用的大量订单。诺贝尔不受当地人欢迎，称他的移动工厂为"死亡之船"，因此他只能不停地移动，把实验室漂到不同抛锚点，以躲避大群挥舞着草叉的愤怒的居民。诺贝尔对这些挫折深感懊悔和沮丧，10年后，他写道："我没有可以让我鼓舞的记忆，对未来和我自己都没有愉悦的幻想来满足我的虚荣心。我没有家人来让我这唯一的幸存者关心，我没有深爱的友人，甚至没有让我憎恨的敌人。"

1865年，诺贝尔在克鲁梅尔买下42公顷的土地，这位于德国汉堡市中心约30千米外的易北河畔，是一片隔绝的山区。但克鲁梅尔的工厂也被爆炸摧毁。他试图通过混入木炭、水泥、锯屑等稳定的惰性材料来提高硝化甘油的安全性。最终，他尝试了克鲁梅尔沙丘的沙土，即硅藻土，这是硅藻化石的多孔岩石粉，最终找到了完美的解决方案。硝化甘油与硅藻土的混合物是一种像面团一样柔软易弯的物质，可以转变成任何形状。这种混合物在1867年以"甘油炸药"的名字申请专利，并被压成棒状以便于插入钻孔。最佳的爆破组合是三份硝化甘油混合一份硅藻土，这样威力稍小，但比纯硝化甘油安全得多。

引爆剂和甘油炸药的发明显著地降低了爆破岩石、打通隧道、开凿运河及其他形式的建筑工程的成本。甘油炸药和引爆雷管的需求增长极快，诺贝尔也被证明是一位优秀的商人。

诺贝尔变得极为富有，于1873年搬到巴黎，但他绝大多数的时间都在不停地旅行。维克多·雨果有一次形容他为"欧洲最富有的流浪汉"。诺贝尔创立的许多公司都发展成工业巨头，并且至今在世界经济中还发挥着举足轻重的作用，其中包括英国的帝国化学工业公司、法国的中央甘油炸药公司和挪威的戴诺工业公司。他继续做着实验，并不停地旅行和建立工厂。1876年，他发明了爆炸胶，并在巴黎注册专利，这比甘油炸药更有威力。诺贝尔曾经写道，他不小心割破了手指，顺手就用火棉胶（一种含氮较低的硝酸纤维素）敷住伤口。尽管伤口仍疼痛，他还是在凌晨4点穿着睡衣冲去实验室开始工作。到早上，他生成了一盘硬爆炸胶，可以根据爆破需求被塑成任何形状。1891年，由于与法国政府的纠纷，诺贝尔搬到意大利的圣雷莫。经受中风和局部瘫痪后，诺贝尔于

---

① 驳船是本身无动力或只设简单的推进装置，依靠拖船或推船带动的或由载驳船运输的平底船。

1896 年 12 月 10 日在意大利圣雷莫与世长辞。他在逝世时，已拥有 355 项专利。

在生命中的大部分时间里，诺贝尔都在忍受消化不良、头痛和间歇性抑郁等疾病。在他生命的末期，还患上了突发的心脏剧烈疼痛（心绞痛）。而硝化甘油被用在一些疾病的治疗上，并被发现对缓解心绞痛有效。1890 年，诺贝尔的医生建议把硝化甘油作为心脏病的治疗药物，但他拒绝服用。在 1896 年 10 月 25 日，一封写给雷格纳·索尔曼的信中，诺贝尔写道："我心脏的问题使我至少再留在巴黎几天，直到我的医生对我的即时治疗方法达成一致。这真是命运开的一个玩笑，我的医生给我开的处方居然是硝化甘油，而且是内服！"

硝化甘油一直被用于治疗心绞痛，但当时没有人知道它的生物反应机理。感谢罗伯特·佛契哥特（Robert Furchgott）、路易斯·伊格纳罗（Louis Ignarro）和费瑞·慕拉德（Ferid Murad）的工作，我们知道硝化甘油的作用是释放出一氧化氮，这是一种常见的气体和环境污染物，为此他们三人分享了 1998 年的诺贝尔生理学或医学奖。这种气体释放出来后扩散进平滑肌细胞层，使其放松，进而血管得到扩张，使更多的血液得以通过，更多的氧气流进心脏，从而缓解心脏疼痛。

1895 年 11 月，诺贝尔在巴黎签署他的遗嘱，只有一页长。遗嘱宣称他的所有遗产都应该用于资助"在前一年里曾赋予人类最大利益的人……我的明确愿望是，在颁发这些奖金时，对于授奖候选人的国籍丝毫不予考虑，不管他是不是斯堪的纳维亚人，只要他值得，就应该被授予奖金"。诺贝尔奖自 1901 年开始颁发，分为五个奖项：诺贝尔物理学奖、化学奖、生理学或医学奖、文学奖及诺贝尔和平奖。1969 年，瑞典银行引入了诺贝尔经济学奖，它也同样由诺贝尔基金会托管。如今，诺贝尔奖在每年 10 月初向媒体公布，所有的候选人都梦想能接到那个来自斯德哥尔摩的电话。每个奖项最多可以同时有三位获奖人，奖金大概为 100 万美元。除了在挪威颁发的诺贝尔和平奖外，其他奖项通常于诺贝尔的祭日（12 月 10 日）由瑞典国王颁发。

炸药改变了世界的性质，不管是战时，还是和平年代。在战争中使用炸药对生命和财产变得更具破坏力。另一方面，炸药让本来过于困难和昂贵的工程计划变得可行，如横穿阿尔卑斯山的隧道，以及巴拿马运河的修建都因强力而又便宜的高爆炸药获益匪浅。

柯达炸药是一种中等爆燃炸药，以亚声速燃烧，可用于在步枪和火炮中推进弹丸。他比以超音速燃烧用来炸开物体的炸药威力要小一些。柯达炸药是一种无烟火药，使敌人不太容易据此发现射击者，它由硝化甘油和带凡士林的硝化纤维制成。这种混合物溶于丙酮溶剂，并可被拉伸成意面状的棒体。柯达炸药如今已被废弃并不再生产，但在第一次世界大战期间，英国对德国的战事对其有着大量的需求。

英籍犹太裔化学家查姆·魏兹曼（Chaim Weizmann，1874～1952）开发了通过细菌发酵淀粉生产丙酮的新工艺。魏兹曼的工艺受到英国政府的大力褒奖，因为这解决了生产柯达炸药所需的丙酮供应问题。他同时也成为犹太复国主义领袖，他的发明令其有机会接触到一些政治领导人。他因说服英国首相亚瑟·贝尔福（Arthur Balfour）提出重建乌干达至巴勒斯坦的犹太人家园而受到称赞。1917年的《贝尔福宣言》中提到："英国政府赞成犹太人在巴勒斯坦建立一个民族之家。"之后，魏兹曼继续着他的化学研究，并成立研究所，这个研究所在1949年更名为魏兹曼科学研究院。魏兹曼还拜访过美国总统哈里·杜鲁门，努力获取美国的支持，以建立以色列国。1949～1952年，他成为以色列第一任总统。柯达炸药之后被更有效的炸药替代，生产丙酮的发酵法也被更好的氧化法代替。因此，魏兹曼的发明在科技史上只占据了很短的时间，但在政治史上有着深远影响。

### 5.3.4 原子弹

在世界历史中，没有一种发明如此致命和令人生畏，也没有一种发明令其发明者如此懊悔。在人类经历两百万年的文明进步后，现在的人类却有可能"被炸回到石器时代"，或更悲观的预言是"把人类从地球上一扫而光"。也有人认为，世界末日的预言是如此恐怖，所以人类才会对峙但不发生大规模的战争，这才有了自1945年第二次世界大战后的和平时光。这段和平来之不易，是相较于第一次世界大战结束和第二次世界大战开间的短短20年而言的。

物理学的飞跃发生于1890年年末，当时发现了92种元素，从最轻的氢到最重的铀。数千年来，方士一直在探寻把一种元素变为另一种元素的方法，如把铅变为金子，这就是所谓的嬗变。直到1890年，原子一直被认为是不可分的，

也没有内部结构，并被认为是组成宇宙的永恒基石。于是，嬗变和炼金的想法
也就被抛弃了。

1895 年，威廉·伦琴用阴极射线轰击金属靶时发现了 X 射线，它产生一
种神秘的辐射可以穿透肌肉但被骨骼所阻。铀是在捷克斯洛伐克境内约赫姆塔
尔的沥青矿中发现的。1896 年，安托万·贝克勒尔发现铀盐能释放未知的射线
造成抽屉里的相片底片产生雾状影像，这种射线比 X 射线更具穿透力。接着约
瑟夫·约翰·汤姆逊（Joseph John Thomson）于 1897 年发现了电子。皮埃尔
（Pierre）和玛丽·居里（Marie Curie）进一步研究了铀，他们于 1898 年在沥青
铀矿里发现了比铀更具放射性的另一种元素——镭。

一些原子的原子核中蕴含大量的能量，它在等自然分开。1906 年，欧内斯
特·卢瑟福（Ernest Rutherford）用带正电的 α 射线轰击薄金靶时发现，大部分
粒子都穿透过去，而少部分则被直接弹回。这表明，金原子有非常小的但包含
了大部分质量的原子核，其周围更广阔的空间被一种带负电的粒子占据。卢瑟
福于 1911 年提出一种原子结构，它有一个小而重的带正电的原子核，被一个大
的带负电的电子云所环绕。

人们曾认为质量和能量是不同的概念，它们是永恒的且不可转换的。但
1905 年，阿尔伯特·爱因斯坦提出质量是可以转变成能量的，并以著名的
$E=MC^2$ 质能方程描述了这种转变。公式中 C 是光速，其速度是在真空中约为 30
万千米 / 秒，因此很小的质量就等于大量的能量。事实上，如果 1 千克的质量
完全转化为能量的话，会产生 250 亿瓦时的能量，这相当于燃烧 270 万吨石油。
然而，在当时并没有可行的方法把质量转化为能量。尽管如此，1914 年，赫伯
特·乔治·威尔斯写了一篇科幻小说《获得自由的世界》（The World Set Free），
小说中就讨论了原子弹。

1932 年，詹姆斯·查德威克（James Chadwick）用 α 射线轰击铍靶时发
现了中子，它不带电且可被用于穿透原子核。因为中子不带电，所以不会被带
正电的原子核所排斥。1933 年，出生于匈牙利的物理学家莱奥·齐拉特（Leo
Szilard）提出可以用一个中子照射原子核而产生多于一个的中子，这就会启动
"链式反应" 从而使中子快速增殖，这一过程和燃烧时的化学反应相似。次年，
齐拉特申请该专利，但在接下来的铍实验中，他未能实现增殖。1934 年，恩里

科·费米（Enrico Fermi）用中子轰击铀时似乎得到了比铀还重的元素。因为这个发现，费米在 1938 年获得诺贝尔物理学奖。费米是一名物理学家，若没有化学家帮助其分析反应产物的性质，他很难意识到自己事实上已经分裂了原子。德国化学家奥托·哈恩（Otto Hahn）和他的助手丽莎·迈特娜在一起工作了 30 年，但由于迈特娜是犹太人，这在 1938 年的纳粹德国变得越来越危险，因此哈恩帮助她逃往瑞典。哈恩和他的学生弗里兹·斯特拉斯曼继续进行用中子轰击铀靶的研究项目。使用化学分析方法，他们在产物里发现了钡。哈恩把这个发现告诉丽莎·迈特娜，而她又与自己的外甥奥托·弗里希就此进行讨论。由于钡的原子量 141 要低于铀的原子量 235，这就意味着铀原子分裂成了两个，就是所谓的核裂变，也就是说，原子裂变成了两个小的原子，如钡和氪，反应式如下。

$$U_{92}^{235} + n_0^1 \rightarrow Ba_{56}^{141} + Kr_{36}^{92} + 3n_0^1 + 180MeV$$

反应式中的 U 表示铀，U 后的两个数字，上面的数字 235 代表原子质量数，是原子核内中子与质子数之和；下面的数字 92 是指原子序数，等于原子核内的质子数。因此，这个原子核内有 143（235－92）个中子，以及 92 个围绕原子核的电子。符号 n 代表中子；MeV 表示百万电子伏，是放能的度量。与化学放能，如煤炭相比，这个数值要大得多。铀有两种主要的同位素：铀 -235 易于裂变，但自然丰度仅为 0.7%；铀 -238 不易裂变，自然丰度高达 99.3%。

尼尔斯·玻尔（Niels Bohr）从丹麦带来了有关分裂原子的消息，他在 1939 年前往美国普林斯顿大学做讲座，并与爱因斯坦就这一进展进行讨论。在诺贝尔物理学奖获得者、著名的量子力学奠基人维尔纳·海森堡（Werner Heisenberg）的领导下，当时的人们对德国将研制出原子弹有着巨大的担忧。1939 年 7 月，莱奥·齐拉特和尤金·维格纳（Eugene Wigner）与爱因斯坦交换意见，之后还与理财家亚历山大·萨赫斯（Alexander Sachs）进行讨论。同年秋，萨赫斯替上述成员向美国总统罗斯福递交了一封信，力促美国研发原子弹。

罗斯福批准了研发原子弹的计划后，这项计划交由美国国家标准局领导下的铀委员会主导，但在一年内项目进展缓慢。有关德国研究所开始进行铀研究的报告更增添了美国项目的紧迫性。麻省理工学院的范内瓦·布什（Vannevar Bush）和哈佛大学的詹姆斯·科南特（James Conant）两位科学家临危受命来挽救这个项目。罗斯福总统很快于 1940 年 6 月宣布成立国家防务研究委员会，首任主席是范内瓦·布什，他同时还接管了铀委员会。当时，研究工作由几个独立的团队分开进行：

- 哥伦比亚大学，由哈罗德·克莱顿·尤里领导，致力于研究铀的扩散和离心分离。
- 加利福尼亚州立大学伯克利分校，由欧内斯特·奥兰多·劳伦斯领导，致力于生产易裂变元素和电磁分离。
- 芝加哥大学，由阿瑟·霍利·康普顿领导，致力于研究核爆炸的链式反应，之后哥伦比亚大学的费米也加入这个团队。
- 核弹的材料铀 -235 易于裂变且必须与不易裂变的铀 -238 分离。另一种弹体材料钚（Pu）则由加利福尼亚州立大学伯克利分校的格伦·西博格和埃德温·麦克米兰用中子轰击铀 -238 时发现：

$$U_{92}^{238} + n_0^1 \rightarrow 2\beta + Pu_{94}^{239}$$

最重要的钚同位素是 Pu-239，它受中子轰击时会裂变且产生更多的中子并释放能量。钚对人是剧毒的，当吸入时更加危险，易致肺癌。

可控的链式核反应在理论上是可行的，但当时还未得到证实。恩里科·费米在哥伦比亚大学开始有关链式核反应的研究，之后他调往芝加哥大学康普顿领导的"冶金实验室"。费米身边的杰出同事，包括莱奥·齐拉特和尤金·维格纳等人。

发生核爆和自持反应堆的最小质量被称为"临界质量"。在铀球的内部，由裂变核反应产生的中子可能飞向各个方向，之后可能与邻近的铀 -235 发生碰撞引发更多的裂变反应；或者被邻近的铀 -235 或其他杂质"俘获"；再或者泄漏出球体表面从而无法分裂其他铀原子。因此，临界的反应堆必须有着较小的单位体表面积，这就意味着它是一个有着较大的内部体积和较小的表面积的巨大的球。

当单个裂变初级中子产生多于一个次级中子时，就会发生自持链式反应。其比值被称为"增殖因子" $k$。因此 $k > 1$ 时，为自持裂变核反应的情形；而 $k < 1$ 就意味着最终会"熄火"。当 $k=2$ 时，裂变反应和中子会随着时间变化以如下的

序列增长：

| 1 | 2 | 4 | 8 | 16 | 32 | 64 | ······ |

然而，如果每个初级中子只有一半能发生次级裂变，即 $k=1/2$，那链式反应的密度会随着时间变化以如下序列衰减：

| 1 | 1/2 | 1/4 | 1/8 | 1/16 | 1/32 | 1/64 | ······ |

稳定运行的反应堆必须满足 $k=1$，这样反应率随着时间变化是稳定的，其变化序列如下：

| 1 | 1 | 1 | 1 | 1 | 1 | 1 | ······ |

因此，加速反应堆就必须增大裂变的概率，同时减少俘获和泄漏。这可以通过超裕度设计堆的反应率来实现，并配备"刹车"或"控制棒"设计。控制棒由镉和硼这样的强吸收材料制成。操作员启动反应堆时插入控制棒，并使用镭和铍材料的"启动器"生成一定剂量的中子来启动反应堆。当操作员慢慢拔出控制棒时，$k$ 值会慢慢增长直至达到或超过 1；相反，操作员可以通过慢慢插入控制棒使反应堆减速。

核裂变产生的中子速度是十分快的，大约是光速的 1/10。在经过一系列碰撞后，快中子因损失能量而慢化下来，这就是所谓的"热中子"。玻尔和费米发现热中子比快中子更具裂变效率，因此他们需要"慢化剂"来减缓裂变中子的速率。慢化剂必须是轻质不易变化的物质，用来散射中子，但它不能比中子重太多，这样的材料有氢、氘、铍和碳，但锂和铍由于吸收中子因而不适合。这样包含氢的轻水，包含氘的重水，以及包含碳的石墨成为理想的慢化剂，在反应堆中，慢化剂和铀混合在一起。

玻尔和费米并没有相关最小弹体或临界质量的经验或数据，他们应用若干理论估算出核弹需要千克级或吨级的弹体。恩里科·费米和他的研究团队在芝加哥大学建造了一个反应堆，它位于斯塔格菲尔德体育馆下的一个壁球馆内。他们把 400 吨的石墨、58 吨的二氧化铀和 6 吨的天然铀（0.7% 的铀 -235）置于一起形成核反应堆。这个反应堆是一个直径 8 米、高 7 米的圆球，建有 57 层的石墨块，中间则放有铀。它还配置了镉控制棒来减缓核反应速率以防反应过快。1942 年 10 月 2 日，费米下令把控制棒缓缓提出，盖格计数器显示的辐射剂量不断增长。过了一会儿，堆内产生的中子已经多于外启动源引入的中子，$k$ 值增至 1.006，即中子通量每 2 分钟就会翻倍，这会使得反应堆失控而杀死在场的所有人。这时，费米下令再次插入控制棒，于是核反应慢慢停止。尤金·维格纳打开一瓶红酒，在场的每个人都喝了一小杯庆祝。康普顿打电话给哈佛大学的詹姆斯·科南特，以密语形式告知了这一消息："意大利航海家刚刚登陆了新世界。"科南特问道："本地人怎么样？"康普顿回答道："十分友好！"他们成功用数吨的铀验证了核裂变反应，但并没有制造出便于飞机携带和空投的核弹。

在核弹设计、制造和投放之前，还有一段漫长和艰难的路要走，以解决开发问题。核弹材料大规模工业化生产的艰巨任务对任何国家来说都是负担，尤其是在战争年代。受到 1941 年 12 月 7 日日本偷袭珍珠港的刺激，美国决心推行此计划。1942 年 9 月，美军划出一片辖区进行核弹研发，并命名为曼哈顿工程区。陆军工兵部队的莱斯利·理查德·格罗夫斯（Leslie R.Groves）将军被任命为项目总监。格罗夫斯的任务是建造可投放在德国的核弹以缩短战争进程，当然，这要在德国人造出核弹投放在美国境内之前。

格罗夫斯将军当年 46 岁，曾在华盛顿大学和麻省理工学院学过工学。他在西点军校以全班第四名的成绩毕业并成为可以胜任的建筑工程师，负责修建过军营、机场、化工厂等。与在华盛顿的办公室工作相比，他更希望有在战场上统领士兵的任务，因此他并不喜欢这项任命，同时他对核物理也一无所知。

首先，格罗夫斯拜访了他所辖的所有部门，去芝加哥大学向康普顿咨询需要多少量的铀和钚来建造原子弹，并得到了一些未经证实的理论估算数据。之后，他问这些估算到底有多准确，然后被告知误差可能相差 10 倍。格罗夫斯曾经写道："我被任命处于宴席筹办者的位置，但被告知宾客可能是 10～1 000人！"这只是其中有关时间和预算的十分困难的问题之一。

第一个问题是采购制造足够武器的材料和其他必需品，其中最重要的是铀和钚。当时，美国生产的铀只有几克，而且纯度不高。美国已经开始开采科罗拉多州，以及加拿大大熊湖地区的铀矿，当时不可能获得来自捷克斯洛伐克约赫姆塔尔的矿石，或者从遥远的非洲开采新矿。

正如前文所述，有两种主要的铀同位素：铀矿石中的铀 -238 有 99.3% 不能直接使用，因为它会吸收中子而不发生裂变；只有 0.7% 的铀 -235 可以裂变并产生更多的中子。显然，使用铀-235来制造原子弹会更好，但它需要从铀矿石中分离出来。然而，这两种同位素有着相同的化学性质，其物理性质只有些许不同，因此分离则十分困难。人们考虑了大量的分离方案，其中最可能的方法是离心分离、扩散分离和电磁分离。然而，离心分离法在开发的早期便被放弃了，这在如今是主流的方法。在进行大量的实验室实验和工厂建设之后，扩散分离法被认定为最有效的方法。

气态扩散使用了铀的化合物六氟化铀（$UF_6$），它在60℃以上会变成气态。当这种气体置于多孔膜前时，分子质量数（349）较轻的$U235F_6$就比分子质量数（352）较重的$U238F_6$扩散得略快一些。这种速度与其分子质量数的平方根成正比，其差异是极小的，速度比为1.0043。这就是大家熟知的"格雷汉扩散定律"，导致出现小于0.5%的微小差异。因此，在第一步分离中，原始丰度为0.7%的铀-235，理论最大输出是0.703%的铀-235；第二步继续重复这一过程，丰度提高到0.706%，如此反复。理论上要通过140步才能得到3%的反应堆级的铀，要得到武器级的铀则需要1 150步达到97%的丰度。由于每一步分离不可能得到最佳效率，因此实际数字可能需要1 270步，甚至4 080步。这就需要建造一个有着上千个级联分离机的工厂。

$UF_6$是一种强腐蚀性材料，其防护材料也是个难题。经过多次实验后，研究者找到的最佳材料是熔融的镍粉，外面涂上一层惰性极强的聚四氟乙烯。每一步分离都需要维持上游的较高压和下游的较低压，这就需要从便利的水力获得不太昂贵的大量电力，如利用美国田纳西流域管理局的大坝。K-25工厂于1943～1945年在田纳西的橡树岭建成，这是一个占地20万平方米的四层U型建筑。在第二次世界大战结束前，这个工厂很可能生产出足够制造一枚原子弹的燃料。

自然界中并不存在钚金属，但可以通过在反应堆中用中子辐照铀-235来获得。经过一段时间的辐照后，产生的钚可以通过化学方法从未发生反应的铀中分离出来。加利福尼亚大学伯克利分校的格伦·西伯格（Gleen Seaborg）开发了一种用磷酸铋化合物进行萃取的方法。普雷克斯流程是用硫酸来萃取钚，接着用磷酸三丁酯（TBP）进行溶液萃取。TBP是一种不溶于水的酸性物质。在萃取物中加入还原剂后，钚化合物就会溶于水，而铀化合物还停留在油相。

1943～1945 年，在美国华盛顿州哥伦比亚河附近的汉福特建造了一个工厂，用来从反应堆燃料棒中分离钚并为"三位一体"核试和日后投放在日本长崎的原子弹提供燃料。这个工厂由化工业巨头杜邦公司承建，它没有要求任何利润和专利权，只收取了 1 美元。这个工厂需要河水进行冷却，还需要位于俄勒冈州和华盛顿之间的哥伦比亚河边的库里大坝提供电力。

理想的核弹需要是小而稳定的，以便飞机携带，并且可以在特定的时间引爆并释放尽可能多的能量。天然铀的临界质量约为 8 米，高浓缩铀或钚的临界质量还未知，而核弹开发者希望它小于 0.3 米并轻于 45 千克。核弹中没有慢化剂来慢化中子，裂变由快中子引发。引爆后，核弹会产生极高的热量和压力，使燃料膨胀炸开，因此生成的许多燃料碎片会小于临界体积而停止核裂变。因此，产生的"出产物"会小于燃料完全消耗的理论值。问题是如何安全地储存和运输核弹而不会提前引爆，以及如何实现即时点火并获得高爆炸当量。最好的方案是在爆炸前把数个次临界碎片远隔，而在点火后快速聚集。

"曼哈顿计划"最关键的是弹体设计，因此实验室的位置和领导人的选择十分关键。考虑数种选择后，格罗夫斯选择了朱利叶斯·罗伯特·奥本海默（1904～1967）来领导核弹设计团队，并把所有设计人员全部置于隔离区域，这样他们便可以一起进行保密工作。格罗夫斯和奥本海默于 1942 年年末在新墨西哥州圣达菲附近找到一处平顶山作为场址。这个场址位于高达 2 100 米的山上，被周边的山谷所隔离，有一条石子路可以到达。这个场址很适合进行秘密研究，而且交通便利，距离阿尔伯克基的铁路枢纽仅 100 千米。在进行紧锣密鼓的房屋和实验室建设之后，100 多名科学家、工程师和支持人员于 1943 年 3 月入驻。截至 1945 年夏天，那里有 4 000 名居民和 2 000 名士兵，住在 300 个公寓、52 个宿舍和 200 个挂车内。研究人员包含许多当时和未来的诺贝尔奖获得者，可谓群星云集，正式人员包括汉斯·贝特、爱德华·泰勒、乔治·基斯佳科夫斯基等；顾问有恩里科·费米、约翰·冯·诺依曼、詹姆斯·查德威克、伊西多·艾萨克·拉比、尼尔斯·玻尔等。他们均被保护在能够抵御入侵者的铁丝网之后。

除了铀和钚，核弹的机理还包括三个重要的组件。

"点火器"是镭和铍的混合物，因为镭产生 α 粒子会与铍发生反应产生中子，化学反应式如下。

$$Ra_{88}^{226} \rightarrow Rn_{86}^{222} + \alpha_2^4$$
$$Be_4^9 + \alpha_2^4 \rightarrow C_6^{12} + n_0^1$$

弹体内塞满了重而密的"反射层"材料用来把逃逸中子反射回弹内，并且其惯性有助于延缓弹体分离。由于反射层必须足够重，因此最佳材料是金、钨、铼和铀等，后者使用的是 0.3% 铀 -235 富集度的贫化铀。

第三个重要组件是高爆炸药，以驱动次临界碎片聚集达到临界质量实现点火。

科学家设置了两种点火方式。对于铀弹来说，枪式扳击用一种枪式的装置把一小块次临界铀射向另一块次临界铀块（图 5-3）。这种简单的方法对铀弹是有效的，但不适用于钚弹，因为钚有着更强的放射性和更大的提前引爆可能性。因此，钚弹需要一种更困难的解决方案，即"内爆"。钚弹把点火器分布在球壳周围以产生许多冲击波，进而把钚壳同步压缩成一个橘子大小的小球。这些点

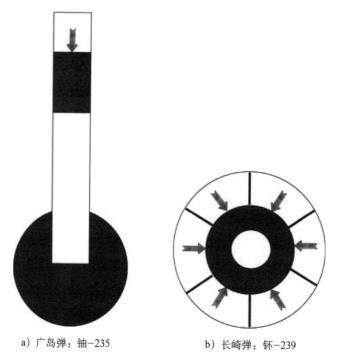

a）广岛弹：铀-235          b）长崎弹：钚-239

图 5-3  原子弹扳机：枪式和内爆式

（转载自美国普林斯顿大学高等研究院，阿兰·里查德摄像，来自谢尔比·怀特和利昂·利维档案中心）

火器必须尽可能地各向同性分布和精确计时，以使钚核尽可能地压缩成球形。这是一个十分困难的事情，因为这些点火器产生许多发散的半球形冲击波，而目标是要使它们交汇成一个球形压缩波以形成钚球形核。

1943 年秋天，约翰·冯·诺依曼（John Von Neumann）进入团队来估测内爆的可能性，发展了一种计算方法证明当各向同性偏差在 5% 之内时，内爆点火是可能的。他得到斯塔尼斯拉夫·乌拉及一台穿孔卡片计算机的帮助。尼德美尔的进展过于缓慢，因此奥本海默于 1944 年引入了团队内唯一的化学家乔治·基斯佳科夫斯基（George Kistiakowsky）。基斯佳科夫斯基根据穿甲弹头实验提出"聚能发射"或"能量透镜"的概念。钚球的每个碎片就像光学镜头一样，包裹有一个快速炸药区，外面还包裹着慢速炸药区，使爆炸冲击波由发散的聚焦成收敛的。奥本海默支持基斯佳科夫斯基，因此不得不解雇尼德美尔。基斯佳科夫斯基回忆起他与奥本海默打的一个赌："拿我一个月的薪水和你的 10 美元打赌，我能让核弹成功！"

最后，浓缩的铀核约甜瓜大小，重达 15 千克。钚弹的钚核约 5 千克，约橘子大小。但加上其他炸药和反射层，整个核弹重达约一吨，但可以由波音公司研发的 B-29 轰炸机携带。

用于实战之前，核弹装置还需要进行测试。但此时，罗斯福总统于 1944 年 4 月 12 日逝世；杜鲁门接任美国总统，并被告知了原子弹研制的事情。德国于 1944 年 5 月 7 日投降，因此原子弹打击的唯一目标就剩下日本了。

第一次原子弹试验发生在 1945 年 6 月 16 日，位于一个叫"三位一体"的地方，它靠近新墨西哥州阿拉莫戈多沙漠。试验发生在一个 20 米高的钢塔的顶端，使用了一枚内爆式钚弹，这和之后投放在长崎的名为"胖子"的核弹是一类。试验开始前夜雷雨交加，一直到凌晨 4 点才停歇。爆炸发生在早上 5 点 30 分。许多观测者位于 17~34 千米之外。爆炸产生的蘑菇云高达 12.5 千米，而火球有 200 米宽。在试验前，对爆炸的威力有着从哑弹直至毁灭新墨西哥州和全世界的较宽范围的预测。奥本海默悲观地预测当量是 300 吨 TNT 炸药；基斯佳科夫斯基预测是 1 400 吨；贝特预测是 5 000 吨；拉比预测是 1.8 万吨；最乐观的是特勒的预测为 4.5 万吨。实际的试验爆炸当量是 1.86 万吨。

爆炸时，奥本海默引用了印度圣典《博伽梵歌》中的一段话："现在我成为死亡本身，那无尽世界的摧毁者。"基斯佳科夫斯基被冲击波掀翻在地，然后拍着奥本海默的背说："奥本，打赌是我赢了！"奥本海默拿出了他的钱包翻了翻，然后转身道："乔治，我现在没钱了，你得等会儿！"回到洛斯阿拉莫斯之后，奥本海默举行了庆祝会，专程给基斯佳科夫斯基一张亲笔签名的 10 美元钞票。

美国使用 B-29 轰炸机群对日本进行系统性的轰炸，投下数千枚 3 千克重的燃烧弹。广岛、京都和长崎是未受燃烧弹损伤的城市，因为美国陆军航空队受命把它们排除在外。美国原计划登陆日本作战，这可能导致数以万计的美国士兵及数十万的日本人伤亡。有没有可能投放原子弹在登陆前结束战争而挽救数以万计的生命呢？

第一枚原子弹在旧金山湾的印第安纳波利斯被装到巡洋舰上运抵太平洋的提尼安岛。这枚原子弹由艾诺拉·盖号 B-29 轰炸机携带，机长是保罗·蒂贝茨上校，之后于 1945 年 8 月 6 日投放于广岛。这枚原子弹的绰号是"小男孩"，采用的是铀 -235 枪式引爆装置。它是一个长 3.3 米、直径 0.74 米的圆柱，重达 5 吨。这枚核弹包含了约 55 千克的铀 -235，但其中只有 1% 起爆，因此其当量是约 1.5 万吨 TNT。与其相比，整个第二次世界大战 5 年内只消耗了约 300 万吨的高爆炸药。当消息传遍世界时，苏联也对日本宣战了。

第二枚原子弹于 3 天后即 8 月 9 日投于长崎（图 5-4），这是一枚绰号是"胖子"的钚弹，直径 1.5 米、长 3 米，是一枚内爆式核弹，含有 6.2 千克的钚，其中 20% 起爆，其当量约为 2 万吨 TNT。两枚核弹总共造成 34 万人死亡。与之相当，整个第二次世界大战全世界死亡人数约 2 000 万士兵和 4 000 万平民，其中包括 600 万名日本人。

日本于 6 天后的 8 月 15 日投降。日本天皇在其向子民进行的正式昭告中特别提到"一种新的残酷的炸弹"作为其投降的原因之一。据杜鲁门称，这些原子弹的花费达到了令人惊叹的 20 亿美元。从齐拉特考虑链式核反应的可能性到两枚原子弹爆炸用了 12 年。《生活》杂志写道，"现代的普罗米修斯再次袭击了奥林匹斯山，给人类带来了宙斯的雷霆。"奥本海默于 1945 年 10 月 16 日接受格拉夫斯将军的嘉奖时说："如果原子弹作为新武器被纳入战时世界，或者是准备进行战争的国家的兵工厂的话，所有人类将会诅咒洛斯阿拉莫斯（国家试验

图 5-4 长崎的原子弹爆炸产生的蘑菇云

（转载自美国国家档案馆）

室）和广岛之名。"

朱利叶斯·罗伯特·奥本海默（图 5-5）常被称为"原子弹之父"，尽管他没有做出任何关键的发现，没有解决关键材料的主要生产问题，也没有任何有关弹体的创造性设计。莱斯利·格拉夫斯将军负责管理这个人类历史上最大、最复杂的开发项目的许多方面，奥本海默只是作为承担弹体设计的洛斯阿拉莫斯国家实验室的科学主管起到一定的作用，他的贡献是成功地管理了这个项目。

奥本海默生于 1904 年的美国纽约。他的父亲朱利叶斯在 1888 年从德国移民至美国，并成为富有的纺织品进口商人，他的母亲埃拉是一名画家。奥本海默还有一个比他小 8 岁的弟弟弗兰克。他的家庭在纽约有一座上等宅院，在长岛还有一处夏季住所。奥本海默是学校的优等生，他自学了很多课程，包括诗歌、语言、宗教和哲学。年轻时，他对除了帆船外的所有运动都不感兴趣。在 18 岁生日那年，他的父亲送给他一艘长 8.5 米的单桅帆船，被他开去了长岛。奥本海默长得又高又瘦，不善社交，彬彬有礼，书生气十足，但有人认为他自大又势利。

1922 年，他考入哈佛大学，但在夏天得了严重的痢疾而在新墨西哥州休病假，在那里，他骑马并游历许多山川和高原。最后，奥本海默回到哈佛大学攻读化学，并在 3 年后的 1925 年以优异的成绩毕业。接着，他在英国剑桥大学读研究生并转向学习理论物理，之后到德国哥廷根师从迈克斯·玻恩，并于 1928 年获博士学位。之后，奥本海默返回美国，在加州理工学院执教，接着在加利福尼亚大学伯克利分校做物理学助理教授。后来，他被诊断出患有肺结核，并在新墨西哥州的一个牧场休养。那个时期，他被形容为一个有自我毁灭倾向的"烟鬼"，有着抑郁的不稳定的性情。在加利福尼亚，他建立了一个由理论物理学生组成的重要团队，在很多领域做了重要的物理工作，但还不足以获得诺贝尔物理学奖。默里·盖尔曼（Murray Gell-Mann）曾说过："奥本海默有着聪明的头脑，但没有足够的耐心和毅力专注于一个领域来做出真正重要的贡献。"

图 5-5　朱利叶斯·罗伯特·奥本海默

奥本海默对政治不感兴趣，但他对德国针对犹太人的暴行感到越来越厌恶，其中有很多是他的亲属；他还同情在经济大萧条中难以找到工作的学生。1936 年，奥本海默在与心理学系学生琼·塔特洛克恋爱时逐渐接触了左翼政团和共产主义思想。塔特洛克参与政治并加入共产党，站在共和军一方支持西班牙内战，反对弗朗西斯科·佛朗哥。当奥本海默的父亲去世后，他继承了 30 万美元的遗产，捐助了西班牙内战的共和军。之后，他遇到了凯蒂·普宁，这个女人结过三次婚：第一次嫁给一位音乐家，第二次嫁给一位共产党党员（后在西班牙阵亡），第三次则嫁给了一位名叫理查德·哈里森的英格兰裔医生。在遇到奥本海默之后，她与哈里森离婚并在 1940 年嫁给奥本海默。他们的第一个孩子彼得生于 1941 年，第二个孩子凯瑟琳生于 1944 年。奥本海默与许多共产党人有关系，包括琼·塔特洛克、他的弟弟弗兰克和弟媳杰姬，以及妻子凯蒂。

奥本海默在欧内斯特·劳伦斯请他帮忙使用回旋加速器来为核弹进行铀的分离后才涉足原子弹研制项目的。1941 年 10 月，他参加了通用电气实验室于斯克内克塔迪的一个会议，会上他给出了有效核武器所需的铀 -235 总量的计算结果，此即为"临界质量"，他的估值是 100 千克的铀。到 1941 年 12 月，他中止了对共产党的经济支持并不再参加例会。此时发生了珍珠港事件，奥本海默决心致力于结束美国的战争。1942 年 1 月，芝加哥大学冶金实验室的主任康普顿邀请他加入团队。

奥本海默面临着可能是他人生中最大的挑战，格拉夫斯将军选择他作为洛斯阿拉莫斯实验室的科学主管，在那里他从 1942 年服役到 1945 年。奥本海默因其面临问题时的总体指挥能力给格拉夫斯留下深刻的印象。然而，奥本海默面临着几个严重的问题：①他未曾获得诺贝尔奖，而他却要向许多诺贝尔奖获得者发号施令；②他没有领导大型团队的管理经验；③由于他倾向于共产党和苏联的理念，因此可能有泄密的风险。尽管如此，格拉夫斯还是于 1942 年 10 月选择奥本海默作为"曼哈顿计划"的科学主管。在那里，他成为人类历史上最庞大的科学和工程开发项目的主管，并如期交付了原子弹。他的主要贡献在于弹体的设计及制造方面。许多书籍都讲述了他在"曼哈顿计划"中的作用，他的领导力主要体现在以下几个方面。

- 个人品质：奥本海默十分聪明，有很高的科学成就，有个人魅力且廉洁正直，与同事和下属保持良好的关系，并且易受信任。此外，他还有共产党的家人和朋友，但也被很多人认为自大又势利。他的朋友汉斯·贝特说："罗伯特能让别人觉得自己是傻瓜。"
- 客户关系：他善于和项目总负责人格拉夫斯沟通，以明确目标、获得所需的资助、制定可行的时间表，并达成政治和军事计划。他的工作涉及与美国陆军协调，这与科学家团队有着不同的规程和文化，因此他常常不得不协调这两个团队之间的矛盾。

- 人力资源：他擅长选择"明星"团队，并且寻求最顶尖的科学家加入。当科学家气馁时，他也擅长劝服他们留下继续工作。
- 行政管理：他果断决定了洛斯阿拉莫斯和新墨西哥州阿拉莫戈多的选址，以及工厂、设备和原材料的建设和采购。他在泰勒和贝特关于是造氢弹，还是原子弹，以及基斯佳科夫斯基和尼德美尔有关内爆装置开发的争论方面都做出果断的选择。

到"三位一体"核试及广岛、长崎爆炸为止，奥本海默为"曼哈顿计划"工作了3年。他在1945年退出"曼哈顿计划"，回到加州理工学院继续执教。他在当时已举世闻名，经常受邀进行科学咨询和演讲。然而，他对日本因核武器造成的死难者深感懊悔和罪恶，他曾经对杜鲁门总统说自己的双手都沾染了鲜血。他花了大量时间在推动原子武器的国际管控方面，而且他经常彻夜不眠并大量地抽烟，他的妻子凯蒂也开始酗酒。1947～1966年，他担任普林斯顿大学高等研究院（IAS）的院长。这个职位是由刘易斯·施特劳斯提供的，他是一位商人，也曾经是IAS的理事。在那里，奥本海默把IAS的研究重心逐渐向物理平衡，这并不被数学家所接受。他雇用了很多一流的访问学者和杰出的雇员，包括弗里曼·戴森、杨振宁、李政道及乔治·柯南等人。

奥本海默反对爱德华·泰勒的氢弹计划，认为这会进一步增加对地球生命的威胁。尽管如此，杜鲁门总统在1949～1950年间还是决定制造氢弹，因此奥本海默逐渐远离美国政治体系。美国与苏联的冷战也带来了对核保密更高的关注度，特别是在耸人听闻的有关克劳斯·富克斯间谍案披露之后。富克斯曾经在洛斯阿拉莫斯国家实验室工作并把原子弹的机密传到苏联，这大大缩短了苏联研制原子弹的时间。

美国时任总统德怀德·戴维·艾森豪威尔任命了刘易斯·施特劳斯（Lewis Strauss）为美国原子能委员会（AEC）的主席，开始与埃德加·胡佛（J.Edgar Hoover）和美国联邦调查局（FBI）一起对奥本海默进行调查，并寻找办法来消除他的影响。施特劳斯和胡佛坚持认为奥本海默不应该接触秘密信息。在一个很多人受讯的听证会上，有人支持，也有一些人反对奥本海默。1953 年 12 月 23 日，AEC 以 4∶1 的投票否决了对奥本海默的核查，这在公众面前使之受辱，并且使得他失去了与政府的联系和支持。他的朋友把他这次公开受辱比作 1633 年伽利略受天主教教会的审判。朋友伊西多·艾萨克·拉比说，"除了十分聪明外，他也十分愚蠢"，奥本海默在高等研究院的管理工作也涉及与时任理事会主席刘易斯·施特劳斯的斗争。

1960 年，约翰·菲茨杰拉德·肯尼迪当选美国总统后，奥本海默逐渐恢复名誉并回归主流科学界，并于 1963 年获得了恩里科·费米奖；然而，肯尼迪在典礼前被暗杀，因此由林顿·约翰逊总统颁发这一奖项。1966 年 2 月，奥本海默被诊断患有喉癌，在纽约的斯隆·凯特林研究所接受放射性治疗，这稍稍延长了他的生命。但同年 10 月，他的癌症复发，于 1967 年 2 月在睡梦中逝世，享年 62 岁。之后，奥本海默的遗体被火化，骨灰被带回他在维京群岛的夏季住所，之后洒入大海。在葬礼上，汉斯·贝特说："没有奥本海默，原子弹永远不会及时完成并用于战争。"资深外交官、美国对苏联的"遏制计划之父"乔治·柯南评价他："矛盾的是目前人类征服自然的力量与其道德力并不相称。没有人比他对这种矛盾对人类造成的威胁看得更清楚。"

原子弹既受褒赞，也受嫌恶。核能可以是"和平的原子"，是人类解决能源和全球变暖问题的希望。它带来的核能在能源领域的和平利用，目前占世界发电总量的 15%，而且不排出二氧化碳和造成全球变暖。欧洲、美国和日本等国家和地区都在寻求可控的等离子体聚变，使用氘氚反应来产生和平的能量。

$$D_1^2 + T_1^3 \rightarrow He_2^4 + n_0^1 + 17.6\text{MeV}$$

核材料还能够被用于医疗，用来作为诊断的示踪剂及杀死癌细胞。1949 年 8 月，在与苏联的冷战和军备竞赛中，美国对原子弹的专营被打破了，苏联在哈萨克斯坦的塞米巴拉金斯克试爆了其第一枚原子弹。之后，美国总统杜鲁门批准研制氢弹，氢弹是有可能产生比原子弹威力大千倍的核弹。这个项目由爱德华·泰勒领导，汉斯·贝特和约翰·冯·诺依曼协助。1951 年，泰勒和斯塔尼斯拉夫·乌拉姆（Stanislaw Vlam）设计了第一个热核反应炸弹，并于 1952 年在埃尼维托克环礁进行第一次试爆，其爆炸当量为 10.4 兆吨 TNT，比"小男孩"

原子弹强千倍。安德烈·萨哈罗夫（Andrei Sakharow）领导了苏联第一枚氢弹的研制工作，并于 3 年后的 1955 年成功试爆。

美苏两国军备竞赛增加了世界毁灭的可能性。如果广岛、长崎的核弹足以杀死 34 万人，那么 5 亿吨当量的氢弹是不是可以杀死 1969 年美国 1.8 亿人口中的大部分？亨利·基辛格（Henry Kissinger）在 1957 年做过估算，如果在纽约第五大道第 42 街爆炸一个千万吨级当量的氢弹，会在 5 千米半径内杀死 300 万人口。幸存者也会生不如死，因为他们不得不尽力寻找食物和掩体并照料死伤者；生活在受损的城市，没有工厂和交通港等；受到 Sr-90（锶 -90）尘埃的辐照而导致骨癌、白血病和基因突变等；并会忍受遮蔽太阳的尘埃导致的环境污染和粮食减产。

为了震慑苏联对美国城市和军事设施可能的袭击，美国战略空军司令部的轰炸机一直保持部分携弹飞行，以备需要时作为惩戒和威慑对苏联进行轰炸。根据"失效保护"流程，它们执行前往莫斯科的半程飞行，如果收到返回指令或没有收到指令，就会返回基地；只有收到前进的指令时，才会前往投弹。之后出现了"宇宙神""大力神"和"民兵"式洲际弹道导弹，使核弹可以装载在火车车厢内在全美范围内进行机动，或者从深山中或地下深井的发射架上发射。"北极星""海神"和"三叉戟"式潜射弹道导弹可以在大洋深处发射，隐藏在波涛和冰山下难以被发现。苏联轰炸机驻扎在楚科奇海上的科拉半岛。"对等保证摧毁"战略就像是战斗中的两个蝎子，谁也不愿首先发难。这很可能意味着除非领导人发疯才会发起核战争，因此世界反而是相对安全的。

1960 年，赫曼·卡恩（Herman Kahn）发表了《论热核战争》（*On Thermonuclear War*），首先对未来核战争的战略和后果进行定量研究。他在书中问道：如果敌人不顾一切地发动袭击，我们对短期存活和最终的恢复有怎样的保障？敌人的这种袭击可能有如下原因：

- 非授权行为或机械故障导致的事故。
- 对事态升级的错误估计、非理性和过于自信。
- 因国内、国际危机或妄图统治世界野心的有计划的行为。
- 第三国或恐怖组织的野心和铤而走险。

因此，苏联从一个城市疏散平民可能预示着即将先发致人，美国将其视为侵略性的行动。1961 年 4 月，中央情报局牵涉进推翻古巴的菲德尔·卡斯特罗政权的"吉隆滩战役"。正是 1962 年的古巴导弹危机几乎触发了一次世界范围的核战争。当时，苏联开始在古巴建造指向美国的核导弹发射场，而美国则把在土耳其部署的"朱庇特"导弹瞄准苏联。美国肯尼迪总统要求苏联撤走在古巴的导弹，并下令对古巴进行海上封锁以阻止导弹的船运。让世界松了口气的是，苏联领导人尼基塔·赫鲁晓夫妥协并同意拆除在古巴的导弹，作为交换，美国也撤去部署在土耳其的导弹。这也无限期地中止了美国入侵古巴的所有计划。

从 1945 年开始，《原子科学家公报》开始发行，旨在讨论原子能政策和对公众进行科普。这本杂志的封面是一座末日之钟，它用午夜来代表世界的终结。最初的设定是距离午夜 7 分钟，1953 年苏联进行核试验时，这一时间缩短为 2 分钟。1991 年，末日之钟回调到 17 分钟，因为当时美国和苏联达成了《削减战略武器条约》。当 1998 年印度和巴基斯坦试验核武器时，时钟又变紧了，2007 年，朝鲜的核武器试验计划和对伊朗的指控使得时钟拨至距午夜 5 分钟。

当前核武器俱乐部的国家包括乔治·沃克·布什和约翰·博尔顿提出的"邪恶轴心国"（古巴、叙利亚和利比亚，朝鲜、伊朗和伊拉克）。2009 年，与朝鲜就拆除核弹设施以换取援助和停止经济制裁的谈判依然毫无进展。目前的核弹头储备大约如表 5-5。

表 5-5　一些国家和地区的核弹头储备量

| 核弹头数 | 国家 |
| --- | --- |
| 多于 1 000 | 美国和俄罗斯 |
| 多于 100 | 英国、法国、中国、印度 |
| 多于 10 | 巴基斯坦和朝鲜 |

国际社会对一些核武器库的核材料可能被恐怖分子窃取而深表忧虑。

原子核时代的其他不利因素包括核反应堆的安全性、放射性材料的处置，以及恐怖主义使用核武器的潜在威胁。即使是低辐照水平的废料也会因皮肤暴露、摄食、吸入、吸收或注射造成对人体伤害。衰变期短的核废料如半衰期 8 天的碘 -131 和半衰期 28.9 年的锶 -90、衰变期长的钚 -239，会持续危害人类和其他生物成千上万年，其他核废料甚至会危害数百万年。因此，核废料必须加以屏蔽和隔离。最著名的核电站事故包括1979年美国的三里岛事件和1986年发生的切尔诺贝利核事故。2011年，日本东北部大地震达到9.0级，导致毁灭性的海啸及福岛核电站的爆炸，促使日本寻求国际援助。

流行文化对核战争和核事故的威胁也很关注。汤姆·莱雷尔（Tom Lehrer）在1952年写下如下的歌词：

> 沿着铁路，你就会找到我，
>
> 那里地广人稀，
>
> 在原子能委员会的旧地。
>
> 那景色多么醉人，
>
> 但空气中满是辐射，
>
> 噢，狂野的西部啊，我为你魂牵梦萦。

许多电影、歌剧等作品都涉及核战争的主题。例如，1957年的《海滨》讲述了一群人在核战争之后等死的故事；斯坦利·库布切克在1964年导演的电影《奇爱博士》讲述了核战争及一个有着德国口音的天才的故事；1964年，西德尼·吕美特导演的《失效保护》讲述了一次事故导致的核战争；1979年简·方达和杰克·莱蒙主演的《中国综合症》讲述了一次核电站的事故，它正好于三里岛事件发生前12天上映；1983年，麦克·尼古拉斯导演、梅丽尔·斯特里普主演的《丝克伍事件》讲述了铀工厂里工人的工作健康问题；2005年，约翰·亚当主演的歌剧《原子博士》讲述了奥本海默和原子弹试验之前的故事。

## 参考文献

Benedict, M., T. Pigford, and H. Levi. "Nuclear Chemical Engineering", McGraw-Hill, New York, 1981.

Bernanke, B. "Essays on the Great Depression", Princeton University Press, Princeton, NJ, 2000.

Bird, K. and M. J. Sherwin. "American Prometheus: The Triumph and Tragedy of J. Robert Oppenheimer", Alfred A. Knopf, New York, 2005.

Bown, S. R. "A Most Damnable Invention: Dynamite, Nitrates, and the Making of the ModernWorld", St. Martin's Press, New York, 2005.

Evlanoff, M. and M. Fluor. "Alfred Nobel: The Loneliest Millionaire", Ward Ritchie Press, Los Angeles, 1969.

Ferguson, N. "Ascent of Money: A Financial History of the World", Penguin Press, New York, 2008.

Frangsmyr, T. "Life and Philosophy of Alfred Nobel", Available at http:\\nobelprize.org, 1996.

Glasstone, S. "Principles of Nuclear Reactor Engineering", D. van Nostrand, New York, 1955.

Goodchild, P. "J. Robert Oppenheimer: Shatterer ofWorlds", Houghton Mifflin, Boston, 1981.

Groves, L. M. "Now It Can Be Told: The Story of the Manhattan Project", Da Capo Paperback, New York, 1962.

Halasz, N. "Nobel", The Orion Press, New York, 1959.

Hecht, G. "The Radiance of France: Nuclear Power and National Identity After World War II", MIT Press, Cambridge, MA, 2009.

Kahn, H. "On Thermonuclear War", Princeton University Press, Princeton, NJ, 1961.

Kissinger, H. A. "Nuclear Weapon and Foreign Policy", Harpers, New York, 1957.

Knief, R. A. "Nuclear Energy Technology", McGraw-Hill, New York, 1981.

Mehr, R. I. and E. Cammack. "Principles of Insurance", R. D. Irwin, Homewood, IL, 1976.

Muller, J. Z. "Capitalism and the Jews", Princeton University Press, Princeton, NJ, 2010.

National Academy of Engineering. "The New Orleans Hurricane Protection System: Assessing Pre-Katrina Vulnerability and Improving Mitigation and Preparedness", National Academy Press, Washington DC, 2009.

Partington, J. R. "A History of Greek Fire and Gunpowder", Johns Hopkins, Baltimore, 1999.

Pauli, H. E. "Alfred Nobel: Dynamite King-Architect of Peace", L. B. Fischer, New York, 1942.

Rhodes, R. "The Making of the Atomic Bomb", Simon & Schuster, New York, 1986.

Ringert, N. "Alfred Nobel: His Life and Work", Available at http:\\nobelprize.org, 2006.

Serber, R. "The Los Alamos Primer", University of California Press, Berkeley, CA, 1992.

Smyth, H. "Atomic Energy for Military Purposes", Princeton University Press, Princeton, NJ, 1945.

Sohlman, R. and H. Schuck. "Nobel: Dynamite and Peace", Cosmopolitan Book, New York, 1929.

Teller, E. "The Legacy of Hiroshima", Doubleday, New York, 1962.

Vaughn, E. E. "Risk Management", John Wiley & Sons, Inc., New York, 1997.

White, L. T. "Medieval Technology and Social Change", Oxford University Press, London, 1963.

# 第6章

# 交通运输

对于所有动植物而言，移动和迁徙是寻找充足的食物和水源、寻求配偶、分散过于密集的种群、躲避捕食者和环境威胁，以及移居更好栖息地的根本能力。

植物通过散播花粉、种子或果实进行繁衍，传播的方法可以是被动地附着在蜜蜂、蝴蝶身上，或者鸟类的羽毛、哺乳动物的皮毛上或摄取到动物消化道后通过粪便散播等方式；风媒和水媒也可以起到传播的作用。随机传播的路径或"命运"不可控，往往极其庞大的传播数量最终只有极少数能够存活和生长。动物可以主动迁徙，从而能够更好地控制路径和目的地。某些动物定期或每年在两处栖息地之间来回迁徙，如黑脉金斑蝶、鹳鸟等，以及每年在北极和南极之间往返迁徙的北极燕鸥；另一些动物移居新的领地，如达尔文地雀从南美洲迁徙到加拉帕戈斯群岛。

在位于伊拉克的乌鲁克国王吉尔伽美什（Gilgamesh）的原始遗址中，人们很少远离居住地，主要依靠当地的资源维持生活。有记载，吉尔伽美什和同伴恩奇一起开展了一次值得铭记的长途旅行，曾走到位于黎巴嫩山区的雪松林，旅程长达 1 200 千米。他们杀死怪兽洪巴巴，赢得永恒的美誉；也砍下雪松木材，在美索不达米亚建造了一座寺庙，因为据说当地原本没有石头或木材。后来，吉尔伽美什独自出发，前往人类从未踏足过的遥远土地，探望他的祖先乌特纳比西丁（Utnapishtim），以寻求关于人类起源的智慧和永生的知识。

一个与世隔绝的民族可使用的资源和接触的思想观念极为有限，如仅局限于采摘本地发现或种植的食物果腹，使用本地材料制造工具，听取和学习本地的理念，甚至冒着近亲繁殖的风险与附近的人通婚。在交通不便的时代，只有最有价值的和不易灭失的货物才适合进行长距离运输，如新石器时代的黑曜石和燧石，青铜时代的铜和锡，以及绿松石和青金石等。罗马出产的玻璃和中国出产的丝绸自公元前 1 世纪便沿着丝绸之路开展的贸易使双方互惠互利。除马可·波罗前往中国时的那条著名的陆路通道外，还有一条海上丝绸之路：沿着亚洲南部海岸从中国到印度，然后抵达波斯湾和红海。这也是马可·波罗回国的路线。与商品交易同等重要的是思想、发明和技术的传播与交流。新的思想观念和宗教文化，如佛教、基督教和伊斯兰教通过旅行者传播和蔓延。历史上伟大的旅行家给予我们大量关于世界的知识，如马可·波罗、伊本·巴图塔、克里斯托弗·哥伦布、瓦斯科·达伽马和费迪南德·麦哲伦等。西方的思想观念，如民主和资本主义思想，对改变世界也发挥了一定的作用。

交通运输的重要作用包括把辽阔土地上居住的人们在社会和政治方面联系起来。卢克索和阿斯旺的"上埃及"能与三角洲地区的"下埃及"统一，尼罗河发挥了关键作用。道路的建设对罗马帝国延续千年的统一必不可少，以实现征税、把资源运回罗马，同时派出军团平定和征服边疆地区。葡萄牙、西班牙、荷兰和英国曾依靠大型远洋海运的支持而建立和维持国家发展。交通运输为占领新居住地、征服领土和建立殖民帝国开辟新的机会。人类的祖先（智人）来自东非，直立人从非洲扩散到欧洲和亚洲，波利尼西亚人远涉重洋移居至广阔的太平洋岛屿，美洲原住民步行 17 000 千米跨越北部的白令海峡到达南美洲南端的火地岛⋯⋯

交通运输还产生了更大的市场，便于消费者使用更加丰富多样的商品和服务，更大的市场能够增加就业和专业分工的多样性。在一个与世隔绝的社会，每个人都不得不成为"百事通"，自己负责种植粮食、裁剪衣服、建造住房、生育和教育子女。更大规模的市场可提供少数专业人士，如工具制造者或医生，有足够的需求来证明投资特殊培训和工具的合理性。而大都会市场可以提供诸如脑外科医生和生育诊所，他们具有卓越的知识和经验，能够使用专业的工具。社会内部发达的交通使车间与家庭得以分离，车间嘈杂且可能充斥着压力、肮脏和危险，然而家庭应保持安静和整洁。当一座城市拥有良好的交通系统，可建立独立的商业和工业区，使其远离宁静的住宅区。

交通工具需要燃料和发动机，其中效率的衡量指标是发动机燃料系统的功率重量比。水上远洋船舶能够携带更重的发动机和燃料。陆地上的车辆，如小型汽车、卡车和公共汽车，需要更大功率重量比的发动机。飞机需要大功率在空中飞行，要求最大的功率重量比。

　　然而，世界便利的交通运输和全球化也存在消极的一面。外来物种的引进经常会导致本地物种减少，甚至消失。人类世界的全球化往往意味着在语言文化方面区域差异的衰退或消失，以及无力竞争的原住民族群的没落。公元前 500 年，中国古代哲学家老子曾表示拒绝接受商业和技术。老子在经典著作《道德经》中描述了他心目中理想的小国状况：

　　　　小国寡民。

　　　　使有什伯之器而不用；

　　　　使民重死而不远徙；

　　　　虽有舟舆，无所乘之；

　　　　虽有甲兵，无所陈之。

　　　　使人复结绳而用之。

　　　　至治之极。

　　　　甘美食，美其服，安其居，乐其俗，

　　　　邻国相望，鸡犬之声相闻，

　　　　民至老死不相往来。

## 6.1　陆地交通

　　步行和跑步是最古老的陆地交通方式，空出双手用于携带婴儿或其他物品。人类自身的速度慢、载重能力差。后来，人类开始驯养牛、驴、骆驼和马等，使用畜力，驯养动物可以用来装载人和包装货物。另一种方法涉及雪橇和滑雪杖的发明，用于在光滑的表面上拖动物品，如沙子和冰面等。人类的祖先能够从肯尼亚步行到西亚地区，再向西扩散到欧洲及向东到达东亚地区。最令人惊讶的成就是，他们从东亚向北步行来到北极，横跨白令海峡抵达北美洲，然后继续向南迁徙到南美洲南端的巴塔哥尼亚。这种长途迁徙除必需品外，很难携带其他物品。

　　车轮是一项伟大的发明，使以更快的速度长距离运输较重的货物成为可能。然而，这需要建设桥梁跨越河流和其他障碍物，并且要求更加成熟和有组织的长期社会投资建设。交通运输业第一项伟大的现代化发明是利用热动力推进的蒸汽轮船和蒸汽机车。例如，美国连接大西洋和太平洋两岸的铁路网络，对于建立一个统一的国家和拥有共同价值观的社会至关重要。西伯利亚铁路让俄罗斯帝国从圣彼得堡扩张到太平洋沿岸的符拉迪沃斯托克（海参崴）。蒸汽机车的主要缺点是对铁轨的依赖。铁轨建设需要昂贵的投资和固定的路线，所以只适合主要节点间的大批量运输。使用内燃机的私人汽车则需要分布式道路网络，包括大流量的州际高速公路干线和服务于任何两个特定地点之间的地方道路。交通运输需要发动机和燃料；操控工具，如马鞭、方向盘、刹车；以及导航工具，如指南针、地图和现代全球定位系统（GPS）等。陆路运输的其他主要形式还包括自来水、油、气和污水的输送管道网络等。

衡量交通运输表现的指标包括速度、载重量，以及抵抗自然灾害、人类社会争抢和战争的安全程度。人类的马拉松长跑纪录是以 20 千米 / 小时的速度行进 44 千米以上。相较而言，肯塔基德比赛马会上一匹马的最佳战绩是时速 63 千米，而一只非洲猎豹奔跑的最高时速为 120 千米。汽车和通勤列车可以长时间轻而易举地保持 100 千米的时速且不会疲惫，而没有轮子的磁悬浮列车的行进速度可高达 600 千米 / 小时。

## 6.1.1　车轮

物体的运动需要能量。能量等于所需的力与物体运动距离的乘积。快速传递能量需要做功，功等于所需的力与物体运动速度的乘积。物体在地面上滑动所需要的力等于物体重量乘以摩擦系数，而摩擦系数取决于物体表面和地面之间的接触面积。表面光滑则摩擦系数小，如钢材在涂油钢板表面上移动；表面粗糙则摩擦系数大，如木材在碎石路面上移动。摩擦也会带来有害影响，因为摩擦会产生热量并磨损物体。不少工程师一直致力于使用最少的功来实现重物快速运输的方法。

在车轮发明之前，小直径的木橇和滚轮用于移动重物，如移动石头而建造金字塔。陶轮是为了不同目的而产生的早期发明，可能是交通运输车轮的灵感来源。运输车轮诞生于青铜时代，并带来巨大的利益，因为一个良好润滑的车轮可减少 100 倍摩擦系数并降低磨损及发热情况。最古老的车轮是简单的车轴上有孔的木盘，如许多苏美尔人图画中展示的笨拙的战车。尽管车轮的车轴和轮毂之间存在滑动摩擦，但保持清洁和润滑可使车轴和轮毂具有坚硬光滑的表面。

带辐条的车轮发明时间稍晚，辐条让车辆更加轻便和快捷。战车上的埃及法老形象经常出现在作战、射箭或践踏敌人尸体的图画中（图 6-1）。这种一匹马或几匹马拉动的轻型两轮战车在古希腊的花瓶和中国古墓壁画上经常见到，适合快速和灵活机动的运行。战车比赛在《伊利亚特》中被描述为帕特洛克罗斯葬礼活动的一部分以示纪念，也是古罗马竞技场赛事的一种。然而，重型四轮货车适用于日常生活中搬运重物和载人。车轮在光滑的硬路面上行驶更佳，而不是在大石块和流沙道路上，因此古代美索不达米亚、埃及和克里特岛等地会专门铺设道路。古罗马人也建造了有助于征服和带回资源的强大道路系统。

图 6-1　战车上的法老

随着车轴上的差速齿轮及滚珠轴承的发明，战车和其他轮式车辆性能得到极大改善。当单个实心车轮轴的两轮车辆进入转弯时，两个车轮必须以相同的速度转动，但外侧车轮需要比内侧车轮行进更长的距离。差速齿轮允许外侧车轮比内侧车轮转动速度更快，并使无打滑平稳转弯成为可能。在古罗马早期的战船上也发现过滚珠轴承。1869 年，在巴黎授予了有记录以来的首个滚珠轴承专利。滚珠轴承使两个表面之间的滑动摩擦变为摩擦力更小的滚动摩擦。

有轨运输最早可追溯到公元前 600 年的古希腊，利用奴隶的力量拖曳船舶，穿越有巨大石灰岩断层的科林斯地峡。英国在 1650 年使用轨道马车从煤矿运输煤炭到运河码头的船只上。这些道路是在木制轨道上铺设铸铁板。1803 年，伦敦开通萨里铁路，最初是铸铁制成的由马拉动的公共铁路，稍后更换成锻铁轨道。蒸汽机发明之后，1825 年，乔治·斯蒂芬森（George Stephenson）制造出世界上第一辆商用蒸汽机车。1869 年，联合太平洋铁路与中央太平洋铁路在美国犹他州的普鲁蒙托里角接轨，"金道钉"（Golden Spike）被钉入枕木，从而宣告第一条从大西洋到太平洋横贯北美大陆的铁路完工。

美国加利福尼亚州的淘金热开始于 1848 年，起因是约翰·萨特在一条小溪发现黄金。大约 30 万"淘金者"从美国东海岸涌入西部，从陆地和海上抵达的人数各占一半。陆地上到来的淘金者驾驶各式各样的车辆行进约 5 000 千米（道路距离），其中包括 7 米长、载重 5 吨的康耐斯托加马车，由 6～8 匹马或牛拖动，最高速度能达到 25 千米 / 天。因此，这次从纽约到旧金山的旅程耗费 200 天时间。"淘金者"也可能向南航行到合恩角，然后向北到旧金山，全程 3 万千米，耗时 5～8 个月。海陆路线结合的方式是指如先乘船到巴拿马，穿越陆地上的巴拿马地峡，然后再乘船到旧金山。这种缓慢的旅行方式在 1876 年 6 月 4 日发生巨大的改变，一辆名为"大陆特快"的快速列车从纽约市出发，只需要 83 小时 39 分钟即可抵达旧金山！铁路连通美国西部的同时加速了人口流动和经济增长。蒸汽机车需要大量的工人装载煤炭、清除燃烧灰烬，以及照看锅炉和活塞。蒸汽机车煤烟排放量过大，在拥挤的大城市并不受欢迎。柴油火车使用柴油发动机发电，在第二次世界大战后取代蒸汽机车。电动火车更加清洁，一旦商业上可行，会立即在城市中采用。

## 6.1.2 汽车：汽油

自从引进现代化大规模汽车生产线后，很多人已经离不开汽车带来的便利，它体现了个人解放、自由、隐私和灵活性。在美国，90% 以上的家庭拥有至少一辆汽车，汽车成为仅次于房产的第二大昂贵的财产。

现代汽车首次亮相被称为"无马的马车"。1769 年，法国工程师尼古拉·约瑟夫·居纽（Nicolas-Joseph Cugnot）制造出第一辆三轮蒸汽机驱动的汽车，以步行般的速度前进。这辆汽车类似蒸汽火车，具有一个燃烧锅炉、一个带活塞的独立动力冲程气缸，并以蒸汽作为工作流体；其发动机笨重且肮脏，需要很长时间点燃锅炉，然后是漫长的等待让蒸汽准备就绪。1865 年，英国"红旗法案"限制道路上所有机械车辆的速度不超过 7 千米 / 小时，要求除了两名乘员，还有第三人步行在车前方挥动红旗警告路人。内燃机的发明是一大进步，因为燃烧和动力冲程在同一气缸中发生，热燃烧气体即为工作流体。1807 年，法国尼塞福尔·涅普斯和克劳德·涅普斯兄弟制造出名为 Pyréolophore 的内燃机，使用的燃料是煤尘和树脂混合油。1860 年，法国人艾蒂安·勒努瓦（Etienne Lenoir）制造出一台更好的内燃机。1876 年，德国工程师尼古拉斯·奥托对其进行了大幅度改良。奥托发动机是第一台四冲程发动机，气缸包括活塞、进气阀、排气阀和火花塞（图 6-2）。在第一个冲程中活塞向下运行，把汽油和空气的混合气吸入气缸；在第二个冲程中，活塞向上推动压缩混合气；在第三个冲程开始时，点火产生的热量和压力大力推动活塞向下；第四个冲程排出混合气燃烧后的废气。

1885 年，德国的卡尔·弗里德利希·本茨（Karl Friedrich Benz）制造出世界上第一辆实用的汽车。车上安装了一个二冲程发动机，前面一个小轮子，后面两个大轮子，行驶速度为 15 千米 / 小时。同年，戈特利布·戴姆勒（Gottlieb Daimler）开始与奥托合作，然后创办自己的公司开发更快的单缸发动机，并且将其安装在两轮摩托车上。后来，戴姆勒给马车装上 0.8 千瓦的发动机。第一辆戴姆勒汽车制造于 1889 年，但价格过于昂贵，除富裕的贵族之外，没有人买得起。当亨利·福特开始大规模生产汽车时，专门针对大众市场推出 1908 福特 T 型车，汽车价格当时从 850 美元降至 260 美元。

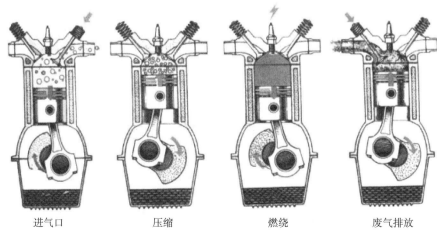

|  进气口  |  压缩  |  燃绕  |  废气排放  |

图 6-2　内燃机

奥托发动机需要燃料推动，但对燃料有若干要求，包括：

- 以卡 / 克（1 卡 =4.186 8 焦耳）或焦耳 / 克为单位的高燃烧热量。
- 在运行和储存条件下是液体，因为固体移动困难，气体占用太多体积。
- 具有挥发性，便于启动，但不能太不稳定而造成气阻。
- 发动机中高压缩和性能所需的高辛烷值。
- 供应量大，成本低。

一些常用的商业燃料的燃烧热值是甲醇 5.3 千卡 / 克（1 千卡 =4 186.8 焦耳）、乙醇 7.1 千卡 / 克、棉籽油 9.4 千卡 / 克、鲸油 9.5 千卡 / 克和石油 10.3 千卡 / 克。石油的燃烧热值最高，而且可以大量供应。历史上曾有过石油渗溢的记录，如中东地区和美国加利福尼亚州圣巴巴拉等地。现代交通运输体系不能依赖地面上随机溢出的石油，而是需要充足和可靠的供应。1859 年，美国人埃德温·德雷克（Edwin Drake）在宾夕法尼亚州的油城钻出世界石油工业史上第一口油井，从此石油产量开始急剧增加。

石油是由不同分子量的许多不同类型物质分子组成的混合物，形态变化很大，从很轻的气体（如甲烷），到非常重的固体（如沥青）。现代化的炼油厂让原油通过蒸馏装置，利用其挥发性或蒸发倾向分离出各种组分。最轻的组分是每个分子含有 1～4 个碳原子的气体，如甲烷和乙烷，以及液化石油气（LPG），如丙烷和丁烷；接下来是含 5～11 个碳原子的汽油；10～18 个碳原子的煤油和喷气燃料，以及家庭和商业取暖使用的 16～24 个碳原子的燃料油。最重的馏分是残余渣油和在室温下通常为固体的沥青，这二者分别可用于远洋船舶和发电厂，以及铺路、铺屋顶。汽油燃烧的产物是水和二氧化碳及热量，如下列化学式所示。

$$C_8H_{18} + 12.5O_2 \rightarrow 9H_2O + 8CO_2 + 热量$$

1860 年，灯用煤油是从石油中提取的最有价值的产品，而汽油被作为无用的副产品倒入河流。时至今日，最有价值的石油产品是交通运输燃料：汽车用的汽油，以及柴油和喷气式飞机用的煤油。当优质的交通运输燃料从一桶（42加仑或 159 升）原油中蒸馏出之后，残余大量的轻气体和重油，这些商品的商业价值稍低。许多发明旨在"裂解"重油和"聚集"轻质气体，使其成为适合运输的中等体积。1912 年，威廉·伯尔顿（William Burton）发明了热裂解技术。1927 年，尤金·胡德利（Eugene Houdry）研究出催化裂解工艺。烷基化反应是小分子烯烃与石蜡烃反应产生汽油的过程，而聚合反应通过两个小分子烯烃反应产生汽油。

汽油另一个重要的指标是辛烷值。辛烷值可用来衡量燃油抗爆震能力。爆震会使发动机在一些难度大的情况下失去动力，如重负载爬坡或加速进入高速公路。1921 年，托马斯·米基利发现一种名叫四乙铅的化合物能大大减少发动机爆震现象；1950 年，弗拉迪米尔·哈恩赛尔（Vladimir Haensel）提出另一种解决方案，引入铂重整，把低辛烷值的正构烷烃转换成高辛烷值的支链烷烃和芳香烃。

我们对比一下从植物和动物中提炼的交通运输燃料与石油运输燃料等的功效。表 6-1 是以千卡／克为单位的燃烧热值。

表 6-1 不同燃料的燃烧热值

| 物质 | 热量（千卡／克） | 物质 | 热量（千卡／克） |
| --- | --- | --- | --- |
| 氢气 | 29.2 | 石墨 | 7.8 |
| 甲烷 | 13.2 | 乙醇 | 7.1 |
| 石油 | 10.3 | 烟煤 | 6.7 |
| 鲸油 | 9.5 | 甲醇 | 5.3 |
| 棉籽油 | 9.4 | 橡木 | 3.8 |
| 鱼肝油 | 9.4 | 葡萄糖 | 3.7 |

氢气的燃烧热值比碳或石墨高得多，更好的燃料具有较高的氢碳比、几乎没有或不含氧气。加拿大黑雁的体重约为 9 千克，平时食用含有丰富的碳水化合物和蛋白质的草，然后把碳水化合物和蛋白质（4.3 千卡／克）转化成脂肪（9千卡／克）。因此，加拿大黑雁可依靠 3.8 千克碳水化合物或 1.8 千克脂肪储存 1.8 万千卡的热量。当加拿大黑雁长途迁徙时，可把淀粉转化成脂肪，以减轻重量。花生和椰子等植物的种子在迁移和扩散时也存在同样的情形，因为种子也能够把碳水化合物转化为脂肪。动植物脂肪在地下埋藏数百万年会发生化学反应而除去酸基，最终变成石油等物质，而石油的燃烧热值可达到 10.3 千卡／克。20加仑（76 升）汽油的重量约为 140 磅（64 千克），燃烧能产生 70 万千卡的热量，

驱动汽车行驶 400 英里（670 千米）。这是巨大的能量，尤其是与人类手动推动车辆前进 1 千米耗费的能量相比较时。

来自发动机的热能被用来驱动静止的汽车达到 60 英里 / 小时（100 千米 / 小时）的巡航速度。为了保持汽车以该速度运行，需要更多的能量克服车轮的滚动摩擦和空气阻力。若速度低于 48 英里 / 小时（80 千米 / 小时），空气阻力不明显，随着速度的提高，空气阻力开始"占据主导地位"。钝线型物体比前端圆形的水滴状物体面临更多的阻力，汽车最佳的流线形设计需要进行多次风洞实验验证。大多数汽车设计中有空气升力帮助支撑汽车的重量。相反，赛车的设计可以具有负升力降低车身水平，这对防止转弯时翻车非常重要。

汽车时代改变了美国社会，并且增加了个人自由度和促进郊区的发展。洛杉矶和休斯敦等美国城市在汽车时代中发展起来，居民人均土地占有量远高于纽约和波士顿等城市的居民。一个有争议的观点是，拥有百万辆汽车的纽约市比拥有百万匹马的城市更清洁。

对于一个普通的美国家庭，汽车是房产之后的第二大资产投入。2/3 的美国人拥有驾驶执照，每辆汽车每年平均行驶 2 万千米路程。当前美国人每天上班的形式是：76% 的美国人单独驾车、10% 拼车、5% 乘坐公共交通工具、4% 在家中工作、3% 步行上班、2% 的人使用其他交通工具。2008 年，全球财富 500 强公司中，前 10 名包括 4 家石油公司和两家汽车公司：

第 1 名埃克森美孚石油公司、第 3 名雪佛龙石油公司、第 4 名康菲石油公司、第 6 名通用汽车公司、第 7 名福特汽车公司、第 10 名瓦莱罗能源公司。

美国人为其汽车情结付出的代价也很大：每年发生约 680 万起机动车交通事故，导致 340 万人受伤和 4.2 万人死亡。机动车交通事故是美国位列第五的死亡原因，仅次于心脑血管疾病、恶性肿瘤、肺部疾病和糖尿病等造成的死亡人数。汽车尾气是向大气中排放二氧化碳和导致全球变暖的重要因素。洛杉矶盆地的空气污染主要是汽车未燃烧的碳氢化合物和氮氧化物排放造成的，并带来污染烟雾，尤其是在夏季。1970 年颁布的《清洁空气延长法案》要求美国国家环境保护局制定和强制执行法规，以保护公众，防止其暴露于危害人类健康的空气污染物中。这导致 1975 年的美国车型开始开发和使用催化转换器，并沿用至今，但催化转化器的活性成分贵金属铂和钯需要从俄国或南非地区进口。

## 6.2 水上交通

游泳是最早的水上交通形式，有时候辅以漂浮装置，如原木，或是古埃及捆绑在一起的纸莎草芦苇束和美索不达米亚的充气动物皮等。漂浮装置后来被连接在一起以增加稳定性和承载能力，下一步的发展是空心船，能够保持乘客和货物干燥。在河流和湖泊上游行比陆地旅行更加危险，因为风浪会影响稳定性，导致船舶倾覆、下沉。在完全看不到土地的辽阔海洋上航行更是一种勇敢的行为，因为海洋上的风浪和暴风雨更大，随时都有碰撞到岩石或搁浅的危险。远离陆地的远洋航行需要的导航方法主要依赖于太阳和星星。港口和灯塔的发展是亚历山大港作为一座伟大的埃及城市取得成功的关键。波利尼西亚人成功驾驶带风帆的独木舟航行 2 万千米，越过浩瀚的海洋从中国台湾来到塔希提岛、夏威夷岛和复活节岛。与后来的葡萄牙和西班牙在大航海时代的成就相比，他们的技术落后，取得的成就需要更多的勇气和乐观精神。

古希腊史诗《奥德赛》第 5 卷中包含大量的关于古代造船和航海的信息，解释奥德修斯如何建造一艘船离开女神卡吕普索的岛屿奥杰吉厄岛，卡吕普索把他困在那里 7 年。奥德修斯渴望回到家乡伊萨卡岛与他的妻子珀涅罗珀和儿子忒勒玛科斯团聚。宙斯派赫尔墨斯通知卡吕普索释放奥德修斯。卡吕普索答应给奥德修斯需要的一切。我们可以看下文详述奥德修斯造船用到的发明和技术。

> 卡吕普索交给他一把沉重的青铜大斧，两面有锋利的刃，装上结实精美的橄榄木手柄，又交给他一把打磨平滑的锛子。然后，卡吕普索带去他砍高大的赤杨、黑杨和杉树。这些树木已经干枯多年，适合在水上漂浮。奥德修斯一共砍倒 20 棵树木，用铜斧削光，然后巧妙地修平，按照墨线使其变得平直。卡吕普索又送来钻子，奥德修斯把所有木料钻上孔，相互拼合，用木楔和接榫牢固地紧密衔接。他制造了一只类似于货船的横梁和平底的船只。然后，他装上舱板，把船板钉在紧密的船肋上，圆木做成船舷两侧侧板，在船里立上桅杆，上面加上船桁，把操纵方向的船舵做好，在船的四周扎上柳条来抵御波涛，堆上许多树枝。卡吕普索又给他拿来做帆用的布，奥德修斯就把帆做

好，在船上扎好转帆索、升降索和帆脚索，然后用滚木把船送到海上。他在第四天完成一切造船工作。

第五天，女神卡吕普索给奥德修斯沐浴，穿上熏香的衣服。女神在船上放上两个皮囊，一皮囊的美酒和一大皮囊的净水，还有一口袋干粮和很多肉食。奥德修斯情绪高昂地迎风拉起船帆，坐在船尾抓住舵柄，睡意从不落到他的眼睛上，他一直仰望天上的星星：昴宿星团和降落很迟的大角星，以及世人称为"天车"的大熊座；大熊座指着猎户座，始终在一处运转，是唯一不在瀛海中洗浴的星。航海时指明方向的星座在左手边，因此他在海上顺利地航行了十七昼夜。

令人惊讶的是，女神卡吕普索具有关于工具和导航方面的知识，而一个战士拥有详细的造船知识。让我们找出所有提到的导航星。昴宿星团是位于金牛座的一个美丽的星团，大角星是牧夫座一颗璀璨明亮的星星，北斗七星在大熊座，参宿在猎户座，没有提到在小熊星座位于正北方向的北极星。在地中海地区的纬度上，大熊星座的恒星总是在黑夜的任何时间或一年中的任何季节唯一可靠的肉眼可见的恒星。然而，大熊星座不在正北方向，而是位于北纬50度和61度之间。

现在，我们可以根据上述信息推测奥杰吉厄岛的位置。如果奥德修斯保持大熊星座在左边或船的左舷侧，他朝着东方航行约17天。假设奥德修斯的平均航速为2节（1节=1.852千米/小时），17天内航行距离会达到1 500千米，由此推断他应该从马略卡群岛出发前往伊萨卡岛。如果乐观估计航速为4节，则意味着出发地点在海格力斯之柱或直布罗陀海峡之后，进入大西洋；如果悲观地估计航速为1节，则意味着他从西西里岛起航。在第18天，海神波塞冬把奥德修斯的船击碎。他最终游上斯刻里亚岛，在那里遇到美丽善良的公主瑙西卡。经历了宴会和讲故事之后，国王阿尔喀诺俄斯给奥德修斯一条送他回家的船，船员坐在桨架边奋力划船把他送回伊萨卡岛附近的家乡。

水上运输利用水的浮力，非常适合运送大而重的物品。依靠陆上交通工具把房屋从一处搬迁到另一处是一项艰巨的任务，但在水上运输会更容易，因为水的浮力可以承受很重的重量。水运适合运输便宜或特别重的商品，如木材、石材、谷物、水泥和煤炭等，以及清理垃圾。世界上最大的油轮"诺克·耐维斯号"有 460 米长，比美国纽约的帝国大厦还高，一次可运输 55 万吨石油。大多数现代化都市都位于附近有港口的海岸附近，如伦敦、纽约和上海；或位于可通航的河流、湖泊或运河旁，如巴黎和芝加哥。一些古老的都市在内陆，如北京、墨西哥城和廷巴克图，大多依靠陆路运输。火车时代的到来使内陆城市变得现代化。

连接两个水体的运河是古代世界的另一大发明。以前孤立的地区可以通过挖掘通航运河与其他地区产生联系和贸易。中国的京杭大运河全长 1 700 多千米，把长江以南的粮食主产区与当时的首都、要塞连接起来。伊利运河（1825年）开辟了从人口密集的美国东北海岸至五大湖区的联系，并且把布法罗、底特律、芝加哥和明尼阿波利斯等城市变成世界著名的商业城市。苏伊士运河（1869 年）把欧洲到远东的距离从 2 万千米缩短到 1.2 万千米，不必再绕过非洲大陆南端的好望角。巴拿马运河（1914 年）把纽约到旧金山的距离从 2.6 万千米缩短到 1 万千米，不必再绕过南美洲南端的合恩角。

## 6.2.1　帆船

独木舟可以通过用手划水前进，然而船桨的出现是一项很大的改进。船桨需要桨架，这是一种更先进的技术。帆船比划桨省力很多，因此特别适用于重载荷和长航程。最直接的鼓风方式是把帆挂在连接到垂直桅杆的水平横木上，然后风从后面吹（图 6-3）。当舵桨或船舵被用于保持船只直行时，挂帆的小船也可以与风成直角航行。古埃及墓室壁画中描绘的船只和成比例模型，为了在平静的尼罗河上航行，专门设计了一个方形帆和多个船桨，并在船尾两侧设计了两个舵板用于改变方向。古希腊船只需要穿越更加波涛汹涌的爱琴海，船只设计开始有底部的龙骨，使船只更加稳定和强劲，还装上辐射状肋材和条板覆盖在两侧。《荷马史诗》中提到了另一种长而狭窄的快速战船，可搭载船员 50 名，船艏装有装甲撞角用于撞击其他船只；以及速度缓慢的货船，高大宽阔，船桨很少，货舱很大，可装运葡萄酒和橄榄油等。考古人员在墓穴中发现了一些维京海盗船，如奥斯陆维京海盗船博物馆展出的"科克斯塔德号"。这些属于沿海水域表现出色的浅水船，顺风时挂上方形帆，逆风时动手划船。

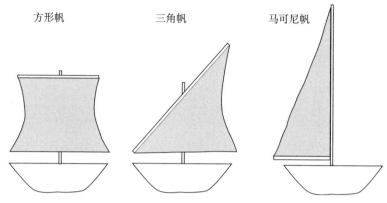

方形帆 三角帆 马可尼帆

图 6-3 方形帆、三角帆和马可尼帆的帆船简易图

方形帆的船只不能在风中行驶。当北风吹起的时候，船可以顺风向南"前进"；如果船希望向东航行，可通过转动帆桁使船呈 45° 角实现；但船无法顶北风向北航行。一旦风向不利或风停时，战船可以落下帆由船员划桨前行；然而，货船不能够承载过多划船者，这种情况下只能静止不动，或者"船头迎风不能调整方向"。稍后，上尼罗河、红海和印度洋地区开始使用三角帆。倾斜帆桁连接到桅杆但不与其垂直，帆桁可以转动，使得船帆能从垂直转变成平行于船只。三角帆的船只能够与风向呈 45° 角前进。例如，被称为"抢风"或"逆风"的东北或西北向模式。通过执行一系列的东北和西北向之字形或交替抢风调向，甚至可以逆风航行（图 6-4）！随后，帆船同时使用方形帆和三角帆。例如，克里斯托弗·哥伦布的旗舰"圣玛丽亚号"，前桅和主桅装有方形帆，第三根或后桅悬挂三角帆，以应对不同的天气条件。现代帆船使用前-后或马可尼帆，没有帆桁；三角主帆的顶部被直接提升到桅杆顶端，底部连接到水平张帆杆，可以从垂直转到与船只长度平行的方向。2010 年，美洲杯帆船赛上"美国-17 号"帆船可以 20° 角逆风航行！

高度很高的船帆可捕获更多的风，提供更多的动力。然而，如果帆的高度比船只的长度更长，会出现升高迎风侧和降低背风侧，形成一种强烈的"侧倾"趋向，所以船只可能倾覆。船只接近风时，侧倾比较严重，船长应该要求船员转到船的迎风面以保持平衡。一项发明旨在解决侧倾问题，即在底部放置一个深且沉重的龙骨。倾翻也可以通过一项太平洋岛国的发明实现平衡：双体帆船

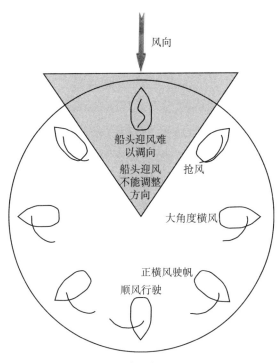

风向

船头迎风难
以调向

船头迎风
不能调整
方向

抢风

大角度横风

正横风驶帆

顺风行驶

图 6-4　帆船航行方向

在船身一侧放置舷外浮体，三体帆船在船身两侧各放置一个舷外浮体。

帆船的最大航行速度取决于船身相对于风的方向。帆船顺风行驶时，可实现的最大速度必定比风速慢，因为动力与速度差成正比。如果船只与风向呈90°角前进，船帆转动大约 45°角，因此航行速度可能比风速更快。北风对转动的船帆施加一个力，指向东南方向的力推动船只前进。这会产生两个分力：一个分力朝着东方推动船只前进，另一个分力指向南方，导致船只侧倾。在2010 年的美洲杯帆船大赛中，"美国-17 号"帆船能够达到 22 节（40.74 千米/小时）的最高航速，而当时的风速只有 6~7 节！

船只乘风破浪会造成船艏波而限制船只的最高航速。更长的单体船可以比长度短的船只行驶得更快。可达到的速度与"水平面至船舷高度"的平方根成正比，这是船只在水中浸湿部分的长度，通常比包括船体水上部分在内的船只总长度短。行驶中的船只沿着船体一侧产生许多波峰和波谷。当航速提高时，波峰和波谷之间的距离也会增大，直到整个船身仅存一个单波，其第一个和第二个波峰分别在船艏和船尾的位置上。根据弗劳德分析，$V=4.62\sqrt{\lambda}$，其中 V 是千米/小时的船只航速，$\lambda$ 是米为单位的船只水线长度，结果如表 6-2 所示。

表 6-2　船舶长度与航速的关系

| 船舶长度（米） | 最高航速（千米/小时） | 最高航速（节） |
| --- | --- | --- |
| 3 | 8.0 | 4.2 |
| 10 | 14.6 | 7.7 |
| 30 | 25.3 | 13.3 |
| 100 | 46.2 | 24.3 |
| 300 | 80.0 | 42.1 |

当最高航速与船只长度相匹配时，船艏和船艉都在波峰之上。当船只试图提高航速时，船艏在一个波峰的顶端，但船艉落在下一个波峰的下方，所以船只向上爬升，这极大地增加了水的阻力。克里斯托弗·哥伦布从加那利群岛到巴哈马群岛的第一次航行覆盖 6 300 千米，时间超过 35 天，平均航速 180 千米/天或 7.5 千米/小时。"圣玛丽亚号"船身 21 米长，"尼雅号"长 18 米，因此航速不可能超过 10~11 节。木船的长度受限于制造龙骨的高大树木的可用性，很少超过 100 米长或 24 节航速。钢制船舶长度可以更长。"泰坦尼克号"的长度为 270 米，航速可达 21 节，这远小于最高临界航速。商业船只以接近临界航速巡航并不经济实惠，因为需要消耗更高的能源成本，但美国"企业号"航空母舰的长度为 342 米，航速 33.6 节（62.23 千米/小时）。

不利用船艏波航行的船舶，如水下潜艇航速可能比弗劳德分析的速度更快。1960 年，美国核潜艇"海神号"沿着麦哲伦环绕世界航行的路线完成全程水下潜航。7 万千米的航程耗费 84 天 19 小时，平均航速约 34.5 千米/小时或 18 节。超过弗劳德速度的另一种方法是快速轻型船只在水面之上"跳跃"的过程，称为"滑行"，如利用空气射流支撑力离开水面的气垫船和多体船。"美国 -17 号"帆船是一种三体船，可以达到 22 节（40.74 千米/小时）的航速，即使船体长度只有 30 米。如果是一艘单体船，船舶航速会限制在 13 节以下。唐纳德·坎贝尔（Donald Campbell）驾驶喷气发动机的"蓝鸟"水上飞机，航速可达 460 千米/小时。

## 6.2.2　导航

当旅行者到达一个陌生地，如没有明显辨识物的沙漠或海洋，他 / 她需要找到一种辨识正确方向的方法，以到达目的地。天体导航依赖于观测太阳和恒星的位置。太阳中午时分总是位于南边，太阳从东边升起，往西边落下，但这只在春分点和秋分点（大约每年的 3 月 21 日和 9 月 21 日）才是精确的。在夏至点（6 月 21 日前后），太阳实际上是从东北升起，而在冬至点（12 月 21 日前后），太阳又是从东南升起。旅行者越往北走（即纬度越大），季节性角度修正越大。如果通过夜空中的北极星来辨识方位，要简单些，因为北极星总是位于小北斗斗柄末端，而且还总是在北边。由于南半球看不见北极星，可以用距离北极星最近的南十字星座代替北极星，南十字星座位于南纬 60°，比较不便观测。在天气不好时，如多云天气，旅行者很难通过仰望苍穹确定方向。

公元前 585 年，米利都的泰勒斯发现磁石能够吸引铁和其他磁石的属性，他把其称为 "磁铁"，但没有提到它在导航中的应用。罗盘最早在公元前 250 年的中国出现，它是使旅行者受益的最伟大的发明之一。根据古代民间传说，大约公元前 2600 年，黄帝有一次外出征讨遇上浓雾，军队在浓雾中迷路。他发明了指南车，指南车总是指向南边，后来战争打赢了。从 6 世纪开始，出现关于旅行者在茫茫无际的平原上使用指南车的历史记载。不管战车转向哪个方向，车顶上有个图形总是指向南方。大约公元 720 年，这种指南车传入日本。

磁石是一块被磁化的氧化铁石，总是转向南北方向，与地球的自然磁场平行。因为转力微弱，所以罗盘上的指针必须能够自由转动，不受摩擦力阻碍。在古代中国，把磁石切割为汤匙或勺子形状，然后把它放置在磨光的表面上，使其能够自由转动（图 6-5）。这种勺子把柄指向南边，因而被取名为司南。勺子形状像北斗星。1086 年，沈括在其著作《梦溪笔谈》中写道，"炼丹术士用磁石摩擦指针，使它能够指向南边。" 他还指出，指针常常指向南偏东的方向，这就是我们今日所称的磁偏角。磁偏角为克里斯托弗·哥伦布在航行期间所发现的。该修正现象在赤道附近比较轻微，但在地磁北极或地磁南极非常明显。沈括指出，这种磁针可以绑缚在一块木头上，让它在一碗水中漂浮；也可以把它放置在指甲或碗边上；但沈括最中意的设计是在没有风的地方用细线悬挂一条细针。

　　罗盘可能是通过丝绸之路从中国传到中东，然后进入欧洲。另一种观点认为是欧洲人独立发明了罗盘，但直至 1180 年，欧洲的亚历山大·尼卡姆（Alexander Neckam）才发现罗盘具有指向南北方向的属性，其有关磁方向的著述使罗盘在导航领域得到应用。磁罗盘在克里斯托弗·哥伦布航行，以及后来探索未知世界的航行中扮演着非常重要的角色。

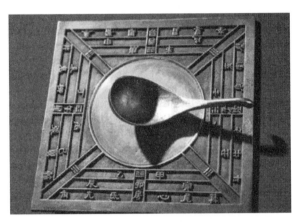

图 6-5　中国勺形的司南

　　当我们计划进行一次陆地旅行时，准备一份地图是很有必要的。地图上可直观看到旅行的起点和终点，以及起点和终点之间的地界标，如高山、河流，等等。在拉斯科洞穴，我们可以见到最古老的星空图，它可以追溯到 1.65 万年前。这张星空地图画出照耀夏日天空的三颗明亮的星星，分别是银河中的织女星、天津四和牵牛星。已知最早的地图出现在古巴比伦，后来涌现了很多越来越精确的世界地图。托勒密生活在亚历山大，其著作《地理图》中包含一份从大西洋到中国的当时已知的世界地图，在该地图上，每个地方都被赋予一组坐标。纬度是指地球从赤道开始测量的南北位置，可以通过测量北极星高度或春（秋）分正午时分的太阳高度确定。托勒密喜欢以夏日最长时长表示纬度——赤道位置的夏日最长时长为 12 小时，北极圈夏季的日照时长可为 24 小时。经度是指地球的东西位置，当前参考点是英国伦敦附近的格林尼治天文台，那里被设置为 0 经度。托勒密曾把直布罗陀海峡外部大西洋中的加那利群岛（现在西经 16° W）作为参考点，并设置为 0 经度。

现代导航图不仅提供准确的地理信息，还显示风力和水流的主要方向和强度。随身携带这些地图和海图的船长可以缩短从西班牙塞维利亚到加勒比海的时间。1513 年，胡安·庞塞·德莱（Juan Ponce de Leon）发现了从美国佛罗里达快速流向欧洲的墨西哥湾流。1770 年，本杰明·富兰克林（Benjamin Franklin）在地图上准确地绘出墨西哥湾流，并注明它的最大流速为 9.3 千米 / 小时。北纬 35° 以上西风主要从西吹来，北纬 30° 以南的信风主要从东吹来。因此，从欧洲去往美洲，应该选择借助信风沿南部航线航行比较有利；返回时，应该选择北部航线，可借助墨西哥湾流航行。航行船只应避开相对无风的北纬 30° 至 35°，那里被称为 "副热带无风带"，经常没有风吹动。南半球也是这种风型，但南纬 60° 盛行西风，那里没有陆地，被称为 "咆哮西风带"。威廉·布莱船长驾驶着英国 "皇家海军邦蒂号"，试图逆着水流从东向西航行通过合恩角，但持续整整一个月，都不能取得进展，他最后不得不承认失败，转而向东绕过好望角进入塔希提岛。

旅行者在两地之间，如从意大利锡拉库扎到希腊伊萨卡岛，可以有多种导航方法。锡拉库扎纬度为 37° 30′ N，经度为 15° 30′ E；伊萨卡岛纬度为 38° 21′ N，经度为 20° 43′ E，两地距离 521 千米。地标领航方法要求记住或详细记录锡拉库扎与伊萨卡岛之间的海岸线和地标。领航员白天应沿着海岸航行，观察地平线和地界标，确定当前位置。船位推测法要求携带地图和仪器，用于测量当前位置；此外，还需要根据当前航速和方向进行计算，预测未来位置。伊萨卡岛在锡拉库扎以北航行 51 分钟并以东航行 313 分钟的位置，所以，旅行者应当以北纬 5.6° 微小角度向正东方向航行，如以 16.7 千米 / 小时的航速航行，将在 31.3 小时后到达。我们如何能够在航行途中持续监测航行角度呢？一种方法是使用罗盘确定方向，但必须记住罗盘所指的方向是磁北而非正北，并且，还涉及修正系数，需要依靠当地条件确定。我们知道航行可能受到风和水流的影响，速度和方向只是近似值，所以我们对航行路线和抵达时间只是有个大概的概念。

我们已在上文讨论过天体导航如何依靠对太阳和一些特定恒星位置的观察。在没有云雾的夜晚，要确定纬度是相对比较容易的。北半球太阳落山后，如果云雾不是很浓厚，北极星在地平线以上的仰角就是观测者所处的纬度。当您身处北半球时，北极星总是高悬在您的头顶；如果您居住在纽约，北极星在仰角

40°高空；如果您身在赤道地区（如新加坡或加拉帕哥斯群岛），北极星只出现在地平线上。测量星体或太阳高度的最佳仪器是六分仪，它用于测量太阳在地平线以上的高度。但是，如果您身处南半球，没法看到北极星，并且南极附近也看不到明亮的星星，只能观察南十字星座，它位于南纬60°，因而要减去30°的仰角。

当我们在白天航行时，可以通过比较复杂的方法，观察中午时分的太阳高度来确定方位。太阳在天空中围绕一条环路运行，这条环路被称为"黄道"。太阳每年准时在春分点和秋分点越过赤道，如果居住在赤道地区，那我们在春分点或秋分点会看到太阳在正午时分高悬于头顶正上方或天顶90°高空。但是，如果居住在纽约，我们会看到在这两日的正午时分太阳位于地平线上方50°位置（或与天顶呈40°夹角）。在其他日子，太阳位于哪里呢？在夏至点，太阳在北纬约23.5°，此时纽约正午的太阳在73.5°高空，位置较高，比较靠近天顶；在冬至点，纽约正午的太阳在26.5°高空，位置较低，比较靠近地平线。因此，使用太阳位置确定纬度不是那么方便，因为只能使用正午时分的太阳位置，而且，还必须知道季节以便做出修正。

确定经度就更加困难了，还需要其他信息。例如，月亮或角宿等星体的位置。一个比较方便的方法是，旅行者携带一个准确的时钟，把时钟设置为格林尼治标准时间。如果您从格林尼治向西往纽约航行，就会发现在纽约正午时分，格林尼治时钟是下午5点，比本地时间晚5个小时。一般地，当本地时钟晚于格林尼治标准时间1小时，您的位置是在西经15度；而当本地时钟早于格林尼治标准时间1小时，您的位置是在东经15度。纽约时钟晚于格林尼治标准时间5小时，所以它位于西经75度；加尔各答时钟早于格林尼治标准时间6小时，所以它位于东经90度；斐济始终早于格林尼治标准时间12小时，所以它位于东经180度。

自从应用全球定位系统，其他确定地球位置的方法逐渐被取代。该系统借助一组24～32颗在地球上空2万千米沿轨道绕地球运行的同步卫星确定地球位置。地球上任何一点在任何时间都可以借助仪器观察到8～10颗卫星。每颗卫星以30万千米/秒的速度向地球发射无线电信号，这些信号包含卫星位置和信号发送时间。无线电信号只需大约65毫秒就可以到达地球。全球定位系统配置非常准确的原子钟，可以测量时延，然后使用时延计算三颗卫星之间的距离；由于三颗卫星在任何给定时刻的位置是已知的，因而计算机拥有足够的信息计算人们所处位置的经度和纬度。

根据阿基米德原理，作用于浸在静止液体中的物体的浮力等于被排出的液体的重量。水密度为 1 克 / 毫升，所以船只的浮力等于浸没在水中的部分的体积 V 乘以水密度。船只具有"浮心"和"重心"。浮心是浮体的几何中心，重心由船只的重量分布来决定的。船只稳定性可以通过降低重心位置来提高。例如，在船只底部放置沉重的压舱物，当船只倾斜时，它会自然地返回到竖直状态。这也是"在独木舟上不应当站立"这条建议背后的原因所在，因为这样会升高重心位置，从而容易引起船只倾覆。瑞典国王阿道夫·古斯塔夫想要在他的"瓦萨号"战舰的顶层甲板上架设两排火炮，使战舰的火力强于其他所有敌舰，但战舰建造者对战舰的稳定性感到担心，他向国王说明重心太高，容易造成战舰不稳定。1628 年，该舰在处女航时沉没于斯德哥尔摩港内。1959 年，该舰被发现，现在被放置在博物馆中展出。

航行中的船只会遇到很多阻力，它们需要动力去克服。若要驱使船只以正常航速行驶，动能应等于 $mV^2/2$。其中，$m$ 表示质量，$V$ 表示航速。正在航行中的船只主要遇到两种阻力：摩擦阻力和表面波阻。当浸没在水下的物体的行进速度较低，又是成流线形，便会产生层流：水流在物体前端分开，然后又在物体后端重新汇聚。当行进速度较高，又是呈钝角，这时会产生湍流：物体后面产生分开的湍流尾流，从而增大阻力。设计船只时，要先制作等比例模型，把它们放入拖曳水池中，以测量其遇到的阻力。在近代，流体力学的测算替代了这个环节，因为流体力学的运用更便捷。

如果没有多船体帆船和在远离陆地的海洋上航行的导航方法，玻利尼西亚人是不可能征服茫茫无际的太平洋并建立殖民地的。他们可能从东南亚地区出发，抵达很多岛屿。公元前 1600～前 1200 年，波利尼西亚人从新几内亚岛出发，在空旷的几乎没有岛屿的海洋上，航行 4 700 千米到达斐济和萨摩亚群岛。那时的导航系统应该比较准确，但关于这点我们目前仍不得而知。波利尼西亚人并不能依靠熟悉的恒星辨识方向，因为北极星在赤道南部是看不到的，而在赤道北部也看不到南十字星座。大约公元前 300 年，波利尼西亚人又开始了史诗般的旅程，到达库克群岛、塔希提岛和马克萨岛；公元 500 年，他们抵达夏威夷；公元 1000 年，他们又抵达新西兰。波利尼西亚岛被包含在由新西兰、伊斯特岛和夏威夷群岛形成的三角形中，三角形的每条边长度大约为 7 500 千米。

克里斯托弗·哥伦布、瓦斯克·达·伽马和费迪南德·麦哲伦之所以能有地理大发现，依赖于当时出现的远洋船舶和在远离陆地的海洋上导航的方法。这些船舶不是单次的发明行为，而是几个世纪持续改进的结果。中国建造快船的目的之一是把茶叶快速地从中国运往海外。1866 年，有 9 艘船舶参与从中国福州到英国伦敦的"运茶豪赌"比赛，这些船从巽他海峡起航，绕过好望角，全程 2.5 万千米，要求以平均航速 245 千米 / 天或 10 千米 / 小时的速度航行 102 天到达目的地。这个航速要比最大航速 30 千米 / 小时慢得多，因为在海上有很多时候风向不利于航行。1848～1850 年加利福尼亚淘金潮期间，"淘金客"帆船行驶了 5～8 个月从纽约航行到合恩角，然后再往北抵达旧金山。儒勒·凡尔纳（Jules Gabriel Verne）被新航海技术和航速深深吸引，1873 年，他创作了《环游世界八十天》。在这本书中，除三段陆地旅程使用火车外，其余旅程大部分都使用汽轮完成。他笔下的汽轮从日本横滨到美国旧金山用了 22 天，从纽约到伦敦用了 9 天，而乘坐货车从旧金山到纽约用了 7 天。

水上运输使用散装货轮运输，比较适用于重型、低价商品的长距离运输。干货船用于装运煤炭、水泥、铁矿、谷物、木屑等；油轮用于装运原油、液化石油气和化学药品等；集装箱船用于运输比较贵重的货物，如家具、玩具、衣服、电子设备，等等；载运货船运输小型汽车和公交车等；冷藏货船运输食品。全球化大部分建立在廉价的水运基础上，所以发展中国家的原材料可用于交换发达国家的制成品，从而提高"两个世界"的生活水平。新加坡的出口额占其国内生产总值的 200% 以上，它的持续繁荣在很大程度上依赖于船运。

许多船舶倾向于在公海处理废物，而不是在拥挤的港口。有些船舶装载的货物含有危险化学品，一旦泄漏可能会带来严重的后果。《防止倾倒废物或其他物质污染海洋的公约》是许多国家签署的一份协议。《联合国海洋法公约》于 1982 年签订，规定在使用全球海洋方面各国的权利和责任。1989 年，"埃克森"油轮从美国阿拉斯加州往加利福尼亚州运油途中，撞上阿拉斯加州瓦尔迪兹市的一个暗礁，据估计泄漏了 1 080 万加仑（约 4 088 万升）原油，这是历史上最大的海洋生态灾难之一，导致成千上万的动物死亡，包括海鸟、海獭、斑海豹、秃头鹰和逆戟鲸等。此外，还毁掉了数以亿计的鲑鱼和青鱼卵。在此之后，出台的很多相关管制法律，包括要求油轮升级为双层船底壳，以避免发生事故后造成泄油事故。

## 6.3　航空和航天运输

　　鹰的自由飞翔和飞翔速度令人羡慕，也激发着人们去追逐美好的飞天梦想。人类要在天空中飞翔，需要有比空气轻的装备，或者比空气重但升力大于重力的装置。在古希腊神话里，代达罗斯和他的儿子伊卡洛斯制作了翅膀，然后用蜡把翅膀粘在背上，逃出克里特岛。但是，伊卡洛斯飞得靠近太阳，蜡被太阳熔化了，使他跌入海洋中。在中国文学里也有很多关于飞行和太空旅行的幻想作品：诗人屈原于公元前 339 年创作《离骚》，他描绘了自己乘龙遨游太空；神话故事中，嫦娥吞下长生不老神丹，飞向月亮；在敦煌石窟内的壁画中，有很多关于飞天或在天空飞翔的情景。莱昂纳多·达·芬奇绘制过很多飞行设备的草图，但他不能制造出这些飞行设备，因为当时的动力不足以提升一个人飞行。

　　要想通过比空气轻的设备在天空中飞行，可以借助热空气、氢气（发现于 1766 年）或氦气，这些气体都比空气轻。很多人发现在纸灯笼内放置点燃的蜡烛可以升上天空（孔明灯），夜空有了纸灯笼点缀更具有节日气氛。法国的约瑟夫–米歇尔·孟戈菲（Joseph-Michel Montgolfier）和雅克–艾蒂安·孟戈菲（Jacquse-Etienne Montgolfier）兄弟在巴黎一次表演中，用热气球载着人飞上了天空。他们从火的灰烬受到启发，想发明一种新方法攻击英国直布罗陀堡垒：用麻袋布制作了一个气球，总共用 1 800 个纽扣扣紧，其中充上 790 立方米的空气，外面罩上绳索渔网加固。1782 年 12 月，他们点燃燃烧器，把热气充入气球中，气球飞起来了！在 1783 年 6 月的首次公开表演中，他们的气球在 10 分钟内飞行了 2 千米，飞行高度达到 1 800 米。1783 年 9 月，他们用塔夫绸制作了一个气球，气球上涂了一层防火明矾清漆，还系上一个篮子，篮子里装着一只羊、一只鸭和一只公鸡。这个气球当着法国国王路易十六和王后玛丽·安托瓦内特的面，在凡尔赛宫成功升空。1783 年 11 月，第一个载人热气球在巴黎的布瓦德布尔内升空，在柳条编织的乘客筐内载着比亚特·德·罗兹埃尔医师和阿朗德侯爵。雅克·查理（Jacques Charles，1746～1823）是当时法国的一名科学家和发明家，因确立查理定律而得名。根据查理定律，在压力恒定时，理想的气体体积与气体的绝对温度成比例。1783 年 8 月，他根据卡文迪什理论，往铁屑或锡屑中加入硫酸制取氢气，从而制作了氢气球。

　　飞行在军事上的应用潜能从一开始就在研究。在拿破仑时期，法国军队无法渡过英吉利海峡，有人提议用一批气球把军队从加来载到多佛。气球只能被动地顺风飞行，直到后来才出现轻型大功率的发动机。费迪南德·冯·齐柏林（Ferdinand Graf von Zeppelin）伯爵观看了气球在美国南北战争和普法战争中用于传递信号后，从 1890 年开始从事气球研究。他使用刚性金属制作了许多氢气球，这些氢气球长度达到 236 米，并为它们配备戴姆勒内燃机提供前进推力。有了这些气球，德国商业团队经常飞渡大西洋到北美洲，以帝国大厦作为气球停落的终点站。这些气球还在第一次世界大战中用于巡逻和轰炸作用。它们体积大，重量轻，容易被强风摧毁。氢气易燃性是主要的危险因素，曾导致很多惨烈的灾难，如 1937 年的"兴登堡号"空难。氦气于 1895 年被发现，但很难通过采矿作业大量获取氦气，并且氦气比氢气重。

　　代达罗斯[①]的传说促成了人力飞机的发展，这种人力飞机完全靠人类的肌肉提供动力，不需借助从悬崖上起跳或上升热气流。这种飞机必须使用轻型、牢固的材料。1961 年，德里克·皮戈特（Derijck Pigott）完全依靠人力起飞和着陆，飞行了 650 米；1977 年，保罗·麦克格雷迪（Paul Mc Grady）制作了"蝉翼秃鹰"，自行车运动员布赖恩·艾伦驾着它飞行了 2 172 米。两年后，他们两人从英国飞到法国，共飞行了 35.8 千米，用时 2 小时 49 分钟。代达罗斯神话最终于 1988 年实现，"MIT 代达罗斯号"从克里特岛伊兰克雷飞到圣托里尼岛，飞行了 123 千米。"代达罗斯 88 号"使用轻型铝和聚酯薄膜制成，重量仅为 31 千克，但翼展达到 34 米，最高飞行速度达到 28 千米 / 小时。它完全由自行车运动员阿克罗波利斯靠体力驱动飞行，阿克罗波利斯体重 72 千克，能够发出 0.27

---

　　① 代达罗斯是希腊神话中的人物，是一位艺术家、建筑师、雕刻家，最著名的作品是为克里特岛国王米诺斯建造的一座迷宫，因此外语中会用他的名字指代迷宫。在故事中，代达罗斯为了回到故乡而收集羽毛，把羽毛用线捆住制成像鸟翼一样的装置。

马力（1 马力 =0.735 千瓦）的动力。这次飞行用时不到 4 小时，由于风力强劲，飞机只能掉在水面上，阿克罗波利斯游了 7 米才上岸。

## 6.3.1 飞机

鸟儿飞翔时，向下拍打翅膀，把身体推往天空。鸟类解剖可发现一个突出的胸腔，那里生长着强有力的胸肌，向下拉动它们的翅膀。所以，早期发明家模仿鸟类设计和建造扑翼设备，但拥有固定翅膀的风筝才是现代飞机的真正祖先。英国人乔治·凯莱爵士是最早的航空工程师之一，他从 1804 年开始进行飞行实验，驾驶着固定翼滑翔机从山顶滑行，还对物体在不同飞行速度和攻角[①]时遇到的阻力进行科学测量。他发现稳定和控制是飞行成功的两个最重要的因素，并特意使重心位于双翼之下。19 世纪 90 年代，德国人奥托·李林塔尔（Otto Lienthal）驾驶着他的"悬挂滑翔机"滑翔了 1 000 多次，又用鸟来做实验，收集了可靠的飞行数据。1896 年，他在一次滑翔事故中，从 17 米高度坠落，摔断脊椎而不治身亡。美国人塞缪尔·皮尔庞特·兰利（Samuel P.Langley）自 1887 年担任史密森学会秘书，他最早开始用橡皮筋驱动的模型和滑翔机进行实验。1896 年，兰利制作了一个无人驾驶的飞机模型，飞行超过 1 500 米。他获得美国陆军部和史密森学会派发的补助金，用于开发有人驾驶的飞机。他购买了一台 50 马力的内燃机，但他在 1903 年发生两次飞机坠毁后放弃了这个项目。

人类驾驶着比空气重的飞机飞行，最终由威尔伯·莱特（Wilbur Wright，1867～1912）和奥维尔·莱特（Orville Wright，1871～1948）兄弟（图 6-6）于 1903 年实现。威尔伯·莱特和奥维尔·莱特分别是米尔顿·莱特的第三子和第六子。米尔顿·莱特是基督教协基会主教，其妻子苏珊·克尔纳的父亲制造了农用挂车和马车。1884 年，他们搬到美国俄亥俄州代顿市居住。那时，威尔伯 11 岁，奥维尔 7 岁，他们得到一个靠橡皮带驱动的小玩具，能够靠着橡皮带子的驱动力飞向天空。他们照着这个玩具做了很多复制品，这些复制品都能够成功地飞起来。莱特兄弟努力把这种玩具按比例做得更大。他们的父亲鼓励兄弟二人去追求此类知识兴趣，但并没有动过通过这个设计赚钱的念头。1886 年，

---

[①] 攻角也被称为迎角，是翼弦与来流矢量在飞机对称面内投影的夹角。

威尔伯在中学发生了一次事故，他的脸被曲棍打中，被打掉了几颗牙齿，而变得郁郁寡欢，不爱和其他人玩耍。但不久他就恢复了，并擅长与律师或其他公司打交道。奥维尔性格调皮，甚至有一阵子被逐出校园。他更乐意当一名技师，喜欢修修补补，但不爱管理工作。莱特兄弟中学都没有毕业，且都终生未娶。1892年，他们成立莱特自行车公司，经营自行车生产、修理和销售业务，还开立了联名银行账户。自行车其实是一种不稳定的机器，莱特兄弟想尽办法改善其稳定性和操控性能。

1896年，莱特兄弟在报纸上读到关于奥托·李林塔尔进行滑翔机实验的新闻。他们获得了奥托在不同风速下的飞行数据，证明了曲面机翼比平面机翼更加优异，并且保持飞机在空中的平衡至关重要。他们如饥似渴地阅读鸟类学和航空学书籍，从史密森学会获取有关兰利工程的材料，还阅读乔治·凯莱的风洞数据。根据这些数据，莱特兄弟设计了飞机。

1899年，莱特兄弟开始进行飞行实验。他俩在同一所房子里居住，每天在同一车间工作，所以一整天都可以互相讨论问题。他们都认为机翼和发动机已经够发达了，所以集中精力

图6-6　莱特兄弟

解决飞行不稳定的问题，以及平衡和控制方案设计，因为平衡和控制问题是以前飞行出现故障和事故的主要原因。飞机稳定性涉及三种独立的旋转方式（图6-7）：

● 俯仰：机头向上或向下飞行。
● 侧滚：飞机倾斜转弯，右翼相对于左翼向上或向下，相对于航行时的横倾操作。

● 侧滑：飞机向右或向左转。

1900 年 9 月，莱特兄弟前往美国北卡罗来纳州基蒂霍克开始进行滑翔机实验。北卡罗来纳州基蒂霍克被气象局列为美国风力最强的地方。在斩魔山地区常年吹着微风，地面为沙质，非常柔软，适合飞机停落。莱特兄弟设计的飞机是双翼飞机，两翼用支柱隔开，前面安装水平稳定器。1903 年，他们为飞机增加了动力装置，那是在自行车车间特别制造的汽油发动机，木制螺旋桨叶片长 2.4 米，使用多层云杉木胶合而成，并通过自行车链条驱动。6 周后，查尔斯·泰勒（Charles Taylor）使用铝材制造了发动机，重 77 千克。它没有汽化器，采用的是燃料喷射方式。汽油在重力作用下通过橡皮管从燃料箱进入曲轴箱，燃料箱安装在机翼支柱上。

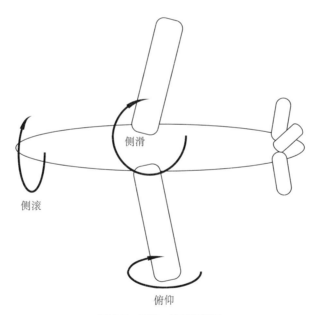

图 6-7　侧滚、俯仰和侧滑

1900 年制造的滑翔机翼展为 17 英尺 6 英寸（约 5.2 米），长度为 11 英尺 6 英寸（约 3.5 米），重量为 24 千克。1902 年制造的滑翔机更大一些，翼展为 32 英尺（约 9.8 米），长度为 17 英尺（约 5.2 米），重量为 112 磅（约 50.1 千克），使用的材料是云杉木。发动机和飞行员的位置都在机翼后面，飞行员俯卧在机翼上，头朝向前驾驶飞机飞行。这些飞机通过弯曲机翼的后部在两侧产生升力，从而实现侧滚和俯仰控制。在现代飞机的俯仰设计中，这种转动方法已被类似于船舵的尾舵所替代，现在的螺距通过尾部水平稳定器和机翼后面的副翼侧滚进行控制。

第一次载人飞行实验发生在 1903 年 12 月 17 日早晨，以 45 千米 / 小时的速度在基蒂霍克逆风飞行。这架飞机的驾驶者是奥维尔，他驾驶飞机飞行了 37 米，用时 12 秒。接下来两次分别飞行了 53 米和 61 米，飞行高度为地面以上 3 米。第四次飞行时，一阵强风吹得飞机晃动了好几次，飞机损坏严重，后来便没有飞行了。莱特兄弟把飞机运回家，1948 年，这架飞机被放置在华盛顿的史密森学会。历史学家弗瑞德·凯利（Fred C.Kelly）后来问奥维尔，他是否预见到飞机会用于战争。奥维尔回答说，"我们第一次驾驶动力飞机飞行时，根本没有想过把飞机用于什么实际用途，只是想证明它可以飞行。"他接着说道，"在驾驶飞机飞向天空之前，我们就已经兴奋得不得了——我们躺在床上，想象着如果它能够飞起来，那该有多高兴呀！"

1906 年，莱特兄弟的飞机获得美国专利，这种飞机配置一个通过机翼弯曲进行控制的装置。1908 年，威尔伯在法国勒芒进行了一次公开飞行演示，在这次飞行演示中，他绕圆圈飞行了 1 分 45 秒，并做了倾斜转弯和 8 字形飞行动作。同年 9 月，奥维尔在美国弗吉尼亚州的迈尔堡成功为美军进行一次飞行演示。他的飞行持续了 62 分钟，美国陆军中尉塞尔弗里奇作为官方观察员陪同飞行。但是，当飞到 30 米高空时，螺旋桨裂开，飞机失去了控制。塞尔弗里奇当晚死于陆军医院，奥维尔受伤严重，左腿骨折，还有四条肋骨也骨折了。1909 年，威尔伯、奥维尔和他们的妹妹凯瑟琳一同前往法国旅行，并在英国、西班牙和意大利国王面前进行飞行演示。

1909 年 9 月，莱特兄弟成立莱特公司。威尔伯担任公司总裁，奥维尔担任公司副总裁，公司总部设在纽约市，工厂建在代顿。他们以 3 万美元向美军出售了一架飞机，这架飞机设有两个座位，能够以 67 千米 / 小时的速度飞行 1 小时。伟大的成功不可避免地会招致很多模仿者，格伦·柯蒂斯（Glenn Curtiss）是最早模仿制造飞机的人之一，但他拒绝支付特许权使用费。威尔伯是带头争取专利权的第一人，但他于 1912 年死于伤寒，死时年仅 45 岁，之后，奥维尔勉强地接管公司。1914 年，美国巡回法庭对这一诉讼案做出了有利于莱特兄弟的判决。但因案件耗时太久，使得莱特公司没有迅速发展起来，反被欧洲飞机制造公司超越。奥维尔不擅长经商，所以于 1915 年出售了他的公司，从 1918 年开始停止飞行器制造和实验。后来，奥维尔与柯蒂斯合作申请飞机专利和优先权，又于 1929 年合作成立了柯蒂斯-莱特公司。1948 年，奥维尔因心脏病发作离开人世。

汽车靠四个车轮转动行驶，其中一种比较常见的转动操作是侧滑，这是通过方向盘来控制的，可以使汽车向左或向右转。对于船舶或飞机而言，除了侧滑，还有另外两种重要的转动动作，即侧滚和俯仰。若没有有效的"三轴控制"，飞机就会失去控制。船舶侧滚是比较常见的摇晃动作，左边降低、右边升高，接着，右边降低、左边升高。双体船具有两个船底，距离较远，可以有效地降低侧滚程度。飞机侧滚或倾斜转弯靠主翼后上方的两个副翼控制，所以，如果左副翼在上、右副翼在下，飞机就会侧滚，左翼降低、右翼抬高。如果船舶或飞机长度比宽度大，它就会做出俯仰动作，机头升高、机尾降低，或者机尾升高、机头降低，但俯仰通常是一种不大严重的摇摆动作。俯仰靠尾翼上的两个升降机控制，两个升降机被设计成同步工作，所以，当它们在上时，机尾降低，飞机向上飞行。

## 科普知识：阻力和升力

当把一个实物置于一股从左侧吹来的平稳气流中时，它的右侧会遇到阻力，这个阻力等于机翼表面积、飞行速度的平方和阻力系数 $C_D$ 的乘积。阻力是一项不利因素，会降低飞机飞行速度，需要耗费能量去克服。当飞行速度加倍时，阻力可能增加不止两倍，而是四倍。这个实物也可以被设计成拥有垂直向上的升力，用于克服重力提升实物；也可以被设计成拥有下降力，用于在转弯时稳定赛车。其决定因素与阻力相同，只是阻力系数被替代为升力系数 $C_L$。升力是一项有利因素，因为它能使飞机升上天空。

这种升力从何而来呢？设计恰当的机翼或翼面，前缘是钝的，而后缘是尖的。机翼下翼面要扁平一些，上翼面要弯曲一些，使上翼表面的气流流动速度比下翼表面快。根据伯努利方程，压力与密度和速度平方乘积的和应是一个常数。

$$\rho V^2/2 + p = 常数$$

上翼表面气流流动速度越快，压力就越小；下翼表面气流流动速度越慢，压力就越大，这样就会产生净升力。当您注意停落在飞机跑道上的飞机时，会发现机翼不是水平的，而是略微倾斜的，前翼比后翼高一些。这就是攻角 α，对升力系数 $C_L$ 有影响。升力大、阻力系数小的机翼性能更好，而 $C_L/C_D$ 的比值应越大越好。对于现代飞机的机翼来说，阻力系数和升力系数都随攻角的增大而增大，$C_L/C_D$ 的值在攻角约为 5° 时达到最大值。当攻角过大时，飞机会失速。

莱特兄弟于 1903 年首次飞行时的速度为 11.3 千米 / 小时，使用的是 12 马力汽油发动机。从那以后，飞机发动机就变得越来越强大，因而飞行速度也相应提高了。比利·米切尔（Billy Mitchell）于 1922 年的飞行速度达到 373 千米 / 小时，查克·叶格（Chuck Yeager）于 1947 年的飞行速度达到 1 117 千米 / 小时。1937 年左右，英国人弗兰克·惠特尔爵士和德国人汉斯·冯·奥海恩（Hans Von Ohain）发明了喷气式发动机，极大地提高了飞机的飞行速度。音速是提高飞行速度的主要障碍，因为空气阻力在音速附近会大大提高；在 20 ℃时，音速约为 1 266 千米 / 小时；商用喷气机升至巡航高度时，音速达到 1 100 千米 / 小时。

马赫数是飞行的速度和当时飞行的音速的比值，1 马赫即 1 倍音速。1947 年，查克·叶格首先突破了 1 马赫音障。1969 年，超音速协和式涡轮喷气飞机首次飞上天空，开始经常飞越大西洋，从伦敦、巴黎飞到纽约、华盛顿，持续飞行 27 年，最高速达到 2.2 马赫，即 2 416 千米 / 小时。商用喷气机从纽约飞到巴黎需要 8 小时，而一般的超音速飞机用时不到 3.5 小时。但这并没有带来商业方面的成功，从 2001 年 9 月经济衰退之后，超音速飞机就停止飞行。2004 年，一架无人驾驶的火箭式飞机创造了空气中的飞行速度纪录，达到 10 马赫。

商用飞机的和平使用大大加速了全球化进程。飞机可以到达没有道路的非常偏远的地方，可以降落在地面上或用于空投货物，或者让乘客使用降落伞降落。飞机可以像鹰一样滑翔，勘察其他交通方式不能到达的更广阔的地域。使用飞机得到的重大发现之一是委内瑞拉境内的安赫尔瀑布——世界上最高的瀑布；另一个重大发现是找到古老的地面图形，如秘鲁境内的纳斯卡线条[①]。飞机在战争中的作用是它得到资金支持和实现快速发展的关键所在。在 1942 年爆发的中途岛战役中，美国海军轰炸机促使航空母舰替代战舰，使航空母舰成为大洋之主宰。日本广岛和长崎的两枚原子弹就是由轰炸机运载和投放的。

## 6.3.2　航天

古时候，布满星星的苍穹被认为是神仙的居所，在地球大气层以外飞行如同获得永生。有很多神话故事讲述飞往月球的精彩经历，月球被认为是一个寒冷的地方，那里有用翡翠或大理石建造的宫殿。中国有一则神话故事，描述后羿得到长生不老仙药，他的妻子嫦娥偷吃了仙药，在天空中飞起来，一直飞到月球。

多数运动是靠推压一种介质来实现的：汽车推压道路、船舶推压水面、飞机推压空气。但是，在地球和月球之间的太空没有空气，没有介质可以推压。宇宙飞行物理学建立在牛顿第三运动定律基础上，该定律阐述每次施加的作用力都会在相反方向产生一个与作用力相等的反作用力。比如，一个人坐在轮椅上，向前投出一个重物，座椅会向后退。喷射作用原理被用在火箭和喷气式飞机上，中国人最早在 1212 年使用火箭运载着燃烧物攻击外来入侵者，印度人提普·苏丹在战争中使用火箭对付英军。1805 年，威廉·康格里夫在皇家兵工厂演示固体燃料火箭，令人印象深刻，该火箭后来在 1812 年的战争中被用于对付法国军队，美国国歌中赞美了这种火箭式攻击。当时，弗朗西斯·斯科特·基·菲茨杰拉德在观看 1814 年英国军队炮轰美国巴尔的摩港后写下："火炮闪闪发光，炸弹轰轰作响，它们都是见证，国旗安然无恙。"

---

**科普知识：逃逸速度**

假定物体质量为 $m_1$，地球质量为 $m_2$，重力常数为 $g$，物体和地球之间的距离为 $d$，那么它们之间的吸引力为：

---

[①]　纳斯卡线条位于秘鲁南部的纳斯卡荒原上，是一片绵延数千米镶刻在大地上的线条，构成生动的图案。据推测，纳斯卡线条已存在两千多年，但其建造者和建造原因依然是个谜。

$$F = \frac{gm_1m_2}{d^2}$$

在上式中，$g$ 是重力常数，等于 32.2 英尺 / 秒$^2$ 或 981 厘米 / 秒$^2$。地球表面上 1 千克质量，距离地心 6 378 千米，所受的地心吸引力为 1 千克；但是，如果在地球上方，距离不变，即 6 378 千米，或 $d$=12 756 千米，相同质量所受的地心吸引力为 1/4 千克。向上掷出的球或向上射出的子弹最终会慢下来，落到地面上。逃逸速度是指物体永久脱离地球的最小速度，按下式计算：

$$V_{es} = \sqrt{\frac{2gm_2}{d}}$$

注意：逃逸速度与被向上掷出的物体质量无关。地球上的逃逸速度为 11.2 千米 / 秒或 7 英里 / 秒。因为地球在赤道上以 0.5 千米 / 秒的速度运转，在赤道附近的卡纳维尔角向西发射物体，逃逸速度降至 10.8 千米 / 秒；但从美国海岸城市圣迭戈向西发射物体，逃逸速度升至 11.6 千米 / 秒。从月球返回所需的消耗则较少，因为月球比地球轻得多；火箭从月球表面返回，只需要 2.4 千米 / 秒的速度。

1903 年，俄国科学家康斯坦丁·齐奥尔科夫斯基发表一篇论文，展示了如何通过使用液体燃料实现达到逃逸速度所需的推力，并且建议使用更有效的多级火箭，这样可以在途中抛弃空燃料箱以减轻重量并增加航程。他还建议使用陀螺仪导航系统，这是一个快速旋转的顶端装置，即使飞行器转向也依然指向一个固定的方向。罗伯特·戈达德（Robert Goddard）在 1914 年申请了两项专利，一项是多级火箭，另一项是使用汽油和液态氮氧化物燃料的火箭。他得到史密森学会的支持，并在 1919 年发表了一本关于火箭飞行理论的著作。戈达德尝试使用液氧和汽油燃料开展实验，1926 年首次发射火箭，但仅飞行了 2.5 秒，然后坠落在一个菜园！他的研究引起了查尔斯·林德伯格（Charles Lindbergh）和金融家丹尼尔·古根海姆（Daniel Guggenheim）的关注。戈达德于 1934 年搬到新墨西哥州后，制造了一系列火箭，最高仅飞到了 2.7 千米的高空，戈达德持有 214 项发明专利。1960 年美国政府认定洲际弹道导弹使用的大型军用火箭发动机侵犯了戈达德的专利，并向他的遗孀支付 100 万美元赔偿金。

德国科学家赫尔曼·奥伯特（Hermann Oberth）于 1923 年出版了一本关于飞往星际空间的火箭专著。奥伯特的一个支持者是沃纳·冯·布劳恩（Werner Von Braun），他于 1934 年开始研究火箭。冯·布劳恩采用已发表在各种刊物上的戈达德的计划，在波罗的海村庄佩内明德设计自己的火箭系列。1944 年 9 月，他向英国伦敦发射第一枚 V-2 火箭。1945 年 5 月，冯·布劳恩带领一个研究团队来到美国亚拉巴马州的亨茨维尔，直到 1970 年。他从 1952 年开始发表关于载人空间站的设想。

1957 年 10 月，苏联发射首颗人造地球卫星，直径 0.6 米，重 82 千克，每 96 分钟绕地球一圈，这是建造洲际弹道导弹计划的一部分。出于军事应用的潜力和民族自豪感，美国和苏联从此开始太空竞赛。弥合"导弹差距"成为当时美国总统选举成败的一个重要因素。美国在 1958 年 12 月发射第一颗通信卫星。苏联发射的第二颗卫星搭载一条名为"莱卡"的流浪狗，但没有安全返回地面的计划。

1960 年，冯·布劳恩成为位于美国亨茨维尔的马歇尔太空飞行中心的第一任主任，他的主要任务是开发巨大的"土星号"火箭，以使大吨位载重被送入地球轨道。1961 年，苏联宇航员尤里·加加林成为第一个进入太空的人类。23 天后，美国人艾伦·谢泼德紧随其后进入太空。此后美国努力加快科研进度，逐渐超越苏联。1969 年 7 月 16 日，尼尔·阿姆斯特朗和巴兹·奥尔德林成为首次踏上月球表面的人类。他们搭乘的"阿波罗 11 号"通过"土星 V 号"运载火箭送入太空，宇宙飞船由三个舱组成：服务舱包括生命保障系统，名为"鹰号"的登月舱在月球和飞船之间往返，以及名为"哥伦比亚"的指令舱是唯一返回地球的部分。当年的 7 月 19 日，这三个舱停留在环绕月球的轨道。第二天，阿姆斯特朗和奥尔德林搭乘"鹰号"登月舱降落在月球上，而迈克尔·柯林斯独自留在指令舱中。阿姆斯特朗说，"休斯敦，这里是静海基地。'鹰'着陆成功。"他们在月球上四处走动，插上美国国旗，收集月球岩石，然后点火升空，返回到其他两个舱。宇航员于 7 月 24 日返回地球，降落在太平洋。

在所有发动机中，火箭发动机的原理最易解释，因为它就像一串鞭炮，如果在圆筒中放入火药，由于四壁具有均匀的性质，爆炸的推力在所有方向上均匀分布。然而，假如圆筒顶部和侧壁特别结实，但底部薄弱，爆炸冲量从底部逸出，根据牛顿第三运动定律推动火箭向上。火箭发动机的耐高温喷嘴限制流动，使射流通道变得更窄和更快。火箭发动机需要产生大量能量的化学反应，但燃料重量不能过大。由于没有空气燃烧，火箭必须携带足够的氧化剂和燃料，就像填充黑火药的火箭。现代固体燃料火箭已经装载完毕，随时可以发射，氧化剂通常是高氯酸铵（$NH_4ClO_4$），燃料通常是用橡胶黏结的铝粉。这种组合易于储存和处理，而且在接到指令时很快能准备就绪，非常适合布置在海底和偏远的位置。不幸的是，固体燃料火箭推力重量比低，不适合远程发射；而且储箱与火箭发动机的造价昂贵，因为整个储箱必须能够承受很高的压力和温度。

另一方面，液体火箭的燃料和氧化剂储存在不同的储箱，然后在发射时注入火箭发动机。火箭发动机是火箭中唯一存在高温和高压的组成部分。液体火箭的推力重量比高得多。氧化剂通常为液态氧（沸点 $-183℃$）或过氧化氢（易爆化合物），难以储存和处理。燃料可以是添加铝粉的煤油或液态氢（沸点 $-273℃$）。人们在观看关于航天火箭的照片或电影时，时常会发现燃料储箱由于低温结霜。

如何描述和预测宇宙飞船绕地球的轨道，以及前往月球或其他行星旅行的可能？最简单的例子是一个行星环绕太阳运行，该解释由约翰尼斯·开普勒（Johannes Kepler，1571～1630）说明。开普勒曾担任做出精确测量的著名天文学家泰科·布拉赫的助手，帮助他分析数据。开普勒提出了"行星运动三大定律"，分别是：

①所有的行星围绕太阳运动的轨道都是椭圆，太阳处在椭圆两个焦点之中的一个（地球轨道仅稍微偏心，但足以让天文学家感到困扰）。

②太阳和行星的连线在相等的时间内扫过的面积相等（因此角速度较快时，行星更靠近太阳）。

③所有行星公转周期的二次方与轨道半长轴的三次方成正比（所以距离太阳较近的行星水星到金星转速比较远的行星土星和海王星更快）。

后来，艾萨克·牛顿解开了开普勒运行方程并发现开普勒行星运动定律与万有引力定律的一致性。提到万有引力定律，开普勒行星运动定律适用于太阳和任何单独的行星，只要周围没有其他重物。然而，为了解释月球绕地球的运动，这些方程不得不进行修改，因为此时涉及三个天体：太阳、地球和月亮。这就是著名的"三体问题"，该问题的微分方程组没有精确的解，只能采用非常烦琐和缓慢的数值逼近法推算。高速计算机面世后，天体力学中的运动问题可能更容易解决。现代人类可以计算出复杂的多体问题，如"旅行者 2 号"探测器的"重力拖曳"行星之旅计划。"旅行者 2 号"于 1977 年 8 月 20 日发射升空，12 年内连续拜访了木星、土星、天王星和海王星，然后进入星际空间。值得让人类铭记的是，"旅行者 2 号"发射后，整个航程程序设定为未来 30 年，因为在旅途中既没有火箭，也没有燃料能进行修正。

　　征服太空的出发点原是提高国家声望和发展军事应用，因为同样的技术可以被用于运载武器打击敌人。当然，也有一些非常实用的应用，如地球卫星负责不断监测地球，可能提供准确的天气预测、测绘地球的地图、监测其各种资源、中继转发电子信号，以及可用于驾驶员和长途旅行者导航的全球定位系统。征服太空也实施空间站观测，包括 1990 年发射的哈勃空间望远镜对宇宙的观测具有无与伦比的清晰度和深度。如果由于某种原因使地球变得不适合生命存活，这有可能提供给人类摆脱地球寻找其他生存之地的选择。

# 参考文献

Batchelor, G. K. "An Introduction to Fluid Dynamics", Cambridge University Press, Cambridge, 1970.

Berger, M. L. "The Automobile in America: History and Culture", Greenwood Press, Westport, Connecticut, 2001.

Bond, B. "The Handbook of Sailing", Alfred A. Knopf, New York, 1980.

Boyd, J. E. "The Science and Spectacle of the First Balloon Flights, 1783", Chemical Heritage, pp. 32–37, September 2009.

Chatfield, C. H. "The Airplane and Its Engine", McGraw-Hill, New York, 1940.

Constable, G. and B. Somerville. "A Century of Innovations: Twenty Engineering Achievements that Transformed Our Lives", Joseph Henry Press, Washington DC, 2003.

Damon, T. D. "Introduction to Space", Krieger Publishing Company, Malabar, Florida, 1995.

Feodosiev V. I. and Siniarev G. B. "Introduction to Rocket Technology", Academic Press, New York, 1959.

Gillespie, C. C. "The Montgolfier Brothers and the Invention of Aviation", Princeton University Press, Princeton, NJ, 1983.

Guthrie, V. B. editor, "Petroleum Products Handbook", McGraw-Hill, New York, 1960.

Hamlin, C. "Preliminary Design of Boats and Ships", Cornell Maritime Press, Centreville, Maryland, 1989.

Howard, F. "Wilbur and Orville", Alfred A. Knopf, New York, 1987.

Kayton, M. editor, "Navigation: Land, Sea, Air and Space", IEEE Press, New York, 1990.

Kelly, F. C. "The Wright Brothers", Harcourt Brace, New York, 1943.

Kelly, F. C. editor, "Miracle at Kitty Hawk: Letters of Wilbur and Orville Wright", Da Capo Press, New York, 1996.

Landels, J. G. "Engineering in the Ancient World", University of California Press, Berkeley & Los Angeles, 1978.

Lattimore, O. "The Desert Road to Turkestan", Methuen, London, 1928.

Marchaj, C. A. "Sailing Theory and Practice", Dodd Mead, New York, 1964.

New York Times, "Agile and Fast, US Boat Wins First Race Easily", D6, February 13, 2010.

"BMW Oracle Wins the America's Cup", D10, February 15, 2010.

Paine, L.P. "Ships of Discovery and Exploration", Houghton Mifflin, Boston, 2000.

Prandtl, L. "The Essentials of Fluid Dynamics", Blackie & Son, London, 1952.

Riper, V. and A. Bowdoin. "Rockets and Missiles", Greenwood Press, Westport, Connecticut, 2004.

Smits, A. J. "A Physical Introduction to Fluid Mechanics", Wiley, New York, 2000.

Taggart, R. editor, "Ship Design and Construction", Society of Naval Architects and Marine Engineers, New York, 1980.

Tupper, E. C. "Introduction to Naval Architecture", Elsevier, Amsterdam, 2004.

Wilcove, D. S. "No Way Home: The Decline of the Worlds Great Animal Migrations", Island Press, Washington DC, 2008.

Wilford, J. N. "On Crete New Evidence of Very Ancient Mariners". New York Times D1, February 16, 2010.

Wright, O. "How We Invented the Airplane", David McKay, New York, 1953.

# 第 7 章

# 信息

我们观察自身所处的环境并为了自身的利益和安全采取适当的行动。眼睛和耳朵是我们接受信息最重要的器官，这些信息被传送给大脑进行评估和用于采取行动，如捕食或逃避猎食者。信息中的一部分得以选取并存储在记忆中以供日后使用，而且我们可以彼此交流精确的信息，如食物的方位、敌人的位置等。感官并不能探测到一些重要的信号，我们的大脑在记录和记忆方面也并不完美。人们需要与他人进行通信，这些人可能离得很远或是未来人，为此已经发明了很多工具以便进行信息获取、记录和通信。

## 7.1  观察

动物一般有五种感官可以接受环境信息——眼睛对光线敏感，耳朵对声音敏感，皮肤对质地、热度和疼痛敏感，舌头和鼻子分别可以分析口味和气味。但有许多光线和声音过于微弱，有的甚至超出了人类眼睛和耳朵的接收范围。我们还需要能够在危险或难以到达的环境中进行监测并不间断工作的传感器。在远古时代，人类只需要知道成人会比儿童高或一大片的麦子可能需要更多的水等较简单的信息，但在当代的复杂社会中，人们对此需要更加量化的信息以供裁缝做套服或工人来建造灌溉系统，等等。

### 7.1.1  强化感知

我们周围有很多的信号是看不见、听不到的，它们包含很多重要信息，因而需要灵敏的仪器来探测。人们无法观察诸如一些光波或声波的原因有很多：

- 弱信号：如远处的轮船可能太远而看不到，需要一个强大的望远镜使图像更清晰、更大；或者声音太小听不到，需要一个放大器使声音更清楚、更洪亮。

- 极端尺寸：如细菌太小了，没有显微镜放大图像的话，人眼就看不到；森林面积太大了，需要从飞机或卫星这样更远的距离来获取全景。
- 超出感官范围：如光线的频率范围处于红外线或紫外线区，或者声音为次声波或超声波，它们不能被人的眼睛和耳朵探测到。
- 位置不佳：如目标位于子宫内、核反应堆内或恐怖分子的藏身地内，不便于探测。

为了看见远处的目标，我们使用望远镜使目标看得更清晰、更大，这对于航海、观察战场及天文学观测尤其重要。为了看见极小的目标，我们使用显微镜使图像的尺寸大于目标，这对于观察微生物等也很重要。这些技术的出现都源自光在水或玻璃等透明材料中的折射性质，以及光的镜面反射性质。

光在真空中以每秒 30 万千米的速度运行，在空气中的速度略低。但光在水中的速度降到了 25.5 万千米 / 秒，而在普通玻璃中是 19.7 万千米 / 秒。一束光垂直射到水或玻璃表面时会沿原方向行进，但速度会变慢。然而，一束光以一定角度入射到此表面时会弯曲一定的角度，这个过程就是折射。某种材料的折射率，即真空中的光速除以此材料中的光速，对水来说是 1.33，而玻璃是 1.52。古希腊人和古罗马人知道使用装满水的玻璃球来阅读较小或不太清楚的信件。阿尔哈曾（Alhazen，965～1040）是一位中世纪阿拉伯著名的物理学家、数学家，他写过一本著名的《光学宝鉴》(*Book of Optics*)，书中描述了透镜的放大能力。罗杰·培根（Roger Bacon）也描述过放大镜的性质，这明显是受到阿尔哈曾的影响。制作眼镜的工艺始于 13 世纪的意大利威尼斯和佛罗伦萨，之后传入荷兰和德国。

每个凸透镜都有焦距，是指太阳光经过放大镜时汇聚所成点距离镜面的长度。凸透镜还可用于聚光点火。把透镜贴近眼睛并调节目标的距离使之在焦点上可以获得最高的放大倍数。

细菌的直径是 0.5～5.0 微米（1 米 = 100 万微米），可以用光学显微镜看到。1675 年，安东尼奥·范·列文虎克（Antoni van Leeuwenhoek）最先使用显微镜看到微生物。他使用了熔融的小玻璃珠，并且用最小半径和焦距的玻璃珠获得最高达 275 倍的放大倍数。之后发展出的组合显微镜使用了多组透镜，物镜用来从目标物体采集光线，目镜则用于把光线聚焦给眼睛或相机。这可以达到 1 500 倍的放大倍数，拥有理论分辨率极限达 0.2 微米。

可见光属于电磁波"家族"中的一员，电磁波的波长范围是 $10^{-14}$～$10^8$ 米，涵盖范围从短波宇宙射线至长波无线电波。人肉眼能见到的可见光只占光的一小部分，波长为 0.3～0.7 微米。病毒的尺寸更小，只有 0.1～0.3 微米，因此它们无法用光学显微镜看到，而需要通过有更强能量束和更小波长的电子显微镜来观察。一个氢分子的尺寸约为 0.0002 微米，需要使用扫描隧道显微镜（STM）[1] 来观察。人们已经发现了许多短波辐射的用途；紫外线、X 射线和一些宇宙射线有较强的穿透力，可用于探测深埋的物体，如人体内的骨骼、混凝土和钢材上的裂缝等。

能把远处的物体拉近的望远镜需要两组透镜：离观测目标较近的物镜，以及目镜。据说在 1608 年，荷兰透镜工匠汉斯·利伯希（Hans Lippershey），观察了两个在他店里玩透镜的儿童，透过两组透镜观察时，可以使远处的风向标变近。他最初设计的望远镜由两组凸透镜产生倒立的图像，或者一组凸透物镜和一组凹透目镜产生直立的图像。汉斯为他的仪器申请专利时称，这项发明是"为了看远处的东西时显得好像在近处"，但他并没有申请成功。在意大利，伽利略听说这一发明后，将之改进用于他在天文学方面的革命性工作，这标志着现代科学的兴起。伽利略尝试了许多方案，最终使放大倍数从 3 倍增加到 30 倍。伽利略成功地获得了威尼斯总督和参议院的支持，因为他的望远镜可以在人眼观察到敌人战船之前数个小时就能观察到敌人战船在接近。他使用望远镜发现了木星的卫星、土星环及月球上的环形山。

当我们用直径 50 毫米的物镜采集光线并聚焦成直径 10 毫米的图像时，亮度会提高 25 倍。折射望远镜的一个缺陷即"色差"，它的意思是透镜对蓝光的弯曲要大于红光，因此在图像上会把各种颜色分离开。这一缺陷在之后通过使用不同屈光度的透镜得以修正。

---

[1]　扫描隧道显微镜，缩写为 STM，可以让科学工作者观察和定位单个原子，在低温下可以利用探针尖端精确操纵原子，具有比原子力显微镜更高的分辨率。

另一种望远镜是基于光的反射原理。平面镜可以形成与原物体大小相同的像。凹面镜可以把光线汇聚到一个大致的焦点上，还可以通过拉近物体使其成像显得更大；凸面镜使光线发散从而使成像显得更小，这更有利于拉远画面和全景观测。然而，球面镜只能把光线汇聚到很小的区域，而抛物面镜可以精确地把光线汇聚到一个焦点上。牛顿于 1668 年发明了反射望远镜，它没有折射望远镜对蓝光的弯曲大于红光那样的"色差"效应。位于美国帕洛马山天文台上的直径 200 英寸（约 5.1 米）的海尔望远镜曾是最大的反射望远镜，它用了单块的硼硅玻璃做镜面。制作单体大镜片是十分困难的，更大些的光学镜片通常是由分布在抛物线形钢架上的大量小镜片组成的。

射电望远镜由卡尔·杨斯基（Karl Jansky）于 1931 年在贝尔电话公司发明，用于探测宇宙空间内的无线电波而不是可见光。对于观测遥远星体发出的光线的天文学家来说，地球的大气吸收了除波长 0.3～0.7 纳米的可见光"光学窗口"外的绝大部分电磁波，一些红外线的波长可短至 10 微米，而无线电波的"射电窗口"波长是 1 厘米至 11 米。大气中存在尘埃和湍流，这会使成像变得模糊。因此，清晰观测宇宙波的方法之一是把望远镜放置到太空中。于 1990 年发射至 559 千米低空轨道的哈勃天文望远镜不仅可以收集可见光，而且可以探测紫外线和近红外线。哈勃望远镜拍摄的一些照片的细节是极为壮观的，如马蹄状星云，这会给我们提供宇宙起源及暗物质和暗能量之谜的信息。

远红外线是热射线，因而我们可以在远离热炉的地方感觉到热量，可用于夜视仪在黑冷环境中辨识野生动物或人这样的发热目标。这个仪器自 1939 年以来常常用于军事行动、执法机构和自然观测活动中。为了获得更强的信号，一些夜视仪发射出红外线来照亮目标，并用电子学方法探测反射红外线光束，这些光束对被监测的人或动物是不可见的。

微波和无线电波对电子通信很有用，并且可以穿透云雾。雷达发明于 1941 年，它使用电磁波来辨识飞行器、船只和天气形成的范围、高度、方向及速度。这常常被认为是第二次世界大战反法西斯同盟胜利的关键因素之一。1887 年，亨里奇·赫兹（Heinrich Hertz）进行电磁波实验，发现电磁波可以穿透一些物质，且被一些物质反射；古列莫尔·马可尼（Guglielmo Marconi）在 1899 年指出这一系统用于灯塔和灯船的可能性，可使得船只在雾天能够定位岸边的危险点。之后许多欧洲等国的人和美国人开始探索这种可能性。

苏格兰工程师罗伯特·沃森·瓦特（Robert Watson Watt，1892～1973）是詹姆斯·瓦特的后代，被很多人认作是雷达的发明者。他最初的兴趣在于用无线电波探测发出无线电波的闪电，这样可以对飞行员发出雷暴预警。他使用了一组定向天线，可以手动转向以指向风暴，从而获得最大的信号强度。他应用了带有长余辉发光材料的阴极射线示波器来记录闪光。在第二次世界大战之初，沃森·瓦特为英国航空部工作以提高针对德军轰炸机的防空能力，德军轰炸机横穿英吉利海峡只需数分钟，这就需要快速反应以便拦截战斗机。1935 年，他用两个相距 10 千米的接收天线进行演示，还根据信号到达时间的不同来确定逼近的轰炸机的方向。同年年末，天线距离增加到 100 千米，英国航空部建立了涵盖所有到达伦敦航线的五个基站。

不列颠之战[①] 始于 1940 年夏，当时德军使用空投炸弹意图摧毁英国的空军和军事设施，以迫使英国进行停战谈判并投降。沃森·瓦特从雷达的技术研究工作转向建立一个分层组织来运行雷达网络，这个网络可以追踪大量的飞行器并对其进行防御指挥。首个空袭信号是由位于"本土链"的雷达系统发现的，这个系统可以在德军从位于法国和比利时的机场起飞出发后探测其飞机编队，从这些机场飞抵伦敦只要 20 分钟。这样，英国空军就可以在攻击开始前得到通知，即使是在雾天和雨天，他们也会得知攻击的强度和方向。目视监测员所获取的信息也加入雷达系统中，之后女子辅助航空队通过电话系统接收这些信息，并进行绘图。英国空军中队可以迅速地从地面起飞而不必总是停留在空中待命，只需获得拦截空袭警报时才会派遣空军，其拦截率高达 80%。英军指挥官掌握整个前线动向从而可以指挥战斗机出现在最需要的地方。但德军没有这样的系统，其后果是，德军损失许多飞机和有经验的飞行员，从而空袭不得不暂停。1940 年 12 月，不列颠空战趋于结束，这向世界证明英国可以在与纳粹德国的战斗中胜利。

沃森·瓦特于 1941 年到达美国，鉴于珍珠港空袭中美国对日本防空能力应对的不足，他就如何建立雷达系统提出建议。1942 年，沃森·瓦特被授予骑士

---

① 不列颠之战是第二次世界大战期间 1940 年至 1941 年纳粹德国对英国发动的大规模空战。

勋章，并且获得英国政府颁发的五万英镑奖金。雷达逐渐用于很多领域，特别是当乌云密布、机场视野不佳时，用于民事航空交通管制等。另一个重要的应用是在路面交通中测量汽车是否超速。沃森·瓦特之后搬去加拿大，并且因超速被雷达记录，交警要求他靠边停车。他对此的评论是："如果我知道你们要这样用它，我永远也不会发明它。"72 岁时，沃森·瓦特迎娶 67 岁的戴姆·凯瑟琳·特里夫西斯·福布斯，她是曾培养雷达操作员的女子辅助航空队建立时的空军司令。之后两人在苏格兰定居直到去世。

声音是空气的机械振动，人耳可以听到的频率是 20～20 000 赫兹（每秒振动次数）。我们听不到过弱的声音，但可以通过耳机或扬声器等设备来弥补。声音的强度从勉强能听到的"听觉阈值"0 dB（分贝），直至不可忍受的"疼痛阈值"140 dB。触觉是抚摸和拥抱时最主要的感觉。疼痛是不适的信号，需要妥善的行动，如治疗或修复。我们可以用手来感知孩子是否发烧，但温度计则能给出更准确的量化读数。我们可以闻到香料和香水，尝到咸味和甜味。我们已经有了很多关于气体和液体化学分析的发明，如光谱仪和色谱仪等，极大地扩展了出于安全和健康的考虑发现和量化我们周围环境及身体内化学物质的能力。我们可以测量大气中浓度低达十亿分之一的氯氟烃。

历史上最早的声觉仪器是东汉年间的张衡（78～139）发明的地动仪。张衡还精通数学、文学、技术发明和政治学。圆周率 π 即圆的周长除以直径的比值，最初定为 3，他成功地把它改进至 3.162。张衡发明的地动仪用来测量微弱而遥远的地震。这是一个外面安装有 8 条龙指向基本方向的青铜容器，龙嘴里含有铜球。整个结构牢牢固定在地上，但中间的钟摆可以自由摆动并通过连杆与龙头相连。当地震导致大地颤动时，其整体结构也随之运动，但青铜球由于惯性而运动幅度较小，这种运动的差异会导致离地震方向最近的球掉进其下方铜青蛙的嘴里，如此一来，就可以探测远至 500 千米外的地震及其方向。如今我们有更为精密的地动仪来测量地震发生的方向和距离。著名的里氏震级丈量的是波的振幅，它是用对数尺度来丈量，因此 7 级是 6 级地震强度的 10 倍，但释放的能量约是其 31.6 倍。

超出人耳听觉范围的声音可用于探测和诊断，低频的被称为次声，而超高频的叫作超声。海豚和蝙蝠可以发出超声并用反射波回声定位进行航海或捕食。

使用超声波来探测潜水艇，即声呐。声呐是由保罗·朗之万（Paul Langevin）于1917年发明的。当时，他制作了一个设备可以向水中发出声波束，遇到物体后会反射回发射器用于分析。声波传播的时间可用于计算发射器与目标间的距离。当有两个或更多的发射/接收器工作时，目标离不同发射器的距离就足以用来计算其距离和方向，这在海战时尤为重要。相似的原理可用于人体的超声波分析，这对于观察母体内的胎儿很重要，可以评估胎儿是否健康，还可发现是否为多胞胎。声波技术还可以用于工业界，来测量物体的厚度，或寻找混凝土、水泥或金属上的裂纹等。

## 7.1.2　定量测量

量化的信息是计划和采取适当的行动所必需的。方法和标准在美国受其国家标准技术研究所控制，而在许多国际团体中受国际计量局控制。

长度的测量可能是最早发展成定量形式的。最自然的单位是人自身肢体的长度，如手肘至中指尖的距离，它通常长为16～21英寸（0.41～0.83米），这在古埃及象形符号中被命名为"腕尺"（cubit）。对于较短的距离，不含拇指的手掌的宽度约为3英寸（76毫米），这可以进一步分成4个"手指"的宽度，即3/4英寸（19毫米）。每个人的肢体大小都与别人不同，但可以通过标准来缩小差异，如基于国王的肢体定义"皇家腕尺"。然而，年幼的国王可能比成年国王的肢体要短。罗马人引入了"步长"，即16趾长或12英寸（0.305米）。对更远的距离，希腊人使用"斯塔德"（stade）计量，大约为600英尺（182米）。对于更远的距离，人们在一开始就用了更便利的概念，对路程用"走路的天数"或"航行的天数"计量。罗马"里"大约为2 000步，即1 479米，比英里略短。在重要的罗马亚壁古道上，立有最早的里程碑来丈量旅行的距离。1889年，标准米的国际标准测量方法得以采纳。国际计量局保存有一块铂铱金属条，其在冰点时的长度即为标准米。1960年出现了一种改进的标准米，是基于真空中氪-86的橘红色发射谱线的波长，再乘以1 650 763.73。

人们发明了许多强大的仪器来进行定量测量，甚至可以观测宇宙的直径，宇宙的直径至少为930亿光年，或$8.80 \times 10^{26}$米。我们还可以测量原子的半径，小至30皮米或$10^{-12}$米；原子核的半径是原子的万分之一，小到$1.5 \times 10^{-15}$米。

从宇宙到原子核的长度范围跨越 40 个量级。一般，相关的面积概念用平方米来计量，而体积用立方米来计量。

对金匠和杂货商来讲，重量的测量十分重要，有两个等长力臂的天平很早就被发明了。有两个等重的托盘及一组标准砝码的天平在埃及人的墓中十分醒目，这成为后来司法公正的象征。在埃及神话中，人死后会用天平来测量其心脏与羽毛哪个更重，以决定此人是否值得死后得享极乐。埃及 1 "锡克尔"（shekel）约为 8 克重；更重的单位是重达将近 1 磅（0.45 千克）的 "米码"（mina），它在肉类和谷物市场中常用；再重一些的单位是 "塔兰特"（talent），比 130 磅（59 千克）还要重些，差不多为一个人的重量。弹簧秤并没有使用标准砝码，而是根据胡克定律使用已知其弹性系数的弹簧，弹簧的形变长度正比于物体重量。电子天平依据的是长度变化引起的电阻变化，它可能更为精确。

你会怎么称一只重量高达 5 000 千克的大象呢？这对于幼年的曹冲是个挑战。他是曹操的长子，极富创造性的解决方法是把大象装入河里的一只船上，并记录下吃水线，再把大象替换成一堆有着同样吃水线的石头。这样转而计算所有石头的总重量就变得十分容易了。不幸的是，这个男孩在 13 岁时就夭折了，没能成为一个杰出的统治者或科学家。我们应当如何测量约 $6 \times 10^{24}$ 千克的地球的重量呢？月亮以稳定的轨道绕地球转动，因而其重力牵引力应当和月亮转动引入的离心力平衡；因此地球的质量应该等于月球转速的平方乘以轨道半径再除以重力常数，即 $m=v^2r/g$（我们测量重力常数 $g$ 的方法是把石头从高塔上扔下，再比较高度与下落时间）。

时间的推移控制着人类的活动，如何时该起床，何时该吃饭。公元前 2000 年的苏美尔人基于数字 60 引入六十进制，用来对奴隶、鱼、谷物、时间等进行计数。这个系统目前仍在使用，但主要用于测量时间，以及地球和天空的经纬度。因此，60 秒即 1 分钟，60 分钟即 1 小时，24 小时或 86 400 秒为 1 天。数个世纪以来，多种测量时间的仪器得以发明。日晷是使用指针或细棒在一组刻度上形成的影子来标记时间，但它不可用于阴天或夜晚。最早的滴漏发现于公元前 1500 年的古埃及墓中，这在没有太阳的晚上仍可以计时。沙漏使用沙流而不是水流来测量时间的流逝。中国人最先发明了使用擒纵器驱动的机械钟。目前，最精确的计时装置是铯原子钟，美国国家标准技术研究所内存有一台，精度可达十亿年只出现一秒偏差。钟表的精度对于测定物体的经度也是至关重要的，这对于全球定位系统很重要。

一年中的四季对植物生长和动物交配、迁徙十分重要；因此，季节对于采集者的狩猎、采集活动及农民种植农作物也十分重要。太阳和星体的位置对于决定季节具有重要作用，历法就是一种用来记录季节变化的发明。尼罗河每年的上涨与天狼星在黎明的东方首次出现不谋而合，天狼星被看作是"尼罗河的使者"及尼罗河洪水发端的标志，可用于计划农耕。

昼夜平分点在每年春天和秋天出现两次，这时昼夜等长。"回归年"是指两个春分日之间的时间间隔，这种历法可用于预测季节。在北极圈附近的大陆，冬天白昼的长度远小于夜晚的长度，这带来了生长和繁衍的难题。英国史前巨石阵精细地朝向冬至日日落的方向，这是太阳开始返回北半球的日子，也是节日和庆祝再生的重要时刻。

苏美尔年有 360 天，而埃及历法有 365 天。实际的回归年长度是 365.242 199 天，因此春分日比埃及年的预测要晚 0.242 天 / 年；这一差异对某一年是不重要的，但经过 1 千年后误差会是 242 天，这使得埃及历法无法长期准确记录季节。

儒略历是公元前 46 年被采用的，引入了闰年的概念，即能被 4 整除的年份即为闰年。由于每个儒略年的长度是 $365\frac{1}{4}$ 天，因此误差就减少至每千年 7.8 天。经过 1600 年后，这个误差又变得显著了，而现行的格利高利历（公历）推行于 1582 年。这次，能被 4 整除的年份（如 1896 年）仍为闰年，但能被 100 整除但不能被 400 整除的年份（如 1900 年）仍为 365 天的普通年。这样，格利高利历平均每年有 $365\frac{97}{400}$ 天，这样误差再次减少至可接受的每千年 0.3 天。那再过几千年后的人们应该怎么办呢？

月历用来预测月相而不是四季的变换，它对宗教事务和观测潮汐高度很重要。在美索不达米亚，每个月始于观测到黄昏时西方天空升起的新月，这也同样被用来标记伊斯兰历中的斋月。伊斯兰历是基于月亮周期的，其一年通常有 12 个月。新月与新月间的"朔望月"平均有 29.531 天，因此一个折中方法就是使每个月有 29 或 30 天不等，每年有 12.369 个满月，因此伊斯兰历可以精确预测月相，但不能预测季节。这就是为什么斋月可能出现在夏天，也可能在冬天。

中国农历是基于月相及季节而设定的，新月总是出现在每月的第一天。中国农历的折中办法是在需要调整季节时加上一个闰月，因此一年可能会有12个月或13个月。阳历月份有两次满月的频率大约为3年一次——多出现的一次满月被称为"蓝月亮"。

天气和个人的健康是通过温度和压力来衡量的。给出温度的定量测量的温度计不是单单一次发明，而是许多世纪以来慢慢积累进步的。亚历山大港的希罗发现空气会有热胀冷缩的性质，因而温度可以通过浸入水容器中的装有部分空气的密闭管来测量。当温度升高时，管内的空气会膨胀，把水平面下压。波斯的阿维森纳在约公元1000年就制作了这种装置。伽利略制作过一个装有清水的密封玻璃柱管，以及数个包含不同比例空气和彩色液体与金属加重物的玻璃球，这些球随温度变化而具有不同的密度——当温度上升时，清水会膨胀而密度变小，这组有着不同固定密度的小球会随液体变热而依次下沉。这就是伽利略温度计，通过沉没小球的数量来定量测量温度但没有连续的刻度，另外它对温度变化的响应也比较缓慢，因为它需要时间使一管清水从周边空气中获得热量。而且两个不同的伽利略温度计的测量结果也难以进行比较。

1654年，托斯卡纳大公斐迪南二世·德·美第奇制作了一个有根部和茎部的密封管，并在其中注入部分酒精，这是第一个有刻度的现代温度计。我们还需要一种普适的标准来比较不同温度计的结果。1665年，克里斯蒂安·惠更斯（Christiaan Huygens）使用水的冰点和沸点作为标准。1724年，丹尼尔·华伦海特（Daniel Fahrenheit）制作了第一个刻有他名字的温度计，上面有特别的数值32和212代表水的冰点和沸点，这个温度计使用水银作为测量液，因为水银有较大的膨胀系数。1742年，安德斯·摄尔修斯（Anders Celsius）提出了更方便的刻度，使用0和100作为水的冰点和沸点。人体正常体温约为37℃，这一数值可能由于月经来潮或发烧等情况而改变。

最早的压力测量也是使用液柱。埃万杰利斯塔·托里拆利（Evangelista Torricelli）常常被认为于1643年发明气压计。他把装满了液体的一端封闭的管子倒浸在一杯水中，使封闭端向上，其液面会下降而产生一段真空空间，液柱的高度就是大气压力的度量。另一种装置是使用装满液体的U型管，一端开口指向参考压力，另一端开口指示待测压力值。两边液柱的高度差除以重力常数及液体的密度就是两端压力差的度量。当参考侧为真空而待测一侧为大气时，液体的高度差会达到 34 英尺（16 米）的水柱或 30 英寸（760 毫米）的水银柱。在爬高山时，大气压会下降，因此在珠穆朗玛峰峰顶处，气压约为海平面的 1/3。人的正常血压是高压 90～139 毫米汞柱，低压 60～89 毫米汞柱。

## 7.2　记录

大脑会选择信息进行记忆以备将来之需，如哪里食物充足、哪种动物是危险的，以及哪种方法抓鱼最好等。大脑作为一个存储设备有许多缺陷：只有细节零碎的记忆；缺乏客观性；记忆随时间会淡化，而死亡后则消失。最古老的人类记录可能是岩洞中有关动物和狩猎的壁画，它已经在世界上许多地方被发现；最古老的壁画是在法国的肖维岩洞中发现的，可追溯至 3.2 万年前。洞穴和墓地的发掘发现了很多易携带的艺术品：代表动物和人类的角雕和骨雕，如维伦多尔夫的维纳斯。文字出现的时间较晚，大约在公元前 3500 年，标志着人类文明史的开端。现在没有古代声音和动作的记录，因为这需要用到 19 世纪后才发明的技术。

### 7.2.1　文字、书写与印刷

人们在对早至 8 000 年前的遗迹进行发掘时发现了类文字的物品，如用来记录库存和计算所欠或偿还的债务的绳结和记号。文字发展要解决的第一个问题就是创造一种方法来表意或编码，即接受哪个符号代表何种物体或想法的惯例——逐渐形成语言。用图形符号来代表物体叫作语素文字，用声音符号来表达语言称为声音文字。历史始于文字，它使人类的成就和经验得以永久保存和通俗注解。最早的文字来自美索不达米亚的乌鲁克城，是用针以楔形文字的形式刻在湿黏土上，是代表声音的符号。这些最早的苏美尔黏土板可追溯到公元前 3500 年，是用来记录祭司保管寺庙收入的，上面绘有牛头、玉米穗、鱼及数目的图像（图 7-1）。

埃及象形文字可追溯至公元前 3000 年，写在用莎草制成的莎草纸上，是图像表意和声音符号的混合体（图 7-2）。中国的文字可追溯至公元前 1300 年，最早是刻在龟壳和牛骨上来记录皇家占卜的结果，主要是基于图像符号并加入一些声音符号，其中发现的最古老的一块龟壳是来自商朝（公元前 1600 年，图 7-3），上面的铭文显示国王提出下一年是否能够丰收的问题，占卜者的名字是 韦——他可能是作者的长辈。数个世纪以来，文字符号或字符已经有了很大的 变化，因此把它们与现代字符相比，仅能发现其中太阳和马的形状。大部分现 代主要文字系统都是代表语音的声音符号，包括希腊和拉丁字母及日本假名。

图 7-1　苏美尔黏土板上的楔形文字

图 7-2　古埃及的象形文字

图 7-3　中国商朝时期的甲骨文

　　在发明文字表意之前，人们需要数千种符号来记录日常生活中的许多物体或声音，而当时书写和阅读的艺术主要限于祭司和专职书记员。最早的字母大约出现于公元前 1600 年腓尼基的阿希雷姆（Ahiram）国王统治时期，共有 22 个字母，都是辅音，并且从右向左书写。若要朗读这些文字，读者需要加入适当的元音，这就需要记忆更多的知识并可能给下一代带来歧义。尽管如此，腓尼基字母还是迅速传至许多邻国，在东方用于书写阿拉姆语、希伯来语和阿拉伯语信件，在西方则用于书写希腊语、伊特鲁里亚语和罗马语信件。希腊语在辅音里加入了元音，并且从左往右书写。字母使得人们可能使用少得多的一组符号且易于记忆，还使得书写和阅读都变得简单得多。现代的中国人需要记忆约 3 000 个汉字便可以看报或阅读文章；日本人除学习中文汉字外，还需要掌握 51 个字母（假名）。

公元前2150年的《吉尔伽美什史诗》通常被认为是人类最古老的文学作品。《汉谟拉比法典》写于公元前2000年，是被政府依据执行的第一个有记录的法典。佛教的传播在很大程度上得益于经文的写作。文字带来了社会深远的变革，因为我们可以写下合约并执行，而不用依赖于不可靠的记忆。宗教和民事法律可以书写下来并在不同的时间和地点得以统一施行，因而更为客观。人类的历史也可以写下来，记录曾经的旅行和战争、出现的统治者和侵略者、人们经历的欢乐或悲伤，以及先人关于如何耕种和养畜的实际经验等。然而，对那时的普通人来说，学习阅读和书写所需的时间和材料都是极其困难和昂贵的，这通常都留给了书记员和祭司。

人们对重要文本的需求量大，如古代帝国不同省份所用的宗教和法律文件。这就带来了大规模复制的需求，每个文本都需要手工抄写会很缓慢、昂贵和困难，特别是在抄写有成千上万个字的书籍而要求不犯错的情况下。当抄本接下来被带到另一个地方被阅读时，远离原本的读者无法确定抄本的准确度。另有困扰包括购买书写媒介、雇用抄写人员及存放在图书馆中的卷轴所带来的高成本。当时只有很少量的书籍并被存放在图书馆内，只向精英阶层开放。普通人即使识字和受过教育也可能无法读到很多书，因而无法了解宗教圣典和地区法律的内容；在教室中，教师向学生朗读很少的可获得的书籍和笔记，而学生可能无法看到书籍。

手抄的羊皮纸书是一项十分昂贵的投资。1424年，英国剑桥大学图书馆只有122本书，每本的价值都差不多相当于一座农场或葡萄园。那时的社会被分成祭司和书记员这样占据文化顶层的阶层，以及农民和商人这样文化程度较低的阶层等。在文艺复兴时期，经济飞速发展，带来了书籍交易需求的增长，欧洲也为此做好了书籍复制变革的准备。这时，需要两个关键的发明：一个不太昂贵且有持续性的书写媒介，快速和精确的复制方法。

历史上，许多种材料被用于书写。美索不达米亚的黏土板不昂贵，但太重了，难以移动和保存；埃及人把莎草植物芯加以浸泡，再切成长片状，以直角的角度放置在一起，进行压制和晾干，最后胶合在一起制成卷轴。古代莎草纸的唯一产地就是埃及湿地里的芦苇丛地区。在古希腊和古罗马，羊皮纸是用未经鞣制的皮料做成的，特别是来自小牛、山羊和绵羊的皮料。这些皮料经过清洗并用石灰水浸泡后，晾干成可延展的形状，再用刀具打磨出光滑的书写面。对于较长的文档，人们把方形的纸张缝成一个长条然后再卷起来。在公元 2 世纪的珀加蒙，书本得以发明以替代占据书架空间的卷轴；纸张装订在一起并加上封面形成手抄本或书籍。一本四开的两百页羊皮纸（约 250 毫米厚）书籍，可能需要至少 12 只绵羊的皮料，因此材料是书籍和图书馆成本的重要组成部分。

中国最早的书写文字始于公元前 1350 年，是刻在龟壳和牛肩胛骨上的甲骨文，用于记录统治者对典礼、战争、狩猎、播种和生辰进行的占卜等。同时，青铜器也用于典礼和庆典，并在其边上或内部铸刻有文字。被称作碑的石片同样加以雕刻以作纪念。后来，对于长的叙事和历史传记及君主传递给将军的军事情报等，人们使用装订在一起的竖立的竹简或木简制成卷。这可能导致了中国从上向下的书写习惯。

纸张是一项伟大的发明，它把之前的所有媒介全部"扫出"了主流。东汉时期蔡伦被认为是纸张的发明者（编者注：蔡伦实际为改进造纸术，而非发明），尽管他可能从同僚的创意中获得启发。蔡伦的官方传记写道："自古书契多编以竹简，其用缣帛者谓之为纸。缣贵而简重，并不便于人。伦乃造意，用树肤、麻头及敝布、鱼网以为纸。元兴元年奏上之，帝善其能，自是莫不从用焉，故天下咸称'蔡侯纸'。"这个工艺涉及把不同来源的纤维浸于水中并煮沸数日以去除木质等非纤维物，剩下的纤维再加入黏合剂制成悬浮液，之后把一个筛网模具放入悬浮液中，并提起以提取模具上沉积的纸模纤维。把这些纤维纸模提取出来后再进行压缩以尽可能地去除水分，最后晾干就制成了纸张。纸张可以用大量便宜的材料制成，这使书写和抄写成本大大降低。

公元 751 年，一些中国工匠在撒马尔罕附近的塔拉斯河战役中被捕，纸张制作的秘密于是传至阿拉伯地区，之后该秘密又传至欧洲。现代纸张纤维的主要来源是木浆，它包含约 60% 的纤维素黏合在木质素阵列上，这些木质素需要被去除，以防纸张随时间的流逝而变黄和变脆。特殊的纸张还可以加入不透明的填料使其正反面都可以书写，或者用高分子聚合物涂层来制作相片纸。除了书写，纸还有很多其他用途，包括制作袋子和包装、纸牌、宗教护符及纸币。幸运的是，在印刷技术出现的时候，便宜的纸张已经出现了，否则很难想象为维持文艺复兴时欧洲对书本不断增长的需求所需要的羊皮的数目。纸的发明必须看作与印刷术的发明有同等的重要性。

在印刷术发明之前，复制文本已经有了很多技术。苏美尔印章雕刻有天神和魔鬼的图案，可以压在湿黏土上生成印记。刻有所有者名字的印章指环可盖在腊印上来签署文件。印刷的早期形式出现在约公元700年的中国，是把官方法令印在石板上，再在石板上刷上墨汁并把纸张盖在石板上来转印文字。中国印刷的重要成分是墨汁，它是用煮沸的亚麻籽油和松香烟制成的。我们获得的最早的印刷文本是在公元868年的中国制成的《金刚经》。这是在敦煌石窟中发现的，同时发现的还有很多其他佛教经书，都是用雕刻的木板印刷而成的。由于书籍的每一页都要雕成一块单独的木板，复制有许多页的书籍就变得困难和缓慢，因此它只用于印刷有大量读者的重要材料，如宗教经书等。木板可以保存下来以备将来重复使用。

活字印刷是使用刻有单个字母或汉字的小字模块，再把大量的小块组合成一页。最早的活字印刷是中国的沈括于公元1088年在其《梦溪笔谈》一书中提及的。他把这一发明归功于毕昇（972～1051）。《梦溪笔谈》中记载：

> 庆历中有布衣毕昇，又为活板。其法：用胶泥刻字，薄如钱唇，每字为一印，火烧令坚。先设一铁板，其上以松脂、腊和纸灰之类冒之。欲印，则以一铁范置铁板上，乃密布字印，满铁范为一板，持就火炀之，药稍熔，则以一平板按其面，则字平如砥。

活字印刷的每一页都由单个汉字或字母的小字模组成一块板，再用于印刷。当这块板已经印刷了足够的次数后，它可以再拆开成单个的字母或汉字组装成其他页板。早期的活字印刷还曾于约公元1100年的朝鲜出现。对于只有少于50个字母的语言来讲，活字印刷术是一种十分优越的方法。

谷登堡曾是德国美因茨的一名金匠，是于1439年第一个使用活字印刷的欧洲人，他还发明了机械印刷机。与手抄本和木板印刷相比，这是一项革命性的进步，从此改变了欧洲的制书工艺。谷登堡的发明可能与中国的发明是独立的，他常常被认为是欧洲历史上最有影响力的发明家之一。

谷登堡约在1398年出生在美因茨，他的父亲是一名金匠，教授他有关操作金属和硬币的知识。他因家庭贫穷而被迫离开美因茨，直到1434年，谷登堡都是在斯特拉斯堡当金匠。正是在 1440 年于斯特拉斯堡，谷登堡基于他的研究完善并揭开了印刷术的秘密。1448 年他回到美因茨并从亲属那里借钱开办了一家印刷厂。1450 年，印刷厂开始运营，谷登堡又从一位叫作约翰·福斯特的资本家那里借了 800 荷兰盾。1455 年，谷登堡出版了著名的《四十二行圣经》（又称《谷登堡圣经》），并生产了 180 份复制品，大部分是用纸张，而另有一些是用的牛皮纸印刷。《谷登堡圣经》是世界上最有价值的书之一，目前还留存有 48 本。《谷登堡圣经》的售价是每本 30 弗罗林，这大约是普通职员 3 年的薪水，但它比手抄的圣经便宜得多且更为准确，手抄本可能需要抄写员花费一年时间来完成，而且在抄写时可能出现大量错误。

之后，福斯特起诉谷登堡要求还款，这笔欠款甚至涨到 2 000 荷兰盾，法庭判福斯特胜诉，他得到了圣经印刷机和一半印刷圣经的控制权。1465 年，谷登堡的贡献才得到承认，他被美因茨纳塞大主教赐予"霍夫曼"称号，这包括一份固定薪俸、每年的宫服、2 180 升谷物和 2 000 升葡萄酒。谷登堡于 1468 年在美因茨去世，其安葬地现在已不可寻。

谷登堡的发明没有留下任何文字记录，因此他实际的印刷方法在学者间也有争论。活字印刷术始于每个字母的字模块，谷登堡是用铅、锡、锑的合金制成的。现代的印刷方法是用上面刻有字母的硬金属冲床冲压软铜板来制作模具或模板，可以生成上百个相同的字母。然后模具被置于一个托架上，灌上热的由铅锡锑合金水进行铸造，冷却后得到活字模。最后这些字模根据文本进行组织放在字盘架上排布并上墨，再印在纸上完成印刷。一些学者认为，谷登堡用的是沙板而不是铜板，因而得到的是不太精确的字模。

这一发明的巨大成功还取决于另外三样发明：纸、油墨和印刷机。我们已经讨论过与造价昂贵的羊皮纸相比，纸张的成本低得多。欧洲书记官书写使用的墨水是一种用煤烟做色素的松脂水溶液，它在半多孔的纸面上可以很好地书写。然而，水溶性的颜料不能润湿金属字模的硬表面，只能凝成液滴而不能均匀地扩散开。谷登堡开发了一种新型墨水，是基于亚麻籽油再用煤烟或木炭作底色，可以在字模的表面形成薄的墨膜。他还需要一种可以把着墨的字模表面与纸张紧压在一起的装置，以完成清晰的转印。其解决方法是一种带有螺栓的印刷机，它可能受到了生产葡萄酒时压榨葡萄或压榨橄榄生产橄榄油的压榨机的启发。

当书籍变得便宜和易于获取后，书籍的印刷数量飞速增长。有资料称，1450～1500 年，有 800 万本书籍得以印刷，这已经超过欧洲的书记员自公元330 年以来超过 1000 年所抄写的书籍之和，使得完整的经典教规得以印刷并在欧洲传播。更多的人得以接触到准确的知识，因而更多的人可以受到教育并对其工作进行讨论。学生可以拥有他们自己的书本，除上课外，还可以通过单独的阅读进行学习。教师不必浪费时间向学生朗读书本，可以花更多的时间向学生解释和教授其含义。人们还可以把两篇或更多的文字横向比较，或者发现抄写者的笔误。普通人可以阅读《圣经》而不用牧师进行传授，也可以不依赖律师阅读法规。这打破了牧师、律师和教授对知识的垄断，他们在此之前是极少数可以接触到手抄书籍的人。印刷技术改革还影响了宗教改革，因为马丁·路德在教堂大门上张贴的《九十五条论纲》被大量印刷和广泛传播。路德还发表了表明其反对赎罪券①立场的大字报，从而演变成报纸和大众传媒的出现。先进国家的识字人群得以飞速增长，不久后这些国家几乎消灭了成年文盲。

在谷登堡的发明前，中世纪的教堂用花窗玻璃和雕塑、壁画来展现圣经故事，因为教众不识字只能理解图画。印刷术使得信息的表达从依赖言语和图画转向依赖印刷文字的文化。印刷也有利于统一和标准化官方语言的拼写和语法，并减少其在国内不同地区的差异。英国作家丹尼尔·笛福（Daniel Defoe）写道："布道是向少量的人群进行讲演，印刷书籍是向全世界进行布道。"其他早期得以印刷的物品还包括法令、纸币、纸牌及宗教护符等。印刷使得报纸传播成为可能，书籍也不再总是有关宗教和法律，因为人可以读得起食谱、侦探小说、漫画书、通俗文学等。

2007 年，出版巨头亚马逊公司推出电子阅读器，电子书变得越来越流行。虽然阅读器比一本书小，但它可以储存数千本书籍，复制的成本十分小，因为不需要纸、墨和印刷机。2011 年，亚马逊公司宣布电子书的销量已经高于印刷书籍。

---

① 赎罪券是中世纪天主教筹集捐款的工具，天主教宣称购买赎罪券能获赦免原罪得上天堂。

## 7.2.2　图片和摄影

关于动物和人类的远古绘画或壁画要比远古文字记录的更为古老和生动。来自另一种文明的人并不能辨认古埃及楔形文字或外国字母，但他们可以欣赏法国查韦斯石窟内的壁画马。为了获得与马的相似度，查韦斯的艺术家需要丰富的技巧和经验，用寥寥数笔表达出重要的细节，而忽略掉大量的其他细节。而照相暗盒是一种获取精细图像的技术，在公元前 420 年被墨翟（墨子）所描述，并且被亚里士多德所知晓；亚尔·海润（Al-Hazen，965～1039）提出用它来观察日食。沈括在《梦溪笔谈》中提到了用小洞来获取倒立图像的方法：在一个暗箱上打上针孔，将之置于接收屏一定距离的地方，通过调节针孔与接收屏的距离可以进行聚焦，直至焦点清晰为止。针孔很容易制作，但它只能通过很少的光线，因而所成的像会很暗淡。之后，暗盒的一个改进是把针孔换成一个凸透镜，这样可以通过更多的光线，但有前文所提的色差缺陷。17 世纪的荷兰画家约翰内斯·维米（Johannes Vermeer）可能就使用了照相暗盒把一个场景成像到一张纸上，然后用炭笔描绘出轮廓来产生十分精确的视图。

制作一张传统照片的步骤可能如下：①获取图像并聚集到一个表面上进行检查；②记录和放大这一图像并使其固定；③显影；④制作图像的大量复本。暗箱生成的短暂图像并不是永久图像，因此在得到永久固化的图像前，我们需要进行固定和记录。许多化学物质是光敏剂，暴露在光线下，其化学成分会发生变化。阳光能使银盐变暗的能力早在 1727 年就被发现了。

1816 年，约瑟夫·尼塞福尔·尼埃普斯在法国实验了大量的光敏物质。他把沥青溶解在薰衣草油中，再把该溶液涂抹在锡板上，曝光后会固化。曝光 8 小时后，再用薰衣草油和白凡士林的混合物冲洗掉未被阳光固化的未曝光沥青。在清洗和干燥之后，因为固化的沥青不再对阳光敏感，照片就变成永久性的了。这次实验的曝光时间非常长且图像不太清晰。1829 年，尼埃普斯有了一名伙伴——L.J.M. 达凯尔，是巴黎歌剧院的一名舞台设计师和画家。1837 年，达凯尔使用卤化银作为光敏材料，汞蒸气作为显影剂，可以只花 20 分钟的曝光时间得到更清楚、保存时间更长的照片。两年后，他开发了一种镀银铜片，将之暴露在碘蒸气中生成对光敏感的碘化银。未发生化学变化的碘化银可以用硫代硫酸钠冲洗掉，剩下的亮银形成了影像，这一产品被称作银版照相法。

　　理想的照相记录应该有一个外表覆盖适当光敏材料的可移动的成像面，这样即使很少量的光线也可以生成微观潜像。这一显像材料应该有一个动态范围，这样更多的光线会生成更强的潜像，它还要有一种显影剂可以把不可见的微观潜像放大 100 万倍生成可见图像。最后，还要有一种定影剂来冲洗掉遗留的未曝光的显像材料，这样胶片就不再对光敏感，从而可以保存。早期的摄影师使用的是置于玻璃盘上的卤化银。1873 年，约翰·威斯利·海亚特（John Wesley Hyatt）发明了赛璐珞，之后被乔治·伊斯曼（George Eastman）和柯达公司用于制作摄影胶片。

　　含卤化银的赛璐珞胶片已经被对光更加敏感、不涉及"湿处理"的现代电子影像替代了。光电倍增管是一种能把光转化为电子信号的光电元件。它起初是一个真空管，可以探测光线，并把电流增大约 1 亿倍；现在真空管已经被半导体元器件替代。贝尔实验室的威拉德·斯特林·博伊尔（Willard S. Boyle）和乔治·埃尔伍德·史密斯（George E. Smith）在 1970 年左右发明电荷耦合器件，这是如今对光和数码成像最敏感的技术，并用于所有的电子照相机。他们用一个电容器把光转化为正比于光强的电荷，之后把很多这样的电容器组成线性阵列。这个阵列的信号再传输给一个放大器进行处理和存储，一个二维图像需要很多个这样的电容器线性阵列。博伊尔和史密斯于 2009 年共同获得诺贝尔物理学奖，同时获奖的还有光纤的发明者高锟。

　　照片是我们最珍贵的财富之一，可用以纪念亲人和事件，保存和展示有关婚礼、节庆、孩子成长、体育赛事、旅行和风景的故事。我们还保存有历史事件的照片，如长崎的原子弹爆炸时的景象，可以用照片来展现历史人物的面容、教授自然科学的原理，以及解释技术的原理等。

## 7.2.3　声音和留声机

　　我们很少有祖先说话和歌唱的声音资料，但由于音符和乐谱的发明，他们的部分音乐在今日还可以重现，这可以在早至公元前 2000 年的楔形文字中发现。我们祖先的音乐和文字是等同的，但需要特别的知识来破译每个音符的音高和音长，以及这些音乐是否包含很多个音符的和弦。我们最熟悉的音阶是每个八音符的重复，最重要的音阶是五声音阶（五个音符）、七声音阶（七个音符）和十二声音阶（十二个音符）。

声音与空气的压力波有关，人耳可以听到的频率是 20～20 000 赫兹。例如，长笛有相对单一的声音，一个音符主要包括一个频率，音强则取决于振幅；双簧管就会发出混合有多个频率的复杂声音。录音机能够如实地即时记录这些振动随时间变化的频率和幅度，并且能够放大后回放。

留声机的关键发明涉及：①采集和放大声波；②在一持久媒介上记录振动；③回放声音；④复制。托马斯·爱迪生发明了碳粒式麦克风，由两片金属及中间夹着的一包碳粒组成。当声波撞击前金属片时，它就像一个振动膜，中间的碳粒就会交替地压紧或放松，因而其电导率也会交替地变大、变小。他还于 1877 年成功地制作了第一台留声机，用一个大喇叭采集大片区域的声音，再把它们聚焦到一个小唱针上。爱迪生研制的录音机使用的是锡箔膜包裹的带手摇柄的圆筒，用一个唱针把振动灌制进转动的锡膜上的槽纹内。唱针灌制的深度和频率受声音振动的控制。回放也是在同样的机器上进行，使用槽内的唱针来感觉变化的频率和深度，再把这一信息翻译成声音以供播放器放大播放。这不是一个成功的商品，因为唱针用过几次后就会磨坏，锡箔圆桶也难以存储，而且也没有好的方法来为听众复制和大量生产这种圆筒。之后，很多其他材料被用来制作圆桶，包括蜡筒和硬塑料筒。

碟盘录音成为一项成功的技术，其不足是必须以固定的转速运行，这样外侧的槽就比内侧的转得快些。之后在 1877 年，爱米尔·贝利纳制造出他的留声机，其录音表面是用涂上了一层蜂蜡的镀锌碟片，上面还带有螺旋凹槽，声音信号灌入的宽度不同，但深度相同。贝利纳的碟片可以通过冲压进行复制并大量生产，且比圆筒易于保存。这个方法使专业的录制设备与消费者的收听设备分开了。

丹麦的瓦尔德马尔·普尔森（Valdmar Poulsen）创造了一种完全不同的录音方法，他于 1898 年制作了一个磁性录音钢丝。钢丝上的每个小区域都可被磁化为指向北或南，这种变化可以用来对声音编码。这个想法后来发展为在更经济的磁带或胶片上录音。存储设备同样也是用电子管和晶体管制成，它有如此多的优势，因而电子录音已经替代了模拟录音。如今，最高效的录音方法之一是光盘，声音信号以数码点和横线的形式灌制进塑料盘或铝盘上。

录音的回放最初是用大喇叭，只能把声音聚焦到一个方向而不能进行放大，通常用在有大量听众的剧院或公众集会场所。放大器是用来放大电子信号的强度的，极其微小的电子信号也会被放大成亿倍强的信号。扬声器通常是驱动一个与喇叭筒相连的振动膜把电子信号转换为声波。忠实地再现有着较宽频率范围的声音与其说是一门学问，不如说是一门艺术，通常需要为低频建造大喇叭筒（低频扬声器），而为高频建造小的喇叭筒（高频扬声器）。

1901 年，爱尔德里奇·约翰逊成立了"胜利留声机公司"，开始制作许多录音，包括男高音演唱家恩里科·卡鲁索、小提琴家雅莎·海飞兹和钢琴家谢尔盖·拉赫曼尼诺夫合作的《红印鉴》等。世界已经准备好了迎接有同步声音的电影，这逐渐演变成替代了无声电影的有声电影。

## 7.2.4 电影

描绘动作的努力可能始于石器时代的岩画，其中动物运动有时是通过增加一条腿来实现。1912 年，法国画家马歇尔·杜尚的画作《下楼梯的裸女：第二号》就是对通过添加肢体造成运动感这一传统的延续。多数孩子看过流行的"手翻书"，其特征是一页页缓缓变化的一系列图画，当快速翻页时，这些图画看起来就像动画一样，其原理是基于人类"视觉暂留"的生理现象，图画的快速演替（最好大于每秒 20 帧）会合成一段连续的动作。西洋镜是一种"魔术灯笼"道具，它由边上垂直刻有狭缝的圆筒组成，可以瞥见内部的一系列图画。当圆筒受到底下蜡烛的热气流推动而转动时，就会产生运动的幻象。如果这一系列图像可以快速地翻动，可以用手翻书或西洋镜的形式展示为一秒长的动画。进行更长录像的关键是记录大量图像序列的机制，以及放映长序列的机制。

1872 年，利兰·斯坦福（Leland Stanford）请著名摄影师埃德沃德·迈布里奇（Eadweard Muybridge）来解决奔跑中的马的问题，看它四脚是否可以同时离地，以及四脚是远远张开还是在马腹下收在一起。迈布里奇制定了一个即时动画的拍摄计划，他使用了相互间隔 0.3 米并且都朝向一面白墙的 30 台照相机。墙和相机之间是一系列绷紧的绳子，可以触发相机的电磁快门，使用这一精巧的设计记录下马的奔跑过程。他用机器逐一地回顾所有照片，结果显示，所有的马腿都离开了地面并且在腹下收在一起。最终，他发表了 11 卷出版物，包含运动中的动物和人的 2 万张照片。

　　一个令人满意的动画需要以最少 30 帧 / 秒的速度录制动作，因此 1 分钟长的动画需要至少 1 800 张图片。如果每张图片只有 25 毫米长，所有图片粘在一起的总长度是 45 米。1891 年，托马斯·爱迪生申请了"活动电影放映机"，又称猫眼放映机的专利，把它装在游乐场内供人们观看简单的短片。第一部影片被称作"活动电影机"，是由奥古斯特（August）和路易斯·卢米埃尔（Louis Lumiere）兄弟于 1892 年制作的，并于 1895 年在巴黎放映。他们发明了标志性的在胶片边上打孔的方法来使胶片在相机和放映机里移动。第一个电影胶片达 17 米长，可以用手摇放映机播放约 50 秒。

　　之后许多公司成立来拍摄更长的电影，而在最初的 30 年内，这些电影都是无声的。大卫·W. 格里夫斯是 1910 年好莱坞第一个拍摄电影的导演。有时，无声电影会加入现场音乐家演奏或音效使其更有生气。同步在屏幕上放映电影和磁带中的声音是很困难的。1919 年，李·德·弗雷斯特（Lee De Forest）获得"在电影胶片上录音技术"的专利，可以在电影胶片的边缘录制声音，这样它们就完全同步了。第一部成功的有声电影是艾尔·乔逊于 1927 年主演的《爵士歌手》（*The Jazz Singer*）。

　　把多种艺术形式综合起来会产生更佳的效果。唐代诗人王维就精通诗歌和绘画，有评论称："味摩诘之诗，诗中有画；观摩诘之画，画中有诗。"理查德·瓦格纳（Richard Wagner）是一名先锋音乐家，他能把诗歌、音乐、视觉艺术及戏剧综合为一种叫作音乐剧的歌剧形式。亚历山大·斯克里亚宾（Alexander Scriabin）在 1915 年写过一首交响诗《普罗米修斯：火之诗》（*Prometheus: Poem of Fire*），它以钢琴键盘样的"键盘灯光"而著称，当演奏钢琴时，灯光也随着键盘闪烁。1932 年，奥尔德斯·赫胥黎（Aldous Huxley）发表了小说《美丽新世界》（*Brave New World*），书中描述了一种受有声电影启发的娱乐活动，他称之为"多感觉艺术"。这种充满想象力的未来娱乐包括皮肤上放置熊皮毯的触觉、视觉和听觉，但赫胥黎并没有提及如何记录皮肤上的触觉，或者如何再把它回放给观众。2009 年，《纽约时报》报告了古根海姆博物馆进行的一场名为"绿色咏叹调：一场气味歌剧"的演出，把音乐与 30 种气味相配，包括淡雅的、辛辣的、醉人的及恶臭的。比如，当故事情节中着火时，就会放出烟味。制作人意识到如果要用风扇在舞台上传播气味的话，在准备下一种气味前需要 50 分钟来清除上一种气味的残留。因此，他们在每个座位上提供一个单独的可调节管道，只向每个观众释放少量的气味。

## 7.3 通信

开花的植物用明亮的颜色和气味来告知昆虫或鸟类等可以来采取花蜜和花粉了。动物通过动作、声音、触觉及气味向家庭或群体成员及潜在的敌人传递信息。雄性孔雀会开屏展示其花儿一样的大尾巴，雄园丁鸟会建造多彩的鸟巢来吸引潜在的伴侣。蟋蟀和蝉的鸣叫，鸟儿和座头鲸的"歌声"及狮子的吼声都是通信的方法之一。

人类同样用动作和声音来交流，可以是仅限于两人间的私密交流，也可以是面向许多人的演说或广播。未经放大的私人信息只能传递给正在附近的人，因为声音只能到达有限的距离。古人已经发明了远距离通信的简单解决方案，如在白天用镜光或烟、晚上用火光等来对敌人的进犯发出警报。

### 7.3.1 文字消息

在文字发明之前，诸如绳结或木头上的记号这类预先准备好的信号可以由携带者来传递消息。文字发明之后，信件就可以传送更准确或复杂的信息了。为了保持这些信息的机密性，密封的信封得以出现；为了监督送信者，信上还使用了签名或印章。

远距离快速发送文字信息的第一个伟大发明是电报，是由塞缪尔·摩尔斯（Samuel Morse，1791～1872）发明的。他当时是一名耶鲁大学的学生，之后成为一名成功的画家。据说在 1825 年，当离家去华盛顿为拉法叶画肖像时，摩尔斯的父亲用快马告诉摩尔斯他的妻子在纽黑文去世的坏消息。由于家里这一消息的延迟，他改变了职业方向并对远距离通信产生了兴趣。他在 1832 年遇到了学过电磁学的查尔斯·杰克逊，查尔斯提出了单线电报的想法。发报器通过一圈用电池供电的电线与接收器相连；发报器有一个电键而接收器有一个蜂鸣器。当发报器按下电键时，电路会接通，电池就会产生电流，这会使接收器的蜂鸣器发声。一节电池只够铜线把信号传送到几百码（1 码 =0.914 米）远的地方。

摩尔斯成功地获得了融资来建造更精细的仪器，并通过电池中继站来增加传送距离，这样他可以用 10 英里（16.09 千米）长的电线来发送信息。之后他游说美国国会以获得支持建造远距离电报设备，1843 年，他成功得到了 3 万美元款项来沿着铁路线建造一条华盛顿至巴尔的摩的 63 千米长的实验电报线。这项工程涉及的新技术包括：制作高强度电缆，电缆的绝缘处理以防止向周围漏电，以及以固定间隔在电线杆上架设电报线；还需要很多电源中继站和电池来增强信号强度。1844 年 5 月 1 日，工程进行了一次令人印象深刻的演示，亨利·克莱被任命为美国总统的消息从巴尔的摩的会场通过电报发送到华盛顿的国会大楼。1844 年 5 月 24 日，摩尔斯的公司及电报线正式运营，他发出了著名的电报——"上帝到底创造了什么"。

摩尔斯和阿尔弗莱德·维尔一起基于前人的编码发明了摩尔斯电码（又称摩斯电码），用一系列的点和短线来对字母表的每个字母进行编码。短线需要的时长是点的三倍，而两个字母间的时间间隔也是点的三倍。单个的点表示字母 E，而单个的短线表示字母 T。A、I、N 和 M 需要两个符号来表示；有 8 个字母需要 3 个符号；剩下的 12 个字母需要 4 个符号。这样的设计是让使用得较频繁的字母有较短的信号时长。数字 0～9 需要 5 个符号来表示（图 7-4）。

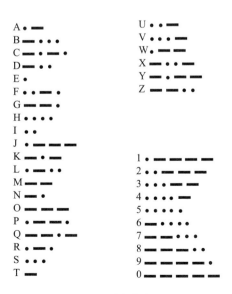

图 7-4　摩尔斯电码

第一条跨越大西洋的电缆是 1866 年铺设的，这是一项巨大的经济投资和工程壮举，因为电缆必须做绝缘处理而且必须在高压环境下工作，此外，大洋中间也无法建造中继站。1872 年，澳大利亚与英国的线路接通。最著名的摩尔斯电码消息是求救信号"SOS"，其编码是"...-----..."。电报在军事和外交领域极其重要，它可以以 30 万千米 / 秒的速度传递消息，因此电报可以在 1 秒内到达地球的任何角落。新奥尔良战役[①] 于 1815 年 1 月 15 日打响，安德鲁·杰克逊将军战胜了英军，战役导致 2 000 人死亡，其中包括爱德华·帕克南将军。《根特和平条约》于 1814 年 12 月 24 日已签署，但此消息在次年 2 月还未传至新奥尔良。如果当时有电报的话，这场战役也许就可以避免。

电报通过铜线内的电流来传递消息。而无线电报则不需要电缆，它以一束电波的形式穿透大气，甚至真空。事实上，这涉及的电磁波有着很宽的波长范围，从 $100 \times 10^9$ 米的低频电波到 $10^{-12}$ 米的伽马射线，包括可见光的范围（即 $700 \times 10^{-9} \sim 300$ 米）。波长和频率的乘积等于光速（表 7-1）。

表 7-1　不同射线的频率与波长

| 名称 | 频率（赫兹） | 波长（米） |
| --- | --- | --- |
| 伽马射线 | $300 \times 10^{18}$ | $10^{-12}$ |
| X 射线 | $300 \times 10^{15}$ | $10^{-9}$ |
| 紫外线 | $30 \times 10^{15}$ | $10^{-8}$ |
| 可见光 | $3 \times 10^{15}$ | $10^{-7}$ |
| 红外线 | $300 \times 10^{12}$ | $10^{-6}$ |
| 微波 | $300 \times 10^9$ | $10^{-3}$ |
| 高频电波 | $300 \times 10^6$ | 1 |
| 中频电波 | $300 \times 10^3$ | $10^3$ |
| 低频电波 | 300 | $10^6$ |

无线电的发明涉及很多关键环节和杰出的发明家，其主要发明者是约瑟

---

① 新奥尔良战役主要有两次，分别是美英战争中的新奥尔良战役和美国南北战争中的新奥尔良战役。这里指的是前者。

夫·亨利、詹姆斯·克拉克·麦克斯韦、海因里希·鲁道夫·赫兹，以及古列尔莫·马可尼等。

约瑟夫·亨利（Joseph Henry，1797～1878）出生在纽约奥尔巴尼的一个贫苦家庭。13 岁那年，他当上表匠学徒而没有去读大学。16 岁那年读了一本有关科学的书籍后，他的人生发生了转折，这本书激发了他学习科学和工程的兴趣，最终让他报考了一所专科学院。约瑟夫·亨利对磁力很感兴趣并做了很多实验，包括在铁芯上紧绕绝缘电线来制作更强大的电磁铁，证实在 200 英尺（60.96 米）远的地方不用电线也可以产生电磁效应，从而推测出电磁波的存在。他还对航空和声学有所研究。1832 年，这位未获得大学文凭的天才成为普林斯顿大学的教授。1846 年，他被任命为史密森学会的第一任秘书。

苏格兰人詹姆斯·克拉克·麦克斯韦（James Clerk Maxwell，1831～1879）于 1864 年提出电磁学理论，这与牛顿力学定律、爱因斯坦相对论同样是现代物理学的基础。麦克斯韦把当时所发现的电磁学现象统一用四个微分方程来解释，并预言了在真空中以光速传播的电磁场震荡波的存在。当时，所有已知的波都在材料媒介中传播，如空气、水或固体；他假设了一种叫以太的媒介弥散在包括真空在内的所有空间中，但他并没有致力于把电磁波应用于把信息用光速传输到远方。麦克斯韦还在其他许多领域有所建树，包括色觉的光学原理，他提出通过红、绿和紫滤镜可以得到三张黑白图片，如果用相似的滤镜再把这三张照片同时投射到屏幕上，人眼看到的结果就会真实地还原原始的彩色图片。

德国的海因里希·鲁道夫·赫兹（Heinrich Rudolf Hertz，1857～1894）在 1886 年证实了麦克斯韦的关于光的电磁理论，为此他建造了大量的装置来产生和接收高频无线电波。他设计的无线电波发射器包括一个高压电感、一个电容器及一个产生震荡火花的电火花隙。震荡的频率由电感和电容的大小决定。他还做了一个接收器：把一小段铜导线弯成圆形，一端为小黄铜球，另一端为尖端，这两端的距离可以用螺栓调节使之固有振荡频率与发射器的频率匹配。发射器感应产生的火花可以无须导线飞行很长距离，到达接收器后会使之产生感应火花。赫兹还研究了电磁辐射的速度，发现它正如麦克斯韦预言的那样与光速相同。然而，信号的强度与传播距离的平方成反比。也就是说，在 1 英里（约为 1.6093 千米）外，如果信号强度是 1 的话，那 2 英里处就降至 0.25，而 10 英里处就降至 0.01。长距离通信需要强大的增益方法，赫兹对他工作的实用性表示怀疑，由于他在 36 岁就英年早逝，他的开创性工作也就终结了。单位赫兹或 Hz 就是以他的名字命名的，以丈量每秒周期重复的频率。到赫兹去世为止，我们已经有了无线电报和无线电的理论和实验证据，只需要一个企业家型的足智多谋的发明家把这些整合起来。

古列尔莫·马可尼（Guglielmo Marconi，1874~1937）的父亲是一名富有的意大利地主，母亲是爱尔兰人。他没有发现过新理论，也没有发明过强大的组件，但他是一名十分专注的研究者，组装了很多组件并改进了很多系统，他还是位优秀的企业家，并且有良好的社会关系来为建造大型应用系统筹集必要的资金。此外，他对无线通信最重要的应用有着极佳的洞察力。受赫兹和尼古拉·特斯拉的启发，马可尼着手开发实用的无线电报系统。

马可尼的发明是基于赫兹的振荡器和接收器，以及摩尔斯的电报键和电码的研究基础上。1895 年，他成功地发送并接收了跨越 2.5 千米的消息。要把其想法变成实用的无线电报需要大量的资本，马可尼在意大利并没有找到足够的资金支持。之后他去了英格兰，由于英文流利，他可以吸引到投资人和基金，包括不列颠邮政公司和皇家海军的支持。其最大的挑战是提高信号的传输距离，并且在各种天气条件下都能稳定传送。马可尼做了很多实验，找到两个重要的影响因素：信号的强度及发射塔的高度。信号还可能受到磁暴和太阳耀斑的干扰。如果无线电波像光线一样有规律的运动，它不可能到达所有很远的地方，因为地球是圆的。然而，马可尼的实验表明，无线电波可以到达很远的距离，后来人们发现其原理是靠地球表面大气电离层的反射。马可尼采用碳粒整流器作为接收器，这比火花器要灵敏得多。1896 年，他获得此项专利，在从索尔兹伯里成功发送电报给地面距离 57 千米外的巴恩后，他于 1897 年成立了马可尼公司。意识到船—岸和船—船间通信的重要性，于是他坐船去美国并负责美国杯帆船赛的报道。1899 年，马可尼发送了穿越布里斯托尔海峡远达 15 千米的电报，之后又穿越了 52 千米的英吉利海峡把电报送达法国。

马可尼接下来的巨大挑战是要发送穿越大西洋的信号。1901 年，他在英国康沃尔的波杜建造了一个无线电报站，给加拿大圣约翰的信号山发送了一则无线电报。发射塔高达 61 米，发送的距离远达 3 400 千米，这一壮举震惊了许多人。然而，这个系统并不稳定，容易受各种不良大气环境的影响。他发现信号的传播在晚上要比白天好一些，接着他致力于使信号更稳定和更可信的研究工作。1903 年，他终于成功地从美国马萨诸塞州南韦尔弗利特的站点向欧洲发送电报。第一次跨大西洋的电报也是一次成功的公众宣传，因为这是一则希欧多尔·罗斯福总统给英国爱德华七世国王的问候，这一事件打开了无线电工业快速发展的"大门"。

马可尼还因为对"泰坦尼克号"的沉没和援救的宣传而获益，该船在午夜撞到冰山后于 1912 年 4 月 15 日沉入大西洋底。船上有 2 223 名乘客和船员，但只有能容纳 1 178 名乘客的 20 条救生船。船上有两名马可尼公司负责大西洋业务的无线操作员，他们立即发出求救信号，信号发至 4 艘附近的船只。"卡帕西亚号"距离事发位置 93 千米，立即改变航线于 4 小时后到达事发地点，并从冰冷的海水中救起 706 名幸存者。"加利福尼亚号"当时仅距离 32 千米，但无线电操作员因睡觉而关闭了无线电，因而"加利福尼亚号"并没有参加救援。无电线在日常中的实际用途逐渐被人们发现。从那时起，无线电成为船只上的必备装置，并被要求一直打开和关注。

马可尼在接下来几年里继续改善和扩展其发明的应用，他的工作更多地转向商业应用。1909 年，他获得诺贝尔物理学奖，同时获奖的还有卡尔·费迪兰德·布劳恩——对马可尼发射器的改进极大地增大了其范围和实用性。马可尼的荣耀接踵而来，他当选为意大利议会的议员并被维克托·伊曼纽尔三世国王授予侯爵头衔。1923 年，他加入法西斯党，并成为法西斯党大议会的一员。在他 1927 年再婚时，他的伴郎是贝尼托·墨索里尼（后为意大利国家法西斯党党魁、法西斯独裁者，第二次世界大战的元凶之一）。1931 年，马可尼组织了教皇庇护十一世（1857～1939，第 257 任教皇，1929 年与墨索里尼签订《拉特兰条约》，使梵蒂冈正式成为主权国家）的首次广播，其中说道：

> 感谢上帝，他安排了如此众多的神秘自然力量来供人类驱使，让我现在能够使用这一设备，可以让全世界的教徒们都能聆听来自主的声音。

马可尼于 1937 年在罗马逝世，享年 63 岁，意大利为其举行国葬，世界上所有的无线电站为此保持了 2 分钟静默。

通过大气传播的电磁波会受到气体和尘埃吸收的影响，还会受到人为和天然电磁干扰的影响。光学纤维是目前远距离传输最好的方法，它可以有很高的数据传送速率（带宽），并且不受电磁干扰的影响。纯玻璃纤维在即使是弯曲时也可以用很少的损失把光传送到很远的距离。光由于"全内反射"而被保持在光纤内部，这时其外部包层材料的折射率要低于内核材料。这个概念是由当时英国标准电话电报公司的高锟提出的，他提出的目标损耗要小于 20 分贝 / 千米。这个目标由康宁玻璃公司于 1970 年通过在硅玻璃中掺杂钛金属实现，损耗之后通过使用二氧化锗作掺杂剂降至 4 分贝 / 千米。典型的光纤直径 125 微米，其内核直径达 100 微米。2004 年，高锟被诊断出患有阿尔茨海默病，2009 年他荣获诺贝尔物理学奖时，获奖致辞是由他的夫人格温代致的。

## 7.3.2 图像

图像也可通过电线传输，它是通过一个逐行扫描仪进行从头至尾的逐行扫描，得到大量的有不同黑白度，即灰度的行信息。低分辨率的图像可以用 10 行 / 英寸（0.39 行 / 毫米）的扫描精度来获取，而更精细的图像需要用 100 行 / 英寸的扫描精度。这就是图像传送仪，也就是通常所说的传真机的原理，其前身是高凡尼·凯斯利于 19 世纪 60 年代发明的图像传真机。这一设备使用绝缘墨水在金属盘上写下信息，并用含针头的钟摆来进行扫描，当钟摆运行到没有墨水的表面时就会产生电流。电流通过电缆可以传输给接收器，它在涂有铁氰化钾的纸上有着相似的针头，铁氰化钾有电流通过时就会变暗。1862 年，第一封图像传真从里昂发送到巴黎。有报道称，一张有 25 个单词的 111 毫米 ×27 毫米的纸耗时 108 秒进行传送。图像的分辨率取决于扫描行间距，获得高分辨率就意味着花费更多的传送时间。当时，这一机器最重要的应用就是用于银行的签名认证。1923 年，美国无线电公司的理查德·雷杰（Richard Ranger）发明了无线传真技术，这就是当今传真机的前身。

### 7.3.3　声音

用一根绳或线把两个易拉罐或纸杯的底部相连就可以用来在两个人之间传声。说话引起的杯子振动可以导致杯底的振动，振动传给电线再传送到接收杯膜状的底部。没有放大的话，这一信号会随着距离衰减而不能用于远距离通信。

火花只能载有简单的开—关信息。人声和音乐则包含多种频率和幅度的振动，因而可以携载复杂信息。大约在 1850 年，许多人开始实验增益的方法以扩展声音传送的范围和提高保真性。芝加哥的埃莉莎·格雷（Elisha Gray）设计了一种音调信号机，她使用了一些不同频率的振动钢箍，用来调节电流强度。不同频率的振动可以使用同一根电缆互不干扰地同时传送，格雷于 1875 年获得了使用信号机传送音乐的专利。

第一台实用的电话机是亚历山大·格雷厄姆·贝尔（Alexander Graham Bell，1847～1922）在波士顿发明的。他出生在苏格兰爱丁堡，在 12 岁就有了第一项发明：一个为面粉厂给小麦去壳的机器。他的父亲和祖父都是朗诵法教师，撰写了一些书来指导耳聋的人如何发出单词的语音，以及读懂他人的唇语。贝尔还深受母亲渐渐失聪的影响，学习了如何使用手语来进行对话。1870 年，全家搬到加拿大安大略省生活，贝尔在那里建造了一个工场。不久，他成为波士顿大学的一名声乐生理学和朗读术教授。对于听觉和发音的研究促使他实验了很多听觉设备，并在 1876 年获得美国的首个电话专利。他因此获得大笔的资金支持并雇用托马斯·沃森做助手。沃森是一名有经验的电气设计师和技工。贝尔使用带有振动簧片或膜的麦克风来采集声音，其磁铁中产生的压缩波被转化为波动电流。当波动电流经电缆传送至接收器时，上述过程就逆转过来产生机械波而还原声音。他说："沃森先生，过来，我想见你，"而沃森也对之回话。贝尔就其发明进行过多次公开演示，包括在费城的世纪博览会。贝尔电话公司于 1877 年成立，到 1886 年，美国有大约 15 万人拥有电话。1879 年，贝尔公司获得了爱迪生关于碳粒麦克风的专利，使长距离通话变得可行。1915 年，贝尔用 5 500 千米的电缆，在纽约给在旧金山的托马斯·沃森打了第一个美国州际电话。

电火花产生的电磁波的频率范围不受控制，因而它除了摩尔斯电码的点和短线外不能携带更多的信息。当无线电波以连续流的形式而有着可控的频率和幅度时，它们可以携带更多的信息，如语音和音乐。幅度调制（AM）方法是雷金纳德·费森登（Reginald Fessenden）于1906年提出的，可使用无线电来传输讲话和声音。费森登使用的是固定频率高于听觉频率的连续无线电载波，并把其幅度设为可调成与声波一致来产生调幅波，这就是广播。这种声音信号如图7-5所示，调幅波有着固定的更高的频率，当声音信号更强时，其幅度也越高。在接收器里，调幅信号去除了固定的频率并还原声波的振幅再经放大可被人耳听到。在美国，分配给调幅广播的频率范围是520～1610千赫。接收器需要天线来接收尽可能多的无线电信号，再经调谐器过滤掉其他的频率，只留下感兴趣的频率；之后再用检波器还原信号，用放大器增强信号强度，最后用扬声器播放声音。调幅广播具有较低的保真度，而且易受随机的大气和电子本底噪声的影响，因而如今主要用于讲话扩音。

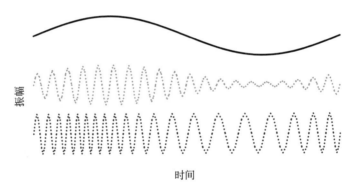

图7-5　调幅和调频的声音

频率调制（FM）方法由爱德温·阿姆斯特朗（Edwin Armstrong）于1933年提出。他使用了有着固定幅度的信号系统，但其频率可根据声波信号变化。因此，广播台需要分配一个频率范围而不是单一的频率。FM受环境噪声的影响要比AM小得多，因而可以有更好的音乐保真度。在美国，频率调制广播的频率更高且占据的频谱更宽，从87.7赫兹到108.1兆赫。讲话和声音比电报的点和横线携有更多的信息，并令人感觉更有亲和力，多媒体通信也使我们交流的方式发生革命性变化。罗斯福是美国经济大萧条时期的总统，他在1933～1944年发表了一系列的晚间广播讲话，这就是著名的"炉边谈话"。这些谈话直接向公众传达了罗斯福对经济衰退和即将到来的战争的看法，增进了其与公众的联系和直接交流，还有效地给保守的参议员和众议员施加压力以通过新政措施。

### 7.3.4　动作

图像和声音可以同时传送之后，传输的最大挑战是同步性的问题，因为当一个人张开嘴说话的时候，同时也应该发出语音，这与有声电影的挑战是相似的。

记录和传输图像的基础是逐行进行页面从头到尾的扫描，这与农用拖拉机犁地是相似的。扫描把图像转化为许多灰度不同的水平线，可以顺序传送。19世纪 80 年代末的传真机是电视机的前身，它有通过在旋转的碟盘上打出螺旋形的槽洞来进行扫描的机械系统，之后穿透这些洞的光线照在对光线敏感的硒传感器上。机械电视机从未流行过，并完全被随着真空管的发明而变得可行的电子电视机所取代。

菲洛·法恩斯沃思（Fhilo Farnsworth，1906～1971）制造出第一台可用的电视机，并在 1928 年 9 月 1 日向新闻媒体进行公开演示。他出生在美国犹他州的一个摩门教[①]家庭，之后搬到爱达荷州。法恩斯沃思很早就对电子学产生兴趣，并在高中时精于化学和物理学。他发现可以不用旋转的机械装置，而是用一个阴极射线管（CRT）可以产生电视信号。CRT 是真空管，从热负极（带负电）发出的电子束经阳极（带正电）电压加速后到达涂有荧光材料的显示屏，屏幕被电子击中时会发光。CRT 还有一系列电场使电子束能从左至右发生偏转，这样能进行一行的扫描，之后再向下移一小段距离继续逐行扫描，如此反复。它还需要一个系统来把图像转化为电子束，因此法恩斯沃思使用一个能把照片影像聚焦到氧化铯涂层上的"析像管"，这个涂层遇光会发射出正比于光强的电子。析像管的效率并不高，因为产生的大部分电子都未被使用，因此需要很强的光源。

---

① 摩门教一般指耶稣基督后期圣徒教会，其信仰内容和基督教有别。

1930 年，弗拉基米尔·斯福罗金（Vladimir Zworykin）和受雇于美国无线电公司的大卫·沙诺夫，拜访了法恩斯沃思的实验室并复制了一个析像管。大卫·沙诺夫曾想把法恩斯沃思招至麾下，但法恩斯沃思拒绝了并转而加入费城的飞歌公司。弗拉基米尔·斯福罗金发明了"光电显像管"，这要优于"析像管"，因为它含有能吸收所有电子的光敏材料。商业广播电视始于 1936 年的德国、英国和美国。斯福罗金和法恩斯沃思的侵权纠纷于 1939 年得以解决，美国无线电公司同意分 10 年期偿付法恩斯沃思 100 万美元，此外还需要为法恩斯沃思的专利支付许可费用。法恩斯沃思于 1934 年离开飞歌公司，于 1971 年在犹他州去世。

商用的彩色电视机始于 1950 年的美国，为了产生红、绿、蓝三种颜色，它需要三个电子枪。CRT 的普及逐渐被更有优势的、更轻薄的液晶显示器（LCD）所替代。在这个系统里，数百万个 LCD 元器件分布成一个网格，每个都像光阀一样可以打开或关闭来控制光的通过，此外还有一个滤光片来产生红绿蓝光。这些光阀都由液态晶体组成偏振滤光片，两个偏振滤光片的准直性可以决定光通过与否。LCD 的优势在于它很轻薄，然而其效率并不高，因为屏幕产生的光大部分被偏振片阻拦。更先进的方法是发光二极管（LED），可以不经过滤波片直接发出色光的半导体装置，其优势是低能耗和长寿命。

闭路电视是针对特定观众的图像和声音的点对点传送，而不是广播。它对于军事、犯罪控制，以及对银行和机场等场所的监控工作尤为重要，还可用于监测工厂生产线的质量控制。

# 7.4 信息工具

信息采集、存储和通信的巨大进步依赖于许多工具的开发，其中一些是"硬件"或设备，另需要"软件"或方法。

## 7.4.1 数字存储和信息理论

早期的信息存储如前文所述是使用的模拟方法，即非数字方法。例如，文字通过墨水成行地存储在纸张上，图像通过颗粒状盐晶体存储在乳胶上，声音则通过锡纸桶上的小槽来存储。数字化的存储由于其通用性和易操作性已经占据了存储的绝大部分市场。事实证明，基于二进制的一串 0 和 1 是最方便的信息存储方法。

首先我们得把十进制的数字转换为二进制（表 7-2）。

表 7-2　不同进制的转换举例

| 十进制 | 0 | 1 | 2 | 3 | 4 | 5 | 6 | 7 |
|---|---|---|---|---|---|---|---|---|
| 二进制 | 0 | 1 | 10 | 11 | 100 | 101 | 110 | 111 |
| 十进制 | 8 | 9 | 10 | 11 | 12 | 13 | 14 | 15 |
| 二进制 | 1 000 | 1 001 | 1 010 | 1 011 | 1 100 | 1 101 | 1 110 | 1 111 |

这样二进制的两位数可表示从 0 到 3 四个数字，三位数可以表示八个数字，四位则可以表示十六个数字。一般地，$n$ 位数串可以对 $2^n$ 个数字进行编码，因此高达 $2^n$ 的数目被看作是 $n$ 个比特的信息（表 7-3）。

表 7-3　数目与比特的换算举例

| 比特 | 1 | 2 | 3 | 4 | 5 | 6 | 7 | 8 |
|---|---|---|---|---|---|---|---|---|
| 数目 | 2 | 4 | 8 | 16 | 32 | 64 | 128 | 256 |
| 比特 | 9 | 10 | 11 | 12 | 13 | 14 | 15 | 16 |
| 数目 | 512 | 1 024 | 2 048 | 4 096 | 8 192 | 16 384 | 32 768 | 65 536 |

对人类运算来讲，使用十六进制来压缩书写通常更为方便，0～15 的每个数字都被表示为一个符号；按惯例，我们用 A=10、B=11、C=12、D=13、E=14、F=15。例如，十进制中的数字 15 在二进制中表示为 1111，而在十六进制中记为 F。

电脑会如何存储文字信息呢？如今存储英文的最简单的方法是 ASCII（美国信息交换标准码）方法，用 7 个比特来存储 128 个最常用的字形（表 7-4）。

表 7-4　美国信息交换标准码举例

| 数字 | 0 | 1 | 2 | 3 | 4 | 5 | 6 | 7 | 8 | 9 |
|---|---|---|---|---|---|---|---|---|---|---|
| ASCII | 48 | 49 | 50 | 51 | 52 | 53 | 54 | 55 | 56 | 57 |
| 字母 | A | B | C | D | E | F | G | H | I | J |
| ASCII | 65 | 66 | 67 | 68 | 69 | 70 | 71 | 72 | 73 | 74 |
| 字母 | a | b | c | d | e | f | g | h | i | j |
| ASCII | 97 | 98 | 99 | 100 | 101 | 102 | 103 | 104 | 105 | 106 |

8 数位或 8 个比特（也叫作 1 个字节）的数字串可用于编码 $2^8$=256 个字符；足够表达十进制数字、26 个小写字母、26 个大写字母及许多"?、@、#"这样的符号。要对世界上所有语言进行编码的话，需要更大的字符集，如统一码转换格式，被称作 UTF-16。这个 16 位的数串可以编码 $2^{16}$=65 536 个字符，足够容纳所有的现代欧洲语、希腊语、斯拉夫语、阿拉伯语、希伯来语、美索不达米亚的楔形文字，以及克里特的 B 型线形文字等。在 UTF 系统内，每个字符需要占用 16 个比特或 2 个字节。一篇有 1 000 个单词的文章，每个单词平均有 5 个字符，把占据 8 万比特或 10KB 的内存进行编码。

俗话说"一张图胜过千言"。一张图需要多大的信息量和存储空间呢？这与 1 000 个单词相比如何？它显然取决于图片的大小、分辨率或精细度、由白至灰或黑的暗点的个数，以及它是黑白的还是彩色的。我们正处于数字时代，所有有关文字、声音、图像和动作的信息都可以用二进制的 0 和 1 来存储，因而我们可以比较不同类型信息的存储需求。

应该如何数字化一个 8 英寸 ×10 英寸（203 毫米 ×254 毫米）的图像进行存储？我们把它划分为点或像素的矩形网格，分辨率则由每英寸像素的数量（dpi）决定。一张粗纹的图片可能有 72dpi（2.8 像素 / 毫米），而一张精细的图片可能有 300dpi（11.8 像素 / 毫米）。我们如果有一幅 150dpi 中等分辨率的 8 英寸 ×10 英寸的图片，其总像素为 1 200×1 500=180 万像素。下面我们来考虑颜色深度，换句话说，是从纯黑色经过不同灰度的灰色再到纯白色这样的颜色范围。在 8 位灰度编码中，黑为 0，白为 255，中间灰色为 127。如果同样的图片是彩色的话，每个像素还要有代表红—绿—蓝的三位颜色编码，因此总信息量为 540 万比特或 5.4MB。与每个字母在 ASCII 中所需的 1 字节和 UTF 中所需的 2 字节相比，一篇有 1 000 个单词、每个词平均有 5 个字母的文章与一张图片所含的信息量是相同的。幸运的是，处理这些数目巨大的比特信息时，有数据压缩技术，会使得我们得以放弃一些细节而减少存储需求，减少的程度可以高达原来的 1/10。

用于数字存储和分析的图像可以被划分为数个空间间隔，但声音的数字化存储则涉及把连续的声波转化为一定数目的离散时间间隔，并只在这些时间间隔内采集信号的强度（图 7-6）。数字化的质量取决于采样的间隔时长（采样率）及数据容量和密度等级（采样深度）。由于人耳能听到的声音频率是 20～20 000 赫兹，低频声音无须快速的采样率，而高频声音则需要快速采样。原则是采样率应当至少是人耳可以听清的频率的两倍。8 千比特 / 秒的采样率被认为足以用于电话交谈，但对于 CD（小型镭射盘）或更高质量的录音来讲，采样率需要达到 224。如果采样率是 9.6 万次 / 秒，而采样深度是 16 比特的话，那 1 分钟的录音需要 1 亿比特或 12MB。

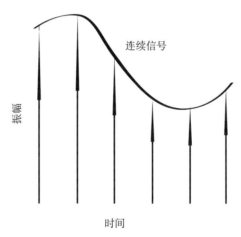

图 7-6　数字信号

我们需要在给定的存储空间内存放更多的信息，这会提高互联网的传输速率。事实上，大多数的编码方法还不够高效，因而有很大的冗余可以挤出来而不太影响保真度，这就是所谓的无损数据压缩。这种方法不太受医疗和科研工作者的偏爱，因为细微的差别可能决定重要问题的输出结果。1948 年，克劳德·香农（Claude Shannon）建立了信息论理论，解决了信息有多少信息量及压缩多少才会无损的问题。香农提出了计算机程序压缩数据的极限及如何接近这一极限的方法。也可以进一步压缩，虽会损失保真度，但还是会留下足够的细节，这就是所谓的有损数据压缩（表 7-5）。这比较受不太关注精细差别的娱乐业和业余摄影爱好者的青睐。

表 7-5  一些现行的压缩方法

| 压缩 | 图像 | 声音 | 视频 |
|------|------|------|------|
| 无损 | GIF、TIFF | WMA- 无损 | CorePNG |
| 有损 | JPG | MP3 | MPEG |

数字信息可以存放在多种介质上，如一张纸上，但这种方法不易用计算机传感器来获取信息。现今，读取的速度和存储的密度都有了长足进展，其中包括穿孔卡带、磁线、磁带、电子管、晶体管及光盘。老式的 3.5 英寸（0.0889 米）软磁盘的存储容量约为 1.4MB。标准的 CD 光盘的存储容量约为 700MB，大约可储存 432 张小照片或 27 张大照片。光盘是一种表层镀有铝层的聚碳酸酯碟片，数据的形式是用一束激光烧录在铝涂层上形成的一个个点和短线的"坑"。在早期的版本中，每个"坑"约有 100 纳米深、500 纳米宽，长度在 850～3 500 纳米。信号通过涂层底部波长 780 纳米的半导体激光读取。新的蓝光光盘可以存储 28GB 的数据，使用的是波长更短而分辨率更高的蓝光激光束。如果你想向一个朋友通过一个速度为 14.4 千比特 / 秒的慢速调制解调器发送一张照片，小尺寸的照片大约要花 2 分钟，而大尺寸的可能要花 30 分钟。幸运的是，现在有更快的连接速度，如 ADSL（非对称数字用户线路）线路的信息容量要大于 1Mbps，即 100 万比特 / 秒，因而即使大照片也只要花 26 秒即可传送。

我们可以用一种量化的单位"熵"来定义和衡量信息的容量，可以看作回答整个信息所需的"是"或"否"的问题的个数。香农的现代数学信息理论对信息传送、通信、编码、密码学及很多领域都有着深远的影响。信息理论量化了有效存储空间和信道容量的高效分配，以及高效压缩所需要的基本信息。

如果你抛一枚均匀硬币，可能以等概率获得正反面，其信息熵为 H=log(2)=1。信息理论是基于 2 的对数，其转化公式为：$\log_2(x)=3.3222 \times \log_{10}(x)$。硬币抛掷的结果只需要一个问题就可能解决："是正面么？"如果这枚硬币不是均匀的，其获得正面的概率为 $p$，反面的概率则为 $1-p$，那么熵为 $H=-p \times \log(p)-(1-p) \times \log(1-p)$，这要小于均匀硬币的 1，但比两面都是头像面的硬币概率要高，因为你在抛掷之前已经知道答案了。

　　如果你从一个里面有 ABCD 四个字母的瓶子中拿出一个字母的话，我们问两个问题就可以得到结果。第一个问题是"是 A 或 B 么？"，如果答案是"否"，则第二个问题应该是"是 C 么？"。因此，对等概率的 4 个结果来说，其熵是 2。一般来说，如果我们有 $n$ 个等概率的结果，其信息熵则为 $H=\log_2(n)$，如表 7-6。

表 7-6　$n$ 与 $H$ 的对应关系

| $n$ | 1 | 2 | 4 | 8 | 16 | 32 | 64 | 128 | 256 |
|---|---|---|---|---|---|---|---|---|---|
| $H$ | 0 | 1 | 2 | 3 | 4 | 5 | 6 | 7 | 8 |

　　对于均匀的骰子，有 1～6 六个等概率结果，其熵为 2～3 之间，公式为 $H=2.585$。这说明你要问 2～3 个问题才能得到结果，这取决于你的运气。你可能先问："是 1 或 2 么？"如果答案为"是"的话，你只需要再问一个问题就能知道结果；如果答案为"否"的话，你还有 4 个可能的结果，这样你还需要问 2 个问题。有一种游戏叫"20 个问题"，你只能问不超过 20 个问题来获得所指的目标，它可能是动物、植物或金属。理论上来讲，你可以解决一个熵值为 20 的问题，这样可能的结果数为 $n=2^{20}=1\,048\,576$。

　　《独立宣言》的信息内容有多少呢？

> *When in the Course of human events, it becomes necessary for one people to dissolve the political bands which have connected them with another, and to assume among the powers of the earth, the separate and equal station to which the Laws of Nature and of Nature's God entitle them, a decent respect to the opinions of mankind requires that they should declare the causes which impel them to the separation.*

　　在有关人类事务的发展过程中，当一个民族必须解除其和另一个民族之间的政治联系，并在世界各国之间依照自然法则和自然之造物主的意旨，接受独立和平等的地位时，出于人类舆论的尊重，必须把他们不得不独立的原因予以宣布。

第一段有 71 个单词、336 个字母，以及 70 个单词间的空格。英文单词由 26 个英文字母表中的若干字母组成，因此每个字母可以携带 H（26）= 4.701 字节的信息，因此整段的熵为 4.701×336=1 579 字节的信息。然而，字母 E 是英文中使用最频繁的字母，字母 Z 使用得最少。日常英文中每个字母的使用频率已经计算过多次了，如表 7-7。

表 7-7　26 个英文字母的使用频率

| E | T | A | O | I | N | S | H | R | D | L | C | U |
|---|---|---|---|---|---|---|---|---|---|---|---|---|
| 0.127 | 0.091 | 0.082 | 0.075 | 0.070 | 0.068 | 0.063 | 0.061 | 0.060 | 0.043 | 0.040 | 0.028 | 0.028 |
| M | W | F | G | Y | P | B | V | K | J | X | Q | Z |
| 0.024 | 0.024 | 0.022 | 0.020 | 0.019 | 0.015 | 0.010 | 0.010 | 0.007 | 0.002 | 0.002 | 0.001 | 0.001 |

每 1 000 个日常英语单词使用的字母中，E 被使用了 127 次，而 Z 则少于 1 次。26 个字母中随机选取的话，大约有 51% 为前六个（E、T、A、O、I、N）。使用英文字母的惯常使用概率的话，其香农公式为：

$$H(X) = -\sum_{i=1}^{n} p_i \log_2(p_i)$$

这样，我们得到每个英文字母的信息熵为 4.129，它是选用平均分布的最大熵 4.701 的 88%。如果从英文中摘取一系列字母，如 "when in the cours*"，字典会显示接下来的字母只可能从 "e" 和 "i" 中选取。这样字母的熵值又会大大减小。五个元音 "A、E、I、O、U" 在英文中出现的总概率为 38.1%。但美国的 44 个总统中，只有 5 人的姓是以元音开始，概率为 11.4%，他们是：约翰·亚当斯（John Adams）、约翰·昆西·亚当斯（John Quincy Admas）、切斯特·阿瑟（Chester Arthur）、德怀特·戴维·艾森豪威尔（Dwight D. Eisenhower），以及贝拉克·侯赛因·奥巴马（Barack H. Obama）。

解密一则信息时，在使用英文五个元音字母频率之前，我们需要考虑消息的内容。句中字母的信息内容取决于之前出现的所有字母，但每个字母大约都在 1.0～1.5 比特。也就是说，英文有多于 73% 的冗余，因而可以表达得更为精炼。然而，有冗余也许是件好事，因为它可能是复原部分受损信息的关键所在。

## 7.4.2　秘密编码：密码学

美国诗人亨利·沃兹沃斯·朗费罗（Henry Wadsworth Longfellow）写道"一盏是陆路，两盏是水路"，描述的是 1775 年美国独立战争时期保罗·列维尔的午夜狂奔，以及列维尔与朋友约定的信号，即如果英军入侵，则在教堂挂上灯笼。

我们如何把一段对拦截者保密的加密信息发送给目标接收者呢？在这之前，我们必须对编码有统一的约定，即哪种信号代表哪种信息。在古希腊神话中，忒修斯起航前往克里特拜访米诺斯国王和米诺陶洛斯之前，他对自己的父亲承诺："如果成功的话，我将起白帆回到雅典；如果失败了，同船的伙伴将升起黑帆。"忒修斯最终成功了，但忘记把黑帆换成白帆，这使得在岸边眺望的父亲绝望至死。中国长城上的狼烟信号曾延续 2 000 年，用来向首都发出敌袭的警告，烽火台间狼烟的传播速度要远快于跑步和骑马。印第安人也曾通过闪光的物体和烟雾来发送信号。航海船只间的信号是旗语，国际信号规则为每个字母都定义了一种旗语。

发送加密信息可能有很多问题。考虑这样一种情形：一个发送者要把加密的信息发送给一个或多个预期接收者。在传送期间，信息可能被噪声污染、被篡改或被部分擦除，只剩下一些片段。为了确保信息成功传送，尽管发送者想让消息尽可能简洁，但它还是必须有着一些冗余量，这样轻微受损的信息仍可能被读取出来。另一种解决方案是发送者隐藏信息或说用一个密匙来加密信息，而这个密匙只有目标接收者才有。密匙对于解密信息是必需的，没有密匙的敌对间谍则不可能解密。

发送和解密加密信息有着很长的历史。最简单的方法是移位密码，密文中的每个字母都用字母表中一定位移量的字母代替（表 7-8）。尤利乌斯·恺撒在高卢战争中的一次攻城战中使用了移位密码，他把消息中的每个字母都按字母表后移了三位。

表 7-8 移位密码示例

| 顺序 | 1 | 2 | 3 | 4 | 5 | 6 | 7 | 8 | 9 | 10 | 11 | 12 | 13 |
|---|---|---|---|---|---|---|---|---|---|---|---|---|---|
| 原文 | A | B | C | D | E | F | G | H | I | J | K | L | M |
| 密文 | d | e | f | g | h | i | j | k | l | m | n | o | p |
| 顺序 | 14 | 15 | 16 | 17 | 18 | 19 | 20 | 21 | 22 | 23 | 24 | 25 | 26 |
| 原文 | N | O | P | Q | R | S | T | U | V | W | X | Y | Z |
| 密文 | q | r | s | t | u | v | w | x | y | z | a | b | c |

我们看到第一位的 A 移位到了 d，而 B 移位到了 e，而 W 移到 z。X 的移位超出了 26 个字母的范围，就把它转回到 a。一则 "ATTACK AT DAWN" 这样的信息就被加密为 "dwwdfn dw gdzq"。预期的接收者知道密匙是移位密码，就可以把这则密文解密为原文。更稳妥的做法是删去单词间的空格，因为这些空格会让人注意到如 "I" 和 "at" 这样易辨识的短词。移位密码是一种十分简单的加密方法，它并不难破译，特别是当敌人知道这是一封用移位密码写的英文信，但并不知道密匙是移位为 3 的时候，可以用穷举法来破译，先试移位为 1 的情况，然后试移位为 2，直到穷举所有 26 个不同的位移量后，再看哪一种更为合理。但这则信息可能是用另一种语言来编码的，如西班牙语或完全晦涩难懂的纳瓦霍语，这时这则密码则需要进行困难得多的对位移量和语言种类的双穷举法搜索。美国海军陆战队在第二次世界大战时使用纳瓦霍诺密码，通过无线电和电话用纳瓦霍语传递加密信息。所有以纳瓦霍语为母语的人都来自美国，并且世界上也没有书面的纳瓦霍语文献，因此，日本海军因对纳瓦霍语一无所知而无法破译这种密码。

一种更复杂的方法是替代密码，每个字母都用另外任意的字母或符号来替代。其密匙由关于所有字母的 26 则信息组成，而不是单一的数字。苏格兰的玛丽女王因涉及刺杀伊丽莎白女王的 "贝平顿阴谋" 而被囚禁。玛丽和贝平顿间的消息就是用替代密码加密并用啤酒桶塞偷偷传递的。这些消息的破译是基于频度分析法。"贝平顿阴谋" 中，6 名谋逆者被绞死、溺死和分尸，玛丽女王则在 1587 年被斩首。

埃德加·爱伦·坡（Edgar Allen Poe）写过一则关于 1843 年基德船长盗财宝的短篇小说《金甲虫》(The Gold-Bug)，其中有用字母频率分析破译替代密码的桥段。阿瑟·柯南·道尔（Arthur Conan Doyle）在 1905 年所写的《夏洛克·福尔摩斯归来记》中有一则故事是《跳舞的人》，其中有着破译跳舞小人的桥段，每个字母就是被这些跳舞小人所替代。破译这个密码的第一个任务就是要把不同跳舞小人的数目列表进行编译，看看这个列表的元素是否只有几十个，如果是的话，就意味着这是种字母语言。如果列表有成千上万个，那它可能是诸如中文这样难解的非字母语言。在夏洛克·福尔摩斯的故事中，结果证明密码是有 26 个字母的英文。第一个符号可能是 A 到 Z 中的一个字母，假定它为 A，这样第二个符号可能是 B 到 Z 中的一个字母。由于结果有 $8 \times 10^{67}$ 种 26 个字母的可能排列，穷举破译法可能会耗时太长而不可行。夏洛克·福尔摩斯成功地使用惯常英文的字母频率来破译密码。他耐心地等待和搜集了足够多形式的信息来进行统计分析，最常出现的小人应该就是字母 E，而接下来使用最频繁的字母是"T、A、O、I、N"。在经过数次试错后，福尔摩斯成功地破译了密码并抓住了凶手。

第二次世界大战期间，德国的恩尼格玛密码机使用了一个刻有 26 个字母的转子，转子转动到任意位置形成替换密码，并且转子的位置设置为每天都会被改变。德国人从不发送长信，以防止被字频法破译。终究，他们最厉害的发明是使用相邻排列的 3 个转子，最后发展到使用 8 个转子。但这种复杂的方法被阿兰·图灵破译，并且这种破译方法涉及现代计算机的发明，这将在后文中有所描述。

维吉尼亚密码采用了更为复杂的加密方法，它采用了密钥词，如"G、A、U、L"。由于在字母表中 G 是第七位，A 是第一位，U 是第二十一位，L 是第十二位，对于普通信息，我们把第一个字母位移 7 位，第二个位移 1 位，第三个 21 位，第四个 12 位，接着第五个再移 7 位，依此类推（表 7-9）。

表 7-9　维吉尼亚密码示例

| 原文 | I | L | O | V | E | Y | O | U |
|------|---|---|---|---|---|---|---|---|
| 顺序 | 9 | 12 | 15 | 22 | 5 | 25 | 15 | 21 |
| 增加 | 7 | 1 | 21 | 12 | 7 | 1 | 21 | 12 |
| 变化 | 16 | 13 | 36 | 34 | 12 | 26 | 36 | 33 |
| 密文 | P | m | j | h | l | z | j | g |

当我们把第 15 位字母 O 移 21 位后，其序数是 36，它等同于 36−26=10，即字母 j。如果我们知道密钥词是四个字母"G、A、U、L"，就可以很容易地破译和反编译得到原文。如果我们只知道 $n=4$，而不知道关键词本身，穷举法破解就不是简单的 26 次尝试了，而是 14 950 次尝试。即使是字频信息也对此无能为力，因为最常使用的字母 E 可能会被轮流编码成 L、F、Z 和 Q 等。

这里我们还要提及另一种编码形式，叫作置换密码，在这种方法中，字母本身并不发生改变，但它们在句中的位置发生了改变。例如，如果我们使用下面的置换密钥：

| 原文 | 1 | 2 | 3 | 4 |
|------|---|---|---|---|
| 密文 | 2 | 4 | 1 | 3 |

这样消息就可以根据密钥进行如下置换：

| 原文 | I | A | M | G | O | I | N | G | F | O | R | A | W | A | L | K |
|------|---|---|---|---|---|---|---|---|---|---|---|---|---|---|---|---|
| 密钥 | 2 | 4 | 1 | 3 | 2 | 4 | 1 | 3 | 2 | 4 | 1 | 3 | 2 | 4 | 1 | 3 |
| 密文 | m | i | g | a | n | o | g | i | r | f | a | o | l | w | k | a |

如果要破译，我们不仅需要知道密钥的长度，还需要知道其置换策略。

目前，最难以破译的加密算法是 RSA 码，以发明者李维斯特、萨米尔和阿德尔曼的名字首字母命名，是在 1978 年基于超大素数的乘法发明的。大多数的数都有因数，如 $12=2\times2\times3$。素数则除了 1 和本身没有因数，如 3、7、13 等。小于 10 的数中有 5 个素数（占比 50%），分别是 1、2、3、5、7；小于 100 的数中有 26 个素数（占比 26%）；小于 1 000 的数中有 168 个素数（占比 168‰）；小于 100 万的数中有 78 498 个素数，百分比为 7.8%。1 google[1] 是 $10^{100}$，小于 1 google 的数中只有 0.43% 的数是素数。在 RSA 加密系统中，选取两个最好都超过 100 位的大素数 $p$ 和 $q$，这样其乘积则为 200 位。经过一系列计算后，这两个素数生成了两个数：只被预计接收者所知的私匙 $d$，公开的公匙 $e$。一则消息经

---

[1] 据 Google 公司介绍说，Google 由英文单词 Googol 变形而来，"googol" 在英文中原意为 $10^{100}$，泛指极其巨大的数字——编者注。

过公匙加密和发送，预计接收者可以用私匙来解密并还原消息。例如，间谍并不知道私匙，他 / 她得从 $p$ 和 $q$ 的乘积中得到 $n$ 才有可能获得私匙，但这个过程通常是十分困难的计算难题。许多商业和政府文档目前都用 RSA 加密算法加密，大量的黑客已借助高性能的计算机尝试过很多方法来破解这个有挑战性的算法。加密者与黑客间存在着激烈的竞赛，加密者可以通过增加素数的位数达到 200 位或更多来提高破解算法的难度。

密码的破译可能会改变历史的进程。第二次世界大战期间，德国的恩尼格玛密码机被布莱切利园的英国解码人员借助快速计算机破译了。密码破译后，英国就知道了德国拦截横穿大西洋的英国食物和武器运输船只的潜艇部署计划，进而可以组织大型护航战舰来避免损失。这导致了大西洋战役中 U 型潜艇[①] 的失败。

1942 年，日本海军在太平洋上赢得了一系列的胜利，并计划把美国剩余的航母引诱进一个陷阱中以占领中途岛。日本海军密码被美军破译，使美军知晓了日军的入侵行动及入侵时间，并且知道数量上占优势的日本海军已经分成四路特混舰队，因而航母的护航舰队很有限。美军设置了自己的埋伏圈，阻止这次入侵并击沉四艘日本航母和一艘重巡洋舰，这一胜利决定性地削弱了日本海军力量。中途岛战役被称作太平洋战争的"转折点"。1943 年，日本皇家海军司令长官山本五十六视察所罗门群岛，其到达的详细地点和时间及护航编队的规模（两架轰炸机和 6 架战斗机）都已经被破译。美国总统罗斯福下令海军进行"刺杀山本"行动，18 架战斗机被指派进行刺杀山本的任务，美军精确地知道何时何地能找到他。美军战斗机击落了日本编队的全部轰炸机，山本因而毙命。

## 7.4.3　电子学

信息需要被接收、处理以得到有用的信息，也需要被存储和分析，以及与他人进行通信。对数字信息而言，在从很远的距离传送或需要在很多听众面前进行公开演说时，电子信号就需要进行放大。当有大量的信号或符号需要处理

---

①　U 型潜艇是特指在第一次和第二次世界大战中，德国使用的潜艇。

时，就需要有信息处理机来完成。现代信息设备、计算机和网络就是基于电子学组件和设备得以制造的。

电子学的起源是基于人们发现热金属丝有向正电发射电子的倾向，这就是所谓的"热电子发射"现象。当金属丝置于空气中时，它会在一会儿后就熄灭，出射电子会遇到空气中分子的阻挡。当热金属丝置于真空管中时，这就是所谓的阴极射线管，它可以有较长的寿命，电子流会呈朝向冷金属板状正电极的直线流。约翰·安布鲁斯·弗莱明（John Ambrose Fleming）在 1904 年发明了首个真空管，如今它被称为二极管。电子可以从热金属丝阴极流向冷金属板阳极，但正负电极反转时，电子流并不会反转，因为金属板电极不是热的，因而不能发出电子。因此，二极管可以有很多用途，如"整流"把变化的交流电（Alternating Current，AC）转变为直流电（Direct Current，DC）。它还可以进行逻辑和数学运算。

更精细的三极管是由李·德·弗雷斯特（Lee de Forest）于 1907 年发明的，他在阴极和阳极间加入了线栅极。从阴极流向阳极的电子流可以通过调节栅极的电压来进行控制。当栅极带负电时，一些来自丝极的电子流会被排斥而消失；带正电的栅极则会增强电流。如果丝极上加以变化的信号，阴极至阳极的电流会是一个放大的变化的信号。三极管的用途在于信号的开关、麦克风和扬声器等音乐信号的放大，以及信号的远距离传输。其最初的应用是受军事和政府需求引导的，之后当人们可以获得成本很小的简单装置时，就引入了消费需求。1944 年，电子数值积分计算机 ENIAC 使用了 1.7 万个真空管，重达 2.7 万千克，其对电力的需求及损坏真空管的定时更换使它并不适于很多实际的应用。这就对计算机的小型化产生了强烈的需求。

半导体于 1947 年问世，它的机制完全不同于真空管的热电子发射机制。大多数材料的电子学性质可以归类为如铜这样的导体或如橡胶这样的绝缘体。还有一类元素其电导性取决于纯度和外部环境。元素周期表中间有这些元素，以下是部分元素（表 7-10）。

表 7-10　元素周期表中的半导体

| 族<br>行 | III | IV | V |
|---|---|---|---|
| 第一行 | 铍 | 碳 | 氮 |
| 第二行 | 铝 | 硅 | 磷 |
| 第三行 | 镓 | 锗 | 砷 |
| 第四行 | 铟 | 锡 | 锑 |

第Ⅳ族的元素碳、硅和锗，当纯度很高时为绝缘体，但含有少量杂质时则变为导体。掺有Ⅴ族元素杂质的锗是电子的供体，它会变得可以移动并携带电荷；当掺杂Ⅲ族元素时则会变成空穴的提供者或电子受体，也可以移动并携带电荷。

晶体管是贝尔实验室的约翰·巴丁、威廉·肖克利和瓦尔特·布拉顿于1947年发明的，它使用的是元素锗。巴丁和肖克利在锗中加入了少量的10ppm[①]的锑，发现锗的电导率增大了200倍。这就是所谓的"掺杂"，加入富电子的Ⅴ族元素会产生 N 型半导体，加入少量的Ⅲ族元素会产生 P 型半导体。其导电性还依赖于周围的电场，这就引入了所谓的"电场效应"方法来控制其电导。这个研究团队还发现了使用"猫须"的点接触方法，这是一根接触锗表面的触丝线，可以出射电子或空穴，因而可以控制电子流。如今，之前应用真空管的很多工作都可以用晶体管来替代，晶体管的尺寸和重量都更小，使用了更低的电压和电力，可以在室温环境下工作，有更长的寿命，并且可以大规模量产。晶体管常常被看作是 20 世纪最伟大的发明之一，为此巴丁、肖克利和布拉顿荣获1956 年的诺贝尔物理学奖。1972 年，巴丁与库珀、施里弗因超导体分享了诺贝尔物理学奖，他因而成为唯一一位两获诺贝尔物理学奖的科学家。下一个重要的发明是由戈登·蒂尔于1954 发明的第一个硅晶体管，它是基于取之不尽、物美价廉的硅元素。这是"硅谷"现象的开端，即很多初创公司创造了令人无法抗拒的产品，很多年轻的先行者因此变成了亿万富翁。

放大声音的任务需要有电子电路，它由连接输入和输出信号的真空管或晶

---

① ppm 是指用溶质质量占全部溶液质量的百万分比来表示的浓度，也称百万分比浓度。

体管，以及包括电阻、电感和电容的许多元器件组成。电阻是可以减少电流的被动元件，通常用混合了陶瓷粉和树脂的碳粉制成；电容是可以存储电荷的无源元件，常常用金属板中间夹上纸或玻璃等绝缘电介质制成；连接电路的电线用铜制成。电路的制作需要组装成千上万个真空管或晶体管及被动元件，这需要大量的人工和时间成本，在组装流水线上还可能出错。

集成电路是由得州仪器的杰克·凯比（Jack kilby）和飞兆半导体公司的罗伯特·诺伊斯（Robert Noyce）分别基于锗和硅独立发明的。集成电路不再使用铜和陶瓷作为导线和绝缘体，它是用整个的硅块或硅片制成，在不同区域掺杂有不同的 N 或 P 型材料。电路是在一张纸上设计的，之后像照片一样光刻或印刷在硅片的表面。这个想法是一种折中办法：硅既不如铜那样的导体"好"，也不像陶瓷那样的绝缘体"坏"，但集成电路的优势如此巨大足以掩盖这一缺点。由于元件很小且布置得很密，集成电路速度得以提升，其能源消耗反而得以降低。一个芯片的面积可能只有几平方毫米，但每平方毫米分布着数百万个晶体管。罗伯特·诺伊斯接下来与戈登·摩尔成立了英特尔公司，但他于 1990 年去世了。杰克·凯比于 2000 年获得诺贝尔物理学奖，在其获奖致辞中提及了罗伯特·诺伊斯的关键作用。

超大规模集成电路（VLSI）是一种超大规模的集成工艺，可在一块芯片里集成数千个晶体管。计算机中央处理器（CPU）的大部分功能是由置于一块集成电路上的微处理器完成的。这是由诺伊斯和摩尔于 1971 年为电子计算器而首次制造的。40 年后，英伟达公司的一款电脑使用了 14 亿个晶体管进行逻辑运算。计算机的发展速度如此之快，摩尔受此启发提出了摩尔定律：电子学的长期发展趋势是在 18～24 个月内把电子器件的性能翻倍，这包括其处理速度、内存容量及每单位内存的成本。有很多预言称，摩尔定律会达到一定限度，即或早或晚这一发展速度最终会慢下来。

### 7.4.4　计算机

计算机这个词最初用来描述进行加法和乘法的简单装置。这个词的意义已经发展成一种复杂的机器，可以读取输入信息、根据指令或程序处理信息、存储重要信息、输出信息及采取适当的行动。在很多方面，现代计算机甚至可以与人体脊髓的中央神经系统相比，神经系统通过皮肤和肌肉接收信息并发出反射运动指令，通过大脑执行复杂的分析和行动的功能。计算机如今已经发展到可以在全球范围内搜索、分析和识别信息、存储和进行通信，以及娱乐等。

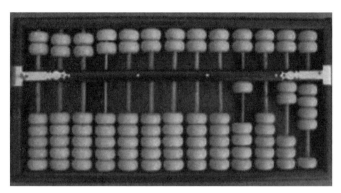

图 7-7　算盘

算盘早在公元前 2700 年就被苏美尔人用于加法和减法，它还用在埃及、伊朗和希腊。图 7-7 中所示的是中国算盘上表示的 1 024，右边第一档的下面四个算珠拨至中间横梁，第二档拨上去了两个，第四档拨上去一个。每个梁上方的算珠代表数字 5。右边向左数第二档计做 10，第三档计做 100，依此类推。当算盘在 1400 年左右出现在中国时，算珠是用木头小珠子穿在木柱或铁丝上。约翰·纳皮尔（John Nopier）因为基于其 1614 年发现的对数而发明的被称作"纳皮尔骨头"的计算棒和计算尺而著称。公式 $\log(a \times b) = \log(a) + \log(b)$ 把复杂的乘除法化为简单的加减法。对于工作在 1970 年之前的科学家和工程师来讲，计算尺是极重要的计算工具，也是其职业的象征符号之一。

现代电子计算机是一系列大量的发现、发明及很多有创造性的科学家和工程师探索的结果，还会在接下来的数十年里有激动人心的发展。这个过程中有许多的发明者，这里指出其中一些杰出的先行者，以及他们对此所做出的贡献。

现代的台式电脑和笔记本电脑可以用于加法和乘法运算，但它已经成为通用的信息处理机，这里的信息可能是数字、数字化的文字、图片、声音和动画等。

机械操作的机器控制始于 1801 年，当时约瑟夫·玛利·雅卡尔发明了织毯子的织布机，通过穿孔卡片进行控制，上面标注了程序的开始及一系列告诉机器应该如何操作的指令。1880 年，赫尔曼·霍尔瑞斯（Herman Hollerith）使用穿孔卡片处理美国人口普查得到的大量信息，有报道称他是受到了火车检票员在票上打孔来记录乘客特征的启发。瑞士音乐盒有一个带有编程过的针的旋转圆桶，可以拨动金属梳齿来演奏音乐。自动钢琴演奏机上的演奏器是用一卷穿孔纸来控制的。

20 世纪有很多关于计算机的发明创造。阿塔那索夫 - 贝瑞计算机是第一个二进制电子计算装置，由美国艾奥瓦州立大学的教授于 1937 年制造。康拉德·楚泽（Konrad Zuse）在 1941 年发明了第一台程序控制计算机，并在 1955 年在其中加入了磁性存储器。英国人在 1943 年制造了巨像计算机，用于破译德军的战时密码。

约翰·冯·诺伊曼（John von Neumann，1903～1957）被称作那个年代最聪明的人（图 7-8）。有人传说"他来自火星，但他对人类进行了深入的研究，可以完美地进行模仿"。冯·诺伊曼是那个时代杰出的匈牙利裔科学家中的一员，除他之外，还包括西奥多·冯·卡门、莱奥·齐拉特、尤金·维格纳、爱德华·泰勒、麦克·波兰尼等。当维格纳被问及为何有如此多的匈牙利裔天才时，他说他不理解这个问题的意思，因为只有一个天才——约翰·冯·诺伊曼。冯·诺伊曼很潇洒，总是对他的创造力报之一笑；他很友善，不会瞧不起别人；他还很有幽默感，喜欢参加聚会。劳拉·费米说："冯·诺伊曼是少数我没有听到过别人对之有批评意见的人。令人惊讶的是，如此多的冷静和智慧都集于这个外貌不太出众的男人身上。"他从不会嘲笑没他聪明的人，也从不参与政治辩论，他在数学方面有着惊人的记忆力，却有点脸盲。一个研究生称："冯·诺伊曼博士从房间出来时，就会被一大群遇到计算问题困扰的人所包围，然后就会和这些围着他的人沿着走廊一起走。当他到达要参加下一个会议的房间门口时，他可能已经给出了问题的答案或解决的最佳捷径。"

冯·诺伊曼于 1903 年出生在布达佩斯，他的原名为诺伊曼·扬奇，是三个兄弟中的老大。他的父亲是一个很富有、很有政治影响力的银行家，家里有仆人、管家、精通五种外语的私人教师、击剑教练和钢琴老师。他的父亲还是著名的政府经济顾问，并在 1913 年被授予世袭贵族，因而他在德语中称自己为冯·诺伊曼。

图 7-8　约翰·冯·诺伊曼

　　1914 年，冯·诺伊曼进入路德教会体育馆高中，比之后获得诺贝尔物理学奖的尤金·维格纳晚一年入学。他的数学老师认为，这所高中对这个年轻人来说是浪费时间，因此冯·诺伊曼被引荐给大学的导师。之后，他开始发表数学研究论文，但仍然和其他学生一起参加课程学习。除书法、体育和音乐外，他的所有课程评分都是优。对于曾经不稳定的犹太少数民族来说，一份科学工作是很有吸引力的，因为它适用于全欧洲，甚至比银行业的工作更稳定，因为银行的工作依赖于当地的政治形势，这在当时可能有反犹太人的趋势。在此一年前，尤金·维格纳被送往柏林大学学习化学工程，这在当时被认为是更有用、就业更有保障的专业。这时，冯·诺伊曼决定同时在相距几百千米的三个城市攻读两个不同学科的本科和研究生学位。他在布达佩斯获得数学博士学位，又在柏林、后在苏黎世联邦理工学院获得化学工程学位。

　　1930 年，冯·诺伊曼娶玛丽特·科维西为妻，她来自一个改信天主教的富有家庭。冯·诺伊曼于 1932 年在德国出版了一本里程碑式的书——《量子力学的数学基础》( *Mathematical Foundations of Quantum Mechanics* )。之后，他前往美国加入普林斯顿大学数学系,并于 1933 年加入新成立的高等研究院,薪水是每年 1 万美元,这在当时是非常高的。1937 年,他与妻子离婚,第二年与克拉丽·丹再婚,她是其儿时的好友,并且刚刚与她的第二任丈夫离婚。

冯·诺伊曼把注意力转向火炮弹道学,预测炮弹从炮管中发射后的落点。这是一个非常复杂的问题,因为空气摩擦力在炮弹减速时很重要,并且会产生冲击波和湍流。海拔较高的地方,空气就变得稀薄,因而需要求解相关的非线性微分方程组来编制实用的精确射表。要击中一个可能转向和加速的移动目标更为困难。冯·诺伊曼在美国马里兰州的阿伯丁试验场工作,在 1939 年甚至参加考试想要成为一名美国陆军中尉,但他因为超过 35 岁而被拒,没能成为一名军官。然而,1940 年,他成为科学咨询委员会的委员,为阿伯丁试验场的美国陆军武器部和银泉的海军武器部工作。1943 年 9 月,他到达洛斯阿拉莫斯进行原子弹研究,致力于内爆式钚弹的工程学研究。接下来,冯·诺伊曼都在涉及原子弹方面的研究。他使用 IBM 公司提供的穿孔卡分类器进行计算,设计内爆透镜,并得出投弹的最佳高度来获得最大威力。

在另一个完全不同的领域中,冯·诺伊曼与经济学家奥斯卡·摩根斯特恩(Oskar Morgenstern)一起于 1944 年发表了经济学著作《博弈论与经济行为》(*Theory of Games and Economic Behavior*)。他在书中提出了一种方法来解释人和公司的经济行为,带来一门新学科和理解社会行为的新方法。1994 年和 2005 年的诺贝尔经济学奖获得者约翰·纳什和托马斯·谢林的工作都是基于冯·诺伊曼的理论。

冯·诺伊曼于 1944 年在阿伯丁火车站的月台上等待前往费城的火车时遇到赫曼·戈尔德斯廷,之后他转向计算机领域的研究。戈尔德斯廷带他参观了美国费城的计算机开发项目,包括穆尔电气工程学院的 ENIAC 项目。冯·诺伊曼对计算机的结构产生兴趣,并在 1945 年写下《关于 EDVAC 的报告草案》(*First Draft of a Report on the EDVAC*)。他提出了在计算机上存储程序的原理,这与数据存储是相似的。冯·诺伊曼描述的计算机结构系统(图 7-9)包括:

● 运算和逻辑单元
● 提供操作序列的中央控制单元

- 存储数据和指令程序的存储器
- 输入输出设备

冯·诺伊曼决定在高等研究所制造自己的电脑，可能被命名为 MANIAC。天气预报是其研究目标之一，因此他于 1948 年雇用了气象学家朱尔斯·查尼。这项动议之后促成普林斯顿大学地球物理流体动力学实验室的成立，在全球变暖的科学研究方面做出重要贡献。

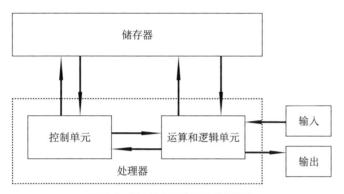

**图 7-9  冯·诺伊曼计算机结构系统**
（转载自美国纽约普林斯顿大学高等研究院
阿兰·理查德摄影，来自谢尔比·怀特和利昂·利维档案中心）

冯·诺伊曼于 1946 年回归比基尼岛的核试验研究工作，因为他认为世界政治需要核威慑。因此，他回到洛斯阿拉莫斯，以便制造更轻、更小、便于携带的核弹。1950 年 1 月，美国总统杜鲁门宣布原子能委员会致力于氢弹的研制工作。冯·诺伊曼在 ENIAC 和 IAS 计算机上进行计算，证明斯坦尼斯拉夫·乌拉姆是正确的，而泰勒的设计无效。最后，乌拉姆于 1951 年取得了技术突破，确保新设计的氢弹试验成功。第一次氢弹试爆发生在 1952 年 11 月，位于西太平洋的埃尼威托克群岛。这次试验的放射性暴露可能导致了冯·诺伊曼于 1957 年在华盛顿沃特里德医院死于骨癌或胰腺癌。

关于约翰·冯·诺伊曼一生的评价语中充满了财富、天才和荣耀等词汇。相反，艾伦·图灵（Alan Turing，1912～1954）则显得更为朴实和中规中矩（图 7-10）。他生于伦敦，其父朱尼厄斯·图灵毕业于牛津大学，并在 1896 年加入印度政府，成为印度法律和泰米尔语专家，被派往马德拉斯（现名金奈，印度城市）。朱尼厄斯在印度工作了10年，撰写了很多关于农业、卫生和水利方面的报告。他在1907年回到英格兰，与一名印度铁路工程师的女儿埃塞尔·斯托尼相遇并成婚，在1908年生下第一个儿子约翰，第二个儿子艾伦出生于1912年。1913年，朱尼厄斯和埃塞尔前往印度，把两个儿子托付给一对退役陆军上校科洛内尔及其太太沃德。在第一次世界大战期间，埃塞尔回到英格兰。在图灵的生活圈子中，他们不允许与蓝领阶层的孩子一起玩耍，适合他们的职业通常是陆军、海军军官或教会人员、医生、律师等。

图7-10　艾伦·图灵
（由伦敦国家肖像馆授权转载）

　　1931年，艾伦·图灵没能获得剑桥大学三一学院的奖学金，而选择了第二志愿即剑桥大学的国王学院。他喜欢跑步锻炼，虽然跑得不快也不优美，但耐力绝佳。图灵对数学很感兴趣，也对工业、经济学中的应用数学和艺术领域感兴趣。1935年，他成为46位唯一被选中的国王学院的教员，薪金是工作3年内每年300英镑，没有明确的职责。在此期间，他发表了一篇改进于冯·诺伊曼文章的论文。

　　1936年，图灵发表了著名的论文《论可计算数》（ *On Computable Numbers* ）。

他提出了通用图灵机的概念，这是通过一个指令集或算法进行工作，所有的自动编程计算机都等价于图灵机。图灵机有如下组成部分：

①一个左右均无限长的"胶带"，带上划分为许多格子；

②一个每次聚焦在一个格子中间的读写头，可以在格子上读写符号；

③一张针对每个格子的指令表，如擦除或写入一个符号，或者向左或向右移动一格；

④一个记录每个步骤的状态寄存器。

如今的所有自动编程计算机都被认为是图灵机的某种特殊形式。

同一年，图灵前往普林斯顿大学师从阿隆佐·邱奇，并在高等研究院遇到了约翰·冯·诺伊曼。图灵在 1938 年获博士学位并回到剑桥大学，1939 年，他搬到布莱切利园，这是英国政府的密码部门所在地。德国用一台叫作恩尼格玛的机器来加密其消息，而英国则致力于破译此密码。这台机器有很多齿轮，上面刻有字母表的 26 个字母。由于每个轮可能有 26 个位置，三个轮的组合就会有 $26^3$=17 576 种可能。德国海军的最后版本有 8 个转轮，这使得其复杂程度增加到 $26^8$=2 090 亿种组合。布莱切利园幸运地破译了这一密码，当时波兰的情报人员因为一次幸运的事故拦截到德国的一份加密文件。图灵帮助设计了一种叫作"炮弹球"的密码机，并在 1940 年为破译德国海军恩尼格玛系统发挥了作用。

1941 年，图灵与布莱切利园的工作人员琼·克拉克订婚，但不久后双方协议分手。1942 年，图灵建议设计"巨像"计算机，这是世界上第一个可编程数字电子计算机。1945 年，图灵转去英国国家物理实验所，并致力于研制"自动计算引擎"（ACE）。第二年，他设计了一种内储程序式计算机，之后于 1948 年前往英国曼彻斯特大学。

图灵的生命转折出现在 1952 年，悲剧性的故事发生了。当时他被曝光与 19 岁的阿诺德·穆雷有同性恋行为，这在当时被认为是猥亵性侵罪。他就此事供认不讳，并以 50 年前奥斯卡·王尔德相同的方式被判罪。他被给予了两个选择：坐牢或接受注射激素疗法以减少性欲。他选择了后者，也就是为期一年的化学阉割。他的安全检查等级也被取消，并被隔绝于密码部的工作之外。他在 1954 年死亡，被归结为自杀，可能是吃下了一个被氰化物浸过的苹果。

自 1966 年后，图灵奖就成为计算机科学领域的最高奖项，由计算机学会颁发。有关图灵的生平和工作的电影《破译密码》（*Break the Code*）在英国和美国上映，并成为英国的一档电视节目，其中德里克·雅各比扮演图灵。2009 年 9 月，英国首相戈登·布朗正式向图灵道歉："我谨代表英国政府，以及那些因为图灵的工作而得以自由生活的人们，很遗憾地说，我们很抱歉，你没有得到更好的对待！"

## 7.4.5　网络

我们可以有很多方法来发送和接收消息，不管是从不远处，还是穿过整个地球。铜线和光纤可以携载不同信息，包括与国家安全相关的关键信息及日常事务的普通信息。消息的无线发送使用的是可以不经线缆到达目的地的电磁波，它甚至可以到达遥远太空的卫星。然而，无线传输易受敌人切断主干线的袭击，还易受太阳耀斑等自然现象的干扰。通信连接的网络不易受干扰，它可以像网一样，被局部切断后还可以把消息经由其他路径发送至目的地。很多政府和私人组织为了特殊用途都有自己的专用网络，而这些组织也因专用网络的整合而获得很多的稳定性和便利。整合面临的问题有：不同的组织使用的多种不同的计算机和软件、不同的加密和解密算法，以及如何发送和路由[①]数百万个传输的协议或规则。例如，是否所有用户都同意只使用英文并用 ASCII 进行编码，都以如 username@organization.com.uk 的形式给出电子地址，都接受一个中央组织的管理以避免重复和混淆？要推行这样一个通信协议系统需要该组织有极强的领导力，还需要很多其他组织为了共同利益的合作精神，放弃其原有的系统而采用通用的系统。

电报诞生之后，最伟大的通信发明是电子邮件（连接两个个体）及互联网（连接许多个体）；这些发明完全革新了通信的方法并使我们可以与整个世界相连。互联网是一个计算机网络间相互连接的标准通用系统，这些网络以标准化的互联网协议集相连，包括所谓的 TCP/IP 协议，即传输控制协议 / 互联协议，可以通过铜缆、光纤、无线连接及卫星通信把数百万个学术和商业团体、个人、政府机构等相互连接起来。互联网除支持电子邮件之外，还支持视频播

---

① 路由是指网络中的信息传输从源到目的地的通路。

放、网上购物、社交网络等功能。互联网始于 1960 年，是美国国防部高级研究计划署的一项成就，其目标是改进通信方式使之不易受破坏，从而引入"分封交换"方法把信息和数据打包成"数据包"，并把每个数据包发送到网络的一个节点上。接下来，这些数据包根据罗伯特·卡恩（Robert Kahn）和文特·塞尔夫（Vinton Cerf）于 1972 年所写的 TCP/IP 协议被按路线发送至其他节点。它们还被用于 1989 年蒂姆·伯纳斯·李提出的万维网。WWW 的基本概念是超文本，使得对表、图、声音和动画进行统一的编码和发送成为可能。

互联网完全改变了我们接收和发送信息、从不同的组织和数据库搜索信息，以及购买、支付、开发社交网络和娱乐的方式。互联网孵化出很多新的公司，如谷歌（Google）、亚马逊（Amazon）和易贝（eBay）等，还有很多网站。伊朗政府被指控在 2009 年的总统选举中舞弊，伊朗普通选民通过 Twitter 发布消息让全世界知晓相关抗议活动和暴力事件。2011 年，突尼斯、埃及和利比亚的反政府暴动被半岛电视台和其他一些媒体即时报道，其暴行的图片报道引起国际社会的愤慨和谴责。托马斯·弗里德曼的著作《世界是平的》解释了互联网如何使世界一体化成为可能，以及它如何改变了在公平环境下竞争的本质。特别令人震惊的是，全球性外包业务使得印度的专业服务供应商有机会通过辅导数学、填写所得税申报表和分析医学 X 射线图片等服务来参与全球经济增长，而不需要移民到美国或欧洲地区。

信息革命也带来新的不平等性：早期的使用者得到了更多的信息，也更擅长处理复杂的数据，这使得他们比后来的用户和非用户更为富有和强大。对于较老的电视技术，被动使用者并不需要太多的知识和经验，因此除最不发达地区外，几乎所有国家都采用了信息技术。对于新的电脑和互联网技术，需要更多的知识和经验进行主动参与，其渗透率随着收入水平有着极大的差异。因此，底层人士在为追求生产、繁荣、安全及国际影响力的高水平的竞争中所需要的知识和技能方面会相对落后。

## 参考文献

Agar, J. "Turing and the Universal Machine", Icon Books, Cambridge, 2001.

Beker, H. and F. Piper. "Cipher Systems: The Protection of Communications", Wiley, New York, 1982.

Box G. E. P., J. S. Hunter, and W. G. Hunter. "Statistics for Experimenters", Wiley-Interscience, New York, 2005.

Bruen, A. A. and M. A. Forcinito. "Cryptography, Information Theory and Error-Correction", Wiley-Interscience, New York, 2005.

Crocker, B. "Betty Crocker's Cookbook", Golden Press, New York, 1972.

Davis, M. "The Universal Computer: The Road from Leibniz to Turing", W. W. Norton, New York, 2000.

DeVore, J. L. "Probability and Statistics for Engineers and the Sciences", Wadsworth Publishing, Belmont, CA, 1995.

Doyle, A. C. "The Return of Sherlock Holmes: The Adventure of the Dancing Men", Oxford University Press, London, 1993.

Edwards, E. "Information Transmission", Chapman and Hall, London, 1964.

Eisenstein, E. L. "The Printing Revolution in Early Modern Europe", Cambridge University Press, Cambridge, 1983.

Friedman, T. L. "The World is Flat: A Brief History of the Twenty-First Century", Farrar, Straus and Giroux, New York, 2006.

Goldstine, H. "The Computer from Pascal to von Neumann", Princeton University Press, Princeton, NJ, 1972.

Guyton, A. C. "Basic Human Physiology", W. B. Saunders Company, Philadelphia, PA, 1971.

Heims, S. J. "John von Neumann and Norbert Wiener: From Mathematics to the Technologies of Life and Death", MIT Press, Cambridge, MA, 1980.

Hodges, A. "Alan Turing, the Enigma", Simon and Schuster, New York, 1983.

Hyvarinen, L. P. "Information Theory for Systems Engineers", Springer-Verlag, Berlin, 1970.

Ifrah, G. "The Universal History of Computing", Wiley, New York, 2001.

Jain, A. K. "Fundamentals of Digital Image Processing", Prentice Hall, Englewood Cliffs, NJ, 1989.

Konheim, A. G. "Cryptography: A Primer", Wiley-Interscience, New York, 1981.

Leavitt, D. "The Man Who Knew too Much: Alan Turing and the Invention of the Computer", W. W. Norton, New York, 2006.

Macrae, N. "John von Neumann", Pantheon Books, New York, 1992.

Raisbeck, G. "Information Theory: An Introduction for Scientists and Engineers", MIT Press, Cambridge, MA, 1964.

Robinson, A. "The Story of Writing", Thames and Hudson, London, 1995.

Shen, K."Meng Xi Bi Tan: Dream Pool Essays (in Chinese)". Gutenberg Project. Available on http://www.gutenberg.org.

Singh, S. "The Code Book", Anchor Books, New York, 1999.

Stinson, D. R. "Cryptography: Theory and Practice", CRC Press, Boca Raton, FL, 1956.

Teuscher, C. editor, "Alan Turing: Life and Legacy of a Great Thinker", Springer, Berlin, 2004.

Tsien, T. H. "Joseph Needham, Science and Civilisation in China, Vol. 5, part I: Paper and Printing", Cambridge University Press, Cambridge, 1984.

Wang, W. S. Y. "The Emergency of Language: Development and Revolution",W. H. Freeman, New York, 1991.

Willard, H. H., L. L. Merritt, and J. A. Dean. "Instrumental Methods of Analysis", D. Van Nostrand Company, New York, 1974.

# 第8章
# 美好生活

在完成每日的例行工作，以及基本生活需求得到充分满足之后，我们会遵从自己内心的渴望去追求对于日常生活看似无关紧要的事物，这些事物不仅能够给我们带来快乐，让我们感觉良好，还能够提升我们的思想境界。美好的生活可以是世俗的生活，正如约翰·施特劳斯的圆舞曲描述的"美酒、女人与歌"，也可以是追求高尚、智慧和真理的理性和精神生活。有人喜欢在社交聚会上寻欢作乐，在纸牌和骰子游戏的厮杀中取胜，也会参加体育竞技活动。我们享受美好而精致的事物，希望以自己特有的魅力去打动世人，让世界为之赞叹不已。我们也想要获得知识、美丽和真理；致力于寻求关于生命的意义、宇宙的终极规律及死后的生命等问题的答案。这些追求是马斯洛需求层次理论中高层次的需求。其中一些需求的满足并不需要专门的发明，但有些则需要发明的支持。

经济学家采用金钱和消费水平作为人类需求和欲望重要程度的衡量指标。金钱指标虽然方便计量，但并不总是能够准确地反映人类的需求。例如，人类为了生存，呼吸空气甚至比摄取食物和水更重要，但我们不必为此付出金钱代价。美好的生活涉及非生存必要的、发自内心的需求，此类需求实现的前提条件是人们丰衣足食、健康状况良好、有额外的收入等。衡量这些事项的经济指标被称作"需求的收入弹性"（IED）和"需求的价格弹性"（PED）。年收入4万美元的家庭习惯上购买400美元的威士忌和啤酒。当年收入增加10%至4.4万美元时，家庭可能稍微挥霍，增加20%的威士忌购买量，达到480美元。威士忌的IED数值为2.0，该数值由开支增加的20%除以收入增加的10%计算得出。对于奢侈品而言，如陈年威士忌或钻石，需求的收入弹性数值远大于1；然而对于生活必需品，如食盐，虽然对身体健康来说不可或缺，但并没有增加人们消费量的冲动，其弹性数值可能接近于0。另外，在收入降低的情况下，如失业或经济不景气，人们购买面包的数量不能减少，但可以减少威士忌的购买量。举个例子，PED 指标衡量家庭收入保持不变但威士忌价格下跌 10% 时的情形，结果导致家庭可能增加 20% 的威士忌采购量。当商品价格下降时，人们可能会更多地选择外出用餐、参加文艺娱乐活动、安排旅游休闲、购买新汽车和电子产品，或者前往牙医处修复牙齿等。

来自地球上任何地方的人都拥有相同的基本生活需求，即食物、衣服和住所，但不同地方的人的休闲娱乐和幸福生活存在差异。在美国，不到 5% 的成年人欣赏古典音乐演出、赛马、下棋或制作等比例实物模型。某些可自由支配的活动并不需要付出昂贵的代价，而需要付出大量金钱的活动，如前往剧院欣赏歌剧或古典音乐演出，则与家庭收入水平相关度极高。多少人每年至少饮用一次啤酒？多少家庭购买三角钢琴？正如著名作家托尔斯泰在代表作《安娜·卡列尼娜》开篇提到："幸福的家庭都是相似的，不幸的家庭各有各的不幸。"

## 8.1 聚会与娱乐

休闲娱乐活动包括做一些感到有趣的事情，与谋生无关，也不是必要的家务劳动。休闲娱乐不仅可以是独自一人完成的活动，如阅读书籍、玩填字游戏、拍照、独自演奏乐器、绘画、制作船模等，还可以是与家人、朋友，甚至陌生人聚会的社交活动，可能涉及饮酒聚餐、唱歌跳舞、去海边休闲或参加演唱会、游行漫步或观看焰火表演等。另外，还包括比赛等竞争类游戏，参与各方角逐力争成为赢家。

荷兰学者约翰·赫伊津哈（Johan Huizinga）创造出术语"游戏的人"（homo ludens），强调游戏在人类文化中的作用。他指出，所有的动物，尤其是幼龄动物，在日常生活中含有游戏元素。在有限的空间和时间中，我们假装某个奇幻的世界发生一个重要事件，奇幻世界服从自己的特殊规则，我们在其中扮演角色，直到返回正常的"真实世界"。游戏的目的或许是培训年轻人为将来生活认真工作，以及作为一个团队工作做好准备。例如，儿童与玩具娃娃玩耍可能是为将来长大成人后照顾自己的孩子进行预演。戏剧表演扮演现实生活中发生的事情，观众可能会通过情感的宣泄以达到心灵的净化。其他类型的游戏扮演可能着重强调一种推动力来主导或提升个人的自我意识。体育运动和棋类游戏有着与军事训练类似的目标：前者着眼于跑步和投掷等体育锻炼，而后者训练四处移动部队进行攻击和防御的智力战略演练。当年率军击败拿破仑的威灵顿公爵有一句名言："滑铁卢战役①的胜利来自伊顿公学的操场。"许多休闲娱乐活动都需要专门的发明和技术，如聚会上的酒精饮料和类似于古罗马角斗士游戏的斗兽场建筑。

## 8.1.1　啤酒、葡萄酒和威士忌

酒通常被认为与寻求快乐、自我放松、参加派对、约会见面、人群载歌载舞、增进伙伴友谊相联系。尽管在一些国家或地区存在饮酒的有关法律限制规定，然而有些人在周五晚上没有啤酒、葡萄酒或威士忌等会觉得难以度过。饮酒之后，有些人无所忌讳，随心所欲地做平时不敢做的事情，头脑中涌现未饮酒时不曾具有的想法。据统计，美国家庭平均每年花费 309 美元购买酒类饮品，大约占家庭总支出的 1%。酒或许能给诗人带来灵感；在庆祝典礼和婚礼上觥筹交错，现场气氛无比欢乐；为了祝贺新建成的船只下水，人们也会举起酒杯……

在公元前 2000 年的许多埃及古墓中，发现了酿造葡萄酒的场景。葡萄酒与许多庄严神圣的宗教仪式有关。狄俄尼索斯是古希腊神话中的葡萄酒之神；他从位于现今土耳其境内的古国吕底亚逃到希腊北部的色雷斯，葡萄酒由此传遍整个希腊，从东边的费尔干纳和帕提亚到西边的海格力斯之柱。古希腊人认为，平衡的生活需要阿波罗的冷静、理性和智慧，也需要狄俄尼索斯的激情、情感和活力——这与酒有关。酒也是犹太人的法则和传统不可分割的组成，以及祭祀仪式的一部分。基督教的圣餐祈祷仪式也会使用葡萄酒，耶稣与门徒共进最后的晚餐，分食面包和葡萄酒时说："你们应当如此行，为的是纪念我"，因为在基督教中，面包和葡萄酒象征着会变成耶稣基督的身体和血液。在殖民地时期的美国，本杰明·富兰克林是葡萄酒有益健康的坚定倡导者；托马斯·杰斐逊是其所属时代博学的葡萄酒品鉴家，还曾是美国总统华盛顿、亚当斯、麦迪

---

① 滑铁卢战役是 1815 年由法军对反法联军在比利时小镇滑铁卢进行的决战，结局是反法联军获得决定性胜利，结束了拿破仑帝国。拿破仑战败后被流放至圣赫勒拿岛，自此退出历史舞台。

逊和门罗的葡萄酒顾问。在古代，人们消费啤酒和葡萄酒还存在另一个原因，即与水相比，酒可更安全地饮用，因为天然水源中可能有招致疾病的细菌和变形虫。即使当啤酒和葡萄酒的酒精含量相对较低时，也能够阻止一些有害微生物的形成和扩散。但另一方面，某些宗教群体禁止饮用酒类。

酒也具有许多"竞争对手"，如能刺激精神的兴奋剂，其能够作用于人类中枢神经系统，可以缓解疼痛、造成刺激、让人安静或引起幻觉，但必须遵从医嘱。某些兴奋剂是极其危险的，容易上瘾且不合法，全球估计有 5% 的成年人口服用这类兴奋剂。毒品的生产和非法交易非常有利可图，如海洛因的零售价格超过以美元计算的每克黄金价格的 3 倍，这对大量的毒枭和犯罪集团极具诱惑。但毒品之所以被称为毒品，因为对人体是极其有害的，切忌远离毒品。

- 咖啡因是一种相对温和的兴奋剂，日常饮用的咖啡和茶中含有咖啡因，巧克力中含有与之关系密切的物质可可碱。
- 烟草中的尼古丁被人们从北美带到欧洲，通过吸烟或咀嚼摄入，会令人上瘾，还可能导致肺癌。
- 大麻是一种可以令人兴奋的兴奋剂或可作为镇静剂。在印度教的《吠陀经》中，大麻被称为"神的食品"。阿萨辛派是一个从叙利亚到波斯地区的宗教教派，马可·波罗曾有阿萨辛派服食大麻产生幻觉的记录。大麻也是一种毒品，切勿食用。
- 可卡因最早发现于南美洲的古柯植物的叶子中，南美原住民曾有上千年时间都在咀嚼古柯叶，这为他们带来某种满足。可卡因滥用方式包括燃吸、鼻吸或注射。小说虚构的著名侦探福尔摩斯曾经因服用可卡因而上瘾并沉溺其中。
- 吗啡发现于罂粟植物中，非常容易令人上瘾。早在公元前 4000 年就被苏美尔人用以减轻疼痛，可改良成更危险的海洛因或可止痛的可待因（一种鸦片类药物）。在 16 世纪的安纳托利亚，鸦片被认为可以用来给予伊斯兰苦行僧超脱，给予战士勇气或给予达官贵人福佑。英国与中国分别在 1840 年和 1856 年打了两场鸦片战争，迫使中国购买英属印度殖民地种植的鸦片。

- 著名的致幻剂包括麦角酸、有毒仙人掌、迷幻蘑菇、莨菪碱、曼德拉草、颠茄等，在古代的埃及、迈锡尼、希腊、印度、玛雅、印加和阿兹特克等地区的一些宗教仪式中使用。
- 合成的药物，如安非他明（苯丙胺）和摇头丸（亚甲基二氧甲基苯丙胺）最早诞生于实验室，自 20 世纪 60 年代后，这些新型毒品也逐渐流行，均对人体有害。

回到酒类话题，早在史前时代人们已经开始自然发酵酿酒。起始酿酒原料应含有丰富的糖分，在古代或许蜂蜜和花蜜是可利用程度最高的富糖天然物质，也是早期酒类饮料的来源。即使未实施人为干预，空气中飘浮的野生菌酵母也会沉淀在糖分中，并将其分解成酒精和二氧化碳气体，从而完成发酵过程。当酿酒成为一种有计划的事件，使用经过验证的酵母菌特定菌株以保证质量，所以啤酒酿造商会保留上一批次的酿酒残余物料，以作为新一批次酿酒的起始物料。葡萄酒酵母类似于烤面包时使其膨胀的酵母或制醋或醋酸的酵母。

一般葡萄酒的酒精含量不会超过 15%，通常使用含有丰富糖分的水果酿造，如葡萄、红枣和苹果等。把收获的葡萄放入大木桶，碾碎挤出果汁。倾倒出葡萄汁后，固体残留物放置在轧辊下挤压出质量稍次的更多葡萄汁液。这个过程类似于压榨橄榄生产橄榄油，其中第一次冷榨产物称为特级初榨橄榄油，第二次冷榨称为初榨橄榄油，随后的蒸汽热榨产出低质量橄榄油。双耳细颈椭圆土罐是用于容纳葡萄酒或橄榄油的陶土容器，土罐包括两个提耳和一个尖底，可放在沙子或软土地面上。公元前 200 年在法国马赛港沉没的货船上发现许多双耳细颈椭圆土罐，它们被用于运送地中海地区的葡萄酒和橄榄油。

啤酒属于日常饮品，与宗教仪式等无关。啤酒从含有淀粉而并非糖分的谷物开始，需要两步较长时间的发酵过程：首先麦芽制作过程把淀粉转换为含糖液体麦芽汁，然后发酵过程把麦芽汁中的糖分转化为乙醇。酿造商通常会使用酵母，并且酿造的啤酒酒精含量一般不超过 10%，可添加诸如啤酒花之类的物料增加啤酒的风味。如果在酿酒时不去除谷物外皮，它们会漂浮在啤酒上，饮酒者必须借助吸管或麦秆从底部开始饮用，这是许多美索不达米亚和叙利亚滚筒印章上显示的场景。在《吉尔伽美什史诗》中，人们给野人恩奇提供啤酒，让"他变得开心，脸上散发着光彩，喜悦地大声歌唱"。

在中国，神圣而正式的酒是使用粮食代替果汁酿制而成的。后者通常被翻译成英文"wine"（果酒），而不是啤酒或麦芽酒。早在公元前 5000 年，中国就开始酿酒，考古学家发现许多用于发酵、过滤和饮用酒的精致陶器和青铜器。酒是祭祀仪式上向神明和祖先献祭的贡品，也用于宴会和婚礼敬酒。酒还曾经给皇帝、学者和诗人带来无限灵感，让他们创造出成千上万首流传千古的诗歌。中国酒在饮用之前有时需要加热，这与西方的做法恰恰相反。西方人喜欢饮用冰冻啤酒或白酒及室温下的红酒。优雅的中国商周时期的青铜酒杯被称作"爵"，圆腹前有倒酒用的流口，下设三足，可能是用于放置在火上热酒。

香槟酒（一种起泡葡萄酒）曾用于欢送千万艘船舶下水、祝福数不清的婚礼、开启无数的新年派对等，在北欧地区的秋季，收获的葡萄被压碎并在木桶中发酵，释放出酒精和二氧化碳，但天气转冷时发酵会停止。如果把未完成的半成品装瓶，直到第二年春天气候开始回暖，酵母又会恢复活力，再次开始发酵并释放更多的酒精和气体，气泡无法逃逸，会溶解在酒中，增加压力。

起泡酒的气泡在很长一段时间内都不为世人所欢迎，然而后来随着时尚风向标的转变，开始流行起来。香槟的命名来源于 29 岁的本笃会修道士唐·皮耶尔·培里侬（Dom Pierre Pérignon），他在 1688 年被任命为位于法国兰斯（Reims）附近的奥维莱修道院财务秘书。香槟采用二次发酵法生产，首先从酒桶中取出静态的白葡萄酒，添加糖汁与酵母，然后把混合物倒入瓶中。这次发酵是为了让酒产生更多的气泡和酒精。唐·皮耶尔·培里侬对香槟的酿造工艺进行改进，包括把碎布塞或木瓶塞换成软木塞。软木塞可以使香槟酒保留更多的气泡。使用软木塞，气泡压力可能上升到几个大气压并冲出瓶塞，所以唐·皮耶尔·培里侬也采用了更厚的玻璃酒瓶。每种类型的葡萄都有独特的风味和芳香，唐·皮耶尔·培里侬混合多种葡萄创造出一种味道交融的香槟酒。

二次发酵法产生气泡时面临一个问题：死去的酵母菌细胞会形成沉淀物使酒变混浊，并且阻止气泡在晶莹剔透的香槟中上升。人们采用各种方法试图除去沉淀物，如把酒倒入另一个瓶中，留下沉淀物，但这意味着失去大部分的气泡并浪费一些酒。现代广泛应用的香槟摇沉除渣法由芭布·妮可·克里可·彭莎登（Barbe-Nicole Clicquot Ponsardin，图 8-1）发明，她被称为"香槟贵妇"

（Veuve Clicquot）或"克里可寡妇"。自 1815 年开始，她是首位创建并管理一个国际化商业"帝国"的女士。由于其丈夫英年早逝，只有 27 岁的彭莎登夫人决定接管丈夫的酿酒公司，但她当时未接受过任何经营或酿酒方面的培训。她打破传统并成长为一名企业家，冒着巨大的风险开始香槟的国际销售业务，最远覆盖俄国。她还进行实验改良除渣工艺，通过转动把酒瓶倒置使沉淀物落入瓶子颈部，然后在几个月内每天倾斜 1/4 转动瓶身。快速移动软木塞把残渣冲出，然后迅速盖上软木塞防止香槟和压力损失。现代除渣方法包括把酒瓶颈部浸入冰水，使含沉淀物的部分香槟冻结成冰块，然后用刀切割下来，因此香槟酒和压力损失得更少。彭莎登夫人创立的凯歌香槟公司，直到今天仍在运营，是世界上最负盛名的和最成功的香槟酿造商之一。

图 8-1　香槟摇沉除渣法的发明者芭布·妮可·克里可·彭莎登

　　有人想要更快实现精神愉悦和兴奋陶醉的一种方法是饮用酒精含量更高的饮品。美国诗人奥格登·纳什曾经指出，在聚会上如何打开话题，"糖果很好，酒精更快"。分离法可获取更高的酒精含量，这是许多化学和相关工艺的基本方法，该法能够生产出所需纯度的产品及各种数量的副产品。人们希望通过发现预期产品和副产品之间的某种或多种性质的差异，从而把混合物分离成两种液体。其中一种液体称为萃取液，预期产物含量更丰富。目前有多种分离方法，包括机械分离法，可以从粗颗粒中分离细颗粒；过滤法，可以从气体或液体中分离尘粒物质；沉淀法，可以从较轻的砂粒中分离较重的金砂；滗析法，可以把较轻的油与较重的水分开；结晶法，如把盐从海水里提取出来。

## 科学与技术：酒类

在原料是含有葡萄糖或果糖形式可溶性糖分的果汁的情况下，通过酵母发酵糖分产生二氧化碳和酒精。

$$C_6H_{12}O_6 \rightarrow 2C_2H_5OH + 2CO_2$$

1860 年，路易斯·巴斯德发现上述化学反应。酵母菌是一种单细胞真菌，直径 3～4 微米。最佳葡萄酒酵母是酿酒酵母（*Saccharomyces cerevisiae*），该酵母在 25～30℃的温度下发酵效果最好。为了确保使用合适的酵母菌而不是靠来自空气中的野生酵母，现代化的酿酒厂通过巴氏灭菌法消除来自原料的野生微生物，然后利用上一批成功酿酒的发酵培养基接种原料。

当原料是含不溶性淀粉的谷物时，酒精的产生需要额外的准备阶段，把淀粉转化为糖。淀粉是糖的不溶性聚合物，由很多单位葡萄糖分子聚合而成。淀粉在淀粉酶的作用下，发生水解反应，生成双糖，即麦芽糖：

$$(C_{12}H_{20}O_{10})_n + nH_2O \rightarrow n_{12}H_{22}O_{11}$$

人类的唾液中也含有麦芽糖酶，因此咀嚼淀粉类食物会有微甜的口感。面包或土豆，是南美洲流行的家酿啤酒的原料。然而，东方国家酿酒的原料主要是大米，合适的淀粉酶来自米曲霉菌（*Aspergillus oryzae*）。酿成后的啤酒酒精浓度为 5%～7%。

蒸馏酒或烈性酒的酒精含量至少为 30%，如白兰地、杜松子酒、朗姆酒、龙舌兰酒和伏特加。威士忌在法律上被定义为粮食酿造的蒸馏酒，然后在橡木桶中陈酿。通常用于酿酒的谷物包括大麦、黑麦、小麦、玉米等。威士忌的历史可追溯到 15 世纪的爱尔兰和苏格兰地区。蒸馏过程开始时，把 10% 酒精含量的啤酒或葡萄酒放于火焰上的蒸馏器中加热，得到酒精浓度约 40% 的蒸汽，然后将其引入冷凝器中冷却。为了获取更烈性的饮品，可以把 40% 酒精含量的液体放入另一个蒸馏器，在火焰上再次蒸馏，从而获得具有 60% 甚至更高浓度的酒精蒸汽。高品质威士忌酒酿造的下一个阶段是在橡木桶中陈酿。

当水被选择性地从酒中除去，剩余部分的酒精浓度会大大增加。公元 700 年左右的中国，已有文献记载把酒放在冰块上冰冻制作"冰酒"。由于酒中形成的冰块结晶不含任何酒精，因此剩余液体的酒精浓度会提高。一个更方便的方法是加热发酵酒产生蒸汽，蒸汽的酒精含量比酒更高，然后通过冷却来冷凝蒸汽。公元 800 年左右的唐朝诗歌中最早提及烧酒，此后提及频率不断增加。烧酒的酿造工艺涉及把烈酒与发酵残留物混合，然后再把混合物倒入蒸锅。酒精经滤网蒸发，蒸汽上升并在冷凝器中凝结，浓缩后的水滴在收集器中收集，如图 8-2 所示，最终制成的酒像水一样透明，且酒味强劲。类似的蒸馏釜还被用于蒸馏香水和香料。

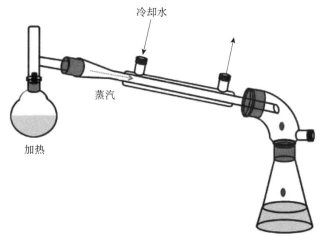

图 8-2　蒸馏釜

阿拉伯炼金术士贾比尔·伊本·哈扬（Jabir ibn Heyyan）在公元 800 年发明了制酸的罐馏器。伊朗科学家阿维森纳（Avicenna，980～1037）通过蒸馏法从花卉中提取油。公元 1100 年，意大利萨莱诺的医学院是欧洲化学实验中心，并被誉为西方世界发现蒸馏酒精的地方。这些含有足以引起燃烧的酒精含量的产物被命名为"aqua ardens"（燃烧的水）或"aqua vitae"（生命之水）。蒸馏方法在 1370 年传至西欧。"酒精"原是一个阿拉伯词语，词源与"炼金术"和"碱"类似。最简单的欧洲蒸馏釜包括壶身和壶盖，被放置在火焰上加热液体直到沸腾。

在美国，蒸馏酒的制备被课以重税并处于政府的监督之下。杜松子酒蒸馏时使用杜松子增加独特的风味，白兰地是由葡萄酒蒸馏而成，波本威士忌酒使用玉米酿制，黑麦威士忌的酿酒原料是黑麦。上述酒类都经过陈酿的工序。最好的烈酒陈酿工艺是在新的内壁烧焦的白橡木桶中，放置于仓库，保存在18～29℃的温度数年。威士忌酒中所含的一些水被橡木吸收或渗出木桶。政府允许第一年陈酿时不超过 8% 的损耗量。未经财政部缉私酒官员或政府税务官员审查的非法私自酿制的威士忌被称为"月光威士忌"，深受美国偏远的阿巴拉契亚山区的居民喜爱。当山区居民进入一家五金店购买一段铜线圈时，人们对其用途都心知肚明。

啤酒、葡萄酒和威士忌不仅能够给一些人的生活带来欢乐的时刻，还能够借酒消愁。公元 800 年左右，伟大的中国诗人李白曾创作一首名为《将进酒》的诗，其中写道：

> 君不见，黄河之水天上来，奔流到海不复回。
>
> 君不见，高堂明镜悲白发，朝如青丝暮成雪。
>
> 人生得意须尽欢，莫使金樽空对月。
>
> ……
>
> 主人何为言少钱，径须沽取对君酌。
>
> 五花马，千金裘，
>
> 呼儿将出换美酒，与尔同销万古愁。

英国诗人爱德华·菲茨杰拉德（Edward Fitzgerald）翻译波斯诗人欧玛尔·海亚姆（Omar Khayyam）于公元 1120 年创作的诗歌，并取名为《鲁拜集》

（*Rubaiyat*），其中写道：

> 树荫下放着一卷诗章，
>
> 一瓶葡萄美酒，一点干粮，
>
> 有你在这荒原中傍我欢歌，
>
> 荒原呀，啊，便是天堂！

亚历山大·汉密尔顿赞成对酒类制品征收消费税，帮助美国新联邦政府募集资金。他认为对酒类课税会抑制国民过度消费烈酒，使道德人士受益，并有利于整个社会成员的体质健康。威士忌消费税征收对美国西部边境的居民造成负担，因为在当地酿造威士忌是一项有收益的产品。由此产生的动荡在历史上被称为阿巴拉契亚地区的"威士忌暴乱"。1794 年，美国首任总统乔治·华盛顿亲自率领军队进入宾夕法尼亚州西部平息这场暴乱。暴乱被镇压后，广泛存在的逃税现象导致威士忌消费税征收依旧不顺利。最终，托马斯·杰斐逊就任美国总统后和国会一起把该税种取消了。

美国人的含酒精饮品消费达到了令人惊讶的数字。1995 年，美国人口约 2.62 亿，但生产的含酒精饮品数量如表 8-1 所示。

表 8-1　1995 年美国生产的部分含酒精饮品数量

| 酒精饮品 | 生产数量 |
| --- | --- |
| 啤酒 | 72 亿加仑（272.5 亿升） |
| 无气泡葡萄酒 | 4.12 亿加仑（15.6 亿升） |
| 白酒 | 1.04 亿加仑（3.93 亿升） |
| 威士忌 | 6 900 万加仑（2.61 亿升） |

以升为单位计算，每年世界上纯酒精人均消费量在不同国家间差别很大，从爱尔兰的人均 13.6 升至沙特阿拉伯的 0 升。

饮酒也存在阴暗的一面，尤其是酒精会对人体健康造成不良影响，甚至引发事故。米开朗基罗在梵蒂冈西斯廷教堂天花板的壁画上描绘挪亚醉酒的状态，指明酒精的害处。饮用啤酒和葡萄酒等带来的兴奋、轻松、欢快与灵感，是因为进入血液的酒精适量。若大量摄入酒精会导致人的意志消沉和迷醉不醒，并且血液中的酒精浓度会影响饮酒者的情绪（表 8-2）。

表 8-2　血液中的酒精含量与情绪、生理状况的关系

| 血液中的酒精含量（%） | 情绪和生理状况 |
| :---: | :---: |
| 0.06 | 轻松、快乐、愉悦和放松心情 |
| 0.08 | 美国法律限制大约两杯 |
| 0.1 | 人的肢体协调能力和头脑判断力下降 |
| 0.2 | 喧闹、易怒、情绪低落 |
| 0.3 | 不省人事和丧失知觉、意识 |

目前，美国所有的州都规定未成年人禁止饮酒。美国境内法律规定的合法饮酒年龄为 21 周岁。1997 年，62.3 万例美国患者因饮酒问题接受治疗。1995年，5.6 万名司机死于致命车祸，其中 19.3％ 的司机体内血液酒精浓度超过0.1％。1955 年，因酒精造成的交通事故死亡人数为 2 万人，其中男性和女性的比例为 3∶1。据世界卫生组织估计，全球大约 1.4 亿人患有酒精依赖症。

1920～1933 年，美国彻底禁止饮用酒类制品，这一法案被称为禁酒令或"道德实验"。美国宪法第十八号修正案要求美国全国禁酒，该修正案越过时任伍德罗·威尔逊总统的否决权。然而，在全球经济大萧条时期，禁酒令变得越来越不得人心，非法酿造、运输和贩卖酒，或来自诸如加拿大等地的非法走私酒类制品变得非常普遍。1933 年，第十八号修正案被美国国会通过的第二十一号修正案所废除。诸多小说和电影作品都讨论过禁酒令对社会的影响，其中名气最大、为世人所熟知的是美国作家弗朗西斯·斯科特·菲茨杰拉德的名著《了不起的盖茨比》（The Great Gatsby），主人公盖茨比通过走私贩卖酒发财。"邪恶的酒"受到基督教妇女禁酒联合会等一些社会组织的公开谴责，并且在一些热门的电影中得到体现。

## 8.1.2　游戏与竞争

同一物种的两个动物之间争夺有限的资源，譬如食物、水、交配权和领地，易导致冲突。例如，公羊头上的角相互抵住对方决一胜负，以分出最后的赢家和输家。年幼的公山羊经常模仿年长的山羊把羊角顶住进行练习，为将来做好

准备。查尔斯·达尔文（Charles Darwin）提出性别选择理论，把一些进化过程中的行为特征解释为："一种性别个体之间的争斗，一般情况是由雄性主导，目的是为了占有异性。"人类的许多体育赛事起源于军事行动，动作缓和，不至于夺去对手生命。在荷马史诗《伊利亚特》中，古希腊英雄阿喀琉斯为纪念挚友帕特罗克洛斯而举办的葬礼上，竞赛游戏包括战车比赛、竞走、投掷铁块、掷长矛、射箭、拳击、摔跤，以及用长矛和盾牌决斗。一场真正的战斗掠夺的战利品甚至可以是占有王国和奴隶；竞赛的奖品被缩减为包括三脚架的大锅、战马、牲畜和美丽的女人。

现代游戏竞赛采取多种形式。最流行的形式是竞技游戏和桌面游戏，前者强调力量和速度，而后者讲究敏捷性和思维。游戏竞赛不仅需要一套装备，还需要制订一系列的规则。例如，竞走，直到发出指令信号后，选手才会开始前进。当两只山羊的角抵住彼此决出胜负时，直到对手准备好方可开始冲撞。一旦确认一方失败，失败者不允许在胜利者未准备好时开始悄悄攻击。一旦发生违反体育道德的行为，违反的选手会被驱逐且不受欢迎。

地面上滚动的物体能够吸引小猫或小狗，同样也能吸引婴儿。球类游戏，如橄榄球、足球、篮球、网球、板球和乒乓球，毫无疑问都是重要的竞技游戏。自公元前3世纪的战国时期开始，中国古人就喜欢玩"蹴鞠"，即踢球。墨西哥的欧梅克人和阿兹特克人发明了一种球类运动，在一个大球场上举行，配备高出地面的石环，两支球队把试图弹起的实心橡胶球送入石环内即可取胜。这种运动既可以是非常庄严的宗教仪式，也可以是一场欢乐的球赛。波斯人喜欢骑在马背上玩马球运动（被称为游戏之王），蒙古人一千年以后延续了马球游戏，使用无头的羊尸体代替球。大多数球类运动涉及脚踢、投掷或使用棍子击球，确保球可长路径的准确飞行。在球类游戏及其规则确立之后，许多发明可以使球的运动轨迹更长、更准确。

古埃及的足球以软皮革或亚麻布为外层，内芯塞满芦苇或稻草。在公元前3世纪的中国，一种球类游戏的球会采用充气的动物膀胱，尤其是猪膀胱，然后覆盖兽皮，在宫殿前，对抗双方球队试图把球踢进丝绸网。苏格兰原始的高尔夫球由木材制成，在17世纪被替换成手工缝制的皮革囊袋，内部塞满鸡或鹅的羽毛。

当球在空气中迅速飞行时面临明显的阻力，所以重量比较轻的球飞不远。除乒乓球的运行轨迹较短之外，有组织运动活动使用的大部分小球都是实心的，如高尔夫球和棒球。较大的球也可以填充空气，如篮球和足球。充满空气的球弹性极好，能够储存更多的冲击能量，稍后转化为飞行的能量；而木质球和塞满羽毛的球弹性相对不好。随着硫化橡胶的发明，另一种更加优秀的实心填充方法出现了。正如前文第二章所述，橡胶起源于美洲，由克里斯托弗·哥伦布的追随者发现。随后查尔斯·固特异先生改良了生橡胶，通过把橡胶和硫黄放在一起加热发生硫化反应，从而得到全天候硫化橡胶，这种硫化橡胶在冷热气候下均可保持弹性。1898 年，美国俄亥俄州克里夫兰市的科伯恩·哈斯克尔（Coburn Haskell）缠绕橡胶线层并覆盖一层薄外壳，制成一个实心高尔夫球。哈斯克尔发明的高尔夫球反弹特性极为卓越，容易储存高尔夫球杆的冲击能量并释放动能增加速度。如今，聚氨酯合成材料是非常受欢迎的实心球填充材料。

人类已经发明数种方法克服球在空中飞行时的空气阻力。美式橄榄球比赛扣人心弦的进攻可能会需要向前投掷一长段距离传球。圆形球会遭遇空气阻力，使其跌落在地上翻滚并失去方向精度，从而无法实现该技巧。现代美式橄榄球的形状均为椭圆形，抛出后绕其轴线旋转使方向稳定，就像潜艇和飞机上的陀螺仪。橄榄球的四分卫可以向前抛出一个 100 码（约 92 米）的"万福玛利亚传球"，精度足以准确抵达跑动中的接球手。

有人偶然发现，当一个高尔夫球有划痕和擦伤，而不是一个完美的球体时，球会飞行得更加持久。此后人们开始故意锤击高尔夫球以制造缺口。1905 年，威廉·汤普（William Temple）申请注册了凹坑高尔夫球设计专利。高尔夫球上对称的小凹坑让飞行时球背后的气流更加湍急，从而减少空气阻力，让高尔夫球能够飞得更高、飞得更远。球员使用凹坑高尔夫球一次击球可轻松达到 230 米，但光滑的球一般不超过 92 米。

随着科技的进步，体育运动中除球之外的其他各类器材也在不断发展。网球拍的手柄和高尔夫球杆的握柄都必须轻便结实，最初使用木制材料制作。霍华德·海德（Howard Head）曾经是一名航空工程师，于 1976 年推出王子（Prince）品牌的铝合金超大网球拍，把轻重量和大的击球面积相结合，从而提高击球力量。铝合金球拍后来被现代化材料所取代，尤其是被与塑料树脂结合在一起的碳纤维材料取代。碳纤维球拍的刚度可以通过碳纤维与树脂的比例来调节：坚硬的球棒力度好、更准确，而且冲击力更大，而较软的球棒拿在手中的感觉更加柔和。与木制材料相比，这些现代化材料使用寿命更长。运动纪录也在不断被打破，如在奥运会上，部分原因是运动员更好的身体素质和训练方法，还有部分原因是采用了更好的装备。

要求技巧和运气的桌面游戏也是人类文明的发展指标。在埃及和美索不达米亚的古墓中发现了最古老的棋类游戏，包括乌尔王室的游戏塞尼特棋（Senet）及巴加门棋（Backgammon）。某些游戏纯粹凭借运气取胜，取决于转动一枚骰子或翻开一张纸牌的结果，还有某些游戏需要高超的技巧和策略，如国际象棋。然而，介于两者之间的很多游戏依赖于上述这些因素，如桥牌。塞尼特棋可追溯到公元前 3100 年，象征死者的历程，棋盘是 3 排，每排 10 个方格，玩法主要是利用长条状的棒子依正反面掷出点数，然后在棋盘上按规则轮流移动棋子，最先到达终点的人，就获得胜利。最古老的运气游戏可能是在公元前 2000 年的埃及古墓中发现的骰子，使用动物的关节骨头制成，因此通俗的表达为"转骨头骰子"。滚动骰子的随机结果往往更多地取决于运气而并非技巧，不仅用于赌博，同时也用于占卜。灌注骰子使其转动结果对自己有利是一种古老的行为，现代的透明塑料骰子或多或少会抑制该行为。许多精美的古希腊花瓶被称作双耳细颈椭圆土罐，上面绘有阿喀琉斯和大埃阿斯[①]一起玩骰子的场景。

至于另一个极端，国际象棋是一种需要高明技巧的游戏，此时运气不会起丝毫作用。国际象棋起源于公元前 6 世纪印度的笈多帝国统治时期，当时被称为"恰图兰加"（chaturanga），包括卒（士兵）、马（骑士）、象（主教）、车（战车）4 种棋子，象征着印度古代军制的四个组成部分。这种棋类游戏后来传入波斯，其中 Shah 是波斯人语言中表示王的词语，后来转化成国际象棋中的词汇。其中一方的王被"checkmate"（将死），这个词语来源于"Shahmat"，即波斯语中表示国王死亡的词语，这也是波斯人对国际象棋产生影响的一个重要证据。现代欧洲国际象棋在 1475 年左右规范化，在文艺复兴时成为贵族文化，旨在教

---

① 大埃阿斯，也译为阿贾克斯，希腊神话人物，阿喀琉斯的堂兄弟。特洛伊战争中，希腊联合远征军主将之一，作战勇猛。

导战争策略，这在巴尔达萨雷·卡斯蒂利奥内（Baldassare Castiglione）的《廷臣论》（*The Book of the Courtiers*）中描述过。国际象棋的棋盘由 64 个黑白相间的格子组成，8×8 排列，双方在游戏开始时各有 16 个棋子。

本杰明·富兰克林非常喜爱国际象棋，他曾说过，"国际象棋教给人们几种非常可贵的精神品质，这些对于人的一生都非常有用。因为人生就像一局国际象棋，我们希望能赢，而竞争对手或敌人与我们抗衡，其中面临着各种美好或邪恶。通过下棋，我们可以学会高瞻远瞩，考虑每一次行动的后果；全局观念，认真考察整个棋盘或行动的场景；以及谨慎，采取任何行动都不能过于匆忙"。1770 年，人们制造出一台名为 Turk 的国际象棋弈棋机，但后来发现是一场精心设计的骗局，直到计算机发明，人们才能够建造真正的国际象棋弈棋机。IBM 公司超级电脑"深蓝"的预算速度为每秒 2 亿步棋，可提前预测 6～8 步，并在 1997 年击败了"统治"国际象棋界的世界冠军加里·卡斯帕罗夫（Gary Kasparov）。

中国的围棋，在西方被称为 Go，自公元前 2300 年已有记载。围棋棋盘有 19×19 的网格直线及无限数量的相同棋子。这也是一项军事战略游戏，目的在于"占领领土"，而不是捕获棋子，开始时棋盘上空无一物。围棋使用黑白二色圆形棋子，双方交替下子，每次只能把一枚棋子放在棋盘上的交叉点处，棋子落子后不允许在棋盘上移动。当你的棋子完全包围对手的棋子后，把对方的棋子从棋盘上移除。围棋比赛结束后，通过计算棋子占领棋盘面积，占领面积更多的选手即为赢家。

纸牌游戏通常居于二者中间，因为洗牌和发牌凭运气，而发牌之后的出牌策略需要依靠个人技巧。在中国唐朝时，纸张已经开始被用作书写和印刷纸币[①]，此时纸牌开始盛行。公元 1120 年左右，中国的纸牌分为四组牌；1200 年，纸牌游戏传至欧洲。在现代中国，纸牌进化成麻将牌，玩麻将不再使用纸牌，而是使用一种实心的骨牌。

塔罗牌被广泛用于占卜及游戏，塔罗牌共 78 张，其中小阿卡那牌 56 张，分为四组花色，每组 14 张；大阿卡那牌 22 张，分别命名为魔术师、教皇、命运之轮、恶魔和死神等。四组花色的纸牌的传统名称是剑（梅花）、棍（黑桃）、

---

① 编者注：中国最早的纸币出现在北宋时期，名为"交子"，此处应为原作者的笔误。

硬币（方块）和酒杯（红桃）。现代的塔罗牌仅保留了小阿卡那牌并将其简化为四组，每组 13 张牌。除此之外，扑克牌和桥牌也是最著名的纸牌游戏。

在人类历史中发明了许多游戏并且日益流行。1934 年世界经济大萧条期间，查尔斯·达罗（Charles Darrow）创作的大富翁游戏是最著名的游戏之一，据称是世界上最多人玩过的商业棋盘游戏。电脑游戏和电子游戏在近些年变得越来越普遍，其中包括神秘的游戏《神秘岛》和家庭游戏《模拟人生》等。

## 8.2　奢侈品

娱乐消遣涉及并非人类生存必需的随心所欲的活动；奢侈和虚荣涉及远超出展现个人优雅气度的随心所欲的消费。设计一间房子的主要功能是能够遮挡风雨，但也可以用来炫耀主人的身份。托斯丹·范伯伦（Thorstein Veblen）认为，除个人享受外，我们也希望给其他人留下深刻的印象，并让他人羡慕我们所拥有的一切，因此我们以"炫耀性消费"的方式展示拥有的财富。这种观点认为，豪宅配备管家和豪华轿车配备司机不仅是主人的个人享受，同时也给其他人留下深刻印象，并获得相应的身份地位。比如，身穿浆洗过的白色衬衣和黑色燕尾服的管家，不会从事诸如种植或修理汽车之类的生产性工作，因此能够负担得起这些仆人费用的主人确实是富人阶层。

在目前世界上最古老的英雄史诗《吉尔伽美什史诗》中，人们的生活水平富足，才能够沉迷于随意消费。他们从黎巴嫩螺体内提取紫色染料来染制长袍，镶嵌许多珠宝和装饰品，地位显赫的人头戴花冠；富人在泡有柽柳和肥皂草的水中沐浴，他们享受音乐、舞蹈和节日的欢乐等；他们为美丽庄严的乌鲁克（Uruk）巨大的城墙、庙宇、宫殿和公共广场感到尤为骄傲，这在世界上简直是无与伦比的。英雄吉尔伽美什决定开始一个漫长的旅程，前往黎巴嫩的雪松森林杀死怪兽洪巴巴，不是因为洪巴巴对乌鲁克造成威胁，而是因为这一壮举会使吉尔伽美什的美名在世界上传扬。

当我们关心如何展示自己时，我们会审视镜子中的自己或闻到自己身上的香水。很久以前，大自然中唯一的镜子就是光滑而纯净的水面。后来，人类把石头或金属表面抛光作为镜子，如黑曜石和铜。直到今天，代表女性的符号♀

也是来自铜产地塞浦路斯的爱神维纳斯的一面镜子。只要镜面是用铜或有色玻璃制成，镜子反映的形象总会有一个强加的色彩，并不能令人完全满意。威尼斯人通过添加消除颜色的材料获得清澈透明的玻璃，最终解决有色玻璃的问题。1291 年，威尼斯把玻璃制造厂搬到守卫森严的穆拉诺岛，目的是为了严守威尼斯玻璃制造的秘密，维持其垄断地位。

镀银玻璃镜子由德国化学家尤斯图斯·冯·李比希（Justus von Liebig）在 1835 年发明的。他的工艺是通过硝酸银的化学还原把一层薄金属银镀在玻璃上。今天的镜子更经常使用铝镀在玻璃上。我们应该如何改善自己在镜子中看到的形象？比如，我们可以使用肥皂或洗发水清洗自己，把头发梳理整洁或戴上假发，以及使用化妆品等。

古代近东地区使用化妆品和香水有一个神奇的宗教来源。《圣经》上说，"涂香油与香水将使心情欢悦满足。"国王的加冕是通过涂抹圣油确认其权威的合法性；尸体为了防腐可涂抹油膏；焚烧熏香释放烟雾是净化与熏蒸昆虫和蠕虫的方式。东方三博士[①]朝觐襁褓中的耶稣，并未携带拨浪鼓和玩具熊，而是奢侈的礼品：

> 进了房子，看见小孩子和他母亲马利亚，就俯伏拜那小孩子，揭开宝盒，拿黄金、乳香、没药为礼物献给他（马太福音 2:11）。

现代香水由三种成分组成：
①赋形剂，乙醇和水的溶剂等；
②香味物质，散发香味的挥发性分子；
③稳定剂，比香味物质更重的物质，用于延缓挥发，来自动物的香料（如灵猫香、麝香和龙涎香）或树脂（如硬树胶、软没药、香脂）。

香味物质的来源是浆果、种子、树皮、木材、根茎、树脂、花卉和动物等，从植物和动物中通过蒸馏和溶剂萃取提取。现代香水设计为香味组合效果，其中某些香水在使用时立即释放出香味，而另一些香水直到数小时之后才开始散发出香味。良好品质的香水具有三段式香味：前味，使用后极易挥发和可即刻

---

① 东方三博士，又被称为东方三贤士，是西方圣经故事中的人物。据圣经马太福音记载，耶稣出生，来自东方的三个国王看见伯利恒方向的天空上有一颗大星，于是便跟着它来到耶稣基督的出生地。

感知的香味，小而轻的分子蒸发速度快并留下初始的印象（如柑橘和生姜）；中味，形成香水的"核心"或主体气味，更加柔和全面（如薰衣草和玫瑰）；后味，赋予香水深度和连续性，大而重的分子蒸发缓慢，非常"深入"，在喷洒香水后约 30 分钟才会出现。香味组合仿佛一场音乐协奏曲，从小提琴和长笛，到巴松管和大号的和声。

熏香可能起源于埃及，古埃及人从阿拉伯和索马里海岸进口芳香树的树脂和松香，用于宗教仪式。在古代，巴比伦、希腊、罗马、印度和中国的宗教祭祀都使用熏香，丝绸之路沿线交易的一个重要组成部分即为香料。为了释放香气，一炷香混合可燃材料，如木炭或木粉，因此可以缓慢燃烧并在很长一段时间内释放烟雾。熏香也被用来掩盖不想闻到的其他气味，如在葬礼上掩盖腐败的气味。阿拉伯沙漠中崛起的纳巴泰人（Nabatean）高度重视香料，从阿拉伯南部到大马士革和加沙的南北香料交易路线，以及从波斯湾到亚喀巴和红海的横跨大陆的东西交易路线在此交汇，而他们控制着路线交汇地点的水源。他们对这些路线的控制非常成功，大约在公元前 100 年建立自己的首都——玫瑰红色的城市佩特拉（约旦古城）。佩特拉遗址被联合国教科文组织列入世界遗产名录，在其繁华时期一直有一个很大的市场，用于奢侈品创新和交易。

## 8.2.1　颜色

春天的颜色表现了大自然生命力的复活、求偶和物种的繁殖。花朵的颜色是为了吸引蜜蜂、蝴蝶和蜂鸟采花蜜，并把花粉传播到其他花朵上。鸟类的求偶方式丰富多样，包括孔雀开屏、鹦鹉鲜艳美丽的羽毛和军舰鸟猩红色的喉囊。如果没有颜色来"照亮"人类的生活，这将是一个单调的世界。在自然界中，靓丽的颜色也有促进求偶和繁殖的实际效用。

古埃及人与美索不达米亚人很喜欢颜色鲜艳的羊毛和亚麻衣服，正如他们的墓葬图画等考古文物所展示的。根据《圣经》记载和音乐剧《约瑟的神奇彩衣》，雅各给他最心爱的儿子约瑟做了一件彩衣，这招致其他兄弟的嫉妒并对约瑟产生敌对情绪。如果羊毛或亚麻布的衣物只是为了给人温暖，任何颜色都不会有区别。因此，色彩的目的不是为了保暖，而是发表声明，如"我拥有你没有的事物，我比你更时尚，我更受宠爱"等。比其他人更好，调查或排名在前，或心理胜利的愿望往往可以通过一些发明或技术实现。

人类对颜色的反应还存在心理因素，即基于某个特定文明的特有联想。例如，西方世界的人们习惯于下列与颜色有关的联想：白色：纯洁、干净、冬季和寒冷；黑色：神秘和死亡；红色：热量、激情、夏季和停止；粉红色：女性、女孩；蓝色：大海、天空、高贵、男性、男孩和悲伤；绿色：自然、植物、春天和出发；黄色：阳光和大地；紫色：贵族和皇室。

食品和饮料的颜色可以使它们看起来更美味。公元127年，古罗马学者普林尼曾报道非法使用染料的案例，包括把植物提取物添加到非陈酿红葡萄酒中，使其显示出陈酿红葡萄酒的外观，旨在卖出更高的价格。一些现代合成染色剂让食品视觉上更吸引人，然而染色剂包含的物质可能致癌，因此食品药品监督管理部门对食品染色剂的监管极其严格。

颜料是不溶性的色彩，不会渗透被覆盖的表面，而是借助于胶、蜡或干性油附着在织物或帆布表面。无机颜料通常从矿物中取得，如红赭石含有大量铁的氧化物。染料是水溶性的色彩，可渗透织物，通常提取自植物或动物。大部分染料并非永久性着色，一般可以洗掉，除非在染色后使用媒染剂处理使其不溶于水，如明矾。植物是许多染料的来源，英国战士曾在战斗前用来涂抹身体的靛蓝色来自欧洲菘蓝；茜草红可提取自茜草根，老普林尼及墨洛温王朝的编年史中曾提及；棕色大多来自胡桃；黄色提取自红花。动物染料使用频率不高，如来自墨鱼的棕褐色颜料；最好的红色是来自胭脂虫的绯红色（表8-3）。

表8-3　不同颜色的自然来源

| 颜色 | 无机颜料 | 有机染料 |
| --- | --- | --- |
| 红色 | 红赭石、氧化铁、朱砂 | 胭脂虫、茜草、绯红、茜素 |
| 黄色 | 黄赭石、镉黄 | 藏红花黄、姜黄 |
| 绿色 | 孔雀绿、碳酸铜、铬绿 | 杰纳斯绿、林肯绿 |
| 蓝色 | 绿松石、天青石、群青 | 菘蓝、靛蓝 |
| 紫色 | 汉紫 | 骨螺紫、甲紫 |
| 褐色 | 生褐颜料、生赭石 | 胡桃醌 |
| 黑色 | 木炭 | |
| 白色 | 白垩、石膏、铅白、钛白 | |

古代世界最著名的动物染料泰尔紫，来自绛紫色的国度——希腊人称为腓尼基的国家。泰尔紫提取自骨螺外壳，当骨螺存活时，其外壳是无色的，然而在空气中氧化会使其颜色变成鲜艳的紫色。在《吉尔伽美什史诗》中，英雄和他的同伴向苏美尔行走 15 日到达雪松林，追寻紫色国度的荣耀。当时，这种染料比黄金更珍贵，所以只有罗马皇帝可以穿紫色披风，罗马参议员曾被允许在披风上装饰紫色条纹。火山岩斑岩含有紫色晶粒，被用于拜占庭帝国的历史遗迹上，如圣索菲亚大教堂。拜占庭皇后被安排在紫色的房间生育子女，因此拜占庭皇帝的子女被称为"在紫色帷幕中出生的人"或"紫衣贵族"。染紫色的艺术是拜占庭皇室的秘密，在 1453 年君士坦丁堡陷落后遗失。

在中国，紫色也与皇室有关，著名的西安秦始皇陵兵马俑的一些装饰颜色也是紫色，北京故宫也曾叫作紫禁城。日本平安时代的一部小说《源氏物语》[①]的作者紫式部，其名字的意思是紫色。中国人的颜色汉紫中蓝多于红，不同于泰尔紫的红多于蓝。根据明朝科技史著作《天工开物》的记录，先用苏木煮水染成底色，然后再配上青矾或硫酸亚铁作为媒染剂，使颜色更容易附着。

现代化学和制药行业始于英国伦敦一位 18 岁学生的偶然发现。威廉·珀金是伦敦皇家化学学院的一名学生，在奥古斯特·冯·霍夫曼的指导下担任实验室助理。1856 年，他在实验室合成治疗疟疾的奎宁，因为疟疾一直是当时人类致死的重要病因之一，特别是在热带地区。在那个时代，奎宁只能从金鸡纳树的树皮中提取，而金鸡纳树主要生长在东南亚的种植园。在 1856 年的复活节假期，珀金在实验室内使用重铬酸钾氧化从煤焦油中提取的苯胺，然而他制造出的是黑色沉淀物。

这种黑色沉淀物用乙醇处理后，珀金在其中浸没一块丝绸，结果产生一种完美的紫色。这就是现代染料工业及现代化学工业的开端，他的发现被命名为苯胺紫。苯胺紫染料具有与泰尔紫几乎相同的色调，但饱和度更低，因此颜色较淡。在那个时代，所有的染料都是天然染料，提取自植物、动物和矿物。珀金无意中发现了替代"皇家紫"的一种紫色。1856 年，珀金获得染料制造专利。

---

①　物语即故事、传说之意，是日本的一种文学体裁，由口头说唱发展为文学作品。《源氏物语》以日本平安王朝全盛时期为背景，描写了主人公源氏的生活经历和爱情故事，作品成书年代一般认为在公元 1001 年至 1008 年间。

次年，在父亲及兄弟托马斯的帮助下，他开发染料制造工艺，采购原料，并与纺织制造商共同生产人类历史上第一种合成染料。

保守的苏格兰纺织制造商适应这种新染料的过程极其缓慢，因此法国纺织品制造商赢得了市场创新的主导权。当法国欧仁妮皇后在公共场合穿着苯胺紫染色的衣服后，珀金的事业开始取得突破性进展。英国维多利亚女王被打动，在女儿的婚礼上穿着苯胺紫染色的衣服，此后欧洲掀起了一波制造合成染料的热潮。苯胺紫染料于 19 世纪 60 年代发明，当时紫色在欧洲风靡一时。珀金在商业经营方面非常成功，然而在 36 岁时，他卖掉自己的公司，继续从事化学研究。1906 年纪念发现苯胺紫五十周年时，珀金被授予爵士头衔，他在 1907 年去世。图 8-3 为威廉·珀金爵士的照片，拍摄时他已是一位非常成功和富有的人。珀金奖章以他的名字命名，每年颁发给当年应用化学领域最成功的发明。该奖项每年都举行正式的庆祝晚宴，晚宴的参加者佩戴的领结通常不是黑色，而是淡紫色的，旨在纪念珀金的伟大发明。当然，已经难以再现当年珀金的紫色。在一次珀金奖章晚宴上，杜邦公司首席执行官爱德华·杰斐逊博士报告称，杜邦公司最好的化学家都不能精准复现当年的苯胺紫的色调。

图 8-3 威廉·珀金爵士

（授权复印 © 伦敦英国国家肖像馆）

苯胺紫曾有过短暂而辉煌的商业生命，其早期的成功激发一系列的后继者，他们进一步实施化学实验，生产出许多卓越的染料。尤其是在德国，许多大学和公司科研人员辛勤工作改进现有染料并发现新的染料。具有讽刺意味的是，英国是当时领先的合成染料发现并成功商品化的国家，但市场的领导地位很快被法国攫取，而最终染料行业研究和新染料技术开发的引领者是德国。

## 科学与技术：颜色

可见光是电磁波谱中人眼可以感知的部分，波长范围介于 4.0（紫色）和 7.5（红色）纳米之间。英国著名科学家牛顿发现三棱镜能够把太阳光光束分解成多种颜色，根据光的波长进行分解。这种分解是由于蓝色和紫色光束的波长较短，因此通过棱镜时比波长较长的红色和橙色光束偏折更大。任何特定的颜色是否能被表示为几种基本颜色的总和？德国伟大的诗人歌德仅在三原色的基础上提出最早的色彩理论，现代色彩理论是杨·亥姆霍兹三色理论。任何光束的颜色可以被认为是不同数量的三原色总和或相加。三原色理论具有生理基础。人的每只眼睛约含 1.2 亿个视杆细胞，给人以黑、白视觉，对弱光的黑白色特别敏感，还含有 600 万个视锥细胞为人提供色觉，形成"彩色"，并分成三种。第一种对波长较长的 570 纳米黄色光敏感，第二种对波长居中的 540 纳米绿色光敏感，而第三种是对波长较短的 440 纳米蓝色光敏感。把大量的三种类型颜色叠加形成白色，消除三种颜色即形成黑色。

目前有两种现代方法可制造颜色。一种称作加色法，原理是加入各种比例的红、绿、蓝；添加得越多，最终的光束越明亮。使用阴极射线管或发光二极管的电视或计算机屏幕，有三种磷光剂发出红、绿、蓝光：红光叠加绿光变成黄色光，进一步添加蓝光变成白光，把三种颜色的光线全部屏蔽即可产生黑色。另一种称作减色法，原理是利用吸收性的染料，如喷墨打印机通常使用包含三种颜色染料的油墨，分别是黄色、品红、青色；添加的越多，最终产生的颜色越深。不增加任何染料即可产生白色，而黑色可以通过添加大量的三种颜色的染料获得，但通常也只使用黑色油墨确保色泽。

　　合成染料最重要的特性是极其丰富的各种深浅色调以适应不同的品位，以及成本低至每个人都负担得起。多彩的服装从作为高贵强大的贵族专用的等级区分标志，逐渐演变为普通民众表达个性和个人品位的常见方式。当人类世界从单调缺乏色彩走向多姿多彩，每一个人都会受益，这也开启了通往其他合成材料的大门。由于一些合成染料的颜色比天然染料更加耀眼，人们在逻辑上认为也许可能合成其他人造材料，具有与天然材料截然不同或更好的性能。这种逻辑导致人们开始创立人工合成化学物质的现代工业，包括塑料、橡胶、纤维和药物等。纺织品的全球消费量约为 5 000 万吨 / 年，而使用的染料约为 75 万吨。

　　染料用于科学研究和医疗，是威廉·珀金发明的另一个重要成果。在显微镜下，生物试样的不同组织切片倾向于具有非常相似的颜色和透明度，因此很难识别和区分。组织学家开始使用染料对试样进行染色，并发现某些染料对细菌的附着力比对哺乳动物组织的附着力更强。这种选择性的染色有助于识别，并能够拍摄出清晰的人体中的微生物和细胞器的照片。1882 年，德国生物学家华尔瑟·弗莱明发现，可以在显微镜下精细地观察到细胞核中染色后的丝状物质，即染色体。如果没有适当的染料，根本不可能完成人类基因组草图的绘制。罗伯特·科赫采用甲基蓝染色的方法发现了结核杆菌，因此赢得 1905 年的诺贝尔生理学或医学奖。煤焦油衍生物在保罗·埃尔利希研究化学治疗的过程中起到至关重要的作用。他发现某些染料对细菌的附着力比对哺乳动物细胞的附着力更强，人类可以使染料更具杀伤力，致使细菌死亡。该方法基于选择性中毒的原理杀死细菌而非哺乳动物的细胞。现代医学已经研究出针对肿瘤的先进染料，然后使用高精度的激光束破坏肿瘤。

　　人们也把颜色和味道相联系，食物的颜色能够影响人对味道的感知。食物颜色用来让产品更具吸引力，甚至橙子和鲑鱼有时也会被染色。全球食品着色市场规模很大，并且在美国受到美国食品药品监督管理局的监管。目前，有一些被允许使用的天然食用色素，如焦糖、藏红花等，还有 7 种被许可的人工合成食用色素，包括给有些樱桃染上鲜艳色彩的食用色素"红色 40 号"。然而，合成染料的消费受到越来越多人的关注，人们正在致力于使用天然染料代替人工合成染料对食品等染色。

## 8.2.2 伟大建筑

在《吉尔伽美什史诗》的结尾，主人公已然获悉人类无法实现永生，他返回自己的家乡，讲出如下所述的话语：

> 这是乌鲁克的城墙，地球上任何一个城市也比不上。瞧那外壁吧，铜一般的光亮在阳光下闪耀。跨进那门槛瞧瞧，难以想象的古色古香，到那伊什妲尔居住的神庙看看，它无与伦比，任凭后代的哪家帝王！登上乌鲁克城墙，步行向前，环顾周围的城市，察一察那基石，验一验那些砖，那砖岂不是烈火所炼！检查其强大的基础，考察其砖墙，它是如何巧妙地构建，观察它包围的土地；棕榈树，花园，果园，辉煌的宫殿和寺庙，商店和集市，房屋，公共广场。

上述话语透露出乌鲁克城公民的自豪感，城中的伟大建筑是其他城市无可比拟的。这些建筑确实具有一些实用功能，然而其设计也让居民感到骄傲。它们的建造如此困难和造价昂贵，彰显出统治者的无比强大和成功。建造和维护这些公共建筑的城市执政官流露出无上的荣耀，高大的城墙还能将外敌吓阻在城门之外，让他们感到敬畏或谦卑，因此不敢袭击或挑战城内的统治者。

世界上许多地方均发现一些巨石阵之类的古老公共建筑，可能用于宗教、统治或葬礼等目的。位于现今土耳其东南的哥贝克力石阵建于公元前 11 000 年左右，巨型石柱和墙构成圆形和椭圆形结构，直径达 30 米。石柱表面刻着动物浮雕和抽象的象形图案，可能代表着神圣的符号。英国的巨石阵是欧洲著名的史前时代伟大建筑。巨石阵的主体由几十块巨大的立石柱组成，这些石柱排成几个完整的同心圆，大约建于公元前 3000 年，一些石头高达 7 米，建造成巨石牌坊，巨石做柱，上卧一巨石做楣梁。环形石柱群的直径达 120 米，巨石阵朝着东北方向，其中一块独立的鞋跟石（Heel Stone）可以在 6 月 21 日夏至这一天标记日落的位置。建造巨型建筑涉及开采巨大的石块并运到现场，然后竖起来，把横放的巨石吊起来放在上面。由于古代技术落后，完成前述工作相当困难。如果没有钢制工具、炸药、起重吊车和发动机等，即使是现代人在面对这些伟大建筑时也会心怀敬畏，更不用说古代的人。

世界七大奇迹是一系列著名的旅游景点，最早是在公元前 2 世纪，由腓尼基旅行家昂蒂帕克提出，主要是指地中海东部的伟大建筑。新七大奇迹中最古老的是埃及吉萨大金字塔，建造时间在公元前 2550 年左右。接下来的几大奇迹按时间顺序从古巴比伦的空中花园（公元前 6 世纪）到希腊罗德岛巨像（公元前 292～前 280 年），距今最近的是亚历山大灯塔（公元前 280 年）——具有引导船舶在海上航行的实用功能，而并非纯粹为了虚荣和荣耀而建造。这些伟大建筑涉及大块石材开采、运输和架设的技术。整体效果旨在让看到的人惊叹不已，留下深刻的印象，认为下令建造伟大建筑的统治者必定是伟大的领导者，拥有海量的资源，而且应该被服从和追随。

还有许多其他著名的伟大建筑，位于东部地中海地区以外，如波斯、印度、中国和美洲。现存最大的人造旅游景观包括中国的长城、印度泰姬陵、意大利罗马的圣彼得大教堂、英国伦敦的白金汉宫和美国旧金山的金门大桥等。

高塔和穹顶是最为雄伟壮观的建筑结构，旨在激发人们的敬畏之感，而不仅是作为一种建筑。在《圣经》故事中，招致上帝惩罚的巴别塔是人类骄傲的象征，以苏美尔和阿卡德传统金字形神塔的形式建造。于 848 年兴建的萨迈拉大清真寺宣礼塔，塔内有一个螺旋楼梯通往顶部，是目前保存最好的古代传统建筑之一。建造高塔的功能可能是为方便观察军队调动情况、发出远距离可见的信号、作为监狱，或者作为一个投掷石块或从顶部泼滚烫的油阻止攻击者的堡垒等。

印度传统的塔被称为佛塔，在中国则被称为宝塔，如西安大雁塔。在欧洲，高塔的传统在文艺复兴时期通过建造钟楼"复活"，如意大利威尼斯的圣马可钟楼和佛罗伦萨主教堂的乔托钟楼。现代的高塔包括法国巴黎的埃菲尔铁塔和美国纽约高达 380 米的帝国大厦。世界上的大量建筑都在争夺短暂维持的世界最高建筑的名声：马来西亚 452 米高的吉隆坡国油双峰塔、加拿大多伦多 554 米高的国家电视塔和迪拜 830 米高的哈利法塔。建造 50 层高的建筑能够符合功能要求且更加经济实惠，为什么人们还希望建造超过 100 层的摩天大楼？是为了虚荣和自夸，赢得吹嘘的权利吗？

穹顶具有容纳大批人在室内聚集的功能，而且通常从内部观看比在外部看更加令人印象深刻。英国诗人塞缪尔·泰勒·柯勒律治写道：

忽必烈汗敕令于上都，

建造富丽堂皇穹顶逍遥宫：

……

此响亮悠长的音乐，

我会在空中构筑穹顶的殿堂，

欢乐之穹顶、冰雪之窟充满阳光！

　　一座拱门结构设计为跨越门廊，一排拱门设计形成一个桶形穹窿跨越矩形空间；或者拱门旋转形成穹顶，跨越圆形空间。最简单的人造穹顶是树枝和稻草搭建的小住宅，如北美洲印第安人的圆顶棚屋或因纽特人使用雪块搭建成的圆顶小屋。迈锡尼的阿特柔斯国库也称作阿伽门农墓，是一个假穹顶或梁托，覆盖土丘。梁托由若干叠加的水平石块组成。最伟大的古代穹顶建筑是罗马万神殿，受罗马帝国哈德良皇帝委托，由大马士革建筑师阿波罗多拉设计，建成于公元 126 年。万神殿内部封闭的圆形空间直径 43 米：穹顶本身是在 22 米高的圆形支撑上的直径 43 米的半球形。四周圆形墙壁自基座部位达 6.5 米厚，由无钢筋加固的混凝土建造而成，穹顶正中有一个圆形大洞直径 8 米，面向天空开放。建设者必须解决技术上的最大难题是沉重的穹顶伸展和跌落的倾向。他们用 8 根巨大的圆柱加固穹顶解决了这一难题。在接下来 12 个世纪中没有任何建筑能挑战这一巨大直径的穹顶，但人们建造过一些小规模的穹顶。当东罗马帝国君主查士丁尼大帝于公元 537 年兴建圣索菲亚大教堂时，穹顶直径仅 32 米，据说他曾喃喃自语："所罗门[①]，我已经超过你。"伊斯兰教哈里发于公元 685 年在耶路撒冷建造圆顶清真寺，为木制穹顶镀上金叶。

　　意大利文艺复兴带来了超越古人和万神殿的新动力和雄心。佛罗伦萨市议会委托建造大直径穹顶的花之圣母大教堂，基座以上是各面都带有圆窗的鼓座，因此从很远处看更加显眼。他们反对扶壁支撑的概念，希望设计成塔顶部穹顶，但不知道是否可行。意大利建筑设计师菲利波·布鲁内莱斯基（Filipo Brunelleschi，1377～1446）接受过文学和数学教育，在丝绸艺术公会注册成为

---

① 所罗门是古以色列联合王国的第三任君主，其在位期间，把首都耶路撒冷建成圣城，成为犹太教的礼拜中心，也成为基督教、伊斯兰教奉的圣地。

匠师。他前往罗马与雕塑家多纳泰罗一起研究古代文物。布鲁内莱斯基多才多艺并取得了伟大的成就。1421 年，他设计的起吊机械被佛罗伦萨市议会授予第一个现代意义的专利权。

布鲁内莱斯基赢得新穹顶委托设计的评选，最初要求穹顶在地面以上 52 米且直径 45 米。他不能采用类似万神殿的低矮和巨大的扶壁作为底座支撑，因为他设计的穹顶基部需要呈八角平面形，使其更高，从远处看更为显眼。布鲁内莱斯基的解决办法是放置 8 根巨大的主肋，形成一个八角形抵制向下的推力，然后采用四侧的小礼拜堂和教堂中殿支撑。砖和砂浆砌成的八角形穹顶位于鼓座的顶部，呈卵圆形，因此高度大于宽度，产生更多的向下压力而不是向外延展。布鲁内莱斯基把 4 块沉重的石头和铁链环绕在穹顶周围，就像桶箍一样绕四周一圈箍住穹顶防止滑动。连同八角形灯笼式天窗，建筑高度达到 114 米（图 8-4）。

图 8-4　布鲁内莱斯基设计建造的佛罗伦萨大教堂的穹顶

无可见支撑的高耸入云优雅穹顶设计被认为是一项奇迹，并激发众多的追随者——1626 年正式落成的罗马圣彼得大教堂、1632 年开始建造的印度泰姬陵、1677 年在伦敦建造的圣保罗大教堂、1855 年铸铁穹顶的美国国会大厦……然而，直到现代的钢梁采用之前，佛罗伦萨穹顶直径的纪录从未受到任何挑战。钢梁的抗挠曲性能比石材和混凝土更好，因此可以承受更长的跨距。世界上第一个网格穹顶由瓦尔特·鲍尔斯费尔德于 1926 年在德国耶拿建成，后来巴克敏斯特·富勒继续进行改进。网格穹顶是一种表面的大圆网络交叉构成三角形和六边形的球体或半球体外壳，由轻质材料制成，形状可以是一个半球体到球体。当前最大的永久穹顶纪录是美国路易斯安那州的新奥尔良市的"超级穹顶"体育馆，直径达 207 米。

## 8.3 艺术

人类的最高愿望包括追求美丽、真理和智慧。我们关心增加物质财富和提高个人舒适度的发明，但也需要支持艺术和科学发展的发明创造，以提升个人的精神修养和增长见识。什么是博雅教育？古希腊神话中有九位缪斯女神[①]赋予艺术创造的灵感：三位司掌叙事诗、抒情诗和颂歌的缪斯女神，两位司掌悲剧和喜剧的缪斯女神，两位司掌音乐和舞蹈的缪斯女神，以及两位司掌历史和天文的缪斯女神，但没有专门司掌绘画、雕塑、哲学或数学的缪斯女神。中国帝制时代培养的学者需掌握四种艺术：书法、绘画、音乐和象棋。中世纪欧洲的学校课程包括"七艺"，即语法、修辞和逻辑三门学科及几何、算术、音乐和天文四门学科。

这些活动也可通过人们其他经常使用的技术得以实现。为了创作和保存文学作品等，我们需要记录在泥板文书或纸张上，印刷之后可在更大范围内传播，并且在图书馆和电子数据库有序放置以便访问。其他创造性的艺术和科学需要专门的发明来获得，如天文学和观察天体运行受益于几个世纪以来天文观测仪器和方法的不断改进：公元 2 世纪，古希腊著名天文学家托勒密的著作《天文

---

① 缪斯女神是希腊神话中主司艺术与科学的九位古老文艺女神的总称。缪斯女神常常出现在众神或英雄们的聚会上，轻歌曼舞，一展风采，为聚会带来不少的愉悦与欢乐。

学大成》讨论观测天空的诸多重要天文仪器；1400 多年后，伽利略发明望远镜观测天空并做出巨大的贡献。如果没有大量专门发明和技术的支持，绘画、雕塑的视觉艺术，以及音乐和戏剧的表演艺术不可能取得重大进步。

## 8.3.1 绘画与绘图

绘画、雕塑和建筑被认为是重要的视觉艺术。目前人类已知的史前时代艺术形式包括壁画和小型雕塑，最远可追溯至 5 万年以前。这些艺术创作可能作为神奇的狩猎辅助手段、精神和宗教的产物，或者仅仅是在漫长和寒冷的冬夜里享受美好事物带来的乐趣。

史前绘画大多是把一只干燥的颜料棒在表面上划动产生线条，创作出的图画仅包括颜料棒和表面，色彩可能不均匀。迄今发现的最古老的壁画是位于法国南部肖维岩洞中的壁画，距今大约 3.2 万年。然后是西班牙的阿尔塔米拉洞窟岩画和法国的拉斯科洞窟壁画，距今年代大约是肖维岩洞壁画的一半。洞窟壁画包括用黑色和棕色的矿物颜料在洞壁上画的直线。壁画展示了野生动物、羚羊、野牛、骆驼和人类的画像及手指印记。人手的图像被认为是通过把他们的手放在墙上作为图案模板，然后吐出口中所含的红赭石。许多其他著名的史前壁画，包括克里特岛上的克诺索斯王宫、中国敦煌莫高窟、印度阿旃陀石窟和埃洛拉石窟，以及从加拿大到南美洲巴塔哥尼亚地区的壁画。绘画往往勾勒初始的草图，并在此基础上完成更加详细的绘制。

不同材料特性的多种绘画与绘图方法经历了漫长的演化。绘画可以仅使用木炭或石墨棒在纸张的表面勾勒出简单的黑色线条。然而，如何绘制从淡灰色到暗灰色、黑色等不同色调阴影的线条？铅笔的发明解决了这个问题，以不同比例混合黏土和石墨，制成从非常黑的 6B 铅笔到普通的 HB 铅笔，然后再到非常浅色的 6H 铅笔。如今，铅笔芯被封闭在圆筒木杆中制造为传统的铅笔，并且在另一端添加橡皮擦使得校正更容易。彩色铅笔通过混合不同比例的颜料和黏土，然后包裹在木制圆筒形笔杆中制成。颜料也可以与许多其他类型的黏结剂混合，如混合阿拉伯树胶制造粉蜡笔，混合石膏制作粉笔，混合蜡制作彩色蜡笔等。当你拥有一盒 12 支彩色铅笔时，如何创作出一种介于红色和蓝色之间的颜色，如何给一块区域均匀上色，或者让一块区域左侧颜色较深，右侧颜色逐渐变浅？假如你认为某一条线是错误的，能否另画一条线或涂抹色彩覆盖？实心干颜料棒绘画难以克服这些问题，可以使用液体颜料解决。液体颜料通过研磨处理，以及与液态介质混合制成，如水或油。因此绘画者有可能在调色板或在地面上混合颜色，使其均匀分布在一条细线上或在一个较宽的区域内。在平整表面上绘画需要使用以下材料：

- 颜料：绘画时赋予颜色，可以是非水溶性颜料，或者是有机颜料或合成颜料。
- 介质：分散颜料的水或油，常使用黏结剂加强，改善对基底的黏着力；干性油具有固化形成厚层的组分。
- 绘画工具：上色的手绘工具可以是一支铅笔、蜡笔、木炭、粉蜡笔、刷子或油画刀等。
- 基底：表面或支持的基底材料，如莎草纸、羊皮纸、丝绸、纸张、墙壁、木板、帆布等；有时在基底材料上覆盖多孔底子，如石膏，以改善颜料的渗透性和黏附性。

湿壁画技法是指在墙面或天花板灰泥层上用水性涂料绘制。颜料与水混合，涂在薄层的潮湿灰浆或灰泥层上。水调和的颜料能够渗入吸收颜料的多孔湿石膏。颜料和石膏在 10～12 小时后干燥，与空气反应实现永久凝固。绘画者可通过一个单位颜料混合更多或更少的水，控制笔画的强度和饱和度。另外，也可以在涂画之前混合两种或多种颜料，产生不同阴影的色彩。如果出现需要被覆盖的错误，表面可以被粗糙化，然后涂抹第二层石膏并在干燥后开始绘画。最古老的壁画发现于希腊的克里特岛，其中包括著名的年轻男孩和女孩跳过公牛背的场景；印度阿旃陀石窟天花板和墙壁上的壁画可追溯到公元前 200 年到公元 600 年。庞贝古城许多著名的壁画和米开朗基罗在西斯廷教堂宏伟的天花板上绘制的壁画，都是采用湿壁画技法绘制而成的。

现代水彩画是一种极其流行的便携小幅画作的绘画手法，通常在纸或丝绢上绘制。水溶性的染料或不溶性的颜料分散在水介质中，与黏结剂混合，如阿拉伯树胶。阿拉伯树胶是取自非洲和阿拉伯地区金合欢树的一种食用胶，绘成的水彩画色彩透明，一层颜色覆盖另一层可以产生特殊的效果。如果绘画时出错，无法通过另一层掩盖错误之处，必须重新开始绘画。这种缺乏遮盖力的弊端可以通过水粉画法补救。水粉画也采用水调和黏结剂，但使用不透明粉末强化，如白垩或二氧化钛。当该介质用于绘制笔画时，可以在底层纠正表面和线条错误，由于粉末不透明，人的眼睛并不会观察到。水彩绘画是一种微妙而富有诗意的绘画方法，并非用于戏剧化的表达。著名画家丢勒和塞尚等人给我们留下永恒的水彩画艺术形式。中国画发端于中国书法，其中水墨画用毛笔蘸水墨在纸张或丝织品上绘画，就水墨画的绘画方法而言，植物的轮廓和茎叶是线条，叶片可采用泼墨技法绘成。

蛋彩画法是干石膏上的一种重要绘画方法，初现于古埃及石棺和木乃伊雕像。蛋彩画使用水溶性黏结剂介质研磨干燥的彩色颜料，介质通常是蛋黄、胶和油，然后涂敷在墙面上。蛋彩画在薄的半透明或透明层上涂抹后快速干燥——这使其有可能显示更高浓度的颜料，色彩明亮灿烂，远超出表面附着可实现的效果。蛋彩画的基底由性质稳定的意大利石膏混合兔皮胶制成，可将其涂在木板上用来吸水。蛋彩画尤其适合悬挂在墙面上的画板上作画，从拜占庭时期直到意大利文艺复兴时期一直都很流行。

油画给予艺术家额外的自由创作空间。著名绘画大师曾经留下许多伟大的作品，如波提切利和拉斐尔。通过添加树脂或干性油，油画颜料在暴露于空气后凝固成厚且坚固的一层，能够保留高浓度的颜料。油画颜料使用干性油调和稀释，特别是亚麻籽油，与空气反应后变成固体以便保持颜料并长期附着于表面。这种油画颜料最早于公元5～9世纪在阿富汗西部被采用，然后在中世纪的欧洲开始盛行。荷兰画家扬·凡·埃克（Jan Van Eyck）发明在木质画板上用油介质颜料绘画的方法，即油画。与水彩画大部分表面不上色不同，传统油画使用颜料覆盖每一寸的区域。一般认为，油画始于荷兰，流行于文艺复兴时期的意大利，最终成为欧洲的主要绘画手法。

早期油画以油作为介质调和研磨颜料，然后用画笔、调色刀和画布作画。作画的表面通常是亚麻布或棉布织成的画布，钉在被称作画框的木框上。画布的尺寸和厚度必须适中，以便能够隔离酸性颜料和画布纤维质。画布上涂一层兔皮动物胶（浆料），然后涂敷铅白或白垩底料。油画也有许多明显的缺点：油和松节油稀释剂具有可燃性、刺激性和难闻的气味，长达2～14天的干燥时间还会耽误出错后修改和后续层覆盖的时间。

丙烯颜料实际上是一种水性颜料，但具有油画颜料的诸多特性。除颜料和水之外，丙烯颜料还含有水溶性丙烯酸类树脂的乳液聚合物，以取代干性油。不需要石膏黏结在画布上，稀释通过添加水而不是松节油实现，易于涂抹。表面涂抹丙烯颜料后，水分蒸发，留下树脂和颜料在画布上形成厚层。因此，丙烯颜料具有与油画相似的鲜艳色彩和三维结构，但它不具可燃性和难闻气味。由于丙烯画干燥时间较短，可在很短的时间内修改错误并晾干。

观察模特和开始绘画等创造性工作开始之前，传统的画家还需要研磨并用水或油混合颜料，以及添加树脂或胶等。猪膀胱和玻璃注射器有时用于存储第二天需使用的额外颜料，因为可能难以重现完全一样的调和颜料。颜料管发明于 1841 年，从此颜料能够批量生产并在盖上盖子的锡管中出售。画家也可以买空管，然后装入制作的定制颜料。在现代颜料管中，管顶部有一个螺旋盖，通过底部进行填充，然后把底部合上并卷起。现今的绘画者可以在多种可重现颜色的颜料管之间做出快速选择。这对荷兰画家文森特·威廉·凡·高（Vincent Willem van Gogh）尤为重要，因为他喜欢在户外绘画。这些绘画技术发明给现代画家提供了无与伦比的绘画工具，远远超出绘制拉斯科洞窟壁画时的画家可用的画具。法国画家皮埃尔·奥古斯特·雷诺阿（Pierre-Auguste Renoir）曾说过，"如果没有颜料管，就不会有印象派画作。"

## 8.3.2　钢琴

当你走进一间客厅时，一架大三角钢琴映入眼帘，外观圆润而优雅，放置在观景窗旁边，你很可能会联想到房屋的主人拥有良好的社会地位和文化修养。主人必须能够承担得起一架钢琴高昂的费用和所占据的空间，某些家庭的子女可能会用很多年学习昂贵且耗时的钢琴课程；一家人可以聚集在钢琴旁歌唱，在客厅进行个人表演或与其他乐器配合演奏。现代钢琴是一个漫长的创新和发明过程的最终成果。

音乐和舞蹈是最古老的欢乐或悲伤的艺术表达形式，通常由数名表演者在很多观众或整个社区人群面前表演。原始人通过简单的音乐庆典表达自己的欢乐，通过哀悼表达自己的悲伤，整个过程的开端可能是有节奏的拍手或击鼓，伴随着舞蹈和队列的行进。后来，人们在音乐中加入旋律与和声，使音乐变得更加复杂动听。如今人类的音乐包含 3 个要素：节奏或节拍，如华尔兹的背景音乐的强弱节拍（ –..–..– .. ）；旋律或曲调，如"一闪一闪小星星"的旋律（do do so so la la so）；几个音符的叠加构成一个和弦，形成和声的效果，如大三和弦（do mi so）。

在古典神话中，乐器的发明和使用者是神。例如，赫耳墨斯发明的里拉琴是他用在尼罗河畔发现的一个干燥的乌龟壳制成的；阿波罗弹奏神圣的乐器里拉琴；半人半羊的"山林和畜牧之神"潘演奏一种常见的乐器排箫；大卫弹奏竖琴驱赶扫罗身上的恶魔；约书亚的号角吹倒耶利哥的城墙……

里拉琴或西萨拉琴的琴弦数量在 3～12 根之间。已知最古老的乐器是在德国西南部一个岩洞中发现的骨笛，距今已有 3.5 万年。这只由秃鹫骨头制成的骨笛有 4 个按孔。苏美尔和阿卡德地区发掘的第一批城市中发现了笛子、号角和鼓等乐器。壁画和物品上的绘画中描绘出竖琴和里拉琴的形象，埃及古墓壁画也展示了很多种乐器。柏拉图认为，音乐是古希腊教育中产生最重要影响的学科之一，因为音乐能够塑造人的灵魂和品格。

孔子说过，"兴于诗，立于礼，成于乐"，意思是修身当先学诗，礼所以立身，乐所以成性。古人认为，好的音乐可以保证社会秩序井然，而坏的音乐会给国家带来危险。中国最早的诗歌集是《诗经》，可追溯至公元前 1100 年，其中一首诗名为《关雎》，其中写道：

> 关关雎鸠，在河之洲。
>
> 窈窕淑女，君子好逑。
>
> ……
>
> 窈窕淑女，琴瑟友之。
>
> ……
>
> 窈窕淑女，钟鼓乐之。

中国古代的琴是附有弦马的（类似于横杆穿过指板的吉他）七弦长乐器；瑟是未附有弦马的（无横杆，类似音调可连续改变的小提琴）琴，有 25 根弦，按五声音阶定弦；此外还有钟、鼓等乐器。

乐器按振动元件的不同可以分为：

- 弦乐器：通过拨动、拉弓、锤击引起弦的振动发声，如竖琴、小提琴或钢琴。
- 管乐器：通过吹奏引起空气柱振动发声，如木管乐器（笛子、双簧管等），铜管乐器（如小号）和风琴。
- 打击乐器：通过敲击或打击产生振动，如钟、鼓、钹、木琴等。

## 音符

音乐的音高是指在空气中的振动频率。例如，A（或 la）音符的频率是 440 赫兹或 440 次振动/秒。音高加倍或减半时，我们可以识别出它们是相同的音符，但分别是高或低"八度音阶"，如 110、220、440、880 和 1 760 赫兹。钢琴键盘由 88 个键组成，分为 7 组八度音阶：第一个八度音阶的音高最低，第四个居中。从第二个至第四个八度音阶属于男声范围，从第三个到第五个八度音阶属于女声范围。人耳通常对第五个至第七个八度音阶的声音最为敏感，这也是音乐旋律中小提琴、笛子和高音乐器主导重要性的部分原因。伽利略意识到琴弦振动的音高取决于琴弦的长度 $L$，张力 $T$ 和密度 $\rho$，以如下公式表示：$v = (\pi/L)\sqrt{(T/\rho)}$。因此，为了使音高上升，可以增加琴弦的张力，降低琴弦的重量或缩短琴弦的长度。一把小提琴有 4 根弦，分别调整到 G3、D4、A4 和 E5——数字表示相关的八度音阶。由于小提琴的 4 根弦长度相同，它们被设计为通过松动和上紧高 E 弦调音。演奏小提琴时，按压并在弦上滑动手指使弦变短，从而振动频率可以从 E 到 F 和 G 弦连续变化，并依此类推。吉他还有定音的金属琴品，帮助手指找到正确的 E 和弦长度，但不能实现 E 和 F 和弦之间的任意长度。钢琴琴弦的长度是固定的。

响度与引起耳膜振动的声波振幅有关，衡量单位是分贝（dB）。我们通常暴露于 0～120 分贝的响度环境下，其中 0 分贝是人耳几乎难以察觉的，而 120 分贝相当于喷气式飞机起飞时的噪声，接近疼痛阈值的声压水平。

音色又名音品，涉及音波的复杂性。琴弦振动时不仅产生最低的基本音符，还包括大量的"高次谐波"，其频率是基本音符频率的 1 倍、2 倍、3 倍……德国科学家赫尔曼·冯·亥姆霍兹发现复杂和声的音品取决于包络谐波的复杂性。笛子吹奏的声音听起来更"纯粹"，是因为主要由单波构成；而双簧管吹奏的声音听起来更加尖细和生动，是因为它有一组更加丰富的泛音。

乐器振动在空气中产生声波，声源振动带动相邻的介质质点，使之交替进行压缩和膨胀运动，最后传递到听众的耳朵形成音乐。人类认识并区分音符主要依靠三个属性：音高、响度和音色。

音乐需要旋律。旋律指若干音符形成的有组织、有节奏的曲调，如 do-do-so-so-la-la-so 是"一闪一闪小星星"的旋律。音乐还需要若干音符在同一时间作为二重奏或四重奏的和声。当两个音符同时发声时，发出的声音是和声还是杂音？伟大的古希腊数学家毕达哥拉斯称：当两个音符频率之间的比率为小的整数时，发出的声音和谐悦耳。例如，2/1 被认为是相同音符，单调且缺乏变化，3/2 是 do-so，被视为完美的和音。我们可以通过添加其他音程使一组音调更加丰富，如 4/3、5/3 和 5/4，这些被视为是不完美的和音。当我们考虑更高的比率，如 13/7 时，发出的声音变得刺耳且不和谐。因此，如果只有数个音符，音乐更加和谐但单调；如果我们使用更多的音符，音乐会更丰富但不那么和谐。一个八度音程需要多少音符使音乐既丰富又和谐？经历几个世纪的演变，现代西方音乐的主要音阶包括 5 个音符的五声音阶（如钢琴上所有的黑键），7 个音符的七声音阶（如钢琴上所有的白键，分别命名为 C、D、E、F、G、A 和 B 音），以及 12 个音符的半音音阶（如白色和黑色键，分别表示为升半音♯和降半音♭）。

作曲家可以采用任意主调谱写一首乐曲，如 D 调或 G 调，但表演者能够变调以另一个主调演奏。如何给钢琴调音，让音符尽可能和谐悦耳，同时仍可以通过变调演奏音乐？最好的和声是通过毕达哥拉斯的 3/2 比率定音律的五度相生律，重复该音律直到我们拥有所有的音符。这种方法的问题在于，越来越高的音符会越来越不和谐，尤其是变调的时候。一种折中的方法是十二平均律，一组音分成 12 个半音音程的律制，各相邻两律之间的振动数之比完全相等，行进 12 次，乘 2 就是一个八度音程。因此，每个单独半音都是 $2^{1/12} = 1.059\,463\,1$。如今钢琴就是按十二平均律确定各键音高，所以变调非常容易。这种方法的缺点是没有任何一个音在严格意义上是和谐的。例如，C 音到 G 音的频率比为 $2^{7/12} = 1.4983$ 而不是 3/2 = 1.5。这个错误不太明显，因为大部分人没有完美的乐感，但有完美乐感的人可能会感到困惑。毕达哥拉斯可能会对此感到失望，因为他认为音乐天籁般的和谐必须完美无瑕。

大多数乐器一次只能奏出一个音符，如笛子或小号，因此旋律是一组音符的序列。这些乐器通常不用于独奏，因为不能同时产生若干音符构成和声或复杂的多声部音乐。某些乐器一次可同时奏出两个音符，如拨动竖琴的两根琴弦或以两个木槌敲击木琴。键盘乐器可以使用 10 根手指同时弹奏出多达 10 个音符，模拟多种乐器的管弦乐队的复调与和声或合唱团从高音到低音。键盘乐器适合独奏，或者给其他乐器或歌手提供伴奏。

在欧洲文艺复兴时期，最重要的键盘乐器是小型合奏乐团的楔槌键琴（击弦古钢琴）、羽管键琴（拨弦古钢琴）及教堂的管风琴。每种乐器都具有独特的方式处理琴弦或音管的振动触发，音高、音量与持续时间等问题。管风琴由众多不同长度的音管组成，如长度为 16、8 和 4 英尺。管长则是决定音高的要素。当管风琴的演奏者手指向下按压键时，来自风箱的气流进入音管振动发声，音量大小则取决于风箱的压力。只要手指继续按压在键上，声音继续而音量不变，但手指移开后，风不再吹入音管，声音则停止。所有从同一个风箱供给气流的音管具有相同的压力，因此发出的音量类似。所以，管风琴把音量从轻声变到大声并不容易。

楔槌键琴又称小键琴，振动琴弦连接至音板。每个琴弦的音高通过琴弦长度、每根琴弦的重量及调整琴弦张力的调音控制。当琴键被按动时，锲槌或拨子随着远端的顶杆上升而去敲击琴弦。楔槌键琴敲击使用的三角形金属小片称作"切线"，它敲击琴弦，并且当琴键被持续按压时不断地触击琴弦。手指触键的力度越大，发出的音量越大，但楔槌键琴的音量较弱，在喧闹的管弦乐队演奏时很难听到。楔槌键琴有全弦固定制音器，因此按下琴键时，琴弦振动不受限制，但放开琴键时制音器下降，控制琴弦使其停止振动发音。

羽管键琴又称大键琴，每根琴弦都有一个羽毛管或硬皮拨子，向上抬起拨动琴弦。羽管键琴的音色清脆明亮，但音量单薄，对指触的力度变化反应甚微。人们不能通过手指触键直接改变音量和音色，无法从洪亮清晰的高音过渡到柔和低音，因而不能表达出丰富的情绪变化。在情绪的高潮部分，演奏者只能够加快弹奏速度，而不是使声音变得响亮！

楔槌键琴和羽管键琴只能在贵族乐室中面向少量观众展示，不适合在大型的现代音乐厅中演奏。浪漫主义时期（约公元 1750～1900 年），中产阶级开始崛起，他们的财富不断增加，影响力日益增强，因而开始参加音乐厅举办的大型公共演唱会，而不是小型贵族沙龙聚会。一把小提琴不够响亮，则可以在管弦乐队中安排 10 或 40 位小提琴手。管弦乐队规模持续扩大，然而，现有的键盘乐器的音量已经不能满足更多观众和更大音乐厅的发展趋势。因此，我们需要一种键盘乐器，可以同时演奏很多音符，拥有足够宽广的音域范围，与大型现代交响乐队相抗衡。钢琴作为键盘乐器由此诞生。钢琴能够演奏出复杂的和声，同时也拥有类似于小提琴演奏时而响亮、时而柔和的音乐。

巴托罗密欧·克里斯多佛利（Bartolommeo Cristofori）出生于意大利东北部城市帕多瓦，是一位羽管键琴乐器制作师。他前往佛罗伦萨为托斯卡纳的王子斐迪南三世·德·美第奇工作，即"伟大的洛伦佐"的王位继承人。王子拥有 40 台羽管键琴和斯皮耐琴，聘请克里斯多佛利照看他的乐器。1700 年，克里斯多佛利发明了世界上第一架钢琴，他将其称作具有"强弱音变化的钢琴"——可以演奏强弱音的一项新发明。我们关于这项发明的大部分信息源自威尼斯杂志《意大利文学季刊》（Giornale de' Letterati d'Italia）的出版商西比翁·马菲（Scipione Maffei）于 1711 年发表的一篇文章。马菲指出，

> 每一位音乐爱好者都知道，音乐演奏艺术取悦听众的重要秘诀之一就是柔和与响亮音色的交替变化。也许是一首主旋律及其伴奏，或者可能音调被巧妙地逐渐减弱，然后突然从一下敲击键盘开始一举返回到激情澎湃的状态——演奏家经常使用这一演奏技巧，并且在罗马

的大型音乐会上取得巨大的成功。

　　现今，在所有的乐器中，弓弦乐器的表现最好，能够展现出音调的多样性和富于变化，而羽管键琴完全无法实现这一点。人们也许认为制作一台可以如此演奏的乐器是毫无意义的空想。然而，出生于帕多瓦的克里斯多佛利先生，作为托斯卡纳王子殿下雇用的羽管键琴演奏者，竟然在意大利的佛罗伦萨制作出如此大胆的发明……发出更响亮或更低沉的声音取决于演奏者对琴键按压力度的变化；通过调节按压力度，不仅可以发出响亮和柔和的音，还能够实现音乐的层次和多样化，就像是一架大提琴。

克里斯多佛利发明的第一架钢琴有 49 个琴键，既没有支架也没有踏板。克里斯多佛利宣称钢琴是他发明的知识产权，但他并未申请专利。3 个世纪前，专利权已授予佛罗伦萨的意大利著名建筑师菲利波·布鲁内莱斯基。马菲在文章中介绍了这件新的乐器，包括结构图解。这篇文章在西欧广泛传播，很多工匠都据此制作钢琴。那么，为什么克里斯多佛利授权发表这篇文章，让竞争对手可以复制他的发明而无须支付任何专利费用或特许费？或许是因为那个时代的专利法仅涵盖托斯卡纳地区，对其他地区不产生任何效力。或许是他更希望得到赞誉和名声而不只是金钱，因为他在为一位慷慨的王子工作，收入有保障。克里斯多佛利在单个顾客有需要或委托生产时，一次只能制造一架钢琴，手工制作过程极其辛苦，因而无法实现大规模批量生产。不过，克里斯多佛利还是因为这项发明在欧洲赢得了声誉。

克里斯多佛利制作的钢琴采用琴槌击打琴弦发音，代替了过去拨弦古钢琴用动物羽管拨动琴弦发音的机械装置。每个琴槌外包覆鹿皮毛毡，悬挂在架子上。手指按下琴键时，琴槌便会向上击打琴弦，然后稍微回调，避免限制琴弦振动。同时，琴弦上的制音器抬起，从而在琴键按下时不会妨碍琴弦的振动。然而，放开琴键上按压的手指时，制音器下落消除声音。钢琴的琴弦必须能够防止走调，这需要更大的张力。克里斯多佛利采取与羽管键琴相同的琴弦长度，但利用更重的琴弦来承受较大的张力。过去的音板使用柏木制造，但后来钢琴制造商转向更好的材料云杉。克里斯多佛利每个音符采用两根琴弦，琴弦由金属制成，如铜和钢。他在 1722 年制造的一架钢琴目前保存在罗马的博物馆，外观普通且没有装饰，非常像不超过四个八度的羽管键琴，也没有踏板。

钢琴制作技术持续发展，今天的钢琴功能丰富多样且性能强大。现代钢琴有三个踏板，赋予弹奏者对钢琴演奏更大的控制权。钢琴踏板似乎在英国发明并于 1780 年左右传到德国，并使著名音乐家沃尔夫冈·莫扎特感到欣喜。在平台式钢琴中，右踏板，也称延音踏板，设计为扬起压在琴弦上的制音器，使所有琴弦能够自由震动。左踏板，又名柔音踏板或弱音踏板，踩下柔音踏板时，琴槌会立刻向右边推移 1 英寸（2.54 厘米），因此对于两根或三根琴弦发音的音符，琴槌只会击打在一根琴弦上，使音量减少。弱音踏板装置由克里斯多佛利发明，但在添加踏板之前，手动进行操作。中踏板，也称选择延长音踏板，可以选择性地扬起弹下并保持的琴键的琴弦制音器，因此所弹的琴键会继续延音，其他键不受影响。如果钢琴需要更大的音量，解决方法是采用更大的琴弦张力下增加琴弦重量，所以木框无法满足要求。1820 年，威廉·艾伦（William Allen）和詹姆斯·托姆（James Thom）引入的铁框琴弦能够承受更大的琴弦张力，具有更高的尺寸稳定性。亨利·施坦威（Henry Steinway）于 1859 年研制出跨架琴弦，低音弦斜跨于高、中音弦之上，缩短了钢琴的长度。

巴洛克时期[①]，维瓦尔第和巴赫等数位作曲人为羽管键琴和古钢琴谱写乐曲。进入古典主义音乐时期[②]后，出现了钢琴，它让羽管键琴和古钢琴这两种乐器黯然失色。1736 年，德国德累斯顿钢琴制造商戈特弗里德·希尔伯曼向约翰·塞巴斯蒂安·巴赫展示了一架钢琴，巴赫看后称它是一种不合适的乐器。希尔伯曼钢琴经过改进后，被赠送给腓特烈大帝[③]，腓特烈大帝当时已购买了 15 架大钢琴。1747 年，巴赫前往波茨坦拜访腓特烈大帝，腓特烈大帝向巴赫展示改进后的钢琴，并给了巴赫一个赋格曲[④]的主题，随后巴赫写出了他的杰作《音乐的奉

---

① 巴洛克时期是西方艺术史上的一个时代，大致为 17 世纪。

② 古典主义音乐时期指 1730~1820 年这一段时间的欧洲主流音乐，又称维也纳古典乐派，其音乐类型更加世俗化、专业化、定向化。

③ 腓特烈大帝即腓特烈二世，普鲁士国王，是欧洲开明专制和启蒙运动的代表人物之一，被公认为是欧洲历史上最杰出的军事统帅之一。

④ 赋格曲是复调乐曲的一种形式，建立在模仿的对位基础上，后由巴赫丰富了赋格曲的内容，力求加强主题个性。

献》（*Music Offering*）。现在键盘作曲家可以借助钢琴和标记强音的方法来谱曲，他们使用声音渐增和声音渐弱符号来表示乐曲从哪里开始声音渐渐增强或减弱。后来，钢琴功能变得越来越强大。奥地利作曲家海顿（1732～1809）以往习惯于使用羽管键琴谱写他的交响曲，但从 1791 年开始，他使用钢琴演奏交响曲。莫扎特也跟着海顿使用钢琴，谱写了很多钢琴曲。

18 世纪末期，西欧和北美地区也出现倾向于钢琴的转变。1771 年，28 岁的托马斯·杰斐逊准备结婚，他向代理人发去了一份要在欧洲购买的物品清单。他写道：

> 我必须修改一下清单中的一件物品。我原来想买的是古钢琴，自从我见到强音钢琴后，就深深为它吸引。请为我购买强音钢琴，不要购买古钢琴。钢琴外壳要用高品质实心桃花心木制作，不要胶合板，音域要从重 G 调到高音 F 调，另外提供大量备用琴弦。这个乐器是为我的夫人购买的。

路德维希·范·贝多芬（Ludwig van Beethoven，1770～1827）的乐曲演奏方式更富情绪化，如同暴风骤雨一般，而钢琴就非常适合这种演奏方式。贝多芬的动感乐曲是他使用钢琴替代羽管键琴和古钢琴的主要因素之一。贝多芬创作了 32 首独奏钢琴奏鸣曲、10 首钢琴曲和小提琴奏鸣曲，以及 5 首钢琴和大提琴奏鸣曲。此外，他还创作了 1 首小提琴协奏曲和 5 首钢琴协奏曲。贝多芬乐曲若在羽管键琴上演奏，听起来感觉非常不舒服，他的乐曲需要在钢琴上演奏，因为钢琴的音域非常之广。贝多芬尤其喜欢 1818 年制作的拥有 6 个八度音程的布罗伍德大钢琴。

这也是音乐在西方世界变得越来越重要的一个时期，音乐家的地位从仆人上升为超级明星。当音乐大师弗朗兹·李斯特（Franz Liszt，1811～1886）到来后，就很少有人提起羽管键琴和古钢琴这两种乐器了。李斯特在巴黎举办音乐会时，他把几根琴弦弹得走调，又弹断了几根，音乐会不得不暂停，更换琴弦，校准音调。亨利希·海涅（Heinrich Heine）在 1844 年这样描述李斯特，"他来了，埃拉德钢琴的匈奴王，上帝之鞭，它们听到他到来的消息时浑身颤抖，它们在他的双手下挣扎、流血和哀号。"爵士钢琴家的出现，为钢琴的历史掀开了另一页辉煌的篇章，他们是贝西伯爵、戴夫·布鲁贝克、斯科特·乔普林、纳·京·科尔、艾灵顿公爵和乔治·盖希文等人。

钢琴是今天使用最广泛的一种乐器，它可以作为独奏乐器、歌唱伴奏乐器，是室内乐的一部分，还是钢琴协奏曲中交响乐团的重要组成部分。乔治·萧伯纳写道，"钢琴是所有乐器中最重要的一种；它的发明之于音乐，如同印刷的发明之于诗歌。"钢琴成为优雅的社会行为的标志，也构成社会生活不可或缺的一部分。随着欧洲和北美洲中产阶级家庭变得越来越富有，他们把更多时间花在文化教育方面，把钢琴视为社会地位提高和向上晋升的标志。很多家庭把钢琴摆放在客厅，又送他们的子女去学习钢琴，以展示他们达到一定的文化生活水平和社会地位。曾经，女性学习钢琴，是因为钢琴弹奏是婚姻标准的一部分，在家弹奏乐器是家庭娱乐的形式之一，尤其是在周末和假日期间。

在早期，只有富人和贵族买得起钢琴，而钢琴制造厂的规模也很小。在那个贵族时代，钢琴是需要定制的，客户必须事先把他们的特殊要求告诉钢琴制造商。由于价格昂贵，开始时很少有人购买，从 18 世纪 60 年代开始，钢琴才为更多人接受，这是由于当时经济繁荣发展且钢琴价格走低，使得更多人有能力购买。约翰内斯·楚姆佩（Johannes Zumpe）第一次把钢琴设计为通用乐器，而非宫廷中的一种装饰。这种钢琴的定价是 16～18 几尼 ①，约为上好羽管键琴价格的 1/3。它设计简单，质量可靠。当时有人写道，"有键乐器很少进入英国家庭，但几乎每个英国家庭都有一架楚姆佩钢琴，这种钢琴在法国一样受欢迎。总之，楚姆佩制造的钢琴总是供不应求。"

资产阶级时代的钢琴制造商按照标准设计制造大量钢琴，然后从库存中取出销售。英国伦敦的羽管键琴制造商约翰·布罗德伍德于 1780 年出售第一架方形钢琴，1785 年出售第一架三角钢琴。他的客户分为两大类别：①贵族和绅士构成的老主顾；②与走进位于大普尔特尼街展厅的顾客进行的偶然交易。偶然交易的对象包括新中产阶级和渴望效仿精致生活方式的人们。

19 世纪初，英国一架优质三角钢琴的价格约为 84 英镑。1854 年，在纽约，施坦威方形钢琴的售价达 550 美元，而当时熟练工人的年平均工资在

---

① 几尼一般指畿尼，是一种英国货币。1 畿尼 =1.05 英镑 =21 先令。

625～1 000 美元。通过高端钢琴制造商的推广营销及商业钢琴制造商激进的销售方式，钢琴的销量从 1869 年的 2.5 万架增加到 1910 年的 35 万架。金博尔（Kimball）提出分期付款购物的方法，而邮购的方法由西尔斯、罗巴克和蒙哥马利沃德等零售公司引入。制造商向市场投放广告宣传：钢琴在农场主的草原上，在矿工的小屋里，在渔夫的木屋里，在有教养的机械师位于繁华城镇整洁的房屋内，声称一架钢琴能够"提升住房的档次，熏陶自己的子女，就像壁炉前透射的阳光一样照亮每一天的生活"。钢琴制造商，如施坦威，通过出售高端钢琴提高声望和做广告，然而依靠大量出售给中产阶级的低端钢琴赢取更大的利润。

　　钢琴一直在中产阶级家庭中保持主导地位，直到后来广播和录音技术的发明，使得投入更少的时间和金钱被动享受音乐成为可能。1900 年，自动钢琴问世，演奏器用打孔纸卷操纵，类似提花织机。不久之后，爱迪生发明了留声机，并在第一次世界大战之前开始流行。接下来，20 世纪 20 年代发明的收音机成为重要的家庭娱乐形式。1930 年前后，世界经济大萧条期间，钢琴的销售量急剧下降，许多制造商关门停业。20 世纪 80 年代被广为认可的电子键盘对钢琴制造行业造成又一次沉重的打击。电子键盘最初被认为无法替代钢琴的音质，但价格更便宜、使用更灵活，而且能够模仿很多种乐器，更适合演奏流行音乐。结果，如今原声钢琴的销售回归高端市场，以比数十年来更高的品质和成本赢得市场。现在钢琴经常出现在更富裕和受过良好教育的中产阶级家庭中，当代的许多父母认为钢琴课程能教给他们的子女更加专注和自律，开启一扇通往古典音乐的大门。钢琴继续"享受"上等社会地位，因为与广播和电视被动的娱乐相比，钢琴的学习和练习需要专注和自律。美国豪华住宅开发商托尔兄弟公司发布的杂志广告经常展示客厅有三角钢琴的照片，不过如今的钢琴已不再拥有家庭音乐的垄断地位。

## 参考文献

Bailey, J. and D. F. Ollis. "Biochemical Engineering Fundamentals", McGraw-Hill, New York, 1977.

Beer, T. "The Mauve Decade: American Life at the End of the Nineteenth Century", A. A. Knopf, New York, 1926.

Blom, E. "The Romance of the Piano", Da Capo Press, New York, 1969.

Gaines, J. R. editor, "The Lives of the Piano", Holt, Rinehart and Winston, New York, 1981.

Garfield, S. "Mauve: How One Man Invented a Color That Changed the World", Norton, New York, 2000.

Good, E. M. "Giraffes, Black Dragons, and Other Pianos: ATechnological History from Cristofori to the Modern Concert Grand", Stanford University Press, Stanford, CA, 2001.

Huizinga, J. "Homo Ludens: A Study of the Play-Element in Culture" (translation of German edition 1944), Routledge, London, 1949.

Johnson, H. "The Story of Wine", Mitchell Beazley, London, 1989.

King, C. J. "Separation Processes", McGraw-Hill, New York, 1980.

Kladstrup, D. and P. Kladstrup. "Champagne: How the World's Most Glamorous Wine Triumphed over War and Hard Times", Harper Collins, New York, 2005.

Kottick, E. L. "A History of the Harpsichord", Indiana University Press, Bloomington, IN, 2003.

Liger-Belair, G. "Uncorked: The Science of Champagne", Princeton University Press, Princeton, NJ, 2004.

Loesser, A. "Men, Women and Pianos: A Social History", Dover Publications, New York, 1954.

Mazzeo, T. J. "The Widow Clicquot: The Story of a Champagne Empire and the Woman Who Ruled It", Harper Collins, New York, 2008.

McGrayne, S. B. "Color and W.H. Perkin", "Prometheans in the Lab", McGraw-Hill, New York, 2001.

Parakilas, J. editor, "Piano Roles: Three Hundred Years of Life with the Piano", Yale University Press, New Haven, CT, 1999.

Phillips, R. "A Short History of Wine", Harper Collins, New York, 2000.

Sachs, C. "The History of Musical Instruments", W. W. Norton & Company, New York, 1940.

Shreve, R. N. "Chemical Process Industries", McGraw-Hill, New York, 1967.

Smits, A. J. "A Physical Introduction to Fluid Mechanics", John Wiley & Sons, Inc., New York, 2000.

Stanier, R. Y., M. Doudoroff, and E. A. Adelberg. "The Microbial World", Prentice-Hall, Englewood Cliffs, NJ, 1963.

Wang, D. I. C., C. L. Cooney, A. L. Demain, P. Dunnhill, A. E. Humphrey, and M. D. Lilly. "Fermentation and Enzyme Technology", John Wiley & Sons, Inc., New York, 1979.

# 第 9 章
# 未来的挑战

自 200 万年前的石斧出现以来的诸多发明让人类受益良多，使人类有能力掌握特别的技巧，使劳动更富成效，在食物、居所、健康安全、交通和信息等方面满足人类的基本需求，改善人类的生活水平。近些年来，"我们用数字多媒体播放器替代了磁带录音机，用全球定位系统替代了地图，用手机替代了付费电话，用电子计算机断层扫描（CT）替代了二维 X 射线透视，用电子书替代了印刷本，用电脑替代了计算尺，诸如此类，不胜枚举"。这段话是《站在风暴之上》报告里描述的，过去几十年"前进的步伐"非常惊人，使得很多人期望即便这种趋势不再加速，也会维持下去，出现了许多紧迫的需求及长期的需求需要解决，也产生了许多由科技进步带来的新机遇。新形势要求研究人员不要沉溺于已有的成就，要更加努力地工作，产出更多的成果。发明严重依赖于对教育和研究方面的社会投资，然而，有迹象显示，这方面的支持在趋紧，不足以满足我们的期望。

## 9.1 未来的需求和机遇

人类的哪些需求优先度最高、最值得研究？哪些前沿科学研究最有可能产生新的发明？发明是由技术领域的专家完成的，面向有着特定需求的社会利益。掌控教育与研究资助的政府与商界领袖需要检视这些需求，在考虑其预算规模的前提下，明确哪些发明需要优先解决。

### 9.1.1 市场拉动的需求

当今世界，急需解决的问题是什么？让我们从联合国开发计划署（UNDP）的人类发展指数（Human Development Index，HDI）说起。人类发展指数用三个指标来衡量各国人口生活质量：

①人口健康与寿命，用出生时的预期寿命来衡量。

②教育与知识，用成人识字率和综合入学率来衡量。

③生活标准，用人均 GDP 来衡量。

在这些生活质量指标方面的改进需要新的发明和技术。

人们都期望健康长寿，而疟疾、艾滋病及其他传染性疾病、抗药微生物等都对此构成威胁。在发达国家，主要的"杀手"，如中风、癌症、心脏病及肺部疾病。比尔及梅林达·盖茨基金会（Bill and Melinda Gates Foundation）发起的"全球健康大挑战"（Grand Challenges Global Health）计划提出了七大目标：改进疫苗、开发新疫苗、控制昆虫媒介、改善营养、降低抗药性、治疗传染病，以及完善衡量健康状况的方法。长寿也带来新的问题，老龄人口的生活质量变得更为重要。

维持生命延续最重要的基础资源是食物、水和能源。即便化肥和新的作物品种可使土地单产达到以前的 4 倍，我们面临的压力也不会减轻多少。随着人口增长及收入增加，人们对资源消耗的规模越来越大，在膨胀的人口和需求与源于新发明的不断增加的资源间，人们永远保持着马尔萨斯人口论的"步伐"。淡水在许多贫瘠的国家变得越来越稀缺，由于全球变暖，这一问题越来越尖锐。目前，主要的解决方案是从丰水地区向贫水地区调水。我们知道如何淡化苦盐水和海水以供饮用，但淡化工艺成本很高，无法满足灌溉和日常生活的需求。我们正在快速地耗竭煤炭、石油和天然气等无法再生的化石能源，未来需要通过生物质能、风能、太阳能、水能、核能等可再生能源实现丰富的、廉价的能源供应。这些新的能源供应也会带来需要解决的新问题。

大自然的"狂暴"给人类带来许多突如其来的地质灾害，如海啸、地震、火山喷发、飓风、河水泛滥等。在可见的未来，这些地质灾害可能由于威力巨大而无法被控制，最好的解决方案是早期预报和监测，以在灾害来临前做出预警并向安全区疏散人群。更为可怕的是，这些灾害所造成的破坏与大自然的长期变化所带来的破坏相比显得微不足道。降水格局的变化导致干旱和洪涝，让绿洲变为沙漠；海平面上升使得一些国家和海洋岛屿的低地没入海水。地质工程学能够提出一整套思路，采用低成本方法减少二氧化碳排放以降低全球变暖水平。这些思路包括在地球轨道上部署镜面以散射部分太阳光，向大气中喷射硫人工制造云朵，或者使海洋更肥沃让浮游生物大量生长，通过光合作用吸收二氧化碳。这些思路同时也可能给环境带来巨大问题，需要小规模实验和严格监测。

最为现实的威胁可能还是来自人类活动本身，如恐怖分子获得核武器在大城市引爆。除保护我们不受核威胁的安全需求外，还有一类安全需求，保护我们避免被黑客侵袭，确保国家安全设施、金融机构设施及个人账户的安全等。

我们已经用许多方式改变环境，但也可能导致灾害发生。人们最早对环境的担忧是关于水和空气污染，环境里可能充斥了杀虫剂、微量金属、化学诱变剂和强电离辐射。我们也扰乱了许多地区的自然生态系统，破坏其可持续性和生物多样性。臭氧层空洞这样的问题相对易于处理，禁止使用氯氟烃化合物就可以见到成效。通过控制温室气体排放解决全球变暖问题则成本巨大，且可能具有破坏性，期待出现新发明来解决。

有时，今天的解决方案会成为明天的问题，因此我们不得不常常寻找新的解决方案以弥补前一方案的不足，然而又会带来一系列新的问题。这可以被视为黑格尔辩证法的一个案例，高度成功的正题（thesis）必有与之矛盾的反题（antithesis），二者之间的矛盾当用合题（synthesis）来调和。然而，合题成为新的正题，又会有与之对立的反题，这又需要新的合题来调和矛盾。我们也有与正改变世界的长期趋势有关的需求，必须找到调整的办法。由是观之，我们对于发明的依赖永无尽头。

2011 年，世界人口达到 68 亿，正以年均 1.4% 的增速膨胀，但预计下一个十年增速会降至 1.1%。20 世纪末至 21 世纪初，高收入国家的人口增长率要低于低收入国家（表 9-1）。

表 9-1　不同收入国家的人口增长率　　　　　　　　　　　（单位：%）

| 区域 | 1990～2006 年 | 2006～2015 年 |
|---|---|---|
| 全球平均 | 1.4 | 1.1 |
| 低收入国家 | 2.0 | 1.7 |
| 中低收入国家 | 1.1 | 0.8 |
| 中高收入国家 | 0.9 | 0.6 |
| 高收入国家 | 0.7 | 0.4 |

撒哈拉以南非洲地区和中美洲地区的人口出生率最高，年均为2.5%～3.5%。爱沙尼亚、俄罗斯和乌克兰等国家的出生率最低，在0～1%之间。低人口增长率可能是由于低出生率，也可能是由于贫穷和战争导致的高移民率造成的。

现代医学的种种发明在出生率降低和预期寿命变长的趋势中发挥了重要作用，这也导致人口年龄分布的变化：低龄人口变少、老龄人口增多。在人口快速增长的国家，如阿尔及利亚和乌干达，15岁以下儿童占人口总数的50%，仅2%的人口年龄在65岁以上。然而，在西欧地区和日本等大多数工业化国家和地区，儿童仅占人口的14%，低于老龄人口所占比例（20%）。高收入国家老龄人口比例上升，需要更多关注面向老年人的商品和服务等方面的发明，这与面向儿童的产品和服务大大不同。

年龄分布变化的另一个后果是年轻工人的短缺。许多工商企业主要需要年轻工人。如果发达国家政策自由，年轻工人的缺乏可部分地通过从欠发达国家移民来缓解，但有时这又会导致文化冲突。像智能机器人之类的发明可能会减轻未来年轻工人长期短缺带来的影响。

1万年前，新石器时代的革命彻底改变了人类生存的主导方式，即由狩猎—采集转变为农耕方式，因为农耕方式单位时间的产出要远远高出原来的方式。相似的变化也发生在1800年前后的工业革命中，这次工业革命从农耕土地上释放出成千上万的劳动力进入城市从事工业和制造业的工作，这些工作产出更高、报酬更好。1810年，84%的美国劳工从事农业，8%从事工业，剩下的8%从事服务业。自1810年至1929年，美国农业劳工数量所占的比例稳定地下降到21%，而工业劳工则上升至30%。美国的工业化进程在1965年达到顶点，此时农业劳工比例仅占6%，工业劳工升至33%。从这时起，美国开始稳定地去工业化，以至于到20世纪末，农业劳工比例更进一步地降至2.5%，工业劳工降至19%。去工业化主要由于外包现象导致，外包涉及把制造业迁移到劳工薪酬较低的国家，如沃尔玛这样的大公司主要依靠海外制造的商品来维持运营。

如果研究2000年全球劳工的产业分布图，我们就会发现这与美国从1810年至2002年的历史轨迹高度相似（图9-1、图9-2）。特别是，不丹和索马里与

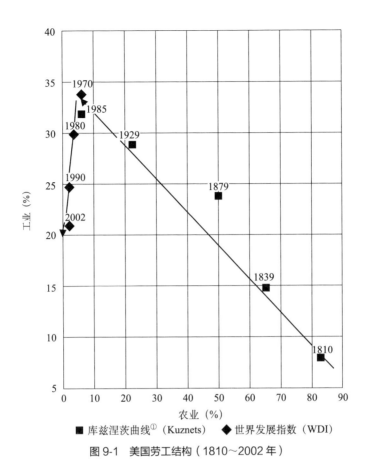

图 9-1　美国劳工结构（1810~2002 年）

1810 年的美国很像，中国与 1860 年的美国很像，而新加坡和日本则与 1965 年美国工业化顶峰时期相似。当今的中国香港特别行政区甚至比美国更为去工业化。中国香港土地稀缺，不适合工农业，当地人力的薪酬也高，其发展主要靠航运、金融和贸易。在后工业化世界，服务产业不断增长，而工农业则逐渐收缩，对发明的需求而言，面向前者要高于面向后者的。

在中国这样的发展中国家，工业和服务业产出是农业的许多倍（表 9-2）。

农村闲置劳动力向城市流动是有利的，但需要教育和技能培训使其顺利转变为合格的工业和服务业劳工，这种流动也会提高国家经济水平。

---

① 库兹涅茨曲线是美国经济学家西蒙·史密斯·库兹涅茨于 1955 年所提出的收入分配状况随经济发展过程而变化的曲线，是经济学中重要的概念。

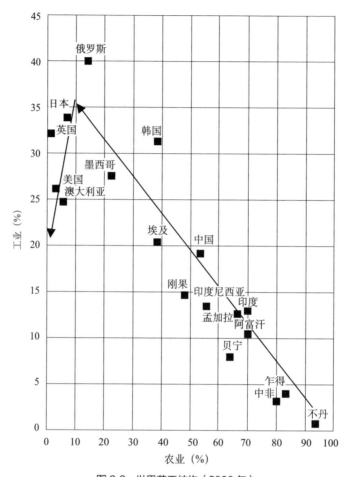

图 9-2 世界劳工结构（2000 年）

表 9-2 发展中国家的不同产业间的劳工产出比

| 部门 | 劳工比例（%） | 产出比例（%） | 产出比例 / 劳工比例 |
|------|-------------|-------------|-------------------|
| 农业 | 29 | 6 | 0.21 |
| 工业 | 21 | 28 | 1.34 |
| 服务业 | 50 | 67 | 1.33 |

## 9.1.2　技术推动的机遇

前沿科技为未来的发明提供许多引导和机遇，未来的发明是基于当今对人类有益的发现。约翰内斯·格奥尔格·贝德诺尔茨（Johannes Georg Bednorz）和亚历山大·米勒（Alex Muller）因发现陶瓷材料的高温超导电性，共同分享了 1987 年的诺贝尔物理学奖。超导电性使得电能传输无损耗或损耗很小，广泛预期超导体会引起许多技术革命，如磁悬浮列车的应用，但其实际影响到目前为止还较小。

碳有三种形态：无定形碳、石墨和钻石。但柯尔（Curl）、克鲁托（Kroto）和斯莫利（Smalley）发现碳元素的另一种存在形式，即在强度和柔性方面具有奇特特性的富勒烯，他们因此获得 1996 年诺贝尔化学奖。塑料用作包裹铜导线的绝缘层已有很多年，黑格（Heeger）、马克迪尔米德（Macdiarmid）和白川英树发现并开发出导电塑料，因此获得 2000 年诺贝尔化学奖。这两项成果在应用上尚未竟全功，但对未来的发明有着巨大潜力。

纳米技术涉及操控和制造小于 100 纳米（千万分之一米）的材料和器件。理查德·费曼（Richard Feynman）这样解释小器件的重要性："底下的空间还大得很。"[①] 近年开发的一项最有前途的纳米技术被称为分子自行组装，分子自行组装为设定形态。纳米技术在诊断医学、药物传递和组织工程方面潜力巨大。组织工程可由一个细胞生长出组织或器官来。纳米技术在信息和通信领域也有应用前景，如可用于记忆体、显示器件和光电器件等方面。

计算机和互联网已经为信息查询和通信领域带来革命性变革。微软、苹果、亚马逊和谷歌等公司的迅速崛起，显示了现代世界对信息通信技术的依赖。信息通信技术在游戏、娱乐、虚拟现实、医学信息学、增强虚拟现实和高级个性化学习方面正在兴起革命。经济合作与发展组织（OECD）的一份报告指出，信息与通信技术（ICT）的研发支出是汽车工业的 2.5 倍以上，是制药工业的 3 倍，未来这一趋势还会延续。

20 世纪 50 年代，沃森和克里克提出了 DNA 分子的双螺旋结构模型，揭

---

① 出自理查德·费曼于 1959 年在加州理工学院美国物理学会年会的演讲：There's Plenty of Room at the Bottom——译者注。

示了遗传的分子基础，这导致生物学和遗传学实现革命性飞越。基因组学测定 DNA 分子序列，包括从病毒到令人激动的人类基因组计划。关于动植物完整的基因组蓝图的知识有着推动农业发展的潜力，如提高作物产量、减轻受环境压力的影响、改善营养价值等。人类基因组相关知识可使所谓"个性化医疗"成为可能。个性化医疗瞄准个体，聚焦个体，因为其基因的特殊性，可能对某些治疗有着异于常规的敏感性。

## 9.2 未来发明的发源地

未来的发明最有可能在哪里产生？谁会资助未来的发明？面对如此众多的需求，资助力度是否足够？当前少数富裕国家主导发明的形势是否可以被"多中心发明"——对发明做出重要贡献的发明者分布在全球范围——取代？

### 9.2.1 未来发明的摇篮

发明石斧的摇篮在 200 万年前的东非地区。其后，发明的摇篮转移到美索不达米亚地区和古埃及，然后再到中国、古希腊和古罗马。1500 年后，西欧地区（如英国、法国、德国等）和稍后的北美地区成为现代发明的重要发源地。人们预期，中国、印度、韩国、以色列和新加坡等新兴国家在未来对发明的贡献会不断增加。

我们来看看世界 20 个最大经济体人均国民总收入（GNI）和 GDP 增长率。近年来，一直有一种趋势，即贫穷国家通过追赶战略实现快速增长，增长率达 6%～8%，而富裕国家增长平缓，增长率在 2%～3%，这使得世界变得逐渐更为平均。贫穷国家的购买力和需求将会增加并占据世界经济版图较大的份额，部分国家也会变得有能力成为发明的主导力量。

增长率 2% 和 7% 的差距看起来不那么明显，但如果我们用国民总收入翻番的年数来评估其影响，差距就非常显著了。按年均 2% 的增长率计算，国民总收入翻一番需要 35 年，增到 10 倍则需要 115 年；如果增长率为 7%，则 10 年可翻一番，33 年即达 10 倍。美国的 GDP 为 13.4 万亿美元，同时期中国的 GDP 为 2.6 万亿美元。但如果美国以 2% 的增长率增长，而中国以 10% 的增长率增长，到 2028 年，中国的 GDP 会高于美国。当然，我们无法确定这种增长率是否具有可持续性，但这确实是对多年复利计算得出的结果。

高校入学率和研发投入与国民总收入息息相关。表 9-3 是 2006 年世界银行发布的不同区间国家的国民总收入相关数据。

表 9-3 2006 年不同区间国家的国民总收入数据 （单位：%）

| 收入组别 | 大学入学率 | 研发强度（占 GDP） |
|---|---|---|
| 高收入国家 | 67 | 2.38 |
| 中高收入国家 | 40 | 0.72 |
| 中低收入国家 | 23 | 1.03 |
| 低收入国家 | 9 | 0.57 |

美国的大学入学率为 82%，但只有 16% 的毕业生获得自然科学和工程方面的学位。在发展中国家，大学入学率较低，但自然科学和工程方面所占的学生比例很高，就国家现代化和就业两个方面来看，这应可理解为相当合情合理。2007 年，美国研发开支为 3 680 亿美元，占 GDP 的 2.7%，高于高收入国家 2.4% 的平均水平，比以色列（5%）、瑞典（3.9%）、日本（3.2）和韩国（3%）低，但比一些发展中国家高，如中国 1.3%，俄罗斯 1.1%，巴西 0.9%，印度 0.6%。

我们对可用于明确预测未来发明率的指标比较感兴趣。一些指标被称为落后指标，因为它们常常在成功的发明之后产生。落后指标的例子包括，诺贝尔奖得主数量、高技术产品出口额、专利收入等。还有一些指标被称作领先指标，指它们产生在发明之前，如研发人员数量、研发资助占 GDP 比率、研究型大学高等教育和培训水平及专利数量等。

经济合作与发展组织汇编的专利统计数据显示，2006 年，有 51 579 件三方专利在世界三大主要的专利机构（欧洲专利局、日本专利局和美国专利商标局）登记。来自东亚地区（日本、韩国）的专利数量最多，其次为北美地区（美国、加拿大），再次为西欧地区（德国、法国、英国）。但是，测度专利影响要远远难于统计专利数量（表 9-4）。

表 9-4 不同地区或国家的专利数量占比 （单位：%）

| 数量最多地区 | 专利占比 | 数量最多国家 | 专利占比 |
|---|---|---|---|

| 东亚 | 17.0 | 日本 | 14.2 |
|---|---|---|---|
| 北美 | 16.7 | 美国 | 15.9 |
| 西欧 | 13.8 | 德国 | 6.2 |

专利在信息通信领域高度集中，其次是在电气和电子设备领域，然后是生物技术和纳米技术领域。预计来自欠发达国家或地区的目标发明会受本地需求和条件影响，这与发达国家的市场明显不同。

在美国，大多数发明诞生在主要高技术产业州（表9-5）。

表9-5 美国主要高技术产业州的专利数量

| 州 | 专利数量 | 州 | 专利数量 |
|---|---|---|---|
| 加利福尼亚 | 19 600 | 密歇根 | 3 141 |
| 得克萨斯 | 5 733 | 伊利诺伊 | 2 894 |
| 纽约 | 5 007 | 新泽西 | 2 693 |
| 马萨诸塞 | 3 510 | 明尼苏达 | 2 554 |
| 华盛顿 | 3 228 | 宾夕法尼亚 | 2 500 |

旧金山市南部的硅谷是最为著名的新发明孵化区，斯坦福大学及苹果、惠普、谷歌、英特尔等世界知名企业均坐落于此。与硅谷类似的高科技研究园区都有一些共性特征：与研究型大学邻近，高素质的科学和工程人才丰富，取得风险投资的机会多，创业人才也比较丰富，且多位于大都会区，有着良好的生活品质——好的气候，好的景色，有娱乐消遣，有专门的通信、交通设施等。最重要的要素是受过良好科学教育的人员，他们有着一定要取得成功的创造性和坚韧的毅力，其中大多是远离故土的移民。许多国家都认识到发明对于经济繁荣和国力强盛的重要意义，纷纷复制这一模式，建设自己的"硅谷"。

在基础研究和应用研究方面，美国依然是占无可争辩的主导地位，但在某些特别的领域，美国逐渐丧失主导地位，向诸如新加坡、德国、日本和中国等国家拱手让位。对于后发国家，如德国、日本、新加坡和中国，追赶战略可能是必不可少的。以色列、韩国和新加坡甚至有着雄心勃勃的国家计划来促进发明。

目前，美国在高技术产品方面有着贸易逆差。优秀研究人员的国际竞争是另一个要考虑的问题。在美国，半数的工程和计算机领域的博士学位获得者来自移民。第二次世界大战以后，美国成为巨大的国际人才"吸铁石"，吸引了近半数的诺贝尔奖获得者、大量的发明人员，以及大量的研究型大学教授。一些高科技园区与声名卓著的音乐团体有些类似，如纽约交响乐团或大都会歌剧院，在其中，美国本土的艺术家只占少数。中国和印度开始吸引在欧美工作的高水平研究人员回归。许多领先的国际高科技公司也在中国和印度的新研发园区大量投资，在那里研发成本更低，产出的成果更易于适应本土消费并拓展市场。

## 9.2.2　对发明资助

2008 年，美国研发开支达 3 980 亿美元，其中企业开支 2 680 亿美元，联邦政府开支 1 040 亿美元，大学开支 110 亿美元。而联邦政府的 1 040 亿美元则大量用于资助开展研发活动的企业和大学。2005 年，美国国会研发预算情况请见表 9-6。

表 9-6　2005 年美国国会研发预算

| 领域 | 占比（%） |
| --- | --- |
| 国防 | 56 |
| 健康 | 20 |
| 能源 | 7 |
| 航空航天 | 8 |
| 国家科学基金会 | 3 |
| 其他 | 6 |

从全球范围来看，研发活动的主要资助方还是政府，政府负有监督管理与国家繁荣、提升综合国力相关的各个方面的职责。美国政府研发预算通常以国防领域为主。

美国国家科学基金会主要负责基础研究和推动科技进步，其预算仅占国会研发预算的不到 3%。在战时，美国政府对研发活动发挥了非常重要的作用，如核武器、雷达、青霉素等都是战时研发活动的成果。在战场上，优秀的发明和技术常常在制胜和击败敌方方面发挥关键作用。

企业研发活动往往是市场驱动型，致力于面向庞大的消费群体，以扩大销售份额，获取可观利润。这种活动通常首先面向国内消费市场，然后才出口至其他国家。这类投资可能被富裕国家的购买力或国民总收入，以及较富裕国家的消费者驱动。大多数市场驱动的发明集中在满足高收入人群的需求，对低收入人群的需求关注较少。如果某种疾病影响的全球人口低于 100 万，制药公司就不太可能为之布局药物研发和生产，因为药物的销售和利润不足以支持相关研发和工厂建设费用。也就是说，为了利益最大化，很多药物发明不是针对那些急性或致命性疾病，而是针对长期的慢性疾病（如高血压和糖尿病），这类病人大多需要终身依赖药物。

在市场需求不足的情况下，为了慈善的目的或为研发活动提供补偿，政府和慈善基金会有时也会投入资金。联合国"千年发展目标"提出了一系列国际性目标：根除饥饿和贫穷，实现普及教育，促进平等，降低儿童死亡率，与传染性疾病做斗争，以及确保环境稳定。不幸的是，这些值得称道的目标缺乏足够的资金来支撑所需的研发活动。比尔及梅林达·盖茨基金会有一项雄心勃勃的计划，为许多类似的健康计划提供支持。

制造业占美国经济分量不足 1/4，但几乎所有的授权专利都在这一领域（表9-7）。1997 年，有 111 983 件专利授权给美国公民。

表9-7　1997 年美国不同领域授权给公民的专利数量　　　　（单位：件）

| 领域 | 数量 |
| --- | --- |
| 电气与电子设备 | 27 640 |
| 除电子设备外的机械 | 23 547 |
| 化工 | 17 210 |
| 仪器 | 15 726 |
| 金属加工 | 5 952 |
| 交通设备 | 4 498 |
| 橡胶、塑料 | 4 074 |

与批发零售业相比，这些产业并无最大的市场回报，其利益更多地依靠技

术进步。其管理体系能够把握基于科技进步的机遇，并网罗有着所需教育背景与技能的科研人员与工程师。在未来后工业化社会，服务业相比工业而言，对经济具有更为重要的作用，服务业特别是在信息技术与医疗方面的高技术部门的专利数量的预期会上升。

美国和一些西欧国家的政府、企业对科学教育和基础研究的资金支持，在过去几十年里一直在稳定下降。相当多的公众把面向创新性发明的稳定支持视作一种权利，而不是确保未来繁荣的必须投资。

美国国家科学院发布于 2006 年的研究报告《站在风暴之上》，诠释了发明的必要性，以及为了未来世代而培育发明的需求。2010 年，该机构又发布了《站在五级风暴之上》，这份报告由国家精英组成的委员会完成。委员会由诺曼·奥古斯丁领衔，成员包括研究型大学校长、诺贝尔奖获得者，以及《财富》百强公司的首席执行官，报告强调了教育和研发开支的重要性，认为教育产生"人力资本"，研发开支产生"知识资本"，这两者是创新的关键，是创造高品质工作的关键，是经济繁荣的关键，也是国际竞争的关键。

报告的执行摘要是这样开篇的：

> 美国经济的活力有着毋庸置疑的荣耀，它所形成的基础，为我们提供了高品质的生活，确保国家安全，使我们有希望让后代能够继承更加美好的机会。经济的活力主要来自受过良好教育的民众，以及由他们创造的稳定、源源不断的科技创新。没有高品质的、知识密集型的工作，以及取得发现和产生新技术的创新型企业，我们的经济将会受到损害，我们的生活品质也会下降。信息技术革命之前的经济研究已经显示美国人均收入高达 85% 是由技术变化带来的。

为什么科技对于美国 21 世纪的繁荣至关重要？报告的第二章说：

> 由于工业革命，全球经济增长大部分由对科学认知的追求、工程技术的应用，以及持续的技术创新所驱动。当前，美国及其他工业化国家日常生活的大部分，如交通、通信、农业、教育、医疗卫生、国

防和就业，是研发投入和教育与工程投入的成就。我们想想，如果没有过去一个多世纪的技术创新，我们的日常生活会有多大的不同？

事实上，科学、工程和医疗卫生的成就是显而易见的，如省时、省力的家用设备，紧急医疗救助，我们认为理所应当的庞大电力、通信、卫生和交通基础设施，以及安全饮水设施等。对大多数人而言，产品和服务带来了现代生活，让多数人从繁重的劳动中解脱，不受传染病肆虐的侵害，过去我们所不得不忍受的对生命和财产的威胁一去不返。现在，只有少数人还记得天花、肺结核、霍乱、伤寒及百日咳的可怕。这些疾病已经被疫苗压制或彻底根除。我们享受旅行，享用价格低廉和营养的食品，欣赏数字化艺术和娱乐产品，使用笔记本电脑、碳纤维网球拍、人工髋关节和石英手表等。

报告的尾章"风暴在酝酿"，用一段发人深省的文字做结尾：

美国在科技方面的竞争力和杰出成就易于让我们志得意满。我们已经引领世界几十年，而且还要在许多领域持续引领。但是，世界在快速变化，我们的优势不再是无可匹敌的。如果不重新加强我们竞争力的基础，很有可能在未来几十年里丧失优势地位。多少代以来，我们第一次面临着后代的就业、医疗、安全和整体生活水平低于其父辈的不利前景。在繁荣、安全和医疗卫生方面欠下了父辈们投资的债。我们有义务重拾承诺，保证美国人民从对快速发展的全球经济开放的重大机会中取得利益。

我们必须对科学教育和研究提供充分的支持，不对为过去和未来让我们实现繁荣的资源视而不见，为了子孙后代做好我们应做的事情。

## 参考文献

Augustine, N. editor, "Rising Above the Gathering Storm: Energizing and Employing America for a Brighter Economic Future", National Academy Press, Washington DC,2005. "Rising Above the Gathering Storm Revisited: Rapidly Approaching Category 5",2010.

Ausubel, J. H. "Five worthy ways to spend large amounts of money for research on environment and resources". The Bridge 29(3), 4–16, 1999.

Bent, R. editor, "Energy: Science, Policy, and the Pursuit of Sustainability", Island Press, Covelo, CA, 2002.

Carson, R. "Silent Spring", Fawcett World Library, New York, 1962.

Ehrlich, P. R., A. H. Ehrlich, and J. P. Holdren. "Ecoscience: Population, Resources, Environment", WH Freeman, San Francisco, 1977.

Gladwell, M. "In the air: who says big ideas are rare?" The New Yorker, May 12, 2008.

Global Challenges for Humanity, UN Millennium Development Project, United Nations University. Available at http://www.acunu.org/millennium/challeng.html.

Inter-governmental Panel for Climate Change, "Fourth Assessment Report", "Climate Change 2007: Summary for Policymakers", 2007. Available at http://www.ipcc.ch/pdf/ assessment-report/ar4/syr/ ar4.

National Academy of Engineering, "Grand Challenges for Engineering". 2009. Available at http:// www.engineeringchallenges.org.

Omenn, G. S. "Grand challenges and great opportunities in science, technology, and public policy", presidential address. Science 314, 1696–1704, 2006.

Zedillo, E. editor, "Global Warming: Looking Beyond Kyoto", Brookings Institution Press, Washington DC, 2008.

# 译后记

发明是一个从人类诞生就开始了的漫长的时间旅程，从古至今总有一些奇特的想法成为改变我们生活的科学发明，从杠杆到车轮，从木楔到长弓，从马镫到望远镜。而近一百年来，人类的科技与发明开始加速，集聚着人类巨大的智慧能量，加快了人类前进的脚步，拓展我们的视野，改变我们的生活，影响我们的环境。

《改变世界的伟大发明》的作者以一位专业的科学导游的身份，带领读者进入一场时间、空间的科学探索之旅，从不同角度来认识科学，认识科学发现的过程，认识发明创造是如何改变人类生活的。

我们认真研读《改变世界的伟大发明》后，觉得该书带给读者的不仅是对科学发明的介绍，更多的是对科学发明改变人类生活的认识，是对科学发明的方向性、宏观性的把握和认知。此前不乏有学者研究不同领域的科学发明、研究人类生活与科学发明的关系，但从来没有人像本书作者这样把我们带入科学和历史、发明与社会、不同人的想像力与理解力，以及人类发明的过去与未来的关系中去，往复地研究历史、科学与科学家之间的互动。

于是，我们开始了翻译的过程。翻译虽然是一项语言与文字的搬运过程，但要想把作者的思想毫发无损地搬运过来不太现实，为了能更准确地搬运蕴藏在文字里的思想，减少搬运中对思想的消耗，由刘清、江洪两位译者牵头成立了翻译小组，以期通过集体的智慧来尽可能地保留作者字里行间希望表达的情绪与思维，同时我们与原作者韦潜光先生也保持联系，请他亲自对翻译稿进行审阅，大大提高了翻译的准确性。

本书的翻译总体由刘清、江洪负责，张慧靖、陈伟、李力、赵喜梅、张秋子、涂志芳、陈迪等也参与了翻译工作，刘怡君、马宁、李倩倩等参与对书稿的译校。在此一并对大家的辛勤付出表示感谢。翻译工作从 2014 年 11 月开始，持续了 1 年多时间方得完成，其后几年多次对译稿进行修改完善。尽管如此，其中的错误和不足仍在所难免，希望广大读者批评指正。

译者

2021 年 12 月 11 日星期六